高等学校信息技术类新方向新动能新形态系列规划教材

教育部高等学校计算机类专业教学指导委员会－Arm中国产学合作项目成果

Arm中国教育计划官方指定教材

arm 中国

窄带物联网

技术基础与应用

王宜怀 ◉ 主编

刘长勇 帅辉明 ◉ 副主编

U0265031

人民邮电出版社

北京

图书在版编目（CIP）数据

窄带物联网技术基础与应用 / 王宜怀主编. -- 北京：人民邮电出版社，2020.7（2022.12重印）
高等学校信息技术类新方向新动能新形态系列规划教材
ISBN 978-7-115-53703-4

Ⅰ. ①窄… Ⅱ. ①王… Ⅲ. ①互联网络－应用－高等学校－教材②智能技术－应用－高等学校－教材 Ⅳ. ①TP393.4②TP18

中国版本图书馆CIP数据核字(2020)第049489号

内 容 提 要

本书把窄带物联网（NB-IoT）的应用知识体系归纳为终端、信息邮局、人机交互系统 3 个有机组成部分。针对终端，给出通用嵌入式计算机的概念，并将其软件分为 BIOS 与 User 两部分；针对信息邮局，将其抽象为固定 IP 地址与端口，并由此设计了云侦听程序模板；针对人机交互系统，设计了 Web 网页、微信小程序、手机 App 及 PC 客户端等模板。本书形成了以通用嵌入式计算机为核心、以构件为支撑、以工程模板为基础的 NB-IoT 应用开发生态系统，构成了 NB-IoT 技术基础与应用知识体系，可有效降低读者的学习与应用门槛。

本书提供辅助教学资源（电子资源），内含所有源程序、视频索引、文档资料及常用软件工具。电子资源可通过搜索“苏州大学嵌入式学习社区”→“金葫芦专区”→“窄带物联网教材”下载获取，也可在手机微信端搜索“窄带物联网教材”获取下载指引。

本书可作为高等院校物联网工程专业相关课程的教材，也可作为物联网工程相关领域学者学习的参考用书，还可作为 NB-IoT 应用技术的培训用书。

◆ 主　　编　王宜怀
　副 主 编　刘长勇　帅辉明
　责任编辑　祝智敏
　责任印制　王　郁　陈　犇

◆ 人民邮电出版社出版发行　　北京市丰台区成寿寺路 11 号
　邮编　100164　　电子邮件　315@ptpress.com.cn
　网址　https://www.ptpress.com.cn
　北京盛通印刷股份有限公司印刷

◆ 开本：787×1092　1/16
　印张：19.75　　　　2020 年 7 月第 1 版
　字数：471 千字　　　2022 年 12 月北京第 2 次印刷

定价：59.80 元

读者服务热线：(010)81055256　印装质量热线：(010)81055316
反盗版热线：(010)81055315
广告经营许可证：京东市监广登字 20170147 号

编委会

序一

拥抱万亿智能互联未来

在生命刚刚起源的时候，一些最最古老的生物就已经拥有了感知外部世界的能力。例如，很多原生单细胞生物能够感受周围的化学物质，对葡萄糖等分子有趋化行为；并且很多原生单细胞生物还能够感知周围的光线。然而，在生物开始形成大脑之前，这种对外部世界的感知更像是一种“反射”。随着生物的大脑在漫长的进化过程中不断发展，或者说直到人类出现，各种感知才真正变得“智能”，通过感知收集的关于外部世界的信息开始经过大脑的分析作用于生物本身的生存和发展。简而言之，是大脑让感知变得真正有意义。

这是自然进化的规律和结果。有幸的是，我们正在见证一场类似的技术变革。

过去十年，物联网技术和应用得到了突飞猛进的发展，物联网技术也被普遍认为将是下一个给人类生活带来颠覆性变革的技术。物联网设备通常都具有通过各种不同类别的传感器收集数据的能力，就好像赋予了各种机器类似生命感知的能力，由此促成了整个世界数据化的实现。而伴随着 5G 的成熟和即将到来的商业化，物联网设备所收集的数据也将拥有一个全新的、高速的传输渠道。但是，就像生物的感知在没有大脑时只是一种“反射”一样，这些没有经过任何处理的数据的收集和传输并不能带来真正进化意义上的突变，甚至非常可能在物联网设备数量以几何级数增长以及巨量数据传输的情况下，造成 5G 网络等传输网络拥堵甚至瘫痪。

如何应对这个挑战？如何赋予物联网设备所具备的感知能力以“智能”？我们的答案是：人工智能技术。

人工智能技术并不是一个新生事物，它在最近几年引起全球性关注并得到飞速发展的主要原因，在于它的三个基本要素（算法、数据、算力）的迅猛发展，其中又以数据和算力的发展尤为重要。物联网技术和应用的蓬勃发展使得数据累计的难度越来越低；而芯片算力的不断提升使得过去只能通过云计算才能完成的人工智能运算现在已经可以下沉到最普通的设备之上完成。这使得在端侧实现人工智能功能的难度和成本都得以大幅降低，从而让物联网设备拥有“智能”的感知能力变得真正可行。

物联网技术为机器带来了感知能力，而人工智能则通过计算算力为机器带来了决策能力。二者的结合，正如感知和大脑对自然生命进化所起到的必然性决定作用，其趋势将无可阻挡，并且必将为人类生活带来巨大变革。

未来十五年，或许是这场变革最最关键的阶段。业界预测到 2035 年，将有超过一万亿个智能设备实现互联。这一万亿个智能互联设备将具有极大的多样性，它们共同构成了一个极端多样化的计算世界。而能够支撑起这样一个数量庞大、极端多样化的智能物联网世界的技术基础，就是 Arm。正是在这样的背景下，Arm 中国立足中国，依托全球最大的 Arm 技术生态，全力打造先进的人工智能物联网技术和解决方案，立志成为中国智能科技生态的领航者。

万亿智能互联最终还是需要通过人来实现，具备人工智能物联网 AIoT 相关知识的人才，在今后将会有更广阔的发展前景。如何为中国培养这样的人才，解决目前人才短缺的问题，也正是我们一直关心的。通过和专业人士的沟通发现，教材是解决问题的突破口，一套高质量、体系化的教材，将起到事半功倍的效果，能让更多的人成长为智能互联领域的人才。此次，在教育部计算机类专业教学指导委员会的指导下，Arm 中国能联合人民邮电出版社一起来打造这套智能互联丛书——高等学校信息技术类新方向新动能新形态系列规划教材，感到非常的荣幸。我们期望借此宝贵机会，和广大读者分享我们在 AIoT 领域的一些收获、心得以及发现的问题；同时渗透并融合中国智能类专业的人才培养要求，既反映当前最新技术成果，又体现产学合作新成效。希望这套丛书能够帮助读者解决在学习和工作中遇到的困难，能够为读者提供更多的启发和帮助，为读者的成功添砖加瓦。

荀子曾经说过："不积跬步，无以至千里。"这套丛书可能只是帮助读者在学习中跨出一小步，但是我们期待着各位读者能在此基础上励志前行，找到自己的成功之路。

安谋科技（中国）有限公司执行董事长兼 CEO　吴雄昂

2019 年 5 月

序二

人工智能是引领未来发展的战略性技术，是新一轮科技革命和产业变革的重要驱动力量，将深刻地改变人类社会生活、改变世界。促进人工智能和实体经济的深度融合，构建数据驱动、人机协同、跨界融合、共创分享的智能经济形态，更是推动质量变革、效率变革、动力变革的重要途径。

近几年来，我国人工智能新技术、新产品、新业态持续涌现，与农业、制造业、服务业等各行业的融合步伐明显加快，在技术创新、应用推广、产业发展等方面成效初显。但是，我国人工智能专业人才储备严重不足，人工智能人才缺口大，结构性矛盾突出，具有国际化视野、专业学科背景、产学研用能力贯通的领军型人才、基础科研人才、应用人才极其匮乏。为此，2018 年 4 月，教育部印发了《高等学校人工智能创新行动计划》，旨在引导高校瞄准世界科技前沿，强化基础研究，实现前瞻性基础研究和引领性原创成果的重大突破，进一步提升高校人工智能领域科技创新、人才培养和服务国家需求的能力。由人民邮电出版社和 Arm 公司联合推出的“高等学校信息技术类新方向新动能新形态系列规划教材”旨在贯彻落实《高等学校人工智能创新行动计划》，以加快我国人工智能领域科技成果及产业进展向教育教学转化为目标，不断完善我国人工智能领域人才培养体系和人工智能教材建设体系。

“高等学校信息技术类新方向新动能新形态系列规划教材”包含 AI 和 AIoT 两大核心模块。其中，AI 模块涉及人工智能导论、脑科学导论、大数据导论、计算智能、自然语言处理、计算机视觉、机器学习、深度学习、知识图谱、GPU 编程、智能机器人等人工智能基础理论和核心技术；AIoT 模块涉及物联网概论、嵌入式系统导论、物联网通信技术、RFID 原理及应用、窄带物联网原理及应用、工业物联网技术、智慧交通信息服务系统、智能家居设计、智能嵌入式系统开发、物联网智能控制、物联网信息安全与隐私保护等智能互联应用技术及原理。

综合来看，“高等学校信息技术类新方向新动能新形态系列规划教材”具有三方面突出亮点。

第一，编写团队和编写过程充分体现了教育部深入推进产学合作协同育人项目的思想，既反映最新技术成果，又体现产学合作成果。在贯彻国家人工智能发展战略要求的基础上，以“共搭平台、共建团队、整体策划、共筑资源、生态优化”的全新模式，打造人工智能专业建设和人工智能人才培养系列出版物。知名半导体知识产权（IP）提供商 Arm 公司在教材编写方面给予了全面支持，丛书主要编委来自清华大学、北京大学、北京航空航天大学、北京邮电大学、南开大学、哈尔滨工业大学、同济大学、武汉大学、西安交通大学、西安电子科技大学、南京大学、南京邮电大学、厦门大学等众多国内知名高校人工智能教育领域。

从结果来看，“高等学校信息技术类新方向新动能新形态系列规划教材”的编写紧密结合了教育部关于高等教育“新工科”建设方针和推进产学合作协同育人思想，将人工智能、物联网、嵌入式、计算机等专业的人才培养要求融入了教材内容和教学过程。

第二，以产业和技术发展的最新需求推动高校人才培养改革，将人工智能基础理论与产业界最新实践融为一体。众所周知，Arm 公司作为全球最核心、最重要的半导体知识产权提供商，其产品广泛应用于移动通信、移动办公、智能传感、穿戴式设备、物联网，以及数据中心、大数据管理、云计算、人工智能等各个领域，相关市场占有率在全世界范围内达到 90%以上。Arm 技术被合作伙伴广泛应用在芯片、模块模组、软件解决方案、整机制造、应用开发和云服务等人工智能产业生态的各个领域，为教材编写注入了教育领域的研究成果和行业标杆企业的宝贵经验。同时，作为 Arm 中国协同育人项目的重要成果之一，“高等学校信息技术类新方向新动能新形态系列规划教材”的推出，将高等教育机构与丰富的 Arm 产品联系起来，通过将 Arm 技术用于教育领域，为教育工作者、学生和研究人员提供教学资料、硬件平台、软件开发工具、IP 和资源，未来有望基于本套丛书，实现人工智能相关领域的课程及教材体系化建设。

第三，教学模式和学习形式丰富。“高等学校信息技术类新方向新动能新形态系列规划教材”提供丰富的线上线下教学资源，更适应现代教学需求，学生和读者可以通过扫描二维码或登录资源平台的方式获得教学辅助资料，进行书网互动、移动学习、翻转课堂学习等。同时，“高等学校信息技术类新方向新动能新形态系列规划教材”配套提供了多媒体课件、源代码、教学大纲、电子教案、实验实训等教学辅助资源，便于教师教学和学生学习，辅助提升教学效果。

希望“高等学校信息技术类新方向新动能新形态系列规划教材”的出版能够加快人工智能领域科技成果和资源向教育教学转化，推动人工智能重要方向的教材体系和在线课程建设，特别是人工智能导论、机器学习、计算智能、计算机视觉、知识工程、自然语言处理、人工智能产业应用等主干课程的建设。希望基于“高等学校信息技术类新方向新动能新形态系列规划教材”的编写和出版，能够加速建设一批具有国际一流水平的本科生、研究生教材和国家级精品在线课程，并将人工智能纳入大学计算机基础教学内容，为我国人工智能产业发展打造多层次的创新人才队伍。

教育部人工智能科技创新专家组专家
教育部科技委学部委员
IEEE/IET/CAAI Fellow
中国人工智能学会副理事长

焦李成
2019 年 6 月

前言

FOREWORD

窄带物联网（Narrow Band Internet of Things，NB-IoT）是国际通信标准化机构在其 2016 年 5 月完成的核心标准中制定的面向工业互联网、智能农业、智能家居、智能抄表等应用领域的新一代物联网通信体系，也是 5G 时代的一种低速率物联网连接方式，其从 2016 年开始被布置，覆盖领域将会逐步拓展。与此同时，NB-IoT 技术基础与应用的教学也被逐渐纳入了高等学校物联网工程的相关专业中。本书是编者在多年研究 NB-IoT 应用技术并编写《窄带物联网 NB-IoT 应用开发共性技术》一书的基础上，从面向教学的角度入手重新编写的。

（1）教材定位。本书是在具备 NB-IoT 网络的前提下，阐述如何进行物联网应用系统的软硬件设计的。为了降低 NB-IoT 应用系统开发的难度与学习门槛，更好地服务于物联网教学，本书遵循人的认识过程是由个别到一般、再由一般到个别的哲学原理，从技术科学的角度入手，把 NB-IoT 应用知识体系归纳为终端（Ultimate-Equipment，UE）、信息邮局（Mssage Post Office，MPO）、人机交互系统（Human-Computer Interaction，HCI）3 个有机组成部分。针对终端，本书给出了通用嵌入式计算机（General Embedded Computer，GEC）的概念，将其软件分为基本输入/输出系统（Basic Input Output System，BIOS）与用户（User）两部分，使 User 程序具有良好的可移植性与可复用性。针对信息邮局，将其抽象为固定的网际互连协议（Internet Protocol，IP）地址与端口，并由此设计出了云侦听程序模板。针对人机交互系统，设计出了 Web 网页、微信小程序、手机 App 及个人计算机（Personal Computer，PC）客户端等模板，为“照葫芦画瓢”地进行具体知识的应用提供了共性技术。本书形成了以通用嵌入式计算机为核心、以构件为支撑、以工程模板为基础的 NB-IoT 应用开发生态系统，构建了 NB-IoT 技术基础与应用的知识体系，有效降低了 NB-IoT 应用开发技术的学习门槛。此外，本书还给出了 4G/5G、Wi-Fi 及无线传感器网络（Wireless Sensor Network，WSN）等接入方式的物联网应用模板。

（2）内容介绍。本书共 11 章，第 1 章概述 NB-IoT 并使读者直观体验 NB-IoT 数据传输，第 2 章介绍 NB-IoT 应用架构与通信基本过程，第 3 章介绍终端基础构件知识要素与实践，第 4 章介绍终端与云侦听程序的通信过程，第 5 章深入分析终端与云侦听程序，第 6～9 章分别介绍如何通过 Web 网页、微信小程序、Android App、PC 客户端访问数据，第 10 章介绍 4G/5G、Wi-Fi 及 WSN 等通信方式的接入方法，第 11 章介绍外接组件的“照葫芦画瓢”框架。本书涵盖了 NB-IoT 技术基础及应用的相对完整的知识体系，也包含了其他主要的无线接入方式的物联网知识体系。在内容选取方面，本书进行了合理的素材甄别，虽不能做到面面俱到，但已尽可能地涵盖了 NB-IoT 应用开发生态系统的知识要素，使读者能够学以致用。

（3）实验支撑。进行 NB-IoT 技术基础与应用的教学，重在实践。为了完整、清晰地显现 NB-IoT 应用开发的生态系统，并辅助本书教学，编者设计了名为 AHL-NB-IoT 的开发套件。设计思想与基本特点主要体现在：立即检验 NB-IoT 通信状况、透明理解 NB-IoT 通信流程、实现复杂问题简单化、兼顾物联网应用系统的完整性、考虑组件的可增加性与环境多样性、考虑“照葫芦画瓢”的可操作性。此外，辅助教学资源中还提供了 AHL-4G/5G、AHL-WiFi、AHL-WSN 等其他无线接入方式的实验套件。

（4）编程语言说明。NB-IoT 的应用开发是一个系统工程，涉及硬件、嵌入式软件、PC 软件、基本算法、无线通信编程等知识领域。本书涉及 Arm 汇编语言、C 语言、C#、ASP.NET、Java 以及数据库操作等。无论读者是否已经掌握了上述知识，均可按照本书给出的模板程序及操作步骤，采用“照葫芦画瓢”的方法打通整个流程，然后在此基础上深入学习。为了实现编程语言的快速入门，辅助教学资源中提供了各类语言的快速入门指南，以供读者在学习过程中进行初步实践。

（5）开发环境介绍。针对有些开发环境仅适应于特定芯片或开发环境使用涉及侵权等问题，苏州大学&Arm 中国嵌入式与物联网技术培训中心（以下简称 SD-Arm）在早期研发集成开发环境的基础上，经过 3 年多的努力，针对 Arm Cortex-M 微处理器开发了 AHL- GEC-IDE。它具有编辑、编译、链接等功能，特别是在配合金葫芦硬件使用时，可直接运行/调试程序，兼容常用的嵌入式集成开发环境，还包含学习过程中常用的小工具。该环境摒弃了许多烦琐的设置，配合软件最小系统模板，简捷实用，使读者易于入门。特别是在配合程序模板中提供的 printf 输出调试功能时，其可很方便地实现打桩调试与运行跟踪显示。

（6）辅助教学资源获取。为了辅助 NB-IoT 技术基础与应用的教学，编者开发了微信小程序，它提供 NB-IoT 技术基础与应用学习过程中的常用小工具与常见问题解答，方便读者在学习过程中遇到问题时及时获取解决办法。读者通过手机微信搜索“窄带物联网教材”即可进入该微信小程序。此外，本书还提供了丰富的辅助教学资源（电子资源），内含所有源程序、辅助阅读资料、PPT、视频索引、开发环境下载导引、文档资料及常用软件工具等。教师可从人邮教育社区获取上述资源。

本书由王宜怀担任主编，刘长勇与帅辉明共同担任副主编。苏州大学嵌入式人工智能与物联网实验室的博士研究生和硕士研究生参与程序开发、书稿整理及有关资源建设，他们卓有成效的工作使得本书更加充实。ST 大学计划的丁晓磊女士，Arm 中国的陈炜先生、王梦馨女士等为本书的编写提供了许多帮助，王进教授、罗喜召副教授、许粲昊副教授及施连敏、蒋建武博士参与了本书大纲的讨论，人民邮电出版社的祝智敏女士为本书的出版做了许多细致的工作，在此一并致以由衷的感谢。

王宜怀

2020 年 3 月于苏州

目录

CONTENTS

03

终端基础构件知识要素与实践

04

终端与云侦听程序的通信过程

05

终端与云侦听程序深入分析

电子资源文件夹结构

本书提供了电子资源，内含所有源程序、视频索引、文档资料及常用软件工具等。读者可通过搜索“苏州大学嵌入式学习社区”→“金葫芦专区”→“窄带物联网教材”获取与本书配套的电子资源，也可通过手机微信搜索“窄带物联网教材”微信小程序获取下载指引。电子资源文件夹的结构如下所示。

AHL-NB-IoT	电子资源根文件夹名
01-Infor	资料文件夹（存放原始资料）
02-Doc	文档文件夹（存放本书产生的文档）
03-Hard	硬件文件夹（存放开发套件接口底板电路原理图）
04-Soft	软件文件夹（存放“金葫芦”所有源代码）
05-Tool	工具文件夹（存放开发过程中可能使用的软件工具）
06-Other	其他（存放C#快速入门文档及源程序）

注：电子资源会随着教学工作的推进而不断地被更新升级，因此请读者在下载使用电子资源时务必关注资源文件名末尾的日期标志，以使用最新版资源文件为宜。

chapter 01

NB-IoT概述与直观体验

窄带物联网（Narrow Band Internet of Things，NB-IoT）是国际通信标准化机构在其于 2016 年 5 月完成的核心标准中制定的面向工业互联网、智能农业、智能家居、智能抄表等应用领域的新一代物联网通信体系，是 5G 时代的一种低速率物联网连接方式。它从 2016 年开始布网工作，正在逐步完善其网络覆盖。在此背景下，研究基于通信网络进行具体物联网项目的开发方法，属于 NB-IoT 技术基础与应用的知识体系范畴。该知识体系包括物联网终端的软硬件设计、终端与云服务器之间的通信软件设计、人机交互系统软件设计等。本书遵循人的认识过程由个别到一般、又由一般到个别的哲学原理，把 NB-IoT 应用知识体系归纳为终端、信息邮局、人机交互系统 3 个有机组成部分，分别给出了应用模板（“葫芦”），以便读者在此模板的基础上，进行特定应用的开发与学习（“照葫芦画瓢”①）。

① 照葫芦画瓢：比喻照着样子模仿，出自宋·魏泰《东轩笔录》第一卷。古希腊哲学家亚里士多德说过：“人从儿童时期起就有模仿本能，他们通过模仿获得了最初的知识，模仿就是学习。”孟子则曰：“大匠诲人必以规矩，学者亦必以规矩”，其含义是高明的工匠教人手艺必定依照一定的规矩，学的人也就必定依照一定的规矩。本书期望通过建立符合软件工程基本原理的“葫芦”，为“照葫芦画瓢”提供坚实基础，从而达到降低 NB-IoT 应用开发难度之目的。

本章作为全书概述，从物联网连接的分类及NB-IoT的起源、技术特点、流行趋势等角度入手对NB-IoT进行简单介绍，对NB-IoT与其他无线联网技术进行比较，分析NB-IoT应用开发所面临的难题，并提出解决这些难题的基本对策；介绍直观体验NB-IoT数据传输过程的方式，以及本书配套的实验平台——金葫芦NB-IoT开发套件及AHL-GEC-IDE。

1.1 NB-IoT简介

NB-IoT是国际通信标准化机构第三代合作伙伴计划（3rd Generation Partnership Project，3GPP）[①]在其于2016年5月完成的核心标准中制定的新一代物联网通信体系，是只消耗大约180kHz带宽的一种蜂窝网络[②]。它是主要面向智能抄表、智能交通、工厂设备远程测控、智能农业、远程环境监测、智能家居等应用领域的新一代物联网通信体系。其应用领域的数据通信具有以文本信息为主、流量不高、功耗敏感等特征。

在建设 NB-IoT 期间，可直接将其部署于现有的通信网络系统，如全球移动通信系统（Global System For Mobile Communications，GSM）网络[③]、通用移动通信系统（Universal Mobile Telecommunications System，UMTS）网络[④]、长期演进（Long Term Evolution，LTE）网络[⑤]，从而可以降低建设成本，实现通信网络的平滑升级。从2017年开始，中国开始在多个城市进行NB-IoT布网工作。

为了使读者快速了解NB-IoT，下面从物联网连接分类、NB-IoT起源、NB-IoT技术特点、为什么NB-IoT将会流行等角度入手对NB-IoT做简要阐述。

1.1.1 物联网无线通信连接方式的分类

从通信速率角度入手，物联网连接可被划分为高速率、中速率与低速率3种模式。针对不同的应用场景，需要选择合适的通信模式。关于这几种模式的介绍如下。

（1）高速率（速率>1Mbit/s）：以视频信息为特征，流量高，功耗一般不敏感，如视频监控、远程医疗、机器人等，目前主要使用4G通信网络。

（2）中速率（100kbit/s<速率<1Mbit/s）：以语音及图片信息为特征，流量中等，功耗一般不敏感，如内置语音功能的可穿戴设备、智能安防等。

（3）低速率（速率<100kbit/s）：以文本信息为特征，流量不高，一般功耗敏感，如智能仪表、环境监测、智能家居、物流、不带语音功能的可穿戴设备、工厂设备远程控制等。若要实现广覆盖，则需要选择新型连接方式，如NB-IoT，这就会涉及NB-IoT的应用领域。

1.1.2 NB-IoT简明发展历程与技术特点

一段时间以来，针对低速率的数据通信业务，运营商的物联网业务主要依靠成本低廉的通

---

① 第三代合作伙伴计划成立于1998年12月，是一个有关通信的国际标准化机构。

② 我们用的手机属于蜂窝网络。“蜂窝”是指传送信号的铁塔布局，具有蜂窝六边型结构，每个顶点布局一个铁塔以便安装无线收发设备，可以实现最大覆盖面。

③ 全球移动通信系统是由欧洲电信标准组织（European Telecommunications Standards Institute，ETSI）制定的数字移动通信标准，自20世纪90年代中期投入商用以来，被全球超过100个国家采用。从2017年开始，GSM网络逐步被关闭。

④ 通用移动通信系统是一种第三代（3G）移动电话技术，由3GPP定型。

⑤ 基于3GPP组织制定的通用移动通信系统技术标准的长期演进网络，于2004年12月在3GPP多伦多会议上被正式立项并启动建设。

用分组无线服务（General Packet Radio Service，GPRS）技术模块①，然而由于 LoRa②、SigFox③等新技术的出现，GPRS 模块在成本、功耗和覆盖方面的传统优势受到威胁。于是 3GPP 在 2014 年 3 月提出成立新研究项目，研究支持更低复杂度、更低成本、更低功耗、更广覆盖等的连接模式，这就是窄带物联网的雏形。

万物互联是发展的大趋势，传统物联网存在技术、应用及产业的碎片化问题，阻碍了万物互联发展。2015 年，全球通信业对形成一个低功耗、广覆盖的物联网标准达成了共识，NB-IoT 标准也被正式提上议事日程。物联网标准的制定，对整合不同碎片化应用场景的共性特征和推动物联网产业发展具有非常重要的意义。

1. NB-IoT 简明发展历程

下面简要介绍 NB-IoT 的发展历程（2014—2018 年）。

2014 年 5 月，华为提出 NB-M2M 技术，该技术于 2015 年 5 月与 NB-OFDMA 融合形成了 NB-CIoT，同年 9 月，NB-CIoT 与 NB-LTE 融合形成了 NB-IoT。2016 年 3 月，NB-IoT 核心冻结，同年 6 月 16 日，NB-IoT 技术协议获得了 3GPP 无线接入网（Radio Aecess Network，RAN）技术规范组会议通过，NB-IoT 规范全部冻结，标准化工作完成。NB-IoT 标准从立项到协议冻结用时不到 8 个月，成为史上建立最快的 3GPP 标准之一。2016 年 9 月，3GPP 完成 NB-IoT 性能标准制定，同时作为主导方的华为火速推出业内第一款正式商用的 NB-IoT 芯片；同年 12 月，NB-IoT 一致性测试工作的完成，标志着 NB-IoT 可以进入商用阶段。2017 年第一季度，根据我国《国家新一代信息技术产业规划》，NB-IoT 网络被定为信息通信业“十三五”的重点工程之一；同年 6 月，工信部办公厅正式下发《关于全面推进移动物联网建设发展的通知》，明确了建设与发展 NB-IoT 网络的意义。NB-IoT 的发展历程可概括为酝酿阶段、标准制定阶段及应用开始阶段，表 1-1 列出了各阶段的主要标志。

表 1-1 NB-IoT 发展历程

阶段	时间	阶段性标志
酝酿阶段	2014 年 5 月	华为提出 NB-M2M 技术
	2015 年 5 月	NB-M2M 技术与 NB-OFDMA 融合形成了 NB-CIoT
	2015 年 5 月	爱立信和诺基亚联合推出了窄带蜂窝技术 NB-LTE
	2015 年 9 月	NB-CIoT 与 NB-LTE 融合形成了 NB-IoT
标准制定阶段	2015 年 9 月	3GPP 正式宣布 NB-IoT 标准立项
	2016 年 5 月	3GPP 完成 NB-IoT 物理层、核心部分、性能部分的标准制定
	2016 年 9 月	华为推出了第一款正式商用的 NB-IoT 商用芯片
应用开始阶段	2016 年 12 月	NB-IoT 协议一致性测试工作完成，正式标志着其可以进入商用阶段
	2017 年 12 月	中国电信、中国移动、中国联通完成了部分 NB-IoT 基站建设
	2018 年 1 月	开始 NB-IoT 大规模市场化应用

① GPRS 是 GSM 移动电话用户可用的一种移动数据业务，GPRS 技术属于 2G 通信中的数据传输技术。可以把 GPRS 看成 GSM 的延续，它是用封包（Packet）来传输数据的，速率最高为 100kbit/s 左右。

② LoRa（Long Range）是美国 Semtech 公司于 2013 年 8 月发布的一种基于 1GHz 以下频谱的超长距、低功耗数据传输技术的芯片，现在可被认为是一种技术。它是非授权频谱的一种低功耗广域网（Low-Power Wide-Area Network，LPWAN）无线技术，目前已成为低功耗广域网的物联网组网技术之一。

③ Sigfox 协议是法国 Sigfox 公司于 2009 年成立之后提出的一种 LPWAN 网络技术，主要用于打造低功耗、低成本的无线物联网专用网络。

NB-IoT 技术作为 5G 物联网标准体系的基础，引起了整个通信产业链的广泛关注。我国 NB-IoT 技术发展能够不断取得新的突破，离不开政策的扶持以及技术与市场的驱动。在 NB-IoT 发展初期，我国出台了多项政策以支持该技术的发展。表 1-2 为 2014 年以来中国出台的物联网相关政策（部分）。

表 1-2　2014 年以来中国出台的物联网相关政策（部分）

年份	部门	政府扶持物联网相关政策
2014 年	国务院 工业和信息化部	“十三五”规划大力扶持健康物联网 物联网白皮书（2014 年）
2015 年	国务院	“十三五”规划明确提出，要积极推进云计算和物联网发展，推进物联网感知设施规划布局，发展物联网开环应用
2016 年	国务院	政府工作报告强调大力发展以物联网等为主的战略新兴产业
2017 年	工业和信息化部	下发《电信网编号计划（2017 年版）》和《关于全面推进移动物联网建设发展的通知》，并全面部署、推进 NB-IoT 建设发展

2. NB-IoT 技术特点

概括地说，NB-IoT 技术有大连接、广覆盖、深穿透、低成本、低功耗等 5 个基本特点。

（1）大连接：在同一基站下，NB-IoT 可以比现有无线技术多提供 50～100 倍的接入数，终端连接数可达 200k/小区。

（2）广覆盖：一个基站可以覆盖方圆几千米的范围，对农村这样的有广覆盖需求的区域，其也可满足。

（3）深穿透：室内穿透能力强。对于厂区、地下车库、井盖这类对深度覆盖有要求的应用也适用。以井盖监测为例，使用 GPRS 方式需要伸出一根天线，这会使天线在车辆来往的情况下遭受损坏，而 NB-IoT 只要部署得当，就可以解决这一难题。

（4）低成本：体现在 3 个方面，一是在建设期可以复用原先的设备，成本低；二是流量费低；三是终端模块成本低（目前为 5 美元左右，随着其大规模应用，该成本还会逐步降低）。

（5）低功耗：终端工作在低功耗模式下，终端电池工作时长可达 10 年之久。

1.1.3　为什么 NB-IoT 将会流行

为什么 NB-IoT 将会流行？可以从社会需求的推动、原有技术的不足、电信运营商转型、终端设备商介入、政府重视等 5 个角度入手来阐述这个问题。

1. 社会需求的推动

智慧城市、大数据时代已然来临，无线通信有助于实现万物互联，未来全球物联网终端连接数将会达到千亿量级，物联网正在改变人们的生活内容和生活方式。物联网发展契合人们不断提升的需求，具有极大的市场需求潜力。据市场调研机构预测，未来 5～10 年物联网终端连接数和市场规模将进入大规模井喷式发展的阶段。由此可见，万物互联是未来社会的发展趋势，是实现传统行业升级改造和公共服务水平提升的重要环节之一。

（1）改造升级传统行业。物联网是信息产业的又一次革命性发展，将成为我国经济振兴和社会转型的战略支点；将有力带动传统产业转型升级，实现经济结构的战略性调整，引发社会生产和经济发展方式的深度变革。作为新兴技术，物联网全面感知、可靠传输、智能处理的特征使其成为改造传统产业的最佳选择。

（2）提升公共服务水平。现代化的高速发展使公共服务领域的需求逐步增大。城市管理、环境保护等一系列问题日益突出。物联网的迅速崛起为这些问题的解决提供了契机。以车联网为例，车联网是物联网最重要也是最具发展潜力的应用领域之一，它使车与车、车与人、车与路以及人与网的相互联接可通过移动通信技术实现信息的同步和共享，可以有效减少交通事故，缓解城市拥堵。

2. 原有技术的不足

物联网世界存在大量的传感类、控制类的连接需求，这些连接对速率要求很低，但对功耗和成本非常敏感，且分布范围很广、数量极多，现有 3G/4G 技术从成本上无法满足需求。而目前虽然 2G 技术可以应用于部分对功耗要求相对较低的领域，但仍有大量需求无法满足，因此也不适合长期发展的方案。

目前解决低功耗广域网[①]的主要技术方案采用了通用分组无线服务[②]与局部无线传感器网络相结合的方法，但是该方法具有成本高、开发层次多等缺点。

3. 电信运营商转型

电信运营商具有独特的网络优势和用户优势，业务推广及产业链整合能力较强，在设备制造、系统集成、网络运营及平台供应这四大主题中，最有可能成为物联网运营主体。因此，电信运营商广泛布局物联网，这对于物联网的发展具有极大的推动作用。

在移动互联网浪潮的冲击之下，全球电信运营商正在陷入语音低值化的困境，这导致电信运营商盈利增长趋缓，亟待寻求新的盈利增长点。万物互联已成为全球电信运营商、科技企业和产业联盟积极布局的重要战略方向。全球主流电信运营商将 IoT 产业作为营收增长新引擎，传统电信企业及系统解决方案提供商发力 IoT 业务，互联网企业广泛布局 IoT 产业，产业联盟积极构建 IoT 生态系统。

（1）国外电信运营商布局物联网。据高德纳咨询公司统计，全球已有 428 家电信运营商正在提供或即将提供物联网服务，并且未来 40%以上的新增节点连接将会来自物联网。在技术选择方面，阿联酋电信、韩国 LG、沃达丰、德国电信、AT&T 等是 NB-IoT 的重量级推动者，而部分电信运营商也已开始部署 Sigfox、LoRa 等技术；在业务层面，电信运营商通过用户识别模块（Subscriber Identification Module，SIM）卡实现与各行业的合作整合。

（2）国内电信运营商布局物联网。三大电信运营商（中国移动、中国联通及中国电信）以连接管理平台为着力点，逐步向开发平台延伸拓展。中国移动是国内最早开展物联网探索与布局的运营商，目前占据国内 70%的物联网市场，从数量上看已是全球最大的物联网运营商；中国联通在 2010 年成立了物联网研究院，重点关注 NB-IoT；中国电信于 2010 年建设物联网运营支撑平台，提供以机器对机器（Machine-To-Machine，M2M）平台为核心的物联网平台服务，加快物联网应用型业务的研发与推广。

4. 终端设备商介入

电信运营商对 NB-IoT 商用部署的提速，意味着该产业链的相关公司将迎来新的投资机会，设备商、芯片商、终端厂商将先后受益。而事实上，该产业链上的一些公司已开启抢跑模式。

① 广域网是相对局域网而言的，其覆盖范围较大。对物联网应用来说，广域网可以减少技术开发层次。对应用开发者来说，广域网能够实现终端信息到互联网系统的一步到位。

② 通用分组无线服务属于 2G 的数据业务，在未来相当长的时间内，仍会是物联网的重要连接方式之一。且通过芯片的优化、收费模式的变革、应用层面的标准化等工作，将会焕发新的活力。

芯片是 NB-IoT 的核心，全球主要的芯片设计公司早已开展 NB-IoT 芯片的研发工作。有 3 类芯片公司涉足 NB-IoT 领域：一是通信芯片公司，如高通、华为、中兴等；二是计算机芯片公司，如 Intel 等；三是无线芯片公司，如 MTK 等。华为首款商用 NB-IoT 芯片在 2017 年一季度正式量产。在 NB-IoT 芯片制造如火如荼的同时，终端设备商也积极融入，包括仪表公司、可穿戴设备公司等在内的几十家终端设备商都在参与华为 NB-IoT 芯片的合作和测试。

5. 政府重视

国务院在 2009 年发布的“感知中国”战略，拉开了我国物联网发展的序幕。随后，为了进一步促进物联网健康发展，加强对物联网发展方向和发展重点的引导，我国政府发布了一系列扶持政策以不断促进物联网发展。表 1-2 中已详细介绍了政府扶持 NB-IoT 发展的多项政策，此处不再赘述。

为了积极推动 NB-IoT 的发展，各地方政府也在专项规划、行动方案、土地使用、税收优惠等多个方面为物联网发展提供了支持。国家“十三五”规划纲要提出“积极推进物联网发展，推进物联网感知设施规划布局”，物联网已成为我国政府重点规划的战略项目之一。未来，在政府相关政策的驱动下，物联网必将保持健康、快速的发展，并产生巨大的经济价值。

2017 年 6 月 6 日，工业和信息化部办公厅在其正式下发的《关于全面推进移动物联网建设发展的通知》中明确了建设与发展 NB-IoT 网络的意义，在 NB-IoT 标准、设备、芯片、模组、测试、应用、网络等方面部署了具体任务。特别是在 NB-IoT 网络建设方面，2018 年初我国建设了近 40 万个 NB-IoT 基站，确保了对直辖市、省会城市及其他主要城市的覆盖；预计到 2020 年底全国基站规模将达到 150 万个，实现普遍覆盖。这意味着 NB-IoT 技术将快速落地生根，开花结果。

1.2 NB-IoT 技术与其他 LPWAN 技术的比较

为了使读者能够深入地理解 NB-IoT 的特点，下面将从终端连接数、最大覆盖范围、成本、终端电池工作时长、穿透力、数据传输速率、使用频段、频谱授权及流量收费等方面入手对 NB-IoT 与 GPRS、LoRa 和 SigFox 等常用 LPWAN 技术进行比较，如表 1-3 所示。

表 1-3 常用物联网通信技术性能指标比较

通信技术	NB-IoT	GPRS	LoRa	SigFox
终端连接数	200k/小区	1k/小区	200k～300k/小区	100k/小区
最大覆盖范围	22km	5km	20km	17km
成本	5 美元/个	5 美元/个	5 美元/个	1 美元/个
终端电池工作时长	10 年	0.25 年	10 年	10 年
穿透力	链路预算①：164dB	链路预算：144dB	链路预算：168dB	链路预算：155dB
数据传输速率	200kbit/s	20～40kbit/s	10kbit/s	0.1kbit/s

① 链路预算是在一个通信系统中对发送端、通信链路、传播环境（如大气、同轴电缆、波导、光纤等）和接收端中所有增益与衰减的核算。其主要用来估算信号能成功地从发射端传送到接收端的最远距离及穿透能力；同等情况下，其数值越大表示覆盖范围越广，穿透能力越强。单位为 dB。

续表

通信技术	NB-IoT		GPRS	LoRa	SigFox
使用频段	B5（电信）	上行：824～849MHz	上行：890～915MHz 下行：935～960MHz	150MHz～1GHz	全球免费频段 433MHz、868MHz、915MHz
		下行：869～894MHz			
	B8（移动、联通）	上行：880～915MHz			
		下行：925～960MHz			
频谱授权	LTE 带内，保护频带，独立		授权	未许可频段	未许可频段
流量收费	MPO 运营商收取		MPO 运营商收取	只有以太网流量费	只有以太网流量费

GPRS、LoRa 和 SigFox 各有其自身的优缺点，相对而言，NB-IoT 在 LPWAN 领域具有更好的表现。例如，NB-IoT 在终端连接数、数据传输速率、最大覆盖范围等方面优于其他 3 种技术。此外，在成本、功耗和穿透力等方面，NB-IoT 的性能介于 GPRS、LoRa 和 SigFox 之间。

NB-IoT 和 LoRa 作为 LPWAN 领域最为常用的两种通信技术，各有适合的应用场景。NB-IoT 属于有通信运营商支撑的运营网络，终端数据通过运营商的基站直接传输到以太网，终端用户需要向通信运营商缴纳流量费。LoRa 属于无通信运营商支撑的运营网络，需要自建基站以接入以太网，一般适用于厂区较大、具有一定规模的企业。智能建筑、智能仪表、智能交通、自动化制造场景等都是 NB-IoT 的适用领域。简言之，大规模物联网应用需要 NB-IoT 作为支撑。

1.3 降低 NB-IoT 应用技术开发门槛的基本思路

虽然 NB-IoT 具有广阔的应用前景，但 NB-IoT 应用技术的开发涉及传感器应用设计、微控制器（Micro-Controller Unit，MCU）编程、终端的 NB-IoT 通信、数据库系统、PC 端侦听程序设计、人机交互系统的软件设计等方面，是一个融合多学科领域的综合性系统，因而具有较高的技术门槛。寻找降低 NB-IoT 应用技术开发门槛的方法是本书的主要任务。

1.3.1 NB-IoT 应用技术开发所面临的难题

物联网智能制造系统已经受到了许多实体行业长期的重视。然而，进行物联网智能系统的软硬件设计往往具有较高的技术门槛，主要表现在：需要软硬件协同设计，涉及软件、硬件及行业领域知识；一些系统具有较高的实时性要求；许多物联网智能产品必须具有较强的抗干扰性与稳定性；开发过程中需要不断地进行软硬件联合测试等。因此开发物联网智能产品会有成本高、周期长、稳定性难以保证等困扰，对技术人员的综合开发能力也提出了更高的要求，这些问题是许多中小型终端产品企业技术转型遇到的重要瓶颈之一。

大多数具体的物联网智能系统是针对特定应用而开发的，许多终端企业的技术人员往往从“零”做起，对移植与复用重视不足，新项目的大多数工作必须重新开展，不同开发组之间也难以积累共用技术。通常，系统的设计、开发与维护交由不同的人员负责，设计思想的不统一，往往会导致人员分工不明确、开发效率低下，从而又会给系统的开发与维护工作带来更多的困难。

1.3.2 解决 NB-IoT 应用技术开发所面临的难题的基本思路

解决 NB-IoT 应用技术开发所面临的难题的基本思路是从技术科学层面，研究抽象物联网应用系统的技术共性，并加以凝炼分析，从而形成可复用、可移植的构件、类、框架，实现整体建模，合理分层，达到软硬件可复用与可移植的目的。因此，本书的主要任务是提出物联网智能系统的应用架构（Application Architecture）及应用方法，给出软硬件模板，以便技术人员在此模板基础上进行特定应用的开发。这个架构能够抽象物联网智能系统的共性技术、厘清共性与个性的衔接关系、封装软硬件构件、实现软件分层与复用，有助于有效降低技术门槛、缩短开发周期、降低开发成本、明确人员职责定位、减少重复劳动、提高开发效率。从形式上来说，可以把这些内容称为“中间件”。它不是终端产品，但为终端产品服务，可以较大地降低技术门槛。

关于 NB-IoT 简介，包括其定义、起源、技术特点等内容，在公网上有很多，1.1 节也已经给出了一个概括性总结，建议本书读者对这些内容了解即可，不必花过多精力纠结于 NB-IoT 的定义，不必受一些空洞无物培训班、讲座、报告的误导而停留于知识表层。读者应该静下心来，在基本理论的指导下，通过实际项目的训练，掌握 NB-IoT 应用系统的基本开发方法与流程，理解基本软硬件设计过程，了解底层驱动的基本原理，提高程序的健壮性、规范性、可移植性与可复用性，掌握软硬件协同调试方法，从而达到提高物联网应用系统的实际开发能力的目的，为提高开发效率、减少开发时间、提高系统稳定性而不懈努力。

1.4 直观体验 NB-IoT 数据传输

为了让读者快速体验 NB-IoT 通信流程，本节将简单介绍如何通过微信小程序、Web 网页、Android App 以及客户端程序等来查看苏州大学 NB-IoT 终端（简称苏大终端）的数据，让读者先从感性上初步认识 NB-IoT 的通信过程。

1.4.1 通过微信小程序方式的直观体验

为了方便读者体验，作者发布了一个可以获取终端数据、并可对终端进行干预的微信小程序（窄带物联网教材）。运行方法：在安装了微信的手机上，通过微信“扫一扫”识别图 1-1 所示的二维码，即可访问“窄带物联网教材”微信小程序；也可以打开手机微信，选择“发现”选项卡，进入小程序模块，搜索到“窄带物联网教材”后单击，即可访问。微信小程序运行后，将进入微信小程序主界面，如图 1-2 所示，在此界面中可以根据需要选择切换至其他功能界面。

“实时数据”界面主要显示苏大终端实时发来的数据，可以观察到这些数据是在变化的（正常情况下苏大的 3 个终端会分别每隔 2min、5min、10min 上传数据），如图 1-3 所示。“实时曲线”界面主要是以折线图的方式展示收到的苏大终端实时数据变化情况。“历史数据”界面可以通过第一帧、上一帧、下一帧、最新帧等按钮展示历史数据的情况。有关微信小程序的开发、通信过程、发布以及“照葫芦画瓢”等内容将在第 7 章中进行详细阐述。

图 1-1 窄带物联网教材（二维码）

金葫芦物联网
当前时间：2019/12/01 12:40:24
实时数据
实时曲线
历史数据

图 1-2 微信小程序主界面

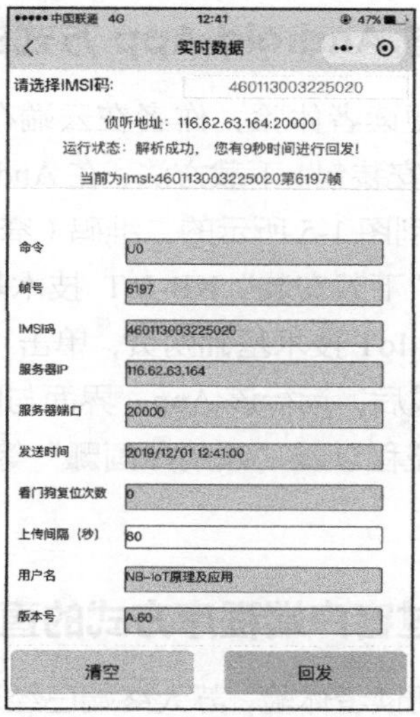
实时数据
请选择IMSI码:
460113003225020
侦听地址：116.62.63.164:20000
运行状态：解析成功，您有9秒时间进行回发!
当前为Imsi:460113003225020第6197帧
命令
U0
帧号
6197
IMSI码
460113003225020
服务器IP
116.62.63.164
服务器端口
20000
发送时间
2019/12/01 12:41:00
看门狗复位次数
0
上传间隔（秒）
60
用户名
NB-IoT原理及应用
版本号
A.60
清空
回发

图 1-3 "实时数据"界面

1.4.2 通过 Web 网页方式的直观体验

利用 Chrome、IE 等浏览器（由于网站兼容性问题，建议使用谷歌或 IE10 以上版本的浏览器）搜索"苏州大学嵌入式学习社区"→"金葫芦专区"→"窄带物联网教材"→"金葫芦 Web 网页"，即可进入已经发布的 NB-IoT 开发套件的 Web 网页。可通过单击"实时数据"菜单进入实时数据界面，如图 1-4 所示，等待 2～3min，该界面会显示终端数据，此终端数据即来自在苏州大学嵌入式人工智能与物联网研究所长期运行的 3 个终端（对应的 IMSI 码分别是 460113003225020、460113003207302、460113003207294），通过该界面上的按钮操作，可实现对终端的干预，完成 NB-IoT 系统数据的上行与下行过程。这里读者只须先观察是否有终端数据上传到 Web 网页中，网页中的数据是否有变化即可。有关 Web 网页的界面设计、实现原理以及"照葫芦画瓢"等内容将在第 6 章中进行详细阐述。

首页
实时数据
实时图表
历史数据
联系我们
AHL-NB-WEB（实时数据）
正在侦听设备的IMSI
ALL
2019-12-9 20:13:13
2019-12-9 20:12:55
云程序连接成功
命令
U0
帧号
0
IMSI码
460113003207294
服务器IP
116.62.63.164
服务器端口
20000
发送时间
2019-12-9 20:12:27
复位次数
0
上传间隔
60
用户名
NB-IoT技术基础与应用
版本号
A.60
产品名称
[金葫芦]NB终端UE模板
产品序列号
2020-00000001
产品类型
AHL-KL36-NB-DX-0001
生产厂家
SD-ARM 嵌入式人工智能与
芯片温度
29.3
备注1
手机号
13000000000
IMEI码
869662034333192
信号强度
77
光线强度
24267
TSI次数
0
备注2
LBS定位
460.11.4855953.4209
清空
回发
运行状态：正在等待数据

图 1-4 Web 模板实时数据

1.4.3 通过 Android App 方式的直观体验

为了方便读者体验，作者在云端存放了一个可以获取终端数据并可对终端进行干预的 Android App 安装包。下载方法：在 Android 系统的手机上，通过微信"扫一扫"识别图 1-5 所示的二维码（窄带物联网教材），使用浏览器打开，单击"下载安装"NB-IoT 技术基础；也可以直接使用手机浏览器进入 NB-IoT 技术基础网页，单击"下载安装"窄带物联网教材。

下载完成后，运行该 App，界面与图 1-2 类似。有关 App 的界面设计、执行流程以及"照葫芦画瓢"等内容将在第 8 章中进行详细阐述。

图 1-5 手机 App 二维码

1.4.4 通过客户端程序方式的直观体验

为了方便读者体验，苏大终端已经运行云侦听程序。此时，读者可以在计算机上直接运行客户端程序来观察苏大终端的实时数据，方法如下。

第一步，参考电子资源中开发环境的安装说明，安装 Visual Studio 2019（简称 VS 2019）；若已经安装，本步骤略。

第二步，在已经下载本书电子资源的前提下，双击运行电子资源中的"…\04-Soft\ch01-1\Client\bin\Debug\AHL-Iot.exe"文件，正常情况下，会出现图 1-6 所示的界面，间隔几分钟后，可以看到苏大终端上传的一条最新实时数据。

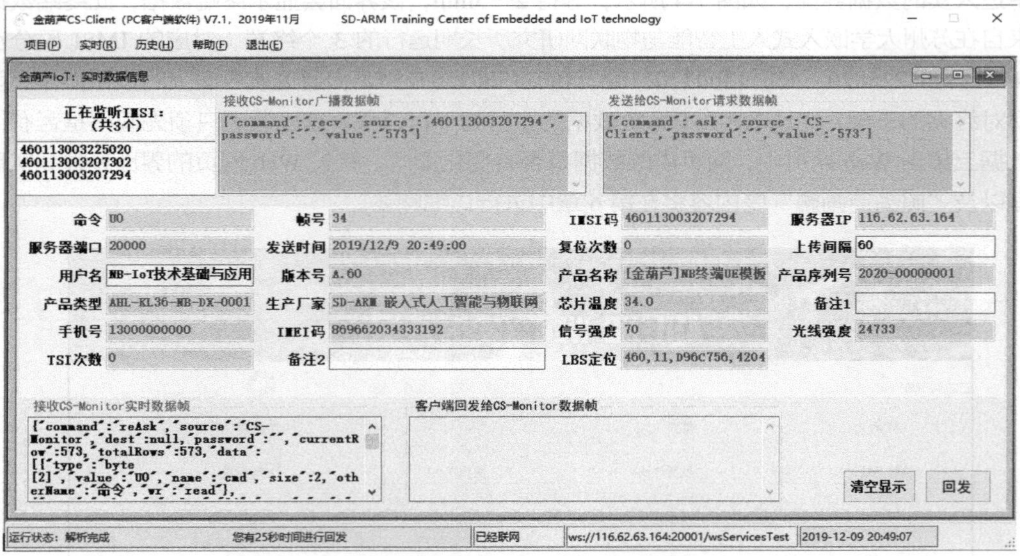
金葫芦CS-Client（PC客户端软件）V7.1，2019年11月
SD-ARM Training Center of Embedded and IoT technology
项目(P) 实时(R) 历史(H) 帮助(F) 退出(E)
金葫芦IoT：实时数据信息
正在监听IMSI：（共3个）
460113003225020
460113003207302
460113003207294
接收CS-Monitor广播数据帧
发送给CS-Monitor请求数据帧
命令 U0
帧号 34
IMSI码 460113003207294
服务器IP 116.62.63.164
服务器端口 20000
发送时间 2019/12/9 20:49:00
复位次数 0
上传间隔 60
用户名 NB-IoT技术基础与应用
版本号 A.60
产品名称 [金葫芦]NB终端UE模板
产品序列号 2020-00000001
产品类型 AHL-KL36-NB-DX-0001
生产厂家 SD-ARM 嵌入式人工智能与物联网
芯片温度 34.0
备注1
手机号 13000000000
IMEI码 869662034333192
信号强度 70
光线强度 24733
TSI次数 0
备注2
LBS定位 460,11,D96C756,4204
接收CS-Monitor实时数据帧
客户端回发给CS-Monitor数据帧
清空显示
回发
运行状态：解析完成
您有25秒时间进行回发
已经联网
ws://116.62.63.164:20001/wsServicesTest
2019-12-09 20:49:07

图 1-6 CS-Client 实时数据界面

客户端程序的界面包含主界面、实时数据界面、历史数据界面和实时数据曲线界面。其中，实时数据界面主要显示苏大终端实时发来的数据，可以观察到这些数据是在变化的。实时数据曲线界面主要是以折线图的方式展示收到的苏大终端实时数据变化情况。历史数据界面可以通过最早一帧、上一帧、下一帧、最新一帧等按钮展示历史数据的情况。有关客户端程序的界面设计、通信过程、事件处理以及"照葫芦画瓢"等内容将在第 9 章中进行详细阐述。

1.5 实践平台：金葫芦 NB-IoT 开发套件简介

物联网是软硬件综合体，没有终端硬件，物联网的开发一定是纸上谈兵。为了能够实现“照葫芦画瓢”这个核心理念，首先要设计好“葫芦”，金葫芦 NB-IoT 开发套件（Auhulu NB-IoT Development Kit，AIDK）正是基于此而设计的。本套件不同于一般的评估系统，它根据软件工程的基本原则设计了各类标准模板（“葫芦”），为“照葫芦画瓢”打下坚实基础。本套件由文档、硬件、软件 3 个部分组成，详细情况见“附录 A AHL-NB-IoT 实践平台硬件资源”。

1.5.1 金葫芦 NB-IoT 开发套件设计思想

为了完整、清晰地体现应用架构，以及更好地与本书配套，我们基于应用架构的核心思路设计了一个开发套件，其硬件部分包括金葫芦 NB-IoT、TTL-USB 串口线、彩色 LCD、扩展底板等。我们给该套件起了个中文名字叫“金葫芦”，英文名字叫“Auhulu”，目的就是要让读者可以“照葫芦画瓢”。

金葫芦 NB-IoT 开发套件的关键特点在于其完全从实际产品可用角度设计终端板。一般厂家的“评估板”与“学习板”仅供学习使用，并不能应用于实际产品。本套件的软件部分提供了各组成要素较为规范的模板，且注重文档撰写功能。同时，我们根据多年使用诸多评估板的经验，在设计本套件时尽可能地考虑周全，方便开发者。本套件的设计思想及基本特点主要有立即检验 NB-IoT 通信状况、透明理解 NB-IoT 通信流程、实现复杂问题简单化、兼顾物联网应用系统的完整性、考虑组件的可增加性及环境的多样性、考虑“照葫芦画瓢”的可操作性。

（1）立即检验 NB-IoT 通信状况。针对一般的评估板难以立即检验 NB-IoT 通信状况的缺点，在出厂时，本套件的终端内部微控制单元（Micro Control Unit，MCU）中的 Flash 已驻留了初始模板程序，该程序可立即运行，以完全满足立即检验的要求。本套件中驻留的程序在运行时可显示基站搜索过程、信号强度、芯片温度、通信过程等信息，由此可确定开发套件硬件的完好性以及检测地的基站状况。

（2）透明理解 NB-IoT 通信流程。针对一般的评估系统只提供 NB-IoT 通信的 AT 指令，且不同通信模组的 AT 指令状况不同，本套件把硬件、软件及文档作为一个整体来对待，进而打通了 NB-IoT 通信流程、提供终端收发功能、读者计算机侦听功能的初始模板工程源代码及文档，以便读者透明理解 NB-IoT 通信流程。

（3）实现复杂问题简单化。针对在一般的评估系统上学习 NB-IoT 应用开发时，具有知识颗粒度小及碎片化的情况，本套件根据嵌入式软件工程的基本原则设计了各种类型的底层驱动构件及高层类，以供开发者调用，这有助于实现复杂问题简单化。例如，针对终端的通信编程，本套件把 NB-IoT 通信封装成构件（命名为 UECom 构件），使应用层设计者可以不必掌握 TCP/IP、UDP 等网络协议，避开复杂的通信问题，直接调用 UECom 构件的对外接口函数，完整实现 NB-IoT 通信。与之相对应，针对人机交互系统的通信编程，把 NB-IoT 通信封装成类（命名为 HCICom 类），供开发者直接使用。同时，给出了底层及高层软件模板与测试样例。这些把复杂问题封装成构件和类的工作，使应用开发者可以专注于应用层面的设计开发，屏蔽了 MCU 的型号与内部细节，目的是不需要每个项目都开发一个“小计算机”，而是在已经有一个“小计算机”的基础上展开应用级设计，从而有效降低技术难度、减少工作量、提高设计效率与稳定性。

（4）兼顾物联网应用系统的完整性。针对一般评估系统只注重提供硬件评估板以及极少的底层软件参考的情况，本套件注重物联网应用系统的完整性，从完整知识体系角度来进行 NB-IoT 应用技术开发。物联网的本质是将物体信息接入互联网，移动互联网是互联网的重要分支。因此，物联网应用系统包含终端用户程序、云服务器上的数据侦听程序、数据存入数据库的操作、Web 网页程序、微信小程序、手机 App 软件等，本套件提供这些模板，以便开发者基于这些模板实现快速开发。

（5）考虑组件的可增加性及环境的多样性。针对一般的评估系统缺少软件架构，难以提供应用分层与扩展结构的情况，本套件基于分层的 NB-IoT 应用架构，提供了 MCU 端应用构件的增加机制与制作原则，为应用扩展奠定了基础；在 PC 端、手机端也提供了相应的增加机制与制作原则。同时，本套件考虑了开发环境的可移植性，以便适应开发环境的多样性。

（6）考虑“照葫芦画瓢”的可操作性。针对一般的评估系统缺少用户开发体验性的样例，导致开发者不得不花费大量时间自我琢磨的情况，本套件不仅提供各种标准模板（“葫芦”），还提供这些模板的基本使用步骤（即给出“照葫芦画瓢”的方法），以便进一步降低物联网开发的技术门槛，使更多的技术人员可以从事物联网应用系统的开发，为实现实时计算、终端智能化、云计算、大数据分析等综合应用提供坚实基础，推动物联网应用的普及化。

1.5.2 金葫芦 NB-IoT 开发套件硬件组成

金葫芦 NB-IoT 开发套件的硬件部分由金葫芦 NB-IoT（AHL-NB-IoT）、TTL-USB 串口线、彩色 LCD、扩展底板等组成，如图 1-7 所示。

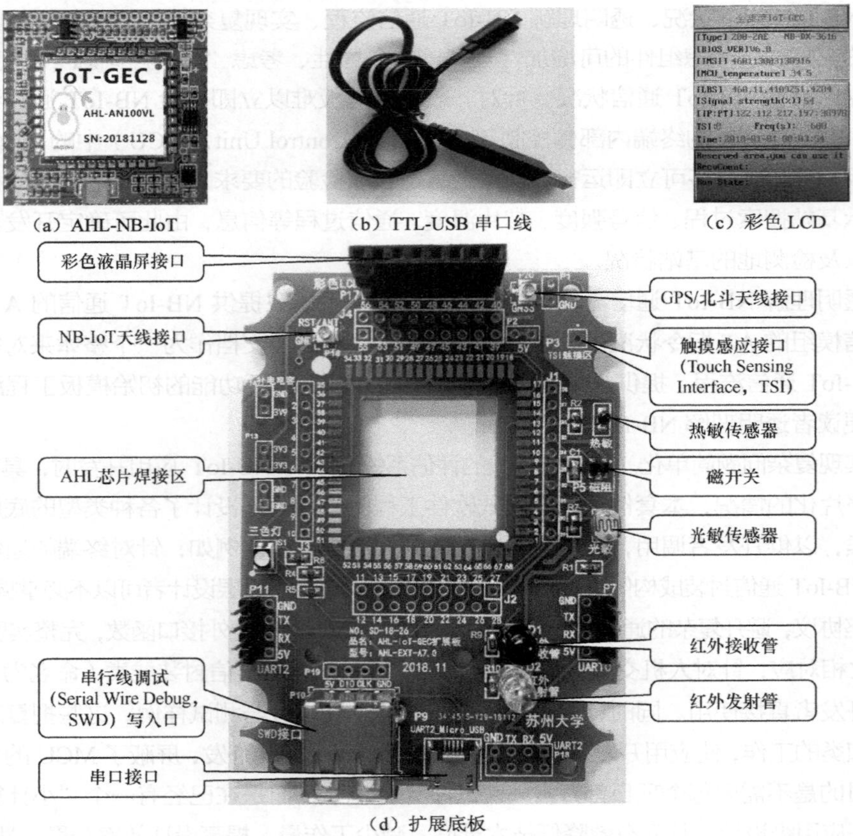
IoT-GEC
AHL-AN100VL
SN:20181128
彩色液晶屏接口
NB-IoT天线接口
AHL芯片焊接区
串行线调试
（Serial Wire Debug，SWD）写入口
串口接口
GPS/北斗天线接口
触摸感应接口
（Touch Sensing Interface，TSI）
热敏传感器
磁开关
光敏传感器
红外接收管
红外发射管

（a）AHL-NB-IoT （b）TTL-USB 串口线 （c）彩色 LCD

（d）扩展底板

图 1-7 金葫芦 NB-IoT 开发套件硬件部分

金葫芦 NB-IoT 开发套件的硬件设计目标是将 MCU、通信模组、电子卡、MCU 硬件最小系统等组成一个整体，集中在一个 SOC（System on Chip）芯片上，满足大部分终端产品的设计需要。金葫芦 NB-IoT 内含电子卡，在业务方面，包含一定的流量费。其在出厂时含有硬件检测程序（基本输入/输出系统+基本用户程序），当获得该芯片后，用户直接供电即可运行程序，实现联网通信。金葫芦 NB-IoT 的软件设计目标是把硬件驱动按规范设计好并固化于基本输入/输出系统（Basic Input Output System，BIOS），提供静态连接库及工程模板（“葫芦”），这可节省开发人员大量时间；同时提供与人机交互系统相关的工程模板级实例，为系统整体的连通提供示范。

1.5.3 金葫芦 NB-IoT 开发套件电子资源

金葫芦 NB-IoT 开发套件的电子资源中含有 6 个文件夹：01-Infor、02-Doc、03-Hard、04-Soft、05-Tool、06-Other。表 1-4 介绍了电子资源中各文件夹的主要内容。

表 1-4 金葫芦 NB-IoT 开发套件电子资源主要内容

文件夹	主要内容	说明
01-Infor	MCU 芯片参考手册	本 GEC 使用的 MCU 基本资料
02-Doc	AHL-NB-IoT 快速开发指南	供快速入门使用
03-Hard	AHL-GEC 芯片对外接口	使用 GEC 芯片时需要的电路接口
04-Soft	软件“葫芦”及样例	内含 UE 及 HCI 等下级文件夹
05-Tool	基本工具	含 TTL-USB 串口驱动、串口助手等
06-Other	C#快速应用指南等	供 C#快速入门使用

特别说明： 04-Soft 文件夹中存放了金葫芦 NB-IoT 开发套件的主要配套源程序及用户程序更新软件，包含 UE 和 HCI 文件夹。UE 文件夹中含有终端的参考程序 User_NB-IoT 及用户程序更新软件（AHL-GEC-IDE）等。HCI 文件夹中含有 HCI 的侦听程序、Web 网页、微信小程序、手机 App 软件框架及相关软件组件。这些配套程序、常用软件及金葫芦 NB-IoT 开发套件快速开发指南可以帮助读者迅速了解金葫芦工程框架，增大 IoT 开发编程颗粒度，降低开发难度。

1.5.4 用户程序更新软件

本小节简单介绍利用用户程序更新软件（AHL-GEC-IDE）进行编程的基本步骤，更加详细的过程可以查看“附录 B AHL-GEC-IDE 安装及基本使用指南”。

1. 下载开发环境

根据电子资源下“…\05-Tool\AHL-GEC-IDE 下载地址.txt”文件的指引，下载由 SD-Arm 开发的金葫芦集成开发环境（AHL-GEC-IDE）到“…\05-Tool”文件夹，该集成开发环境兼容一些常规的开发环境工程格式。

2. 建立自己的工作文件夹

按照“分门别类，各有归处”之原则，建立自己的工作文件夹，并考虑后续内容安排，建立其下级子文件夹。

3. 复制模板工程并重命名

所有工程可通过复制模板工程建立。例如，复制“…\04-Soft\ch04-1\ User_NB”工程到自己的工作文件夹，并可将其改为自己确定的工程名，建议尾端增加日期字样，以避免混乱。

4．导入工程

在已经下载了 AHL-GEC-IDE 并将其放入“…\05-Tool”文件夹，且按电子档快速安装指南正确安装了有关工具的前提下，就可以开始运行“…\05-Tool\AHL-GEC-IDE\AHL-GEC-IDE.exe”文件了，这一步打开了 AHL-GEC-IDE。接着单击“文件”→“导入工程”，导入已复制到自己文件夹并重新命名的工程。导入工程后，左侧为工程树形目录，右侧为文件内容编辑区，初始显示 main.c 文件的内容，如图 1-8 所示。

5．编译工程

在打开工程，并显示文件内容的前提下，可编译工程。单击“编译”→“编译工程（01）”，开始编译。

6．下载并运行

步骤一，连接硬件。用 TTL-USB 线（Micro 口）连接 GEC 底板上的“MicroUSB”串口与计算机的 USB 口。

步骤二，连接软件。单击“下载”→“串口更新”，将进入“界面更新”界面。单击“连接 GEC”，若查找到目标 GEC，则提示“成功连接……”。

步骤三，下载机器码。单击“选择文件”按钮导入被编译工程目录下 Debug 中的.hex 文件（看准生成时间，确认是自己现在编译的程序），然后单击“一键自动更新”按钮，等待程序自动更新完成。

此时程序自动运行了，若遇到问题，则可参阅电子资源“…\02-Doc”文件夹中的快速指南进行解决。

7．观察运行结果与程序的对应

观察终端的运行情况，如图 1-9 所示，以此来对比程序的执行流程。

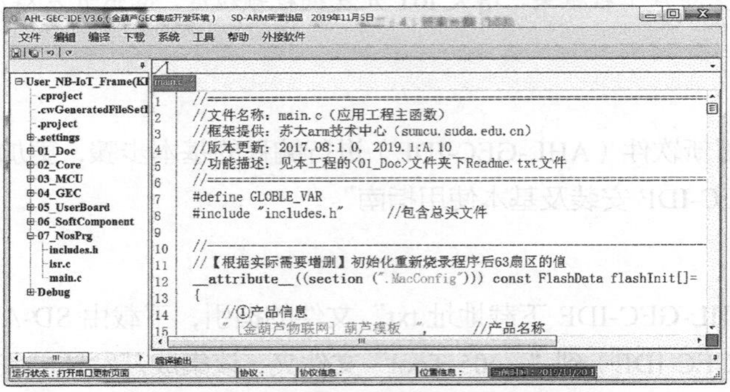

文件 编辑 编译 下载 系统 工具 帮助 外接软件
User_NB-IoT_Frame(KI
.cproject
.cwGeneratedFileSet
.project
.settings
01_Doc
02_Core
03_MCU
04_GEC
05_UserBoard
06_SoftComponent
07_NosPrg
includes.h
isr.c
main.c
Debug
//文件名称：main.c（应用工程主函数）
//框架提供：苏大arm技术中心（sumcu.suda.edu.cn）
//版本更新：2017.08:1.0，2019.1:A.10
//功能描述：见本工程的<01_Doc>文件夹下Readme.txt文件
#define GLOBLE_VAR
#include "includes.h"   //包含总头文件
//【根据实际需要增删】初始化重新烧录程序后63扇区的值
__attribute__((section(".MacConfig"))) const FlashData flashInit[]=
//①产品信息
"[金葫芦物联网]葫芦模板",   //产品名称

图 1-8　终端程序

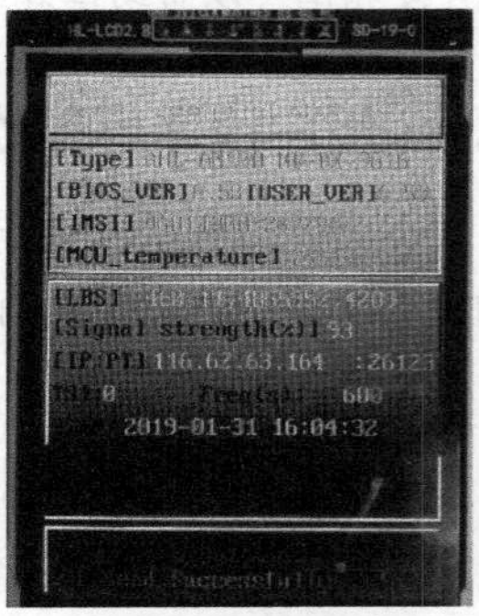

[Type]
[BIOS_VER]
[USER_VER]
[IMSI]
[MCU_temperature]
[LBS]
[Signal strength(%)]
[IP:PT]
2019-01-31 16:04:32

图 1-9　运行结果

1.6　实验 1：初识 NB-IoT 通信

1．实验目的

（1）通过观察数据初识 NB-IoT 的通信过程。

（2）初步掌握 4 种查看苏大终端数据的方法。

2. 实验准备

（1）硬件部分。PC 或笔记本计算机一台。

（2）软件部分。根据电子资源“…\02-Doc”文件夹下的电子版快速指南，下载合适的电子资源。

3. 实验过程或要求

采用 1.4 节提供的 4 种直观体验方法分别观察苏大终端数据，可通过认真观察芯片温度、信号强度和光线强度等数据是否发生变化，来判断是否有实时数据上传。比较这 4 种方法的不同之处，弄清楚使用它们分别需要哪些条件。

4. 实验报告要求

（1）基本掌握 WORD 文档的排版方法。

（2）用适当文字、图表描述实验过程。

（3）用 200～300 字写出实验体会。

（4）在实验报告中完成实践性问答题。

5. 实践性问答题

（1）您看到了几个苏大终端的数据？它们的 IMSI 码分别是什么？

（2）您看到的不同的苏大终端数据大概多久刷新一次？

1.7 习题

（1）简述 NB-IoT 的技术特点及应用场景。

（2）通过 1.4.1 小节的学习，了解微信小程序各功能菜单，在“实时数据”界面认真观察某一终端的数据，记录下该终端的 IMSI 码，设置“上传间隔”为 30s，并回发数据，记录 1～3 个光线强度不同的数据。

（3）通过 1.4.2 小节的学习，了解 Web 网页各功能菜单，在“实时数据”界面认真观察某一终端的数据，记录下该终端的 IMSI 码，设置“上传间隔”为 30s，并回发数据，记录 1～3 个光线强度不同的数据。

（4）上网查阅 LoRa 和 Sigfox 的相关资料，列出这两种通信技术的基本参数。

（5）从“苏州大学嵌入式学习社区→金葫芦专区→窄带物联网教材”专栏，自行下载 AHL-NB-IoT 电子资源及 AHL-GEC-IDE 等学习素材，了解电子资源中各文件夹的内容并安装 AHL-GEC-IDE。

02 chapter

NB-IoT 应用架构与通信基本过程

本章从 NB-IoT 应用开发的技术共性角度入手，把 NB-IoT 应用架构抽象为 NB-IoT 的终端、信息邮局、人机交互系统 3 个组成部分，分别介绍它们的定义，并介绍由此延伸的基本概念。读者理解了这些概念后，对 NB-IoT 应用开发技术的基本要素也就一目了然了。本章还介绍从信息邮局角度理解终端与人机交互系统的基本通信过程。

2.1 建立 NB-IoT 应用架构的基本原则

运营商建立 NB-IoT 网络，其目的是为 NB-IoT 应用产品提供信息传送的基础设施。有了这个基础设施，NB-IoT 应用开发研究及物联网工程专业的教学就可以进行了。但是，NB-IoT 应用开发涉及许多较为复杂的技术问题。第 1 章中提出的解决 NB-IoT 应用开发所面临的难题的基本思路是：从技术科学层面入手，研究抽象 NB-IoT 应用开发过程的技术共性。

本章将遵循人的认识过程由个别到一般、再由一般到个别的哲学原理，从技术科学的角度入手，以面向应用的视角抽取 NB-IoT 应用开发的技术共性，建立能涵盖 NB-IoT 应用开发知识要素的应用架构，为实现快速规范的应用开发提供理论基础。

由个别到一般，就是要把 NB-IoT 应用开发所涉及的软硬件体系的共性抽象出来、概括好、梳理好，建立与其知识要素相适应的抽象模型，为具体的 NB-IoT 应用开发提供模板（“葫芦”），为“照葫芦画瓢”提供技术基础。

由一般到个别，就是要厘清共性与个性的关系，充分利用模板（“葫芦”），依据“照葫芦画瓢”方法，快速实现具体应用的开发。

2.2 终端、信息邮局与人机交互系统的基本定义

NB-IoT 应用架构是从技术科学角度入手整体描述 NB-IoT 应用开发所涉及的基本知识结构的，主要体现开发过程所涉及的微控制器、NB-IoT 通信、人机交互系统等层次。

从应用层面来说，NB-IoT 应用架构可以抽象为 NB-IoT 终端、NB-IoT 信息邮局、NB-IoT 人机交互系统 3 个组成部分，如图 2-1 所示。这种抽象为深入理解 NB-IoT 的应用层面开发共性提供了理论基础。

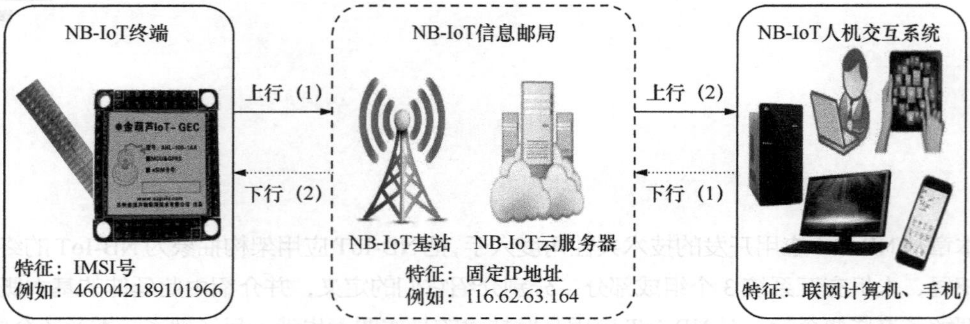

NB-IoT终端
特征：IMSI号
例如：460042189101966
上行（1）
下行（2）
NB-IoT信息邮局
NB-IoT基站
NB-IoT云服务器
特征：固定IP地址
例如：116.62.63.164
上行（2）
下行（1）
NB-IoT人机交互系统
特征：联网计算机、手机

图 2-1 NB-IoT 应用架构

2.2.1 NB-IoT 终端

定义 2.1 NB-IoT 终端。NB-IoT 终端是一种以微控制器为核心，具有数据采集、控制、运算等功能，带有 NB-IoT 通信功能，甚至包含机械结构，用于实现特定功能的软硬件实体，如 NB-IoT 燃气表、NB-IoT 水表、NB-IoT 电子牌、NB-IoT 交通灯、NB-IoT 智能农业设备、

NB-IoT 机床控制系统等。

终端一般以 MCU 为核心，辅以通信模组及其他输入/输出电路构成，MCU 负责数据采集、处理、分析，干预执行机构以及与通信模组的板内通信连接。通信模组将 MCU 的板内连接转为 NB-IoT 通信，以便借助基站与远程服务器通信。终端甚至可以包含短距离无线通信机构，以与其他物联网节点实现通信。

终端内含手机卡（目前使用电子卡，其也可以集成到通信模组中）。这个手机卡的学名叫作用户识别模块（Subscriber Identification Module，SIM）卡，含有唯一的国际移动用户识别（International Mobile Subscriber Identification，IMSI）码，也就是卡号。终端用户通过这个卡号给信息邮局运营商或者 NB-IoT 服务机构交费。目前，已经可以做到这个费用由终端的芯片厂商或中间件供应商统一缴纳，终端用户直接使用 SIM 卡即可，避免了许多烦琐的手续。

2.2.2 NB-IoT 信息邮局

定义 2.2 NB-IoT 信息邮局。NB-IoT 信息邮局是一种基于 NB-IoT 协议的信息传送系统，由 NB-IoT 基站 eNodeB（eNB）[①]与 NB-IoT 云服务器组成，在 NB-IoT 终端与 NB-IoT 人机交互系统之间起信息传送的桥梁作用，由信息运行商负责建立与维护。

从物理角度来看，NB-IoT 基站由户外的铁塔与 NB-IoT 基站路由器构成。铁塔是基站路由器的支撑机构，其作用是把 NB-IoT 基站路由器高高地挂起，提高 NB-IoT 基站路由器的无线覆盖范围。从应用开发用户编程的角度来看，NB-IoT 基站路由器是个中间“过渡”，编程者可以忽略它。

2.2.3 NB-IoT 人机交互系统

定义 2.3 NB-IoT 人机交互系统。NB-IoT 人机交互系统是实现人与 NB-IoT 信息邮局（NB-IoT 云服务器）之间信息交互、信息处理与信息服务的软硬件系统，其目标是使人们能够利用个人计算机、笔记本计算机、平板计算机、手机等设备，通过 NB-IoT 信息邮局，实现获取 NB-IoT 终端的数据、对终端进行控制等功能。

从应用开发角度来看，人机交互系统就是与信息邮局的固定 IP 地址与端口打交道的，其通过这个固定 IP 地址与端口，实现与终端的信息传输。

2.3 NB-IoT 通信过程与应用开发相关的基本概念

从应用开发角度来看，读者只须简单理解几个与终端、信息邮局、人机交互系统直接相关的基本概念即可，不必触及过多的术语。

2.3.1 与终端相关的基本概念

1. 将 IMSI 作为终端的唯一标志

终端需要一个唯一的标志进行区分。可将国际移动用户识别（IMSI）码作为终端的唯一标志，这也是向信息邮局缴纳费用的标志。

① eNB：evolved Node B，演进型基站。

通常，手机需要一个 SIM 卡。SIM 卡在手机中被称为“手机卡”。而 NB-IoT 终端也需要一个 SIM 卡，一般情况下它被直接封装在芯片内部，被称为 eSIM 卡。

国际移动用户识别（IMSI）码是区别移动用户的标志，其总长度不超过 15 位，存储在移动设备的用户识别卡中，每个用户识别卡都有一个 IMSI①码。在 NB-IoT 系统中，它是终端用户的唯一标志，通信运行商通过这个号收取通信流量费用，欠费的 NB-IoT 终端是无法通信的。在研发过程中，开发人员通常以 IMSI 码为终端设备的唯一标志。为了交流方便，口语上称 IMSI 码为“SIM 卡号”，简称“卡号”。

2．其他需要了解的基本概念

NB-IoT 终端中包含了 MCU、通信模组、eSIM 卡等。读者应了解通信模组的 IMSI 码。此外，终端需要连接基站，读者需要了解与此相关的概念或名称，如国际移动设备身份码、基站号、信号强度、信噪比、信息邮局给终端分配的 IP 地址等。

（1）国际移动设备身份码。国际移动设备身份（International Mobile Equipment Identity，IMEI）码，也叫国际移动设备辨识码，是由 15 位数字组成的“电子串号”，它与每台移动设备一一对应。每台移动设备在产品生产完成后都将拥有一个全球唯一的 IMEI②码。在 NB-IoT 系统中，它是通信模组的唯一标志，由通信模组生产商写入通信模组，开发者可以通过 AT 指令③获取通信模组的 IMEI 码。它是通信模组标志，也可以被作为终端的标志。

（2）基站号。当终端的射频信号打开时，终端会与附近的基站连接。终端可以通过 AT 指令获取连接的基站号，根据基站号即可分析终端的地址。

（3）信号强度。信号强度表示基站与终端之间通信能力的好坏。信号强度的度量单位为 dBm，这是一个表示功率绝对值的物理量，也可以被认为是以 1mW 功率为基准的一个比值。计算公式：信号强度=10log（功率值/1mW）。

在实际应用时，信号强度可以标准化为用 0～100 间的数（相对值）表示，以便于理解，正如手机信号强度用“刻度”表示。

（4）信噪比。信噪比（Signal-Noise Ratio，SNR）是指信号与噪声的比例，单位 dB，中文读作“分贝”，其值越大越好。信噪比也可以标准化为用 0～100 相对值表示，以便于理解。

（5）信息邮局给终端分配的 IP 地址。当终端成功地连接到信息邮局时（通信术语为“附着到核心网时”），基站就会向成功连接的终端分配一个临时的 IP 地址，供终端与信息邮局

---

① IMSI 码由不超过 15 位数字组成，每位数字仅使用 0~9 的数字，在手机中的含义如下：前 3 位数称为移动国家码（Mobile Country Code，MCC），由国际电信联盟（International Telecommunication Union，ITU）在全世界范围内统一分配和管理，唯一识别移动用户所属国家或地区，中国为 460；随后的 2~3 位数字为移动网络号码（Mobile Network Code，MNC），用于识别移动用户所归属的移动通信网，如中国电信 CDMA 系统使用 03、05，电信 4G 使用 11 等；最后为移动用户识别码（Mobile Subscriber Identification Number，MSIN），用以识别某一移动通信网中的移动用户。

② IMEI 码由 15 位数字组成，每位数字仅使用 0~9 的数字，在手机中的含义如下：前 6 位数是型号核准号码（Type Approval Code，TAC），一般代表机型；接着的 2 位数是最后装配号（Final Assembly Code，FAC），一般代表产地；之后的 6 位数是串号（Serial Number，SNR，即出厂序号），一般代表生产顺序号；最后 1 位数通常是“0”，为检验码，备用。IMEI 码具有唯一性，一般贴在手机背面的标志上，并且写于手机内存中。它也是该手机在厂家的“档案”和“身份证号”。例如，SAMSUNG 的一台 GT-I9308 手机的 IMEI 码是 355065 05 331100 1/01。其中，355065 是 TAC，05 是 FAC，331100 是 SNR，1 是 SP，01 是软件版本号。

③ AT（Attention）指令一般应用于终端设备与计算机之间进行通信。AT 指令在本书中特指通信模组通过串口能够接收的指令。每条 AT 指令，以字符“AT”为开始，以回车符为结尾，最长为 1058 字节（含“AT”两个字符）。即 AT 指令的发送，除“AT”两个字符外，最多可以接收 1056 个字节的长度（包括最后的空字符）。通信模组生产厂家在参考手册中会列出其支持的 AT 指令集，供通信模组底层驱动开发人员使用。一般应用级编程人员，只需要了解通信模组底层驱动构件 UECom 是通过 AT 指令实现的，着重掌握 UECom 构件的使用方法即可进行应用层面的程序设计。因此，本书不再介绍具体的 AT 指令。

进行数据交互时使用。

2.3.2 与信息邮局相关的基本概念

在 NB-IoT 终端通信编程中，需要提供一个固定的 IP 地址和端口号，供终端与信息邮局服务器建立连接，以便进行数据交互。目前许多 IT 类公司均有服务器租赁服务（即云平台服务），可提供具有固定 IP 地址的服务器。在本书中，固定 IP 地址和端口号就是 NB-IoT 信息邮局的抽象表现形式。

下面对与 IP 地址和端口号相关的基本概念做概括性总结。

1. 云服务器

信息邮局中的云服务器（Cloud Server，CS）可以是一个实体服务器，也可以是几处分散的云服务器，对编程者来说，它就是具有信息侦听功能的固定 IP 地址与端口，是侦听程序及数据库的物理支撑，即侦听程序及数据库的运行和维护都在云服务器上完成。云服务器的访问需要具有权限的用户名和密码，使用它们之前需要向信息邮局运营商或第三方机构申请并缴纳费用。

实际编程时，也可以认为具有固定 IP 地址的云服务器就是信息邮局的一种抽象。

2. IP 地址

Internet 上的每台主机都有一个唯一的 IP 地址。IP 地址由网络号（Network ID）和主机号（Host ID）两部分组成，网络号标志的是 Internet 上的一个子网，而主机号标志的是子网中的某台主机。

IP4 的地址长度为 32 位，分为 4 段，每段 8 位，如果用十进制数字表示，则每段数字的范围为 1～254（0 和 255 除外），段与段之间用句点“.”隔开，如 192.168.149.1。IP 地址就像家庭住址，如果您要给一个人写信，就要知道对方的地址，这样邮递员才能把信送到。计算机发送信息就好比是邮递员送信，它必须知道唯一的“家庭地址”才不至于把信送错。只不过一般的地址是使用文字表示的，而计算机的地址是使用数字表示的。

表征网络号（即网络地址）和主机号（即主机地址）的 IP 地址可分为 A、B、C、D、E 共 5 类，常用的是 B 和 C 两类。

A 类 IP 地址：用 7 位标识网络号，24 位标识主机号，最前面 1 位为“0”，全世界总共只有 126 个[①]A 类网络，每个 A 类网络最多可以连接 16777214 台[②]主机。

B 类 IP 地址：用 14 位标识网络号，16 位标识主机号，最前面 2 位是“10”。B 类 IP 地址的第 1 段取值为 128～191，前 2 段合在一起表示网络号。B 类 IP 地址适用于中等规模的网络，全世界大约有 16000 个 B 类网络，每个 B 类网络最多可以连接 65534 台主机。

C 类 IP 地址：用 21 位标识网络号，8 位标识主机号，最前面 3 位是“110”。C 类 IP 地址的第 1 段取值为 192～223，前 3 段合在一起表示网络号，最后 1 段标识网络上的主机号。C 类 IP 地址适用于校园网等小型网络，每个 C 类网络最多可以连接 254 台主机。

网络地址由因特网协会的网址分配机构（the Internet Corporation for Assigned Names and Numbers，ICANN）负责分配，目的是保证网络地址的全球唯一性。主机地址由各个网络的系统管理员分配。网络地址的唯一性与网络内主机地址的唯一性确保了 IP 地址的全球唯一性。

---

① $126=2^7-2$。

② $16777214=2^{24}-2$。

根据用途和安全性级别的不同，IP 地址还可分为两类，即公用地址和私有地址。公用地址在 Internet 中使用，可以在 Internet 中被较为随意地访问。私有地址只能在内部网络中使用，只有通过代理服务器才能与 Internet 通信。IP 地址中的私有地址有 10.0.0.0～10.255.255.255、172.16.0.0～172.31.255.255、192.168.0.0～192.168.255.255。

在计算机中，IP 地址是分配给网卡的，每个网卡有唯一的 IP 地址，如果一个计算机有多个网卡，则该台计算机将拥有多个不同的 IP 地址。在同一个网络内部，IP 地址不能相同。

3. 端口号

一台拥有 IP 地址的主机可以提供许多服务，如 Web 服务、FTP 服务、SMTP 服务等，这些服务完全可以通过一个 IP 地址来实现。就好比一座大楼里有许多不同的房间，每个房间的功能不同，大楼的名字相当于 IP 地址，房间号相当于端口号。那么，主机是怎样区分不同的网络服务的呢？显然不能只靠 IP 地址，因为 IP 地址与网络服务的关系是一对多的关系。实际中其是通过“IP 地址+端口号”来区分不同的服务的。

为了可以在一台设备上运行多个程序，人为地设计了端口（Port）的概念，类似的例子是公司内部的分机号码。规定一个设备有 2^{16}=65536 个端口，每个端口对应唯一的程序。每个网络程序，无论是客户端还是服务器端，都对应一个或多个特定的端口号。由于 0～1024 多被操作系统占用，所以实际编程时一般采用 1024 以后的端口号。下面是一些常见的服务对应的端口。ftp：21，telnet：23，smtp：25，dns：53，http：80，https：443。

4. 数据的上行与下行

终端把“信息”交给信息邮局，信息邮局把“信息”传输到人机交互系统，人机交互系统接收“信息”，这就是上行过程。人机交互系统把“信息”交给信息邮局，信息邮局把“信息”传输到终端，终端接收“信息”，这就是下行过程。

概括地说，上行是指终端通过信息邮局向人机交互系统传送信息，下行是指人机交互系统通过信息邮局向终端传送信息。

5. UE-HCI 事务与 HCI-UE 事务

UE-HCI 事务：终端（UE）通过信息邮局向人机交互系统（HCI）索要数据，至少须经历一次上行数据流向与一次下行数据流向。

HCI-UE 事务：人机交互系统（HCI）通过信息邮局向终端（UE）索要数据，至少须经历一次下行数据流向与一次上行数据流向。

2.3.3 与人机交互系统相关的基本概念

人机交互系统包含通过信息邮局接收终端数据的计算机，以及供人机交互使用的手机、平板计算机等。

1. 侦听程序

终端主动向“固定 IP 地址：端口”的云服务器发送数据，而云服务器要把数据接收下来，就必须在它上面运行一个程序以负责此项工作，这就是云服务器侦听程序（CS-Monitor）。它负责监视是否有终端发送来的数据，若有数据就把它接收下来并存入数据库，其还要负责把人机交互系统的数据发送给终端。

2. 数据库

数据库驻留在云服务器中的存储数据的地方。数据库由若干张表组成，每张表又由若干个字段组成。数据库的操作大多是对表的操作，而对表的基本操作有增加、删除、修改、查询。

3. Web 网页

Web 网页可以存储运行在云服务器上的软件，用户在获得对应网址后可以借助浏览器访问其中的内容，并实现与云服务器的交互。这里的网址可以是 IP 地址，也可以是域名地址。浏览器是指可以显示网页服务器或者文件系统的 HTML 文件内容，并让用户与这些文件交互的一种软件。与客户端不同，Web 网页的程序存储与运行都不在本机上进行，而是在云服务器上，因此可以节省本地的空间。本书第 6 章将讨论通过 Web 网页访问 NB-IoT 终端数据的编程方法，并给出相关模板。

4. 微信小程序

微信小程序，简称小程序（Mini Program），是腾讯公司于 2017 年 1 月 9 日正式发布的一种不需要下载安装即可使用的应用平台，它实现了应用“触手可及”的梦想，用户“扫一扫”或者“搜一搜”即可打开应用；体现了“用完即走”的理念，使用户不用关心是否安装太多应用的问题。对于开发者而言，小程序的开发门槛相对较低，难度不及 App，能够满足简单的基础应用，并且还能实现消息通知、线下扫码、公众号关联等七大功能。其中，通过公众号关联，用户还可以实现公众号与小程序相互跳转。本书第 7 章将讨论通过微信小程序访问 NB-IoT 终端数据的编程方法，并给出相关模板。

5. 手机 App

手机 App 软件主要指安装在智能手机上的软件，完善原始系统的不足与个性化，是手机完善其功能、为用户提供更丰富的使用体验的主要手段。手机软件的运行需要有相应的手机系统，目前主要的手机系统是苹果公司的 iOS 和谷歌公司的 Android 系统。手机 App 最大的优势在于它可以随时随地实现用户与服务器的交互。相比微信小程序和网页，其不足在于，它的安装与运行都在本机上进行，会消耗本机资源。本书第 8 章将讨论通过 App 访问 NB-IoT 终端数据的编程方法，并给出相关模板。

6. 客户端

客户端也称为用户端，是指与服务器相对应、为客户提供本地服务的程序。它一般安装在普通的用户计算机（也称为客户机）上，需要与服务端互相配合运行。较常用的用户端包括万维网使用的网页浏览器、即时通信的客户端软件等。对于这一类应用程序，需要网络中有相应的服务器和服务程序来提供相应的服务，如数据库服务等。这样，客户机和服务器端就需要建立特定的通信连接来保证应用程序的正常运行。本书第 9 章将讨论通过 PC 客户端访问 NB-IoT 终端数据的编程方法，并给出相关模板。

2.4 基于信息邮局初步分析 NB-IoT 基本通信过程

在第 1 章中，读者直观体验了 NB-IoT 数据传输，也许会产生终端的数据是如何到达我的计算机上的疑问。本节将基于信息邮局来初步分析 NB-IoT 的通信流程，这有助于读者形成

NB-IoT 应用开发的编程蓝图。

在有了 NB-IoT 应用架构之后，我们可以类比通过邮局寄信的过程，来理解 NB-IoT 的通信过程。虽然它们的流程不完全一样，但仍然可以做一定的对比理解。在对比过程中，注意取其意，忘其形，不能牵强对比。

图 2-2 所示为基于信息邮局的 NB-IoT 通信流程，其分为上行过程与下行过程。

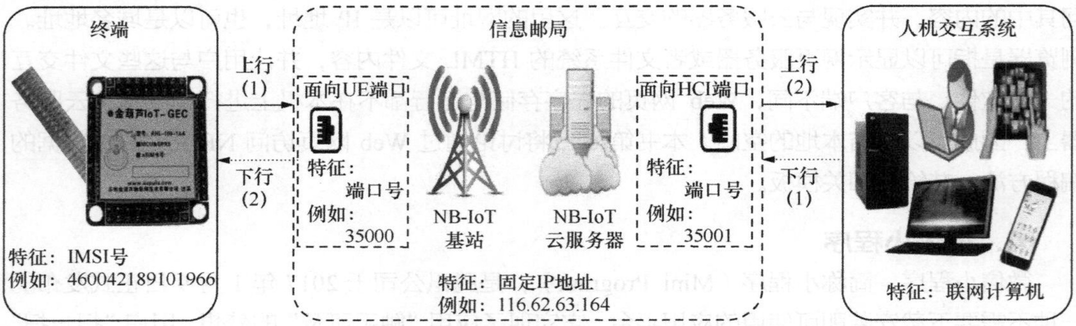
终端
特征：IMSI号
例如：460042189101966
上行
(1)
下行
(2)
信息邮局
面向UE端口
特征：
端口号
例如：
35000
NB-IoT
基站
NB-IoT
云服务器
面向HCI端口
特征：
端口号
例如：
35001
特征：固定IP地址
例如：116.62.63.164
上行
(2)
下行
(1)
人机交互系统
特征：联网计算机

图 2-2 基于信息邮局的 NB-IoT 通信流程

设云服务器的 IP 地址为 IPa（如 116.62.63.164），面向终端的端口号为 Px（如 35000），面向人机交互系统的端口号为 Py（如 35001）。

1. 数据上行过程

终端"寄"信息过程（上行过程）：终端有唯一标志——SIM 卡号，即 IMSI（自身地址，即寄件人地址）；对方地址是个中转站（即收件人地址），具有固定 IP 地址与端口（从编程的角度可以将其简单地理解为 Socket[①]）；信息邮局把安装在通信铁塔上的基站传来的"信件"送到固定 IP 地址与端口这个中转站；人机交互系统"侦听"着这个固定 IP 地址与端口，一旦来"信"，就把"信件"取走。具体流程描述如下。

（1）在云服务器上运行 CS-Monitor 程序，该程序中设定了云服务器面向终端的端口为"IPa: Px"，它把"耳朵竖起来"侦听着是否有终端发来数据；同时该程序会打开面向人机交互系统客户端的端口"IPa: Py"，等待客户端的请求。

（2）在人机交互系统的客户端计算机上运行客户端程序，建立与云服务器的连接。

（3）终端会根据云服务器面向终端的端口"IPa: Px"，通过基站与云服务器建立连接，并将数据发送给云服务器，云服务器将收到的数据存入数据库的上行表中。

（4）人机交互系统客户端有一个专门负责侦听云服务器是否发送过来数据的线程，当侦听到有数据发送来时，将对这些数据进行解析与处理。

2. 数据下行过程

HCI"寄"信息给终端过程（下行过程）：把标有收件人地址（UE 的 SIM 卡号）的"信件"送到固定 IP 地址与端口，信息邮局会根据收件人地址将"信件"送到相应的终端。

当然，这个过程的实际工作要复杂得多，但从应用开发的角度看，这样理解就可以了。信息传送过程由信息邮局负责，NB-IoT 应用产品开发人员只须专注于终端的软硬件设计，以及人机交互系统的软件开发。这就是本书的基本出发点和落脚点。

---

① 许多中文书籍把 Socket 翻译为"套接字"，这里可以将其理解为终端与人机交互系统通信"交接"的地方。

读者可参照数据上行过程自行理解数据下行过程。

2.5 实验 2：了解信息邮局的基本参数

1. 实验目的

（1）通过观察数据初识 NB-IoT 的通信过程。

（2）初步了解信息邮局的基本参数。

2. 实验准备

（1）硬件部分。PC 或笔记本计算机一台。

（2）软件部分。根据电子资源中“…\02-Doc”文件夹下的电子版快速指南，下载合适的电子资源。

3. 实验过程或要求

采用 1.4 节提供的 4 种直观体验方法分别观察苏大终端数据，记录信号强度、光线强度、服务器 IP、服务器端口和 LBS 定位等信息。

4. 实验报告要求

（1）用适当文字、图表描述实验过程。

（2）用 200～300 字写出实验体会。

（3）在实验报告中完成实践性问答题。

5. 实践性问答题

您看到的不同苏大终端的数据中，信号强度、光线强度、服务器 IP、服务器端口和 LBS 定位等信息是否一样？

2.6 习题

（1）简述 NB-IoT 的信息邮局、终端和人机交互系统这 3 个组成部分在通信过程中各自的作用。

（2）简述在 NB-IoT 通信过程中，数据是如何上行到人机交互系统中的，又是如何下行到终端的。

（3）简述在 NB-IoT 通信过程中，CS-Monitor 的作用。

（4）上网查阅资料，给出某个具体的 NB-IoT 终端的功能描述。

（5）在习题（4）的基础上，给出完整的 NB-IoT 应用系统的软硬件构成及各部分功能概要。

终端基础构件知识要素与实践

chapter 3

本章将从芯片无关性角度入手，阐述通用嵌入式计算机中构件的含义、分类及基本知识要素，介绍知识要素的构件应用程序接口（Application Programming Interface，API），以便读者理解基础构件，并将其应用于实际工程中。这些基础构件主要包括 GPIO、UART、ADC、Flash、I^2C 等，利用这些基础构件可以完成通用嵌入式计算机（General Embedded Computer，GEC）的大部分功能编程。

3.1 终端的编程框架与 3 类构件

提高代码质量和生产力的最佳方法就是复用好的代码，软件构件技术是实现软件复用的重要方法。构件（Component）是可重用的实体，它包含了合乎规范的接口和功能实现，能够被独立部署，也能被第三方组装①。嵌入式软件构件（Embedded Software Component）是具有相对独立功能、可明确辨识构件的实体，它是封装的、规范的、可重用的软件基本单元。规范的软件构件由头文件（.h）及源程序文件（.c）构成②。头文件可谓是软件构件简明且完备的使用说明，即在不须查看源程序文件的情况下，就能够完全使用该构件进行上一层程序的开发。为了便于理解与应用，可以把嵌入式软件构件分为基础构件、应用构件与软件构件 3 种类型。

1. 基础构件

定义 3.1 基础构件的定义。基础构件是根据 MCU 内部功能模块的基本知识要素，针对 MCU 引脚功能或 MCU 内部功能，利用 MCU 内部寄存器制作的直接干预硬件的构件。基础构件主要有 GPIO 构件、UART 构件、ADC 构件、Flash 构件、I^2C 构件等。

2. 应用构件

定义 3.2 应用构件的定义。应用构件是使用基础构件并面向对象编程的构件，如 Light 构件和 UECom 构件。Light 构件调用基础构件 GPIO，完成对小灯控制的封装。UECom 构件调用串口构件，完成 NB-IoT 通信。也可以把 printf 函数纳入应用构件，因为它可以调用串口构件。printf 函数调用的一般形式为：printf（“格式控制字符串”，输出表列）。本书使用的 printf 函数可通过 UART 串口向外传输数据。

3. 软件构件

定义 3.3 软件构件的定义。软件构件是一个面向对象的、具有规范接口和确定的上下文依赖的组装单元，它能够被独立使用或被其他构件调用。本书给出的软件构件主要有 crc 构件、frame 构件和 timeStamp 构件。若将人工智能的一些算法制作成构件，则也应纳入软件构件范畴。

3.2 GPIO、UART 及 Flash 构件

3.2.1 GPIO 构件

本小节介绍 GPIO 知识要素、GPIO 构件 API 及 GPIO 构件的输入/输出测试方法。

1. GPIO 知识要素

通用输入/输出（General Purpose Input/Output，GPIO）是 I/O 最基本的形式，是几乎

---

① NATO Communications and Information Systems Agency. NATO Standard for Development of Reusable Software Components[S], 1991.

② 底层驱动构件若不使用 C 语言编程，则相应组织形式会有变化，但实质不变。

所有计算机均会使用的部件。通俗地说，GPIO 是开关量输入/输出的简称。而开关量是指逻辑上具有“1”和“0”两种状态的物理量。开关量输出可以是指在电路中控制电器的开和关，也可以指控制灯的亮和暗，还可以指控制闸门的开和闭等。开关量输入可以是指获取电路中电器的开关状态，也可以指获取灯的亮暗状态，还可以指获取闸门的开关状态等。

GPIO 硬件部分的知识要素有 GPIO 的含义与作用、输出引脚外部电路的基本接法及输入引脚外部电路的基本接法等。

（1）GPIO 的含义与作用

从物理角度看，GPIO 只有高电平与低电平两种状态。从逻辑角度看，GPIO 只有“1”和“0”两种取值。在使用正逻辑的情况下，电源（Vcc）代表高电平，对应数字信号“1”；地（GND）代表低电平，对应数字信号“0”。作为通用输入引脚，计算机内部程序可以获取该引脚状态，以确定该引脚是“1”（高电平）还是“0”（低电平），即开关量的输入。作为通用输出引脚，计算机内部程序可以控制该引脚状态，使该引脚输出“1”（高电平）或“0”（低电平），即开关量的输出。

GPIO 的输出是计算机内部程序通过单个引脚来控制开关量设备的，进而达到自动控制开关状态之目的。GPIO 的输入是通过计算机内部程序来获取单个引脚状态的，进而达到获得外界开关状态之目的。

特别说明：注意在不同电路中，逻辑“1”对应的物理电平不同。在 5V 供电的系统中，逻辑“1”的特征物理电平为 5V；在 3.3V 供电的系统中，逻辑“1”的特征物理电平为 3.3V。因此，高电平的实际大小取决于具体电路。

（2）输出引脚外部电路的基本接法

作为通用输出引脚，计算机内部程序向该引脚输出高电平或低电平来驱动器件工作，即开关量输出。如图 3-1 所示，输出引脚 O1 和 O2 采用了不同的方式驱动外部器件。一种接法是 O1 直接驱动发光二极管 LED，当 O1 引脚输出高电平时，LED 不亮；当 O1 引脚输出低电平时，LED 点亮。这种接法的驱动电流一般在 2～10mA。另一种接法是 O2 通过一个 NPN 三极管驱动蜂鸣器，当 O2 引脚输出高电平时，三极管导通，蜂鸣器响；当 O2 引脚输出低电平时，三极管截止，蜂鸣器不响。这种接法可以用 O2 引脚上的几 mA 的控制电流驱动高达 100mA 的驱动电流。若负载需要更大的驱动电流，就必须采用光电隔离外加其他驱动电路，这对计算机编程来说，其实没有任何影响。

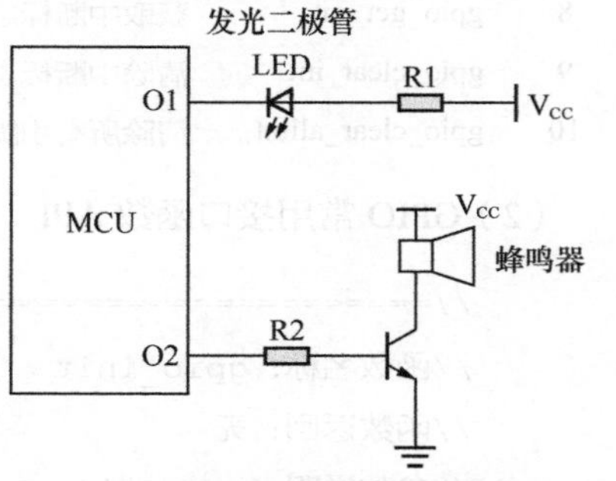
发光二极管
LED
R1
O1
V_{CC}
MCU
V_{CC}
蜂鸣器
R2
O2
图 3-1　通用 I/O 引脚输出电路

（3）输入引脚外部电路的基本接法

为了正确采样，输入引脚外部电路必须采用合适的接法，图 3-2 所示为输入引脚的 3 种外部连接方式。假设计算机内部没有上拉（Pull Up）或下拉（Pull Down）电阻，那么图 3-2 中的引脚 I3 上的开关 K3 采用悬空方式连接就不合适，因为 K3 断开时，引脚 I3 的电平不确定。在该图中，R1>>R2，R3<<R4，各电阻的典型取值为 R1=20kΩ，R2= 1kΩ，R3=10kΩ，R4=200kΩ。

上拉或下拉电阻（统称为“拉电阻”）的基本作用是将状态不确定的信号线通过一个电阻将其箝位至高电平（上拉）或低电平（下拉），其阻值的选取可参考图 3-2 及上述示例。

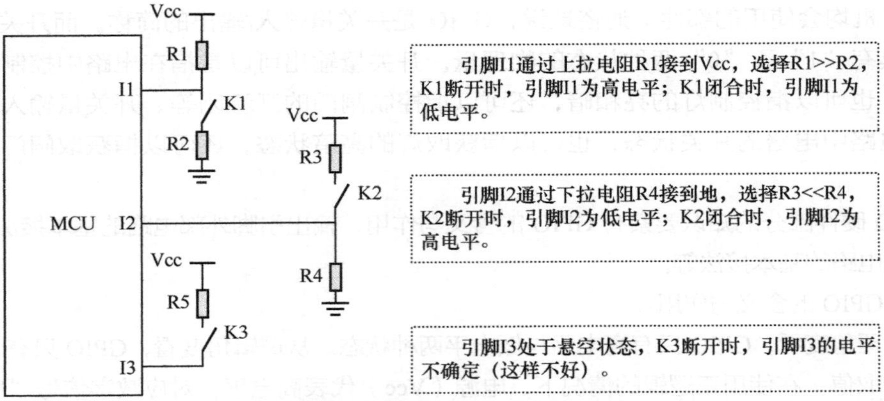
Vcc
R1
I1
K1
R2
Vcc
R3
K2
MCU
I2
Vcc
R4
R5
K3
I3
引脚I1通过上拉电阻R1接到Vcc，选择R1>>R2，K1断开时，引脚I1为高电平；K1闭合时，引脚I1为低电平。
引脚I2通过下拉电阻R4接到地，选择R3<<R4，K2断开时，引脚I2为低电平；K2闭合时，引脚I2为高电平。
引脚I3处于悬空状态，K3断开时，引脚I3的电平不确定（这样不好）。

图 3-2　通用 I/O 引脚输入电路接法举例

2. GPIO 构件 API

GPIO 软件部分的知识要素有 GPIO 的初始化、控制引脚状态、获取引脚状态、设置引脚中断、编制引脚中断处理程序等。本小节介绍 GPIO 构件 API，下一小节将介绍 GPIO 构件的用法实例。

（1）GPIO 接口函数简明列表

在 GPIO 构件的头文件 gpio.h 中给出了 API 函数的宏定义，表 3-1 所示为其函数名、简明功能及基本描述。

表 3-1　GPIO 接口函数简明列表

序号	函数名	简明功能	描述
1	gpio_init	初始化	引脚复用为 GPIO 功能，定义其为输入或输出；若为输出，还给出其初始状态
2	gpio_set	设定引脚状态	在 GPIO 输出情况下，设定引脚状态（高/低电平）
3	gpio_get	获取引脚状态	在 GPIO 输入情况下，获取引脚状态（1/0）
4	gpio_reverse	反转引脚状态	在 GPIO 输出情况下，反转引脚状态
5	gpio_pull	设置引脚上/下拉	在 GPIO 输入情况下，设置引脚上/下拉
6	gpio_enable_int	使能中断	在 GPIO 输入情况下，使能引脚中断
7	gpio_disable_int	关闭中断	在 GPIO 输入情况下，关闭引脚中断
8	gpio_get_int	获取中断标志	在 GPIO 输入情况下，用来获取引脚中断状况
9	gpio_clear_int	清除中断标志	在 GPIO 输入情况下，清除中断标志
10	gpio_clear_allint	清除所有引脚中断	在 GPIO 输入情况下，清除所有端口的 GPIO 中断

（2）GPIO 常用接口函数 API

```
//======================================================================
//函数名称：gpio_init
//函数返回：无
//参数说明：port_pin——引脚号，使用宏定义常数
//          dir——引脚方向（0=输入，1=输出，可用引脚方向宏定义）
//          state——端口引脚初始状态（0=低电平，1=高电平）
//功能概要：初始化指定端口引脚为 GPIO 引脚功能，并定义为输入或输出，若是输出，
```

```
//            还应指定初始状态是低电平或高电平
//===============================================================
void  gpio_init(uint_16 port_pin, uint_8 dir, uint_8 state);
//===============================================================
//函数名称：gpio_set
//函数返回：无
//参数说明：port_pin——引脚号，使用宏定义常数
//            state——希望设置的端口引脚状态（0=低电平，1=高电平）
//功能概要：当端口引脚被定义为 GPIO 功能且为输出时，本函数设定引脚状态
//===============================================================
void  gpio_set(uint_16 port_pin, uint_8 state);
//===============================================================
//函数名称：gpio_get
//函数返回：指定端口引脚的状态（1 或 0）
//参数说明：port_pin——引脚号，使用宏定义常数
//功能概要：当端口引脚被定义为 GPIO 功能且为输入时，本函数获取引脚状态
//===============================================================
uint_8  gpio_get(uint_16 port_pin);
//===============================================================
//函数名称：gpio_reverse
//函数返回：无
//参数说明：port_pin——引脚号，使用宏定义常数
//功能概要：当端口引脚被定义为 GPIO 功能且为输出时，本函数反转引脚状态
//===============================================================
void  gpio_reverse(uint_16 port_pin);
//===============================================================
//函数名称：gpio_pull
//函数返回：无
//参数说明：port_pin——引脚号，使用宏定义常数
//           pullselect——下拉/上拉（0=下拉，1=上拉）
//功能概要：当端口引脚被定义为 GPIO 功能且为输入时，本函数设置引脚下拉/上拉
//===============================================================
void  gpio_pull(uint_16 port_pin, uint_8 pullselect);
//===============================================================
//函数名称：gpio_enable_int
//函数返回：无
//参数说明：port_pin——引脚号，使用宏定义常数
//            type——引脚中断类型，由宏定义给出，列举如下
//            LOW_LEVEL      8      //低电平触发
```

```
//          HIGH_LEVEL     12        //高电平触发
//          RISING_EDGE     9        //上升沿触发
//          FALLING_EDGE   10        //下降沿触发
//          DOUBLE_EDGE    11        //双边沿触发
//功能概要：当端口引脚被定义为 GPIO 功能且为输入时，本函数开启引脚中断，并
//          设置中断触发条件
//特别注意：只有部分 GPIO 引脚具有 GPIO 输入中断功能，可参考芯片手册
//=====================================================================
void gpio_enable_int(uint_16 port_pin,uint_8 type);
//=====================================================================
//函数名称：gpio_disable_int
//函数返回：无
//参数说明：port_pin——引脚号，使用宏定义常数
//功能概要：当端口引脚被定义为 GPIO 功能且为输入时，本函数关闭引脚中断
//特别注意：只有部分 GPIO 引脚具有 GPIO 输入中断功能，可参考芯片手册
//=====================================================================
void gpio_disable_int(uint_16 port_pin);
//=====================================================================
//函数名称：gpio_get_int
//函数返回：引脚 GPIO 中断标志（1 或 0），1=有 GPIO 中断，0=无 GPIO 中断
//参数说明：port_pin——引脚号，使用宏定义常数
//功能概要：当端口引脚被定义为 GPIO 功能且为输入时，本函数获取中断标志
//特别注意：只有部分 GPIO 引脚具有 GPIO 输入中断功能，可参考芯片手册
//=====================================================================
uint_8  gpio_get_int(uint_16 port_pin);
//=====================================================================
//函数名称：gpio_clear_int
//函数返回：无
//参数说明：port_pin——引脚号，使用宏定义常数
//功能概要：当端口引脚被定义为 GPIO 功能且为输入时，本函数清除中断标志
//特别注意：只有部分 GPIO 引脚具有 GPIO 输入中断功能，可参考芯片手册
//=====================================================================
void gpio_clear_int(uint_16 port_pin);
//=====================================================================
//函数名称：gpio_clear_allint
//函数返回：无
//参数说明：无
//功能概要：清除所有端口的 GPIO 中断
//特别注意：只有部分 GPIO 引脚具有 GPIO 输入中断功能，可参考芯片手册
```

```
//==============================================================
void  gpio_clear_allint(void);
```

GPIO 构件可实现开关量输出与输入编程。若是输入，还可实现沿跳变中断编程。下面分别介绍 GPIO 构件的输出与输入测试方法。

3. GPIO 构件的输出测试方法

在金葫芦 IoT-GEC 开发套件的底板上，有（合为一体的）红绿蓝三色灯。使用 GPIO 构件实现红灯闪烁的具体实例可参考“…\ 04-Soft\ch03\CH03-1-GPIO_Output(Light)”，步骤如下。

（1）给灯命名

要用宏定义方式给红灯起个英文名（如 LIGHT_RED），明确红灯接在芯片的哪个 GPIO 引脚。由于这个工作须在用户程序中完成，因此按照“分门别类，各有归处”之原则，这个宏定义应该写在工程的 05_UserBoard\User.h 文件中。

```
//指示灯端口及引脚定义
#define  LIGHT_RED  GPIOA_2//红灯所在引脚，实际应用要根据具体芯片所接引脚修改
```

（2）给灯的状态命名

灯的亮暗状态所对应的逻辑电平是由物理硬件接法决定的，因此为了应用程序的可移植性，需要在 User.h 文件中对红灯的“亮”“暗”状态进行宏定义。

```
//灯状态宏定义（灯的亮暗状态对应的逻辑电平由物理硬件的接法决定）
#define  LIGHT_ON    0   //灯亮
#define  LIGHT_OFF   1   //灯暗
```

特别说明：对灯的“亮”“暗”状态使用宏定义，不仅是为了使编程更加直观，也是为了使软件能够更好地适应硬件。若硬件电路变动了，则采用灯的“暗”状态对应低电平，这只要改变本头文件中的宏定义就可以，而无须更改程序源代码。

（3）初始化红灯

在 07-NosPrg\main.c 文件中，对红灯进行编程控制。先将红灯初始化为“暗”，在“用户外设模块初始化”处增加下列语句。

```
gpio_init(LIGHT_RED,GPIO_OUTPUT,LIGHT_OFF); //初始化红灯，输出：暗
```

其中，GPIO_OUTPUT 是 GPIO 构件中对 GPIO 输出的宏定义，其是为了使编程直观方便。否则，我们很难区分“1”是输出还是输入。

特别说明：在嵌入式软件设计中，输入和输出都是站在 MCU 角度来看的，也就是站在 GEC 角度而言的。若要控制红灯亮暗，对 GEC 引脚来说，就是输出。若要获取外部状态到 GEC 中，对 GEC 来说，就是输入。例如，若要获取磁开关的状态就需要初始化 GPIO 引脚为输入。

（4）改变红灯亮暗状态

在 main 函数的主循环中，利用 GPIO 构件中的 gpio_reverse 函数，可实现红灯状态的切换。工程编译生成可执行文件后，将其写入目标板，可观察红灯闪烁的实际情况。

```
gpio_reverse(LIGHT_RED);                        //红灯状态切换
```

（5）红灯运行情况

经过编译生成机器码，通过 AHL-GEC-IDE 软件将 HEX 文件下载到目标板中，可观察板载红灯每秒闪烁一次，也可在 AHL-GEC-IDE 界面看到红灯状态改变的信息，如图 3-3 所示。由此可体会使用 printf 语句进行调试的好处。

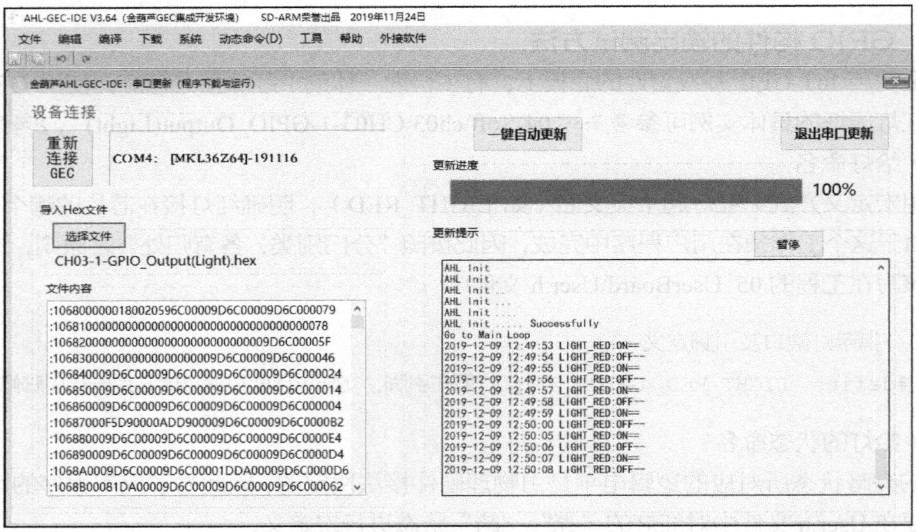

AHL-GEC-IDE V3.64（金葫芦GEC集成开发环境） SD-ARM荣誉出品 2019年11月24日
文件 编辑 编译 下载 系统 动态命令(D) 工具 帮助 外接软件
金葫芦AHL-GEC-IDE：串口更新（程序下载与运行）
设备连接
重新连接GEC
COM4: [MKL36Z64]-191116
一键自动更新
退出串口更新
更新进度
100%
导入Hex文件
选择文件
CH03-1-GPIO_Output(Light).hex
文件内容
:10680000001800205 96C00009D6C00009D6C000079
:106810000000000000000000000000000000000078
:10682000000000000000000000000009D6C00005F
:10683000000000000000000009D6C00009D6C000046
:106840009D6C00009D6C00009D6C00009D6C000024
:106850009D6C00009D6C00009D6C00009D6C000014
:106860009D6C00009D6C00009D6C00009D6C000004
:10687000F5D90000ADD900009D6C00009D6C0000B2
:106880009D6C00009D6C00009D6C00009D6C0000E4
:106890009D6C00009D6C00009D6C00009D6C0000D4
:1068A0009D6C00009D6C00001DDA00009D6C0000D6
:1068B00081DA00009D6C00009D6C00009D6C000062
更新提示
暂停
AHL Init
AHL Init .
AHL Init ..
AHL Init ...
AHL Init ....
AHL Init ..... Successfully
Go to Main Loop
2019-12-09 12:49:53 LIGHT_RED:ON==
2019-12-09 12:49:54 LIGHT_RED:OFF--
2019-12-09 12:49:55 LIGHT_RED:ON==
2019-12-09 12:49:56 LIGHT_RED:OFF--
2019-12-09 12:49:57 LIGHT_RED:ON==
2019-12-09 12:49:58 LIGHT_RED:OFF--
2019-12-09 12:49:59 LIGHT_RED:ON==
2019-12-09 12:50:00 LIGHT_RED:OFF--
2019-12-09 12:50:05 LIGHT_RED:ON==
2019-12-09 12:50:06 LIGHT_RED:OFF--
2019-12-09 12:50:07 LIGHT_RED:ON==
2019-12-09 12:50:08 LIGHT_RED:OFF--

图 3-3　GPIO 构件的输出测试方法

4. GPIO 构件的输入测试方法 1：循环获取开关状态

在金葫芦 IoT-GEC 开发套件的扩展底板上有个磁开关（Magnetic Switch），当其周围的磁场达到一定强度时，输出引脚 Vout 为低电平（平时为高电平）。该引脚不具备开关量输入中断功能，可通过程序不断查询（Polling）的方式获取其引脚状态。这个查询可以在主循环中进行，也可以在定时中断处理程序中进行。下面给出获取磁开关状态的编程步骤，具体实例可参考“…\04-Soft\ch03\CH03-2-GPIO_INPUT(Polling)”。

（1）给磁开关取名

在 05_UserBoard\User.h 文件中，给磁开关取个英文名称（如 M_SWITH），使用宏定义明确其接入 GPIO 的哪个引脚。

```
//GPIO 构件的输入测试方法 1：循环获取开关状态——磁开关的状态
#define  M_SWITH  GPIOC_6 //磁阻所在引脚，实际应用要根据具体芯片所接引脚修改
```

（2）main 函数的任务

第一步，在 07_NosPrg\main.c 文件中的“//（1.1）声明 main 函数使用的局部变量”处增加主函数使用的局部变量 mI。

```
uint_8 mI                                    //主循环使用的临时时间变量
```

第二步，在“//（1.6）用户外设模块初始化”处增加对磁开关进行初始化的语句。

```
gpio_init(M_SWITH,GPIO_INPUT,0);        //初始化为输入
gpio_pull(M_SWITH,1);                   //初始化为上拉
```

注意：初始化为 GPIO 输入时，gpio_init 函数的第 3 参数不起作用，写为 0 即可。

第三步，在主循环部分，进行开关量获取（每秒获取一次）。

```
//GPIO 构件输入测试方法 1：查询方式获取开关状态
mI=gpio_get(M_SWITH);
printf("开关量输入：:%d\n",mI);
```

（3）循环获取开关状态的测试

经过编译生成机器码，通过 AHL-GEC-IDE 软件将相关文件下载到目标板中，立即自动运行，测试方法如下。①利用手机法。将手机的上听筒对准磁开关的底板背面，有可能有效果，也有可能因磁场强度不够而无效果。②直接接线法。利用一端具有插孔、另一端具有插针的导线，将插孔端接入地（找到板上具有引出针的地），另一端接入测量点（具体位置可以参阅本章的辅助阅读材料），也可观察现象，测试结果如图 3-4 所示。

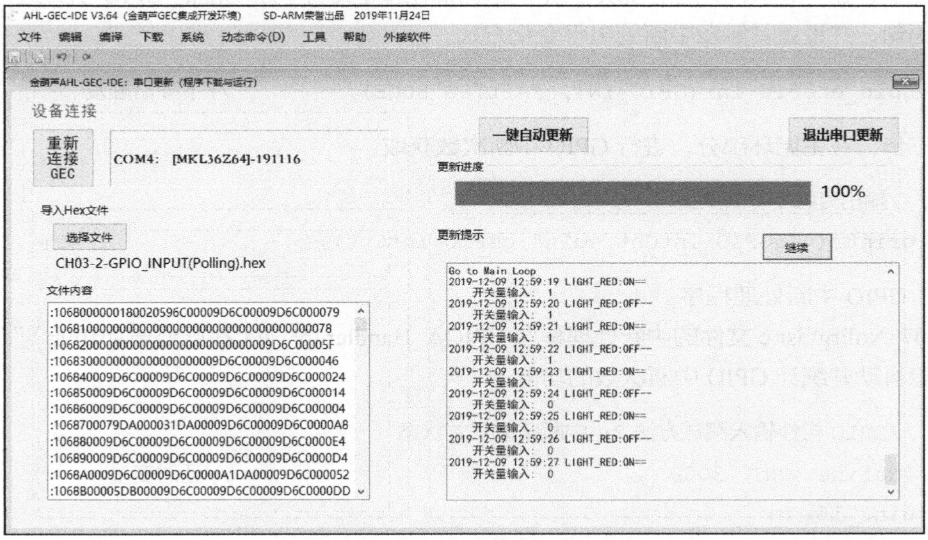
AHL-GEC-IDE V3.64（金葫芦GEC集成开发环境） SD-ARM荣誉出品 2019年11月24日
文件 编辑 编译 下载 系统 动态命令(D) 工具 帮助 外接软件
金葫芦AHL-GEC-IDE：串口更新（程序下载与运行）
设备连接
重新连接GEC
COM4: [MKL36Z64]-191116
一键自动更新
退出串口更新
更新进度
100%
导入Hex文件
选择文件
CH03-2-GPIO_INPUT(Polling).hex
更新提示
继续
文件内容
:106800000180020596C00009D6C00009D6C000079
:10681000000000000000000000000000000000078
:10682000000000000000000000000009D6C00005F
:106830000000000000000000009D6C00009D6C000046
:106840009D6C00009D6C00009D6C00009D6C000024
:106850009D6C00009D6C00009D6C00009D6C000014
:106860009D6C00009D6C00009D6C00009D6C000004
:1068700079DA000031DA00009D6C00009D6C0000A8
:106880009D6C00009D6C00009D6C00009D6C0000E4
:106890009D6C00009D6C00009D6C00009D6C0000D4
:1068A0009D6C00009D6C0000A1DA00009D6C000052
:1068B00005DB00009D6C00009D6C00009D6C0000DD
Go to Main Loop
2019-12-09 12:59:19 LIGHT_RED:ON==
开关量输入: 1
2019-12-09 12:59:20 LIGHT_RED:OFF--
开关量输入: 1
2019-12-09 12:59:21 LIGHT_RED:ON==
开关量输入: 1
2019-12-09 12:59:22 LIGHT_RED:OFF--
开关量输入: 1
2019-12-09 12:59:23 LIGHT_RED:ON==
开关量输入: 1
2019-12-09 12:59:24 LIGHT_RED:OFF--
开关量输入: 0
2019-12-09 12:59:25 LIGHT_RED:ON==
开关量输入: 0
2019-12-09 12:59:26 LIGHT_RED:OFF--
开关量输入: 0
2019-12-09 12:59:27 LIGHT_RED:ON==
开关量输入: 0

图 3-4　GPIO 构件输入查询方式的测试结果

5. GPIO 构件的输入测试方法 2：中断获取开关状态

在金葫芦 IoT-GEC 开发套件 MCU 的 GPIO 引脚中，具有中断功能的引脚可参阅本章的辅助阅读材料。首先初始化其引脚方向为输入，然后打开其中断并设置其触发中断的电平变化方式，随后，每当输入引脚的电平变化为预设的电平时，触发 GPIO 中断。在相应的 GPIO 中断服务例程中，如果加入去除抖动并统计 GPIO 中断次数的功能，则触发中断时可累计 GPIO 中断次数。

下面给出中断获取开关状态的编程步骤，具体实例可参考“…\04-Soft\ch03\CH03-3-GPIO_INPUT(Interrupt)”。

（1）定义全局变量

在 07_NoPrg\includes.h 文件中的“//（在此增加全局变量）”下面，定义一个统计 GPIO 中断次数的全局变量。

```
G_VAR_PREFIX  uint_32   gGPIO_IntCnt;     //GPIO 中断次数
```

（2）给中断引脚取名

在 05_UserBoard\User.h 文件中，给中断引脚取个英文名（如 GPIO_INT），使用宏定义明确其接入哪个具有中断功能的 GPIO 引脚。

（3）main 函数的任务

第一步，在 07_NoPrg\main.c 文件中的“//（1.6）用户外设模块初始化”处增加对选定具有中断功能的 GPIO 引脚进行初始化的语句。

```
gpio_init(LIGHT_RED,GPIO_OUTPUT,LIGHT_OFF);        //初始化红灯
gpio_init(GPIO_INT,GPIO_INPUT,0);                  //初始化为输入
gpio_pull(GPIO_INT,1);                             //初始化为上拉
```

注意：初始化为 GPIO 输入时，gpio_init 函数的第 3 参数不起作用，写为 0 即可。初始化红灯是为了通过控制红灯的闪烁，表明程序处于何种运行状态。

第二步，在“//（1.7）使能模块中断”处增加对选定具有中断功能的 GPIO 引脚进行使能中断的语句，并设置其触发中断的电平变化方式。

```
gpio_enable_int(GPIO_INT, FALLING_EDGE);           //下降沿触发
```

第三步，在主循环部分，进行 GPIO 中断次数获取。

```
//输出 GPIO 中断次数
printf(" gGPIO_IntCnt:%d\n",gGPIO_IntCnt);
```

（4）GPIO 中断处理程序

在 07_NoPrg\ isr.c 文件的中断处理程序 GPIOA_Handler 的“//（在此处增加功能）”后面，添加去除抖动并统计 GPIO 中断次数的功能。

```
//GPIO 构件输入测试方法 2：中断获取开关状态
#define  CNT  3000                                 //延时变量
uint_16  n;
uint_8  i,j,k,l,m;
//去抖动：多次延时获取 GPIO 电平状态，若每次皆为低电平状态，则 GPIO 中断次数+1
for  (n=0;n<=CNT;n++);
i=gpio_get(GPIO_INT);
for  (n=0;n<=CNT;n++);
j=gpio_get(GPIO_INT);
for  (n=0;n<=CNT;n++);
k=gpio_get(GPIO_INT);
for  (n=0;n<=CNT;n++);
l=gpio_get(GPIO_INT);
for  (n=0;n<=CNT;n++);
m=gpio_get(GPIO_INT);
if  (i==0  &&j==0  &&  k==0  &&  l==0  &&  m==0 )
{
```

```
        gGPIO_IntCnt++;
    }
    gpio_clear_int(GPIO_INT);     //清空 GPIO 中断标志
```

（5）中断获取开关状态的测试

经过编译生成机器码，通过 AHL-GEC-IDE 软件将相关文件下载到目标中，立即自动运行，如图 3-5 所示，具体测量点的位置可以参阅本章的辅助阅读材料。

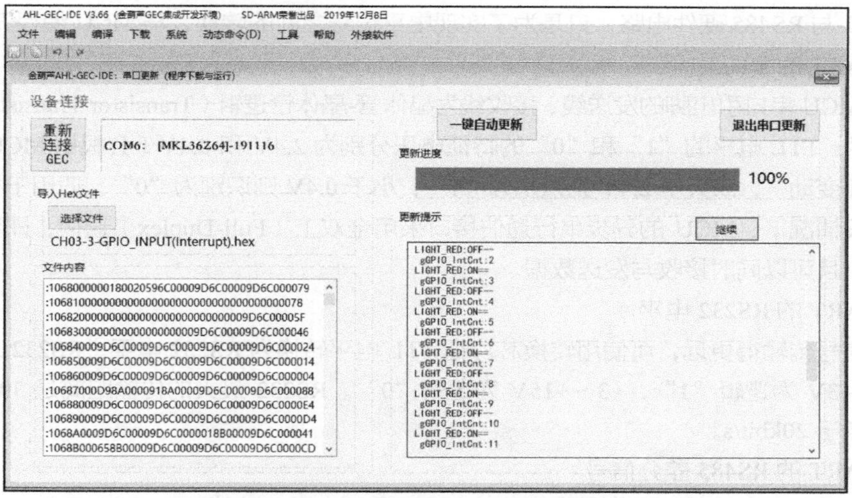
AHL-GEC-IDE V3.66（金葫芦GEC集成开发环境）　SD-ARM荣誉出品　2019年12月8日
文件　编辑　编译　下载　系统　动态命令(D)　工具　帮助　外接软件
金葫芦AHL-GEC-IDE：串口更新（程序下载与运行）
设备连接
重新连接GEC
COM6:　[MKL36Z64]-191116
一键自动更新
退出串口更新
更新进度
100%
导入Hex文件
选择文件
CH03-3-GPIO_INPUT(Interrupt).hex
更新提示
继续
文件内容
:10680000018002059 6C00009D6C00009D6C000079
:10681000000000000000000000000000000000078
:1068200000000000000000000000000009D6C00005F
:10683000000000000000000009D6C00009D6C000046
:106840009D6C00009D6C00009D6C00009D6C000024
:106850009D6C00009D6C00009D6C00009D6C000014
:106860009D6C00009D6C00009D6C00009D6C000004
:10687000D98A0000918A00009D6C00009D6C000088
:106880009D6C00009D6C00009D6C00009D6C0000E4
:106890009D6C00009D6C00009D6C00009D6C0000D4
:1068A0009D6C00009D6C0000018B00009D6C000041
:1068B000658B00009D6C00009D6C00009D6C0000CD
LIGHT_RED:OFF--
gGPIO_IntCnt:2
LIGHT_RED:ON==
gGPIO_IntCnt:3
LIGHT_RED:OFF--
gGPIO_IntCnt:4
LIGHT_RED:ON==
gGPIO_IntCnt:5
LIGHT_RED:OFF--
gGPIO_IntCnt:6
LIGHT_RED:ON==
gGPIO_IntCnt:7
LIGHT_RED:OFF--
gGPIO_IntCnt:8
LIGHT_RED:ON==
gGPIO_IntCnt:9
LIGHT_RED:OFF--
gGPIO_IntCnt:10
LIGHT_RED:ON==
gGPIO_IntCnt:11

图 3-5　GPIO 构件输入中断方式的测试结果

3.2.2 UART 构件

本小节介绍 UART 知识要素、UART 构件 API 及 UART 构件 API 的测试方法。

1. UART 知识要素

串行通信接口（Serial Communication Interface，SCI）也称为通用异步收发器（Universal Asynchronous Receiver-Transmitters，UART），简称为“串口”。MCU 中的串口在硬件上一般只需要 3 根线，分别称为发送线（TxD）、接收线（RxD）和地线（GND）。在通信方式上，串行通信属于单字节通信，其是嵌入式开发中重要的打桩调试手段。

UART 的知识要素有通信格式、波特率、硬件电平信号。

（1）通信格式

图 3-6 所示为 8 位数据、无校验情况下的通信数据传送格式。这种格式的空闲状态为“1”，发送器通过发送一个“0”表示一个字节传输的开始；随后是数据位（在 MCU 中一般是 8 位）；最后，发送器发送 1～2 位的停止位，表示一个字节传送结束。若要继续发送下一字节，则应重新发送开始位，以开始一个新字节的传送。若不发送新的字节，则维持“1”的状态，以使发送数据线处于空闲状态。

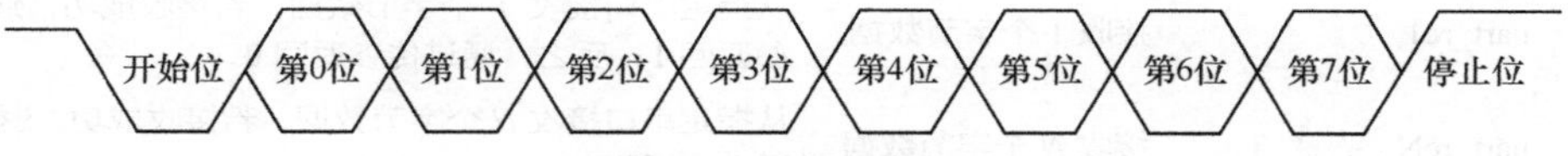
开始位
第0位
第1位
第2位
第3位
第4位
第5位
第6位
第7位
停止位

图 3-6　串行通信数据格式

（2）波特率

每秒内传送的码元数叫作波特率（Baud Rate），单位：码元/秒，在二进制下记为 bit/s。bit/s 是英文“bit per second”的缩写，习惯上这个缩写不用大写，而用小写。波特率的倒数就是位的持续时间（Bit Duration），单位为秒。

（3）硬件电平信号

UART 通信在硬件上有 TTL 电平、RS232 电平、RS485 差分信号方式。TTL 电平是最基本的，可使用专门的芯片将 TTL 电平转为 RS232 或 RS485，RS232 与 RS485 也可相互转换。采用 RS232 与 RS485 硬件电路，只是为了实现电平信号之间的转换，与 MCU 编程无关。

① UART 的 TTL 电平

通常 MCU 串口引出脚的发送线、接收线为晶体管-晶体管逻辑（Transistor Transistor Logic，TTL）电平。TTL 电平的“1”和“0”的特征电压分别为 2.4V 和 0.4V（会根据 MCU 使用的供电电压而变动），即大于 2.4V 则识别为“1”，小于 0.4V 则识别为“0”，适用于板内数据传输。一般情况下，MCU 的异步串行通信接口采用全双工（Full-Duplex）通信，即数据传送是双向的，且可以同时接收与发送数据。

② UART 的 RS232 电平

为使信号传输得更远，可使用转换芯片把 TTL 电平转换为 RS232 电平。RS232 采用负逻辑，–15～–3V 为逻辑“1”，+3～+15V 为逻辑“0”。RS232 最大的传输距离是 30m，通信速率一般低于 20kbit/s。

③ UART 的 RS485 差分信号

若要使信号传输超过 30m，增强抗干扰性，可使用专门的芯片将 TTL 电平转换为 RS485 差分信号进行传输。RS485 采用差分信号负逻辑，两线电压差为–2～–6V 表示“1”，两线电压差为+2～+6V 表示“0”。在硬件连接上，其采用两线制接线方式，在工业中应用较多。两线制的 RS485 通信属于半双工（Half-Duplex）通信，即数据传送是双向的，但不能同时收发。

2. UART 构件 API

（1）UART 常用接口函数简明列表

在 UART 构件的头文件 uart.h 中给出了 API 函数声明，表 3-2 所示为其函数名、简明功能及基本描述。

表 3-2　UART 常用接口函数简明列表

序号	函数名	简明功能	描述
1	uart_init	初始化	初始化 UART 模块，设定使用的串口号和波特率
2	uart_send1	发送 1 个字节数据	向指定串口发送 1 个字节数据，若发送成功，返回 1；反之，返回 0
3	uart_sendN	发送 *N* 个字节数据	向指定串口发送 *N* 个字节数据，若发送成功，返回 1；反之，返回 0
4	uart_send_string	发送字符串	向指定串口发送字符串，若发送成功，返回 1；发送失败，返回 0
5	uart_re1	接收 1 个字节数据	从指定串口接收 1 个字节数据，若接收成功，通过传参返回 1；反之，通过传参返回 0
6	uart_reN	接收 *N* 个字节数据	从指定串口接收 *N* 个字节数据，若接收成功，返回 1；反之，返回 0

续表

序号	函数名	简明功能	描述
7	uart_enable_re_int	使能接收中断	使能指定串口的接收中断
8	uart_disable_re_int	关闭接收中断	关闭指定串口的接收中断
9	uart_get_re_int	获取接收中断标志	获取指定串口的接收中断标志，若有接收中断，返回 1；反之，返回 0
10	uart_deinit	UART 反初始化	指定的 UART 模块反向初始化，关闭串口时钟

（2）UART 常用接口函数 API

```
//=====================================================================
//函数名称：uart_init
//功能概要：初始化 UART 模块
//参数说明：uartNo——串口号，如 UARTA、UARTB、UARTC，详细定义
//          与对应引脚可见 04_GEC\gec.h 文件
//          baud_rate——波特率，可取 300、600、1200、2400、4800、9600、19200、
//          115200……
//函数返回：无
//=====================================================================
void uart_init(uint_8 uartNo, uint_32 baud_rate);
//=====================================================================
//函数名称：uart_send1
//参数说明：uartNo——串口号，如 UARTA、UARTB、UARTC，定义见 04_GEC\gec.h 文件
//          ch——要发送的字节
//函数返回：函数执行状态，1 表示发送成功，0 表示发送失败
//功能概要：串行发送 1 个字节
//=====================================================================
uint_8 uart_send1(uint_8 uartNo, uint_8 ch);
//=====================================================================
//函数名称：uart_sendN
//参数说明：uartNo——串口号，如 UARTA、UARTB、UARTC，定义见 04_GEC\gec.h 文件
//          *buff——待发送数据的缓冲区
//          len——发送长度
//函数返回：函数执行状态，1 表示发送成功，0 表示发送失败
//功能概要：串行发送 N 个字节
//=====================================================================
uint_8 uart_sendN(uint_8 uartNo ,uint_16 len ,uint_8* buff);
//=====================================================================
//函数名称：uart_send_string
//参数说明：uartNo——串口号，如 UARTA、UARTB、UARTC，定义见 04_GEC\gec.h 文件
//          *buff——待发送字符串的首地址
```

```
//函数返回：函数执行状态，1表示发送成功，0表示发送失败
//功能概要：从指定UART端口发送一个以'\0'结束的字符串
//======================================================================
uint_8 uart_send_string(uint_8 uartNo, void *buff);
//======================================================================
//函数名称：uart_re1
//参数说明：uartNo——串口号，如UARTA、UARTB、UARTC，定义见04_GEC\gec.h文件
//          *fp——接收成功标志的指针，*fp=1表示接收成功，*fp=0表示接收失败
//函数返回：返回接收的字节
//功能概要：串行接收1个字节
//======================================================================
uint_8 uart_re1(uint_8 uartNo,uint_8 *fp);
//======================================================================
//函数名称：uart_reN
//参数说明：uartNo——串口号，如UARTA、UARTB、UARTC，定义见04_GEC\gec.h文件
//          *buff——接收数据的缓冲区
//          len——接收长度
//函数返回：函数执行状态，1表示发送成功，0表示发送失败
//功能概要：串行接收N个字节，放入*buff中
//======================================================================
uint_8 uart_reN(uint_8 uartNo ,uint_16 len ,uint_8* buff);
//======================================================================
//函数名称：uart_enable_re_int
//参数说明：uartNo——串口号，如UARTA、UARTB、UARTC，定义见04_GEC\gec.h文件
//函数返回：无
//功能概要：开串口接收中断
//======================================================================
void uart_enable_re_int(uint_8 uartNo);
//======================================================================
//函数名称：uart_disable_re_int
//参数说明：uartNo——串口号，如UARTA、UARTB、UARTC，定义见04_GEC\gec.h文件
//函数返回：无
//功能概要：关串口接收中断
//======================================================================
void uart_disable_re_int(uint_8 uartNo);
//======================================================================
//函数名称：uart_get_re_int
//参数说明：uartNo——串口号，如UARTA、UARTB、UARTC，定义见04_GEC\gec.h文件
//函数返回：接收中断标志，1=有接收中断，0=无接收中断
```

```
//功能概要：获取串口接收中断标志，同时禁用发送中断
//======================================================================
uint_8 uart_get_re_int(uint_8 uartNo);
//======================================================================
//函数名称：uart_deint
//参数说明：uartNo——串口号，如 UARTA、UARTB、UARTC，定义见 04_GEC\gec.h 文件
//函数返回：无
//功能概要：UART 反初始化
//======================================================================
void uart_deint(uint_8 uartNo);
```

3. UART 构件 API 的测试方法

金葫芦 IoT-GEC 开发套件有 3 个 UART 模块，分别定义为 UARTA、UARTB 和 UARTC。同时使用金葫芦 IoT-GEC 开发套件和上位机的串口调试工具可测试串口构件，即通过串口线向开发套件的串口模块发送一个字符串“Sumcu Uart Component Test Case.”，开发套件收到后再通过该串口回发该字符串。

在金葫芦 IoT-GEC 开发套件中，串口测试使用 UARTA 模块（其在开发套件底板上的标志为 UART0），如图 3-7 所示。在开发套件通电的情况下，用串口线连接 UARTA 模块，其中，白色线连接 Tx 引脚，绿色线连接 Rx 引脚，黑色线连接 GND 引脚。下面介绍 UARTA 串口模块测试的基本步骤，具体实例可参考“…\ 04-Soft\ch03\CH03-4-UART”。

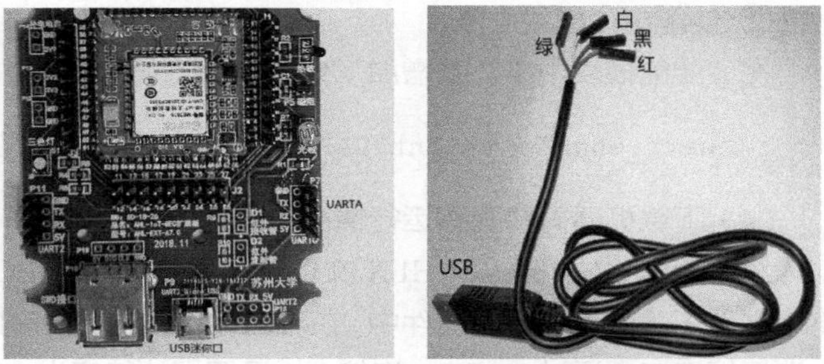
UARTA
白
绿
黑
红
USB
图 3-7　开发套件底板上的 UARTA 和串口线

（1）重命名串口

将 UARTA 模块用宏定义的方式起个标志名（如 UART_USER）供用户使用，以辨别该串口模块的用途。这个宏定义应该写在工程的 05_UserBoard\User.h 文件中。

```
//UART 模块定义
#define UART_USER    UARTA    //实际应用要根据具体芯片所接引脚修改
```

（2）UART 模块接收中断处理程序

在工程 07_NosPrg\isr.c 文件中，中断处理程序 UARTA_Handler 实现接收 1 个字节数据并回发的功能。

```
void UARTA_Handler(void)
{
    uint_8 ch;
    uint_8 flag;
    DISABLE_INTERRUPTS;            //关总中断
    //------------------------------------------------------------------
```

```
    //接收 1 个字节数据
    ch = uart_re1(UART_USER,&flag); //调用接收 1 个字节数据的函数，清中断位
    if(flag)                        //有数据
    {
        uart_send1(UART_USER,ch);   //回发接收到的数据
    }
    //--------------------------------------------------------------------
    ENABLE_INTERRUPTS;              //开总中断
}
```

（3）main 函数的任务

① UART_USER 串口模块初始化

在 07_NosPrg\main.c 文件中，对 UART_USER 串口模块进行初始化，其中波特率设置为 115200bit/s，在“用户外设模块初始化”处增加下列语句。

```
uart_init(UART_USER, 115200);       //初始化串口模块
```

② 使能串口模块中断

在“使能模块中断”处增加下列语句。

```
uart_enable_re_int(UART_USER);      //使能 UART_USER 模块接收中断功能
```

（4）下载机器码并观察运行情况

经过编译生成机器码（HEX 文件），通过 AHL-GEC-IDE 软件（采用“USB 迷你口”）将该文件下载到目标开发套件中。在 AHL-GEC-IDE 的串口调试工具（“工具”→“串口工具”）中选择好串口（通过 UARTA 连接），设置好波特率为 115200bit/s，单击“打开串口”，选择发送方式为“字符串方式（String）”，在文本框内输入字符串内容“Sumcu Uart Component Test Case.”，单击“发送数据按钮”，则可实现从上位机将该字符串发送给开发套件。同时，在接收数据窗口中会显示该字符串，这是由于开发套件的 UARTA 模块接收到字符串的同时也会将其回发给上位机，如图 3-8 所示。

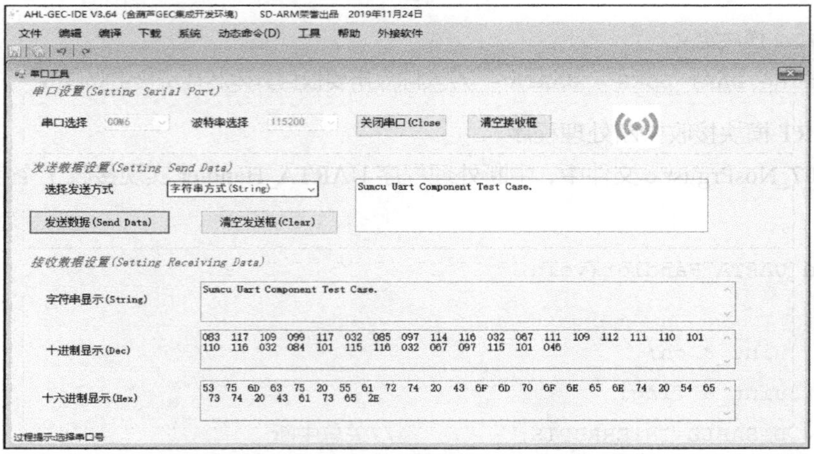
AHL-GEC-IDE V3.64（金葫芦GEC集成开发环境） SD-ARM荣誉出品 2019年11月24日
文件 编辑 编译 下载 系统 动态命令(D) 工具 帮助 外接软件
串口工具
串口设置(Setting Serial Port)
串口选择
波特率选择
115200
关闭串口(Close
清空接收框
发送数据设置(Setting Send Data)
选择发送方式
字符串方式(String)
Sumcu Uart Component Test Case.
发送数据(Send Data)
清空发送框(Clear)
接收数据设置(Setting Receiving Data)
字符串显示(String)
Sumcu Uart Component Test Case.
十进制显示(Dec)
083 117 109 099 117 032 085 097 114 116 032 067 111 109 112 111 110 101
110 116 032 084 101 115 116 032 067 097 115 101 046
十六进制显示(Hex)
53 75 6D 63 75 20 55 61 72 74 20 43 6F 6D 70 6F 6E 65 6E 74 20 54 65
73 74 20 43 61 73 65 2E
过程提示:选择串口号

图 3-8 UARTA 串口模块回发字符串到上位机

3.2.3 Flash 构件

本小节介绍内部 Flash 在线编程知识要素、Flash 构件 API 及 Flash 构件 API 的测试方法。

1. Flash 知识要素

Flash 存储器（Flash Memory），中文简称"闪存"，英文简称"Flash"，是一种非易失性（Non-Volatile）内存。与随机存取存储器（Rardom Access Memory，RAM）掉电无法保存数据相比，Flash 具有掉电数据不丢失的优点。它因具有非易失性、成本低、可靠性高等特点，应用极为广泛，已经成为嵌入式计算机的主流内存储器。

Flash 的知识要素有 Flash 的编程模式、Flash 擦除与写入的含义、Flash 擦除与写入的基本单位、Flash 保护。

（1）Flash 的编程模式

Flash 的编程模式有两种：一种是通过编程器将程序写入 Flash 中，这称为写入器编程模式；另一种是通过运行 Flash 内部程序对 Flash 其他区域进行擦除与写入，这称为 Flash 在线编程模式。

（2）Flash 擦除与写入的含义

对 Flash 存储器的读写不同于对一般 RAM 的读写，需要专门的编程过程。Flash 编程的基本操作有两种：擦除（Erase）和写入（Program）。擦除操作的含义是将存储单元中的内容由二进制的 0 变成 1，而写入操作的含义是将存储单元的某些位由二进制的 1 变成 0。

（3）Flash 擦除与写入的基本单位

在执行写入操作之前，要确保写入区在上一次擦除之后没有被写入过，即写入区是空白的（各存储单元的内容均为 0xFF）。所以，在写入之前一般都要先执行擦除操作。Flash 的擦除操作包括整体擦除和以 *m* 个字为单位的擦除。这 *m* 个字在不同厂商或不同系列的 MCU 中称呼不同，有的称为"块"，有的称为"页"，有的称为"扇区"等，它表示在线擦除的最小度量单位。假设统一使用扇区术语，则对应一个具体的芯片，需要确认该芯片的 Flash 的扇区总数、每个扇区的大小、起始扇区的物理地址等信息。Flash 的写入操作是以字为单位进行的。

（4）Flash 保护

为了防止某些 Flash 存储区域受意外擦除与写入的影响，可以通过编程方式保护这些 Flash 存储区域。保护后，该区域将无法进行擦除、写入操作。Flash 保护一般以扇区为单位。

2. Flash 构件 API

（1）Flash 常用接口函数简明列表

Flash 构件的头文件 flash.h 给出了 API 函数声明，表 3-3 所示为其函数名、简明功能及基本描述。

表 3-3 Flash 常用接口函数简明列表

序号	函数名	简明功能	描述
1	flash_init	初始化	初始化 Flash 模块
2	flash_erase	擦除扇区	擦除指定扇区
3	flash_write	写数据	向指定扇区写数据，若写成功返回 0；反之，返回 1
4	flash_read_logic	读数据	从指定扇区读数据
5	flash_read_physical	读数据	从指定地址读数据
6	flash_protect	保护扇区	保护指定扇区
7	flash_isempty	判断扇区是否为空	判断指定扇区是否为空

（2）Flash 常用接口函数 API

```
//============================================================================
//函数名称：flash_init
//函数返回：无
//参数说明：无
//功能概要：flash 初始化
//============================================================================
void flash_init(void);
//============================================================================
//函数名称：flash_erase
//函数返回：函数执行执行状态，0=正常，1=异常
//参数说明：sect——扇区号（范围取决于实际芯片，如 AHL-A 系列 GEC：0～63，每扇区 1KB）
//功能概要：擦除 Flash 存储器的 sect 扇区（每扇区 1KB）
//============================================================================
uint_8 flash_erase(uint_16 sect);
//============================================================================
//函数名称：flash_write
//函数返回：函数执行状态，0=正常，1=异常
//参数说明：sect——扇区号（范围取决于实际芯片，如 AHL-A 系列 GEC：0～63，每扇区 1KB）
//          offset——写入扇区内部偏移地址（0～1020，要求为 0，4，8，12，……）
//          N——写入字节数目（4～1024，要求为 4，8，12，……）
//          *buf——源数据缓冲区首地址
//功能概要：将*buf 开始的 N 字节写入 Flash 存储器 sect 扇区的 offset 处
//============================================================================
uint_8 flash_write(uint_16 sect,uint_16 offset,uint_16 N,uint_8 *buf);
//============================================================================
//函数名称：flash_read_logic
//函数返回：无
//参数说明：*dest——读出数据存放处（传地址，目的是带出所读数据，RAM 区）
//          sect——扇区号（范围取决于实际芯片，如 AHL-A 系列 GEC：0～63，每扇区 1KB）
//          offset——扇区内部偏移地址（0～1020，要求为 0，4，8，12，……）
//          N——读字节数目（4～1024，要求为 4，8，12，……）
//功能概要：读取 Flash 存储器 sect 扇区的 offset 处开始的 N 个字节到 RAM 区*dest 处
//============================================================================
void flash_read_logic(uint_8 *dest,uint_16 sect,uint_16 offset,uint_16 N);
//============================================================================
//函数名称：flash_read_physical
//函数返回：无
//参数说明：*dest——读出数据存放处（传地址，目的是带出所读数据，RAM 区）
```

```
//           addr——目标地址，要求为 4 的倍数（如 0x00000004）
//           N——读字节数目（0～1020，要求为 4，8，12，……）
//功能概要：读取 Flash 指定地址的内容
//======================================================================
void flash_read_physical(uint_8 *dest,uint_32 addr,uint_16 N);
//======================================================================
//函数名称：flash_protect
//函数返回：无
//参数说明：M——待保护区域的扇区号入口值，实际保护 M～M+3，其中 M=0，4，8，……，124
//功能概要：Flash 保护操作
//说    明：每调用本函数 1 次，保护 4 个扇区（M～M+3）
//======================================================================
void flash_protect(uint_8 M);
//======================================================================
//函数名称：flash_isempty
//函数返回：函数执行状态，1=目标区域为空，0=目标区域非空
//参数说明：*buff——所要探测的 Flash 区域初始地址及范围
//           N——读字节数目（0～1020，要求为 4，8，12，……）
//功能概要：Flash 判空操作
//======================================================================
uint_8 flash_isempty(uint_8 *buff,uint_16 N);
```

3. Flash 构件 API 的测试方法

配合金葫芦 IoT-GEC 使用 Flash 模块，实现向 Flash 的 50 扇区 0 字节开始地址写入 30 个字节数据，数据内容为“Welcome to Soochow University!”，然后通过两种读取 Flash 的方式将写入的数据读出，最后通过 AHL-GEC-IDE 软件界面直接观察结果。下面介绍实现的基本步骤，具体实例可参考“…\ 04-Soft\ch03\CH03-5-FLASH”。

（1）main 函数的任务

第一步，在 07_Nosprg\main.c 文件的“声明 main 函数使用的局部变量”处添加保存从 Flash 中读取数据的变量。

```
uint_8  params[30];        //按照逻辑读方式保存从指定 Flash 区域中读取的数据
uint_8  paramsVar[30];     //按照物理读方式保存从指定 Flash 区域中读取的数据
```

第二步，在“初始化外设模块”处增加初始化 GPIO、Flash 模块的语句。

```
gpio_init(LIGHT_RED,GPIO_OUTPUT,LIGHT_ON);          //初始化红灯
flash_init( );                                      //Flash 初始化
```

第三步，Flash 的读写操作。通过调用 flash_erase 函数，对 Flash 进行擦除操作；通过调用 flash_read_logic 函数，对 Flash 指定的扇区进行逻辑读数据操作；通过调用 flash_read_physical 函数，对 Flash 指定的物理地址进行数据读取。其中，第 50 扇区的物理开始地址为 50 × 1KB，

即 0x0000C800。具体的语句如下。

```
Delay_ms(10000);       //延时 10s，便于用户接通串口调试工具
flash_erase (50);      //擦除第 50 扇区
flash_write(50,0,30,"Welcome to Soochow University!");
                       //向 50 扇区写 30 个字节数据
flash_read_logic(params,50,0,30); //从 50 扇区读取 30 个字节数据到 params 中
Delay_ms(2000);        //延时 2s，进行物理地址读取数据操作
flash_read_physical(paramsVar, (uint_32)(0x0000C800),30); //读数据
printf("逻辑读方式读取 50 扇区的 30 字节的内容： %s\n",params);
                       //通过调试串口输出到 PC
printf("物理读方式读取 50 扇区对应地址的内容：   %s\n",paramsVar);
```

（2）下载机器码并观察运行情况

编译程序生成机器码，利用 AHL-GEC-IDE 软件将编译得到的 HEX 文件下载到目标板中，然后在 AHL-GEC-IDE 界面观察情况，如图 3-9 所示，同时也可观察到板载红灯每秒闪烁一次。

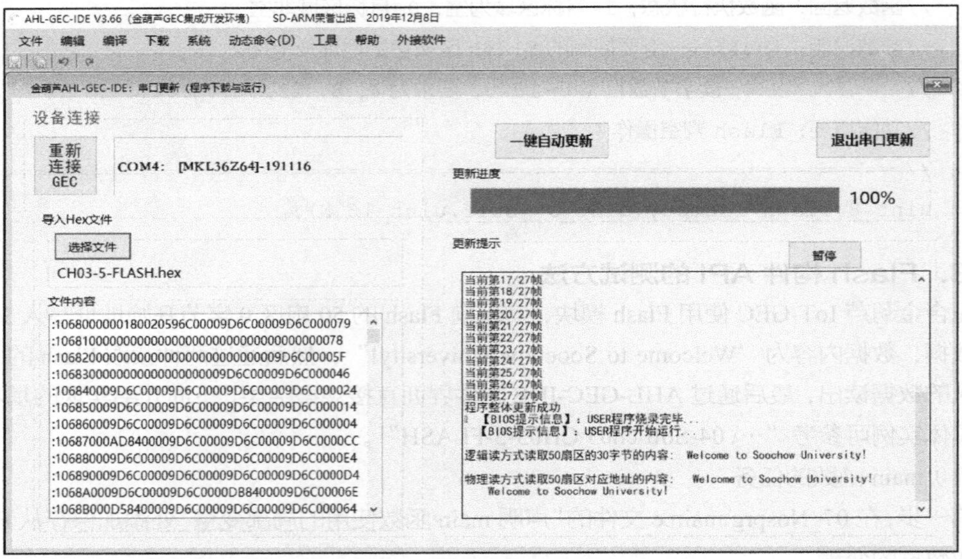

AHL-GEC-IDE V3.66（金葫芦GEC集成开发环境） SD-ARM荣誉出品 2019年12月8日
文件 编辑 编译 下载 系统 动态命令(D) 工具 帮助 外接软件
金葫芦AHL-GEC-IDE：串口更新（程序下载与运行）
设备连接
重新连接GEC
COM4: [MKL36Z64]-191116
导入Hex文件
选择文件
CH03-5-FLASH.hex
文件内容
一键自动更新
退出串口更新
更新进度
100%
更新提示
暂停
程序整体更新成功
逻辑读方式读取50扇区的30字节的内容： Welcome to Soochow University!
物理读方式读取50扇区对应地址的内容： Welcome to Soochow University!

图 3-9 Flash 构件 API 测试结果

3.3 ADC 与 PWM 构件

3.3.1 ADC 构件

本小节介绍 ADC 知识要素、ADC 构件 API 及 ADC 构件 API 的测试方法。

1. ADC 知识要素

模拟量是指时间连续、数值也连续的物理量，即可以在一定范围内取任意值，如温度、压

力、流量、速度、声音等物理量。

数字量是分立量，只能取分立值。例如，一个 8 位二进制数，只能取 0，1，2，……，255 这些分立值。

AD 转换（Analog-to-Digital Convert，ADC），即模/数转换，就是把模拟量转换为对应的数字量。实际应用中，不同的传感器能将温度、湿度、压力等实际的物理量转换为 MCU 可以处理的电压信号。

ADC 的知识要素有转换精度、转换速度、单端输入与差分输入、AD 参考电压、滤波问题以及物理量回归等。

（1）转换精度

转换精度是指数字量变化一个最小量时模拟信号的变化量，也称为分辨率（Resolution），通常用 AD 转换器的位数来表征。通常，AD 转换模块的位数有 8 位、10 位、12 位、14 位、16 位等。设采样位数为 N，则最小的能检测到的模拟量变化值为 $1/(2^N)$。例如，某一 AD 转换模块是 12 位，若参考电压为 5V（即满量程电压），则可检测到的模拟量变化最小值为 $5/(2^{12}) = 1.22$（mV），此即为该 AD 转换器的实际精度（分辨率）。

（2）转换速度

转换速度通常用完成一次 AD 转换所需的时间来表征，转换速度与 AD 转换器的硬件类型及制造工艺等因素密切相关，其特征值为纳秒级。AD 转换器的硬件类型主要有积分型、逐次逼近型、串并行型等，它们的转换速度分别为毫秒级、微秒级、纳秒级。

（3）单端输入与差分输入

单端输入只有一个输入引脚，使用公共的 GND 电位作为参考电平。这种输入方式的优点是简单，缺点是容易受干扰。由于 GND 电位始终是 0V，因此 AD 值也会随着干扰而变化。

差分输入比单端输入多一个引脚，AD 采样值用两个引脚的电平差值（即 VIN+和 VIN-两个引脚电平相减）来表示，优点是降低了干扰，缺点是多用了一个引脚。

（4）AD 参考电压

AD 转换需要一个参考电平，例如，要把一个电压分成 1024 份且每一份的基准必须是稳定的，这个电平来自于基准电压，即 AD 参考电压。粗略的情况下，AD 参考电压使用给芯片功能供电的电源电压。更为精确的要求：AD 参考电压使用单独电源，要求功率小（在 mW 级即可）、波动小（如 0.1%）。一般电源电压达不到这个精度，否则成本太高。

（5）滤波问题

为了使采样的数据更准确，必须对采样的数据进行筛选，以去掉误差较大的毛刺。通常采用中值滤波和均值滤波来提高采样精度。所谓中值滤波就是将 M 次连续采样值按大小进行排序，取中间值作为滤波输出。而均值滤波是把 N 次采样结果值相加，然后再除以采样次数 N，将得到的平均值作为滤波结果。若要得到更高的精度，则可以通过建立其他误差分析模型的方式来实现。

（6）物理量回归

在实际应用中，得到稳定的 AD 采样值以后，还需要把 AD 采样值与实际物理量对应起来，这一步称为物理量回归。例如，利用 MCU 采集室内温度，AD 转换后的数值是 126，实际它代表多少温度呢？如果当前室内温度是 25.1℃，则 AD 值 126 就代表实际温度 25.1℃。

2. ADC 构件 API

（1）ADC 常用接口函数简明列表

在 ADC 构件的头文件 adc.h 中给出了 API 函数声明，表 3-4 所示为其函数名、简明功能及基本描述。

表 3-4 ADC 常用接口函数简明列表

序号	函数名	简明功能	描述
1	adc_init	初始化	初始化 ADC 模块，设定使用的通道组、差分选择、采样精度以及硬件滤波次数
2	adc_read	读取 ADC 值	读取指定通道的 ADC 值

（2）ADC 常用接口函数 API

```
//======================================================================
//函数名称：adc_init
//功能概要：初始化一个 AD 通道组
//参数说明：A_SENSOR_No——可用模拟量传感器通道，如 ADC_CH0,
//          详细定义与对应引脚可见 04_GEC 文件夹下的 gec.h 文件
//          accurary——采样精度，差分可选 9、13、11、16，单端可选 8、12、10、16
//======================================================================
//void adc_init(uint_16 A_SENSOR_No,uint_8 accurary)
//======================================================================
//函数名称：adc_read
//功能概要：进行一个通道的一次 AD 转换
//参数说明：A_SENSOR_No 可用模拟量传感器通道，如 ADC_CH0，见 04_GEC\gec.h 文件
//======================================================================
//uint_16 adc_read(uint_16 A_SENSOR_No)
```

3. ADC 构件 API 的测试方法

使用金葫芦 IoT-GEC 开发套件中的 ADC 模块采集底板上的热敏电阻值（会随温度的变化而变化），将采集到的值使用 UARTC 串口模块发送到上位机的串口调试助手，其中，热敏电阻引脚接法可查看工程中的 05_UserBoard\user.h 文件。下面介绍采集温度 AD 值的基本步骤，具体实例可参考“…\ 04-Soft\ch03\CH03-6-ADC”。

（1）重命名 ADC 模块通道

在工程的 04_GEC\gec.h 文件中，宏定义板上温度传感器 ADC 模块所对应的引脚（如宏名为 AD_BOARD_TEMP）。另外，由于要用到 UARTC 串口模块将采集的温度 AD 值发送到上位机的串口调试助手上，因此这里也要对 UARTC 串口模块进行宏定义（如 UART_USER）。

（2）main 函数的任务

① 温度 AD 值变量定义

在工程的 07_NosPrg\main.c 文件中的“声明 main 函数使用的局部变量”处添加温度 AD 值变量的定义。

```
uint_16 tmpAD;      //温度 AD 值
```

② ADC 模块及其他模块初始化

初始化 UART_USER 串口模块、GPIO 模块和 ADC 模块，其中 UART_USER 串口模块的波特率设置为 115200bit/s，ADC 模块的采样精度设置为 16，在“用户外设模块初始化”处增加下列语句。

```
gpio_init(LIGHT_RED,GPIO_OUTPUT,LIGHT_OFF); //初始化红灯
uart_init(UART_USER, 115200);      //初始化用户串口，波特率为 115200bit/s
adc_init(AD_BOARD_TEMP,16);        //初始化 ADC，16 位采样精度
```

其中，初始化红灯的目的是观察金葫芦 IoT-GEC 开发套件串口模块发送数据过程的情况，实际情况下，若无需要，则可略去该步。初始化红灯过程的理解见 3.2.1 小节。

③ 使能串口模块中断

在“使能模块中断”处增加下列语句。

```
uart_enable_re_int(UART_USER);
```

另外，可在 07_NosPrg\isr.c 文件的 UARTA_Handler 函数内查看、修改或添加串口接收处理程序的相关代码。

④ 小灯闪烁、ADC 模块数据获取并通过串口发送温度 AD 值到上位机

在主循环中，利用 GPIO 构件中的 gpio_reverse 函数，可实现红灯状态切换，以便观察串口发送数据时的板载红灯闪烁现象；利用 adc_read 函数，可使 ADC 模块获得温度的 AD 值；利用 printf 函数通过 UARTC 串口模块向上位机发送采集的温度 AD 值信息；利用 Delay_ms 函数延时 1s，以便循环进行温度 AD 值采集。具体添加代码如下。

```
gpio_reverse(LIGHT_RED);                       //红灯状态切换，记录红灯状态
tmpAD = adc_read(AD_BOARD_TEMP);               //ADC 模块数据获取
printf("Chip temperature AD=%d\n", tmpAD);     //通过 UARTC 模块向上位机发送数据
```

（3）下载机器码并观察运行情况

经过编译生成机器码（HEX 文件），通过 AHL-GEC-IDE 软件将该文件下载到目标板中，可观察到板载红灯每秒闪烁一次，并可在 AHL-GEC-IDE 的“串口更新”界面的“更新提示”窗口中看到上传的温度 AD 值的情况。同时，还可通过反复用手指触碰主板上的热敏电阻来观察接收到的数据的变化情况，如图 3-10 所示。另外，本程序所采集的数据是普通的 AD 值，想要得到标准的温度值，还须用对应的 AD 回归公式对其进行物理量回归，这部分内容不是本书的重点，感兴趣的读者可以查找相关资料对 AD 采样值进行物理量回归。

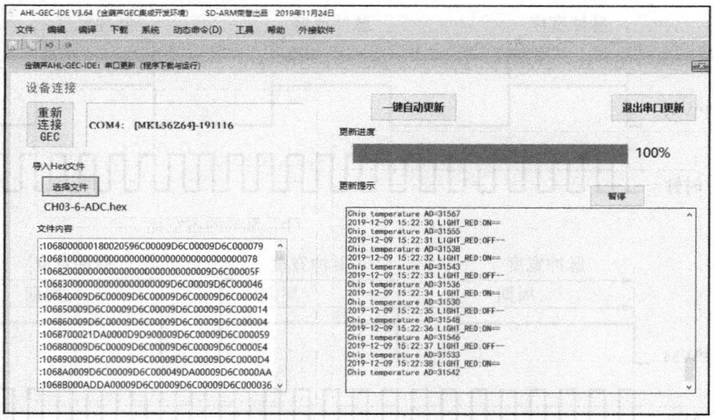

设备连接
重新连接GEC
COM4: [MKL36Z64]-191116
一键自动更新
退出串口更新
更新进度
100%
导入Hex文件
选择文件
CH03-6-ADC.hex
文件内容
更新提示
暂停

图 3-10　ADC 模块采集温度 AD 值并上传上位机

3.3.2 PWM 构件

本小节介绍 PWM 知识要素、PWM 构件 API 及 PWM 构件 API 的测试方法。

1. PWM 知识要素

脉宽调制（Pulse Width Modulator，PWM）是电机控制的重要方式之一。PWM 信号是一个高低电平重复交替的输出信号，通常也叫脉宽调制波或 PWM 波。PWM 的最常见的应用是电机控制，还有一些其他用途。例如，可以利用 PWM 为其他设备产生类似于时钟的信号，也可以利用 PWM 控制灯以一定的频率闪烁，还可以利用 PWM 控制输入某个设备的平均电流或电压等。

PWM 信号的主要技术指标有时钟源频率、PWM 周期、占空比、脉冲宽度、分辨率、极性与对齐方式等。

（1）时钟源频率、PWM 周期与占空比

通过 MCU 输出 PWM 信号的方法与使用纯电力电子实现的方法相比，有实现方便之优点，因此目前经常使用的 PWM 信号主要通过 MCU 编程实现。图 3-11 所示为一个利用 MCU 编程方式产生 PWM 波的实例，其所采用的方法需要有一个产生 PWM 波的时钟源，其频率记为 F_{CLK}，单位 kHz，相应的时钟周期 $T_{CLK}=1/F_{CLK}$，单位为毫秒（ms）。

PWM 周期用其有效电平持续的时钟周期个数来度量，记为 N_{PWM}。例如，图 3-11 中的 PWM 信号的周期是 $N_{PWM}=8$（无量纲），实际 PWM 周期 $T_{PWM}=8\times T_{CLK}$。

PWM 占空比被定义为 PWM 信号处于有效电平的时钟周期数与整个 PWM 周期内的时钟周期数之比，用百分比表征。在图 3-11（a）中，PWM 的高电平（高电平为有效电平）为 $2T_{CLK}$，因此占空比=2/8=25%。经类似计算可知，图 3-11（b）对应的占空比为 50%（方波），图 3-11（c）对应的占空比为 75%。

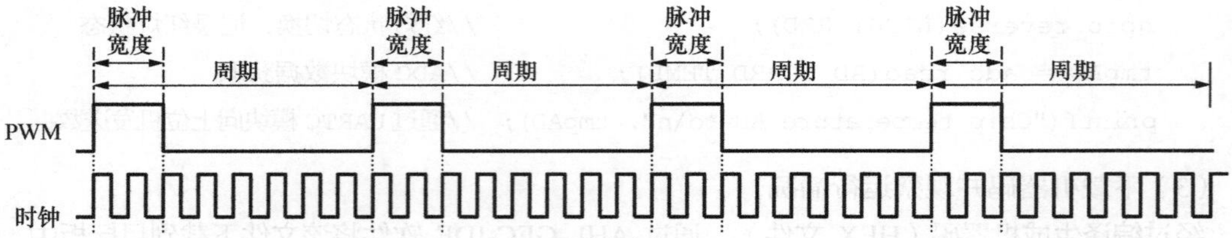

脉冲宽度
周期
PWM
时钟

（a）25%的占空比

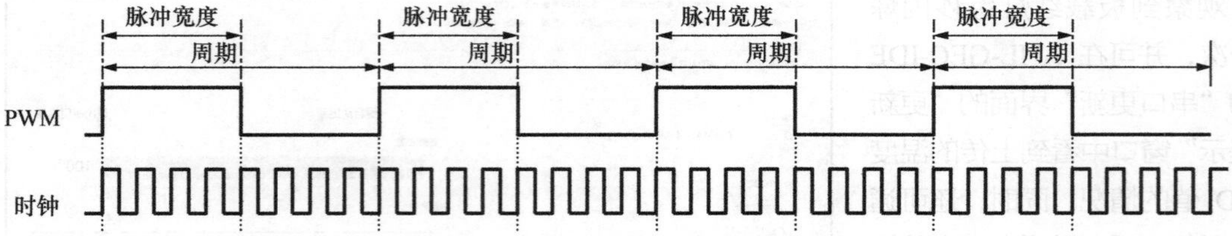

脉冲宽度
周期
PWM
时钟

（b）50%的占空比

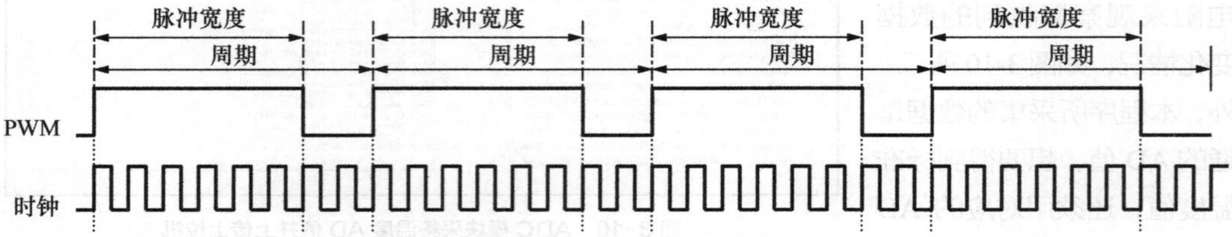

脉冲宽度
周期
PWM
时钟

（c）75%的占空比

图 3-11 利用 MCU 编程方式产生 PWM 波实例

（2）脉冲宽度与分辨率

脉冲宽度是指一个 PWM 周期内，PWM 波处于有效电平的时间（用持续的时钟周期数表征）。PWM 脉冲宽度可以用占空比与周期计算出来，故可不作为一个独立的技术指标。

PWM 分辨率ΔT是指脉冲宽度的最小时间增量，等于时钟源周期，即$\Delta T=T_{CLK}$，其也可不作为一个独立的技术指标。例如，若 PWM 是利用频率 F_{CLK}=48MHz 的时钟源产生的，即时钟源周期 T_{CLK}=（1/48）μs=0.208μs=208ns，那么脉冲宽度的每一增量为ΔT=208ns，这就是 PWM 的分辨率。它是脉冲宽度的最小时间增量，脉冲宽度的增加与减少只能是ΔT 的整数倍，实际上脉冲宽度正是用高电平持续的时钟周期数（整数）来表征的。

（3）极性

PWM 极性决定了 PWM 波的有效电平。正极性表示 PWM 有效电平为高，因此在边沿对齐的情况下，PWM 引脚的平时电平（也称空闲电平）为低电平，开始产生 PWM 的信号为高电平，当到达比较值时，跳变为低电平，到达 PWM 周期时又变为高电平，周而复始。负极性则相反，PWM 引脚平时电平为高电平，有效电平为低电平。但是注意，占空比通常仍定义为高电平时间与 PWM 周期之比。

（4）对齐方式

可以用 PWM 引脚输出发生跳变的时刻来区分 PWM 的边沿对齐与中心对齐两种对齐方式，这可从 MCU 编程方式产生 PWM 的方法来理解。设产生 PWM 波的时钟源周期为 T_{CLK}，PWM 的周期 $T_{PWM}=M\times T_{CLK}$，脉宽 $W=N\times T_{CLK}$，同时假设 $N>0$，$N<M$，计数器记为 TAR，通道值寄存器记为 CCRn=N，用于比较。设 PWM 引脚输出的平时电平为低电平，TAR 从 0 开始计数，在 TAR=0 的时钟信号上升沿处，PWM 输出引脚由低电平变高电平，随着时钟信号增 1，TAR 增 1，在 TAR=N（即 TAR=CCRn）时的时钟信号上升沿处，PWM 输出引脚由高电平变低电平，持续 $M–N$ 个时钟周期，TAR=0，PWM 输出引脚由低电平变高电平，周而复始。这就是边沿对齐（Edge-Aligned）的 PWM 波，缩写为 EPWM，是一种常用的 PWM 波。图 3-12 所示为周期为 8、占空比为 25%的 EPWM 波示意。可以概括地说，在平时电平为低电平的 PWM 情况下，开始计数时，PWM 引脚同步变为高电平就是边沿对齐。

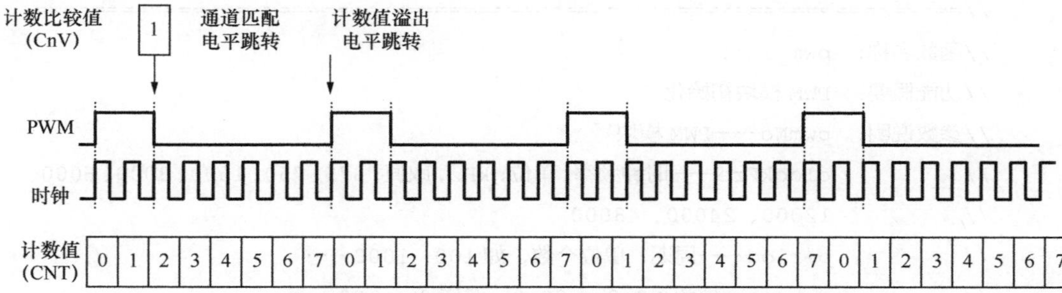
计数比较值
(CnV)
1
通道匹配
电平跳转
计数值溢出
电平跳转
PWM
时钟
计数值
(CNT)
0 1 2 3 4 5 6 7 0 1 2 3 4 5 6 7 0 1 2 3 4 5 6 7 0 1 2 3 4 5 6 7

图 3–12　周期为 8、占空比为 25%的 EPWM 信号示意

中心对齐（Center-Aligned）的 PWM 波，缩写为 CPWM，是一种比较特殊的 PWM 波，常用在逆变器、电机控制等场合。图 3-13 所示为 25%占空比时 CPWM 产生的示意。在计数器向上计数时，当 TAR<CCRn 的时候，PWM 通道输出低电平，当 TAR>CCRn 的时候，PWM 通道发生电平跳转输出高电平；在计数器向下计数时，当 TAR>CCRn 的时候，PWM 通道输出高电平，当 TAR<CCRn 的时候，PWM 通道发生电平跳转输出低电平。按此运行机理周而复

始，就可实现 CPWM 波的正常输出。可以概括地说，假设 PWM 波的低电平时间 $t_L=K\times T_{CLK}$，则在平时电平为低电平的 PWM 情况下，中心对齐的 PWM 波比边沿对齐的 PWM 波向右平移了 $K/2$ 个时钟周期。

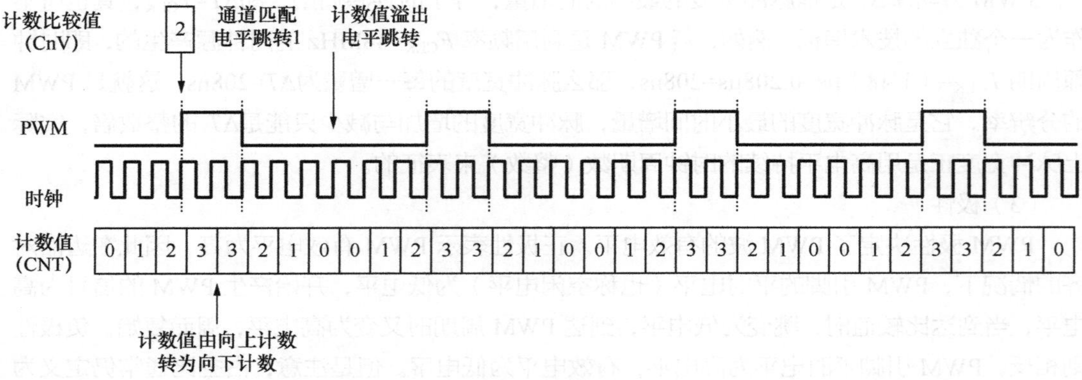
计数比较值
(CnV)
2
通道匹配
电平跳转1
计数值溢出
电平跳转
PWM
时钟
计数值
(CNT)
0 1 2 3 3 2 1 0 0 1 2 3 3 2 1 0 0 1 2 3 3 2 1 0 0 1 2 3 3 2 1 0
计数值由向上计数
转为向下计数

图 3-13　占空比为 25%的 CPWM 信号示意

2. PWM 构件 API

（1）PWM 常用接口函数简明列表

在 PWM 构件的头文件 pwm.h 中给出了 API 函数声明，表 3-5 所示为其函数名、简明功能及基本描述。

表 3-5　PWM 常用接口函数简明列表

序号	函数名	简明功能	描述
1	pwm_init	初始化	初始化 PWM 模块，指定时钟频率、周期、占空比、对齐方式以及极性
2	pwm_update	更新占空比	更新 PWM 模块，改变占空比，指定更新后的占空比，无返回

（2）PWM 常用接口函数 API

```
//=================================================================
//函数名称： pwm_init
//功能概要： PWM 模块初始化
//参数说明： pwmNo——PWM 模块号
//         clockFre——时钟频率，单位：kHz，取值：375、750、1500、3000、6000、
//         12000、24000、48000
//         period——周期，单位个数，如 100、1000……
//         duty——占空比 0.0～100.0，对应 0%～100%
//         align——对齐方式
//         pol——极性
//函数返回： 无
//=================================================================
void  pwm_init(uint_16  pwmNo,uint_32  clockFre,uint_16  period,float
duty,uint_8 align,uint_8 pol);
```

```
//==========================================================================
//函数名称: pwm_update
//功能概要: PWM 模块更新，改变占空比
//参数说明: pwmNo——PWM 模块号
//          duty——占空比 0.0～100.0，对应 0%～100%
//函数返回: 无
//==========================================================================
void pwm_update(uint_16 pwmNo,float duty);
```

3. PWM 构件 API 的测试方法

配合金葫芦 IoT-GEC 使用 PWM 模块，利用 PWM 输出驱动红灯的亮度变化，具体实例可参考“…\ 04-Soft\ch03\CH03-7-PWM”，使用步骤如下。

（1）pwm.h 的工作

在 03_MCU\MCU_drivers\pwm.h 文件中添加 PWM 对齐方式和极性的宏定义。

```
//PWM 对齐方式宏定义：边沿对齐、中心对齐
#define PWM_EDGE   0
#define PWM_CENTER 1
//PWM 极性选择宏定义：正极性、负极性
#define PWM_PLUS   0
#define PWM_MINUS  1
```

（2）gec.h 的工作

第一步，在 04_GEC\gec.h 文件中添加对具有 PWM 功能的引脚的宏定义（如宏名为 PWM_PIN0）。

第二步，添加引用 pwm.h 头文件。

```
#include "pwm.h"
```

（3）main 函数的工作

① 变量定义

在 07_NosPrg\main.c 中 main 函数的“声明 main 函数使用的局部变量”处，定义变量 mDuty 和 mMytime。

```
uint_8 mDuty;                    //主循环使用的占空比临时变量
uint_8 mMytime;                  //时间次数控制变量
```

② 给变量赋初值

```
mDuty=0;                         //初始占空比为 0
mMytime=0;                       //初始时间次数控制变量为 0
```

③ 初始化 PWM_PIN0 模块

在 main 函数的“初始化外设模块”处，初始化 PWM_PIN0 模块，设置时钟频率为 24000kHz、

周期为 10、占空比设为 90.0%、对齐方式为边沿对齐、极性选择为正极性。

```
pwm_init(PWM_PIN0,24000,10,90.0,PWM_EDGE,PWM_PLUS);
```

④ 控制小灯亮度变化

在 main 函数的“主循环”处，改变占空比的变化，能够看到小灯的明暗变化。

```
mMytime++;
if(mMytime%2==0)  //每 2s 改变一次占空比
{
      mDuty+=10;
      pwm_update(PWM_PIN0,mDuty);
}
if(mDuty>=100)
{
      mDuty=0;
      mMytime=0;
}
```

⑤ 下载程序机器码到目标板，观察运行情况

经过编译生成机器码，通过 AHL-GEC-IDE 软件将相关文件下载到目标板中，观察红灯亮度的变化情况。硬件的具体连接方式可以参阅本章的辅助阅读材料。

3.4 I²C 与 SPI 构件

3.4.1 I²C 构件

本小节介绍 I²C 知识要素、I²C 构件 API 及 I²C 构件 API 的测试方法。

1. I²C 知识要素

集成电路互连总线（Inter-Integrated Circuit，I²C）是一种采用双向 2 线制串行数据传输方式的同步串行总线，主要用于同一电路板内各集成电路模块之间的连接。I²C 是 PHILIPS 公司于 20 世纪 80 年代初提出的，其后 PHILIPS 和其他厂商提供了种类丰富的 I²C 兼容芯片，目前 I²C 总线标准已经成为世界性的工业标准。

I²C 的知识要素有 I²C 总线硬件、I²C 总线数据通信协议概要、I²C 总线寻址约定、主机向从机读/写 1 个字节数据的过程等。

（1）I²C 总线硬件

在概述 I²C 总线硬件时，主要涉及以下术语。

主机（主控器）：在 I²C 总线中，提供时钟信号，对总线时序进行控制的器件。主机负责总线上各个设备信息的传输控制，检测并协调数据的发送和接收。主机对整个数据传输具有绝对的控制权，其他设备只对主机发送的控制信息做出响应。如果在 I²C 系统中只有一个 MCU，那么通常由 MCU 担任主机。

从机（被控器）：在 I²C 系统中，除主机外的其他设备均为从机。主机通过从机地址访问从机，对应的从机做出响应，与主机通信。从机之间无法通信，任何数据传输都必须通过主机进行。

地址：每个 I²C 器件都有自己的地址，以供自身在从机模式下使用。在标准的 I²C 中，从机地址被定义成 7 位（扩展 I²C 允许 10 位地址），地址 0000000 一般用于发出总线广播。

发送器与接收器：发送数据到总线的器件被称为发送器，从总线接收数据的器件被称为接收器。

SDA 与 SCL：串行数据（Serial Data，SDA）线和串行时钟（Serial Clock，SCL）线。

图 3-14 所示为一个由 MCU 作为主机，通过 I²C 总线带 3 个从机的单主机 I²C 总线硬件系统。这是最常用、最典型的 I²C 总线连接方式，注意连接时各从机（主机）需要共地。

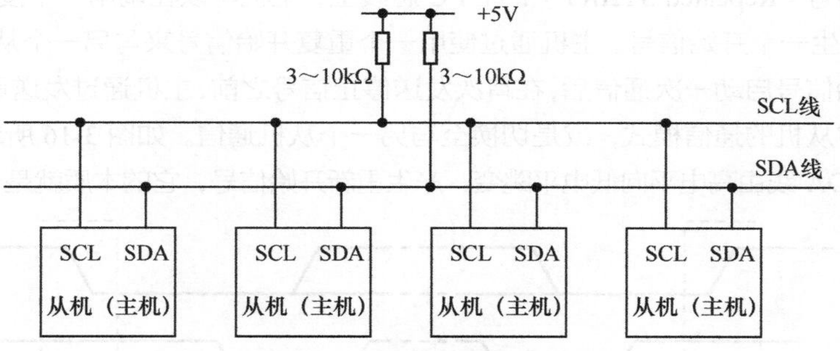
+5V
3～10kΩ
3～10kΩ
SCL线
SDA线
SCL SDA
从机（主机）
SCL SDA
从机（主机）
SCL SDA
从机（主机）
SCL SDA
从机（主机）

图 3-14 典型的 I²C 总线连接方式

在物理结构上，I²C 系统由一条串行数据线和一条串行时钟线组成，SDA 管脚和 SCL 管脚都具有漏极开路输出结构。因此在实际使用时，SDA 线和 SCL 线都必须要加上拉电阻（Pull-Up Resistor）Rp，上拉电阻一般取值 3～10kΩ，接 5V 电源即可与 5V 逻辑器件连接，主机按一定的通信协议向从机寻址并进行信息传输。在数据传输时，由主机初始化一次数据传输。主机使数据在 SDA 线上传输的同时还通过 SCL 线传输时钟，信息传输的对象和方向以及信息传输的开始和终止均由主机决定。

每个器件都有唯一的地址。器件可以是单接收的器件（如 LCD 驱动器），也可以是既能接收也能发送的器件（如存储器）。发送器或接收器可在主或从机模式下进行操作。

（2）I²C 总线数据通信协议概要

① I²C 总线上数据的有效性

I²C 总线以串行方式传输数据，从数据字节的最高位开始传送，每个数据位在 SCL 线上都与一个时钟脉冲相对应。在一个时钟周期内，当 SCL 线为高电平时，SDA 线上必须保持稳定的逻辑电平状态，高电平为数据 1，低电平为数据 0。当 SCL 线为低电平时，SDA 线上的电平状态才允许变化，如图 3-15 所示。

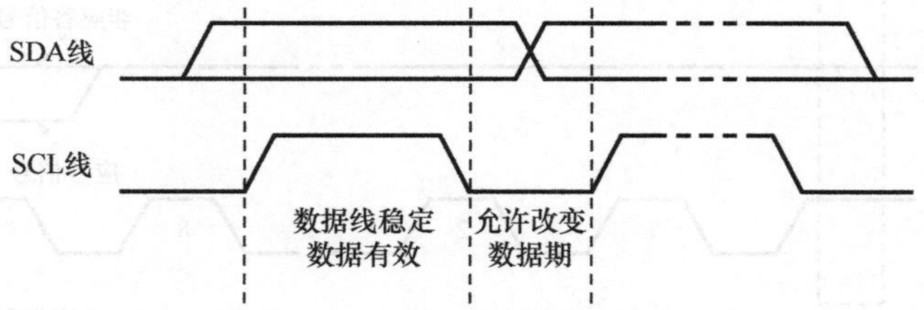
SDA线
SCL线
数据线稳定
数据有效
允许改变
数据期

图 3-15 I²C 总线上数据的有效性

② I^2C 总线上的信号类型

I^2C 总线在传输数据的过程中共有 4 种类型的信号，分别是开始信号、停止信号、重新开始信号和应答信号。

开始信号（START）：如图 3-15 所示，当 SCL 线为高电平时，SDA 线由高电平向低电平跳变，产生开始信号。当总线空闲的时候（例如，没有主动设备在使用总线，即 SDA 线和 SCL 线都处于高电平），主机通过发送开始信号建立通信。

停止信号（STOP）：如图 3-15 所示，当 SCL 线为高电平时，SDA 线由低电平向高电平跳变，产生停止信号。主机通过发送停止信号来结束时钟信号和数据通信，此时，SDA 线和 SCL 线都将被复位为高电平状态。

重新开始信号（Repeated START）：在 I^2C 总线上，主机可以在调用一个没有产生停止信号的命令后，产生一个开始信号。主机通过使用一个重复开始信号来与另一个从机通信。由主机发送一个开始信号启动一次通信后，在首次发送停止信号之前，主机通过发送重新开始信号，可以转换与当前从机的通信模式，或是切换至与另一个从机通信。如图 3-16 所示，当 SCL 线为高电平时，SDA 线由高电平向低电平跳变，产生重新开始信号，它的本质就是一个开始信号。

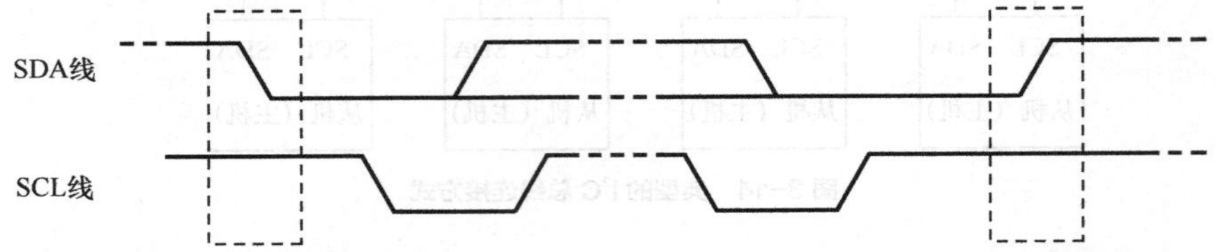
SDA线
SCL线
开始信号/重新开始信号
停止信号
图 3-16　开始信号、重新开始信号和停止信号

应答信号（ACK）：接收数据的 I^2C 在接收到 8 位数据后，向发送数据的主机 I^2C 发出的特定的低电平脉冲。每个字节数据后面都要跟一位应答信号，表示已收到数据。应答信号在发送了 8 个数据位后，第 9 个时钟周期出现，这时发送器必须在这一时钟位上释放数据线，由接收设备拉低 SDA 线电平以产生应答信号，或者由接收设备保持 SDA 线的高电平以产生非应答信号，如图 3-17 所示。所以，一个完整的字节数据传输需要 9 个时钟脉冲。如果从机作为接收方向主机发送非应答信号，则主机方就会认为此次数据传输失败；如果主机作为接收方，则在从机发送器发送完一个字节数据后，发送非应答信号，就表示数据传输结束，并释放 SDA 线。不论是以上哪种情况都会终止数据传输，这时主机要么产生停止信号释放总线，要么产生重新开始信号，从而开始一次新的通信。

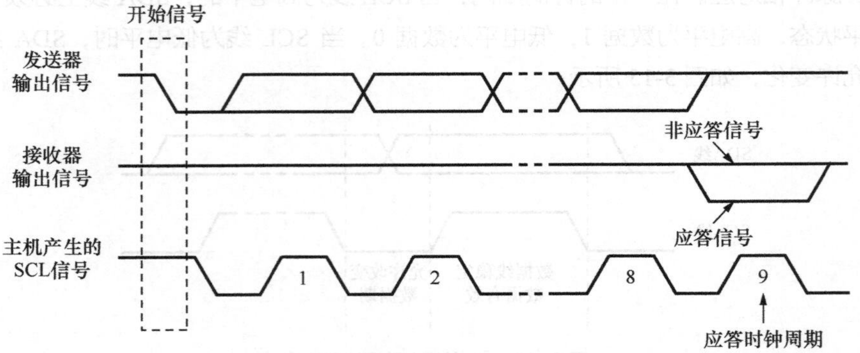
开始信号
发送器
输出信号
非应答信号
接收器
输出信号
应答信号
主机产生的
SCL信号
1
2
8
9
应答时钟周期
图 3-17　I^2C 总线的应答信号

开始信号、重新开始信号和停止信号都由主控制器产生，应答信号由接收器产生。总线上带有 I^2C 总线接口的器件很容易检测到这些信号。

③ I^2C 总线的数据传输格式

一般情况下，一个标准的 I^2C 通信由 4 部分组成：开始信号、从机地址传输、数据传输和结束信号。由主机发送一个开始信号，启动一次 I^2C 通信，主机对从机寻址，然后在总线上传输数据。I^2C 总线上传送的每一个字节均为 8 位，首先发送数据的最高位，每传送一个字节后都必须跟随一个应答位，每次通信的数据字节数是没有限制的；在全部数据传送结束后，由主机发送停止信号，结束通信。

如图 3-18 所示，SCL 线为低电平时，数据传送将停止进行。这种情况可以用于当接收器接收到一个字节数据后因要进行一些其他工作而无法立即接收下一个数据时，迫使总线进入等待状态，直到接收器准备好接收新数据时，再释放 SCL 线使数据传送得以继续正常进行。例如，接收器接收完主控制器的一个字节数据后，产生中断信号并进行中断处理，中断处理完毕才能接收下一个字节数据。因此，接收器在中断处理时将钳住 SCL 线为低电平，直到中断处理完毕才释放 SCL 线。

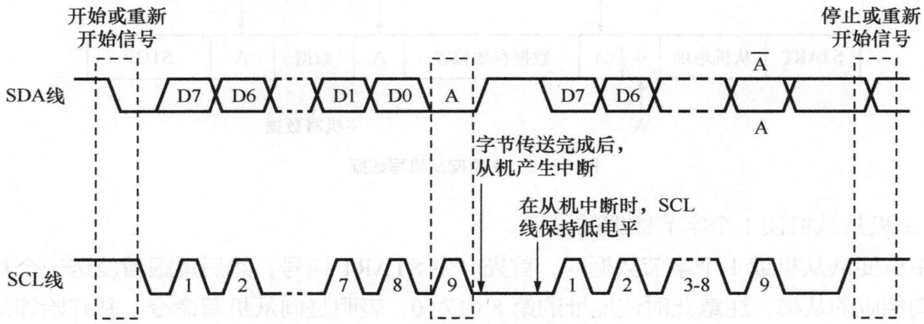
开始或重新
开始信号
停止或重新
开始信号
SDA线
D7
D6
D1
D0
A
D7
D6
A
A
字节传送完成后，
从机产生中断
在从机中断时，SCL
线保持低电平
SCL线
1
2
7
8
9
1
2
3-8
9
图 3-18 I^2C 总线的数据传输格式

（3）I^2C 总线寻址约定

I^2C 总线上的器件一般有两个地址：受控地址和通用广播地址。每个器件均有唯一的受控地址用于定点通信，而相同的通用广播地址则用于在主控方向时对所有器件进行访问。为了消除 I^2C 总线系统中主控器与被控器的地址选择线，最大限度地简化总线连接线，I^2C 总线采用了独特的寻址约定，规定了起始信号后的第一个字节为寻址字节，用于对被控器件寻址，并规定了数据传送方向。

在 I^2C 总线系统中，寻址字节由被控器的 7 位地址位（D7～D1 位）和 1 位方向位（D0 位）组成。方向位为 0 时，表示主控器将数据写入被控器，为 1 时表示主控器从被控器读取数据。主控器发送起始信号后，立即发送寻址字节，这时总线上的所有器件都将寻址字节中的 7 位地址与自己器件的地址比较。如果两者相同，则该器件认为被主控器寻址，并发送应答信号，被控器根据数据方向位（R/W）确定自身是作为发送器还是作为接收器。

MCU 类型的外围器件作为被控器时，其 7 位从机地址在 I^2C 总线地址寄存器中设定，而非 MCU 类型的外围器件地址则完全由器件类型与引脚电平给定。在 I^2C 总线系统中，没有两个从机的地址是相同的。

通用广播地址用于寻址连接到 I^2C 总线上的每个器件，通常在多个 MCU 之间用 I^2C 进行通信时使用，可用于同时寻址所有连接到 I^2C 总线上的设备。如果一个设备在广播地址时不需要数据，则它可以不产生应答。如果一个设备从通用广播地址请求数据，则它可以应答并当作一个从机接收器。当一个或多个设备响应时，主机并不知道有多少个设备应答了。每个可以处理这个数据的从机接收器都可以响应第 2 个字节，若从机不处理这些字节，则可以响应非应答信号；如果一个或多个从机响应，则主机就无法看到非应答信号。通用广播地址的含义一般在第 2 个字节中指明。

（4）主机向从机读/写 1 个字节数据的过程

① 主机向从机写 1 个字节数据的过程

主机要向从机写 1 个字节数据时，首先产生 START 信号，然后紧跟着发送一个从机地址（7 位），查询相应的从机，紧接着的第 8 位是数据方向位（R/W），0 表示主机发送数据（写），这时候开始等待从机的应答信号；当主机收到应答信号时，发送给从机一个位置参数，告诉从机主机的数据在从机接收数组中存放的位置，然后继续等待从机的响应信号；当主机收到响应信号时，发送 1 个字节的数据，继续等待从机的响应信号；当主机再次收到响应信号时，产生停止信号，结束传送过程。该过程如图 3-19 所示。

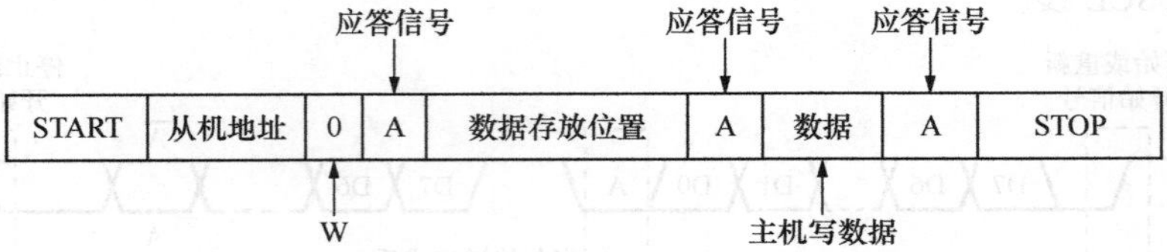
应答信号
应答信号
应答信号
START
从机地址
0
A
数据存放位置
A
数据
A
STOP
W
主机写数据

图 3-19　主机向从机写数据

② 主机从从机读 1 个字节数据的过程

当主机要从从机读 1 个字节数据时，首先产生 START 信号，然后紧跟着发送一个从机地址，查询相应的从机，注意此时该地址的第 8 位为 0，表明是向从机写命令，并开始等待从机的应答信号；当主机收到应答信号时，发送给从机一个位置参数，告诉从机主机的数据在从机接收数组中存放的位置，然后继续等待从机的应答信号；当主机收到应答信号后，主机要改变通信模式（主机将由发送变为接收，从机将由接收变为发送），发送重新开始信号，然后紧跟着发送一个从机地址，注意此时该地址的第 8 位为 1，表明将主机设置成接收模式并开始读取数据，这时主机等待从机的应答信号；当主机收到应答信号时，就可以接收 1 个字节的数据，当接收完成后，主机发送非应答信号，表示不再接收数据，主机也会进而产生停止信号，结束传送过程。该过程如图 3-20 所示。

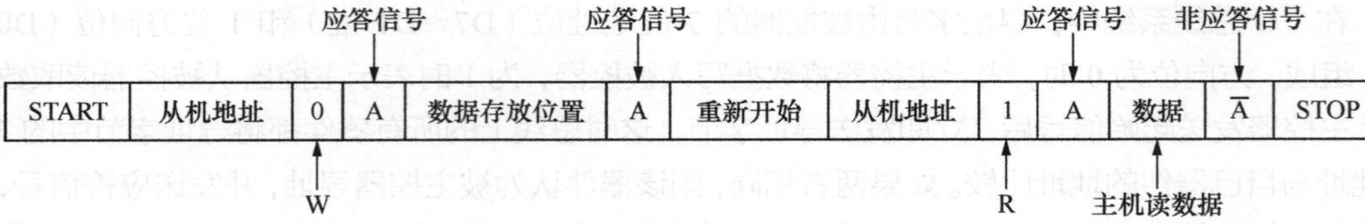
应答信号
应答信号
应答信号
非应答信号
START
从机地址
0
A
数据存放位置
A
重新开始
从机地址
1
A
数据
$\overline{A}$
STOP
W
R
主机读数据

图 3-20　主机从从机读数据

2. I²C 构件 API

（1）I²C 常用接口函数简明列表

在 I²C 构件的头文件 i2c.h 中给出了 API 函数声明，表 3-6 所示为其函数名、简明功能及基本描述。

表 3-6　I²C 常用接口函数简明列表

序号	函数名	简明功能	描述
1	i2c_init	初始化	初始化 I²C 模块，指定主机或者从机模式、地址、波特率
2	i2c_read1	读数据	从指定的从机读取 1 个字节数据，若读数据成功，则返回 0；反之，则返回 1（带命令）
3	i2c_readN	读数据	从指定的从机读取 *N* 个字节数据，若读数据成功，则返回 0；反之，则返回 1（带命令）
4	i2c_write1	写数据	向指定的从机写 1 个字节数据，若写数据成功，则返回 0；反之，则返回 1
5	i2c_writeN	写数据	向指定的从机写 *N* 个字节数据，若写数据成功，则返回 0；反之，则返回 1
6	i2c_enable_re_int	使能中断	使能指定 I²C 模块的中断
7	i2c_disable_re_int	关闭中断	关闭指定 I²C 模块的中断

（2）I²C 常用接口函数 API

```
//======================================================================
//函数名称：i2c_init
//功能概要：初始化 I2C 模块，默认为 100KB
//参数说明：No——模块号，其取值为 0、1
//          Mode——模式，1 表示主机，0 表示从机
//          address——本模块初始化地址，范围为 1～255
//          BaudRate——波特率，其单位为 kbit/s，其取值为 25、50、75、100
//函数返回：无
//======================================================================
void i2c_init(uint_8 No,uint_8 Mode,uint_8 address,uint_8 BaudRate);
//======================================================================
//函数名称：i2c_read1
//功能概要：从从机读 1 个字节数据
//参数说明：No——模块号，其取值为 0、1
//          slaveAddress——读取的目标地址
//          command——读取命令，取值范围为 0～255，若无读取命令则该参数为 0xFFFF
//          *Data——存放的数据首地址
//函数返回：1 表示读取失败，0 表示读取成功
//函数说明：该函数为对外函数，可以根据命令读取到相应的 1 个字节数据，若想读取 2 个
//          或以上字节数据，则请使用 I2C_readN 函数，不建议使用循环调用此函数
//======================================================================
uint_8 i2c_read1(uint_8 No,uint_8 slaveAddress,uint_16 command,uint_8
*Data);
//======================================================================
//函数名称：i2c_readN
//功能概要：读取 N 个字节，在这里 N 最小为 2
```

```
//函数参数：No——模块号，其取值为 0、1
//          slaveAddress——读取的从机设备地址
//          command——读取命令，取值范围为 0～255，若无读取命令则该参数传 0xFFFF
//          *Data——存放的数据首地址
//          DataNum——要读取的字节数（大于或等于 2）
//函数返回：1 表示读取失败，0 表示读取成功
//函数说明：内部调用 i2c_read1
//===================================================================
uint_8 i2c_readN(uint_8 No,uint_8 slaveAddress,uint_16 command,uint_8
*Data, uint_8 DataNum);
//===================================================================
//函数名称：i2c_write1
//功能概要：向从机写 1 个字节数据
//参数说明：No——模块号，其取值为 0、1
//          slaveAddress——从机地址
//          Data——要发给从机的 1 个字节数据
//函数返回：0 表示发送成功，1 表示发送失败
//===================================================================
uint_8 i2c_write1(uint_8 No, uint_8 slaveAddress, uint_8 Data);
//===================================================================
//函数名称：i2c_writeN
//功能概要：向从机写 N 个字节数据
//参数说明：No——模块号，其取值为 0、1
//          slaveAddress——从机地址
//          *Data——要发给从机数据的首地址
//          DataNum——发送的字节数
//函数返回：0 表示发送成功；1 表示发送失败
//函数说明：内部调用 i2c_write1
//===================================================================
uint_8 i2c_writeN(uint_8 No, uint_8 slaveAddress, uint_8 *Data,uint_8
DataNum);
//===================================================================
//函数名称：i2c_enable_re_int
//功能概要：打开 I2C 的 IRQ 中断
//函数参数：No——模块号，其取值为 0、1
//函数返回：无
//===================================================================
void i2c_enable_re_int(uint_8 No);
//===================================================================
```

```
//函数名称：i2c_disable_re_int
//功能说明：关闭 I2C 的 IRQ 中断
//函数参数：No——模块号，其取值为 0、1
//函数返回：无
//======================================================================
void i2c_disable_re_int(uint_8 No);
```

3. I²C 构件 API 的测试方法

配合金葫芦使用 I²CA 和 I²CB 两个模块，实现 I²C 之间的通信，即将“I2C Test data!\n”字符串通过 I²CA 发送给 I²CB，在 I²CB 接收该字符串，具体实例可参考“…\04-Soft\ch03\CH03-8-I2C”。可利用 AHL-GEC-IDE 界面观察接收到的字符串，接线时注意 SCL 和 SDA 两根线都需要接上拉电阻。

（1）gec.h 的工作

第一步，在 04_GEC\gec.h 文件中添加 I²C 模块宏定义 I²CA 与 I²CB。

```
//I2C 模块宏定义
#define I2CA  0
#define I2CB  1
```

第二步，添加对 i2c.h 头文件的引用。

```
#include "i2c.h"
```

（2）main 函数的工作

第一步，定义一个用于保存 I²C 模块之间传递信息的变量 data。可在 07_NosPrg\main.c 中 main 函数的“声明 main 函数使用的局部变量”处，添加下列语句。

```
uint_8 data[20]; //用于保存 I2C 模块间传递的信息
```

第二步，初始化 I²CA 为主机，I²CB 为从机，可将下列语句添加到 main 函数的“用户外设初始化”处。

```
gpio_init(LIGHT_RED,GPIO_OUTPUT,LIGHT_OFF);//初始化红灯
//I2CA 初始化，I2CA:模块号 1:主机 0x74:地址  100:波特率（单位：KB/s）
i2c_init(I2CA,1,0x74,100);
//I2CB 初始化，I2CB:模块号 0:从机 0x73:地址  100:波特率（单位：KB/s）
i2c_init(I2CB,0,0x73,100);
```

第三步，使能 I²CB 模块的接收中断。可将下列语句放到 main 函数的“使能模块中断”处。

```
i2c_enable_re_int(I2CB);                         //使能模块中断
```

第四步，将要发送的字符串放入 data 中。

```
ArrayCopy(data," I2C Test data!\n",16); //将要发送的字符串复制到 data 中
```

第五步，小灯闪烁一次，主机 I²CA 向从机 I²CB 发送 1 个字节数据。将下列语句放到 main

函数的“主循环”处。

```
for(;;)
{
gpio_reverse(LIGHT_RED);                  //红灯状态切换,记录红灯状态
i2c_writeN(I2CA, 0x73, data,16);         //从 I2CA 发送数据
}
```

（3）中断处理程序工作

在 07_NosPrg\isr.c 中断处理程序 I²CB_Handler 中，将主机发送过来的数据通过串口发送到上位机。

```
data = i2c_read(I2CB);                   //从 I2CB 接收数据
uart_send1(UARTC,data);                  //将接收到的数据发送到上位机
i2c_clear_re_int(I2CB);                  //清除 I2CB 的接收中断标志
```

（4）运行情况

重新编译生成机器码，利用 AHL-GEC-IDE 软件将编译得到的 HEX 文件下载到目标板中，可以在 AHL-GEC-IDE 界面观察情况，如图 3-21 所示。同时，也可观察到板载红灯每秒闪烁一次，具体硬件连接可以参阅本章的辅助阅读材料。

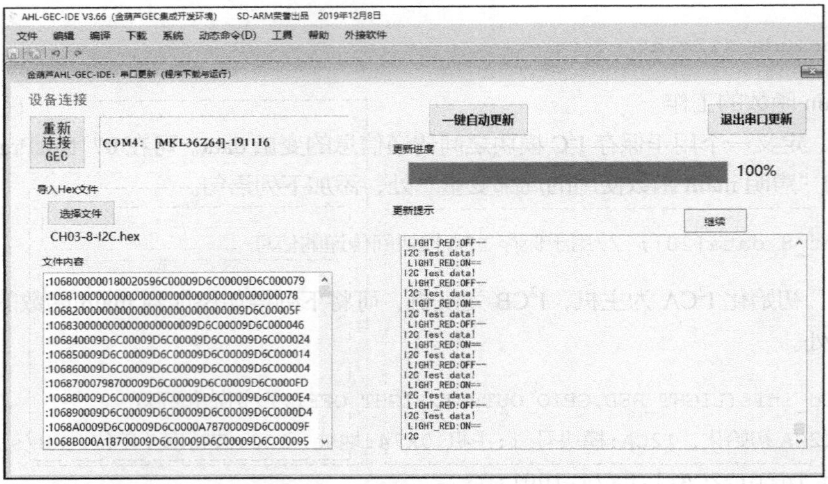

AHL-GEC-IDE V3.66（金葫芦GEC集成开发环境） SD-ARM荣誉出品 2019年12月8日
文件 编辑 编译 下载 系统 动态命令(D) 工具 帮助 外接软件
金葫芦AHL-GEC-IDE：串口更新（程序下载与运行）
设备连接
重新连接GEC
COM4: [MKL36Z64]-191116
一键自动更新
退出串口更新
更新进度
100%
导入Hex文件
选择文件
CH03-8-I2C.hex
文件内容
更新提示
继续
LIGHT_RED:OFF--
I2C Test data!
LIGHT_RED:ON==

图 3-21 I²C 构件 API 的测试结果

3.4.2 SPI 构件

本小节介绍 SPI 知识要素、SPI 构件 API 及 SPI 构件 API 的测试方法。

1. SPI 知识要素

串行外设接口（Serial Peripheral Interface，SPI）是原摩托罗拉公司推出的一种同步串行通信接口，用于微处理器和外围扩展芯片之间的串行连接，且已发展成了一种工业标准。目前，各半导体公司推出了大量带有 SPI 的芯片，如 RAM、EEPROM、AD 转换器、DA 转换器、LCD 显示驱动器等。

SPI 的知识要素有 SPI 有关基本概念、SPI 的数据传输原理、SPI 时序等。

（1）SPI 有关基本概念

① 主机与从机

SPI 系统是典型的"主机-从机"（Master-Slave）系统。一个 SPI 系统，由一个主机和一个或多个从机构成，主机启动一个与从机的同步通信，从而完成数据的交换。提供串行时钟的 SPI 设备称为 SPI 主机（Master），其他设备则称为 SPI 从机（Slave）。

② 主出从入引脚与主入从出引脚

主出从入（Master Out/Slave In，MOSI）引脚是主机输出、从机输入数据线。对于 MCU 被设置为主机方式，主机送往从机的数据从该引脚输出。对于 MCU 被设置为从机方式，来自主机的数据从该引脚输入。

主入从出（Master In/Slave Out，MISO）引脚是主机输入、从机输出数据线。对于 MCU 被设置为主机方式，来自从机的数据从该引脚输入主机。对于 MCU 被设置为从机方式，送往主机的数据从该引脚输出。

③ 串行时钟引脚

串行时钟（Serial Clock，SCK）引脚用于控制主机与从机之间的数据传输。串行时钟信号由主机的内部总线时钟分频获得，主机的 SCK 引脚输出给从机的 SCK 引脚，控制整个数据的传输速率。在主机启动一次传送的过程中，从 SCK 引脚输出自动产生的 8 个时钟周期信号，SCK 信号的一个跳变对应一位数据的移位传输。

④ 时钟极性与时钟相位

时钟极性表示时钟信号在空闲时是高电平还是低电平，时钟相位表示 SCK 信号的第一个边沿出现在第一位数据传输周期的开始位置还是中间位置。

（2）SPI 的数据传输原理

图 3-22 是 SPI 的全双工主-从连接示意，图中的移位寄存器为 8 位，因此每个工作过程传送 8 位数据。从主机 MCU 发出启动传输信号开始，将要传送的数据装入 8 位移位寄存器，同时产生 8 个时钟信号依次从 SCK 引脚送出，在 SCK 信号的控制下，主机中的 8 位移位寄存器中的数据依次从 MOSI 引脚送出，到从机的 MOSI 引脚后送入它的 8 位移位寄存器。在此过程中，从机的数据也可通过 MISO 引脚传送到主机中，因此称之为全双工主-从连接（Full-Duplex Master-Slave Connections），其数据的传输格式是高位（MSB）在前，低位（LSB）在后。

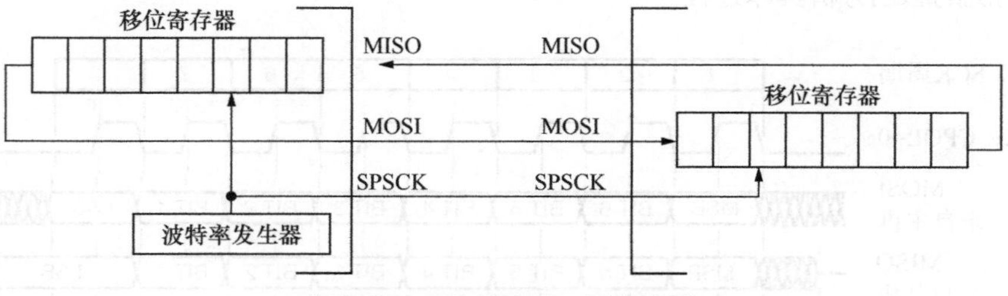
主MCU
移位寄存器
MISO
MOSI
SPSCK
波特率发生器
从MCU
MISO
MOSI
SPSCK
移位寄存器

图 3-22　SPI 全双工主-从连接示意

图 3-22 是一个主 MCU 和一个从 MCU 的连接。此外，也可以是一个主 MCU 与多个从 MCU 进行连接形成一个主机多个从机的系统；又可以是多个 MCU 互联构成多主机系统；还可以是一个 MCU 挂接多个从属外设。但是，SPI 系统最常见的应用是利用一个 MCU 作为主

机，其他处于从机地位，这样，主机的程序启动并控制数据的传输和流向。在主机的控制下，从属设备从主机读取数据或向主机发送数据。

（3）SPI 时序

SPI 的数据传输是在 SCK 信号（同步信号）的控制下完成的，数据传输过程涉及时钟极性（Clock Polarity）与时钟相位（Clock Phase）设置问题。下面讲解使用 CPOL 描述时钟极性，使用 CPHA 描述时钟相位。主机和从机必须使用同样的时钟极性与时钟相位，才能正常通信。总体要求是确保发送数据在一个周期开始的时刻上线，接收方在 1/2 周期的时刻从线上取数，这样是最稳定的通信方式。对发送方编程必须明确两点：一是接收方要求的时钟空闲电平是高电平还是低电平；二是接收方在时钟的上升沿取数还是下降沿取数。据此，来设置时钟极性与时钟相位。

关于时钟极性与时钟相位的选择，有 4 种可能的情况。

① 空闲电平是低电平，在上升沿取数：CPOL=0，CPHA=0

若空闲电平为低电平，则接收方在时钟的上升沿取数。为了保证数据的正确传输，第一位数据提前半个时钟周期上线，在第一个时钟信号的上升沿，数据已经上线半个周期，处于稳定状态，接收方此时采样线上信号，最为稳定。在时钟信号的一个周期结束后（下降沿），时钟信号又处于低电平，下一位数据开始上线，再重复上述过程，直到一个字节的 8 位信号传输结束。若用 CPOL=0 表征空闲电平为低电平，用 CPHA=0 表征第一位数据提前半个时钟周期上线，则图 3-23 所示为此时的数据/时钟时序图。

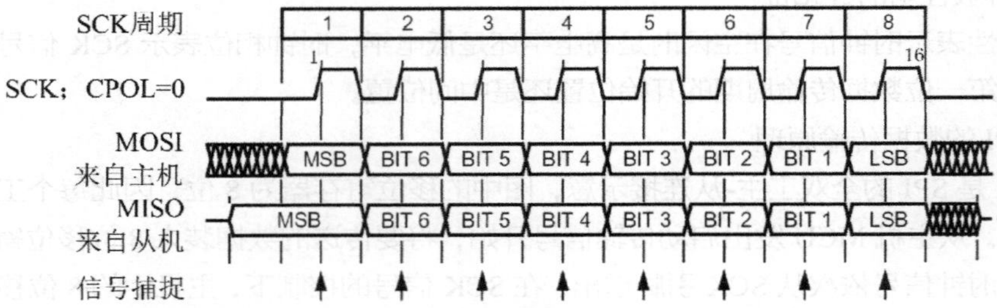
SCK周期
1
2
3
4
5
6
7
8
1
16
SCK：CPOL=0
MOSI
来自主机
MSB
BIT 6
BIT 5
BIT 4
BIT 3
BIT 2
BIT 1
LSB
MISO
来自从机
MSB
BIT 6
BIT 5
BIT 4
BIT 3
BIT 2
BIT 1
LSB
信号捕捉

图 3-23　CPOL=0，CPHA=0 时的数据/时钟时序图

② 空闲电平是低电平，在下降沿取数：CPOL=0，CPHA=1

图 3-24 与图 3-23 的唯一不同之处是在同步时钟信号的下降沿时采样线上信号，读者可按照第一种情况的思路分析具体过程。

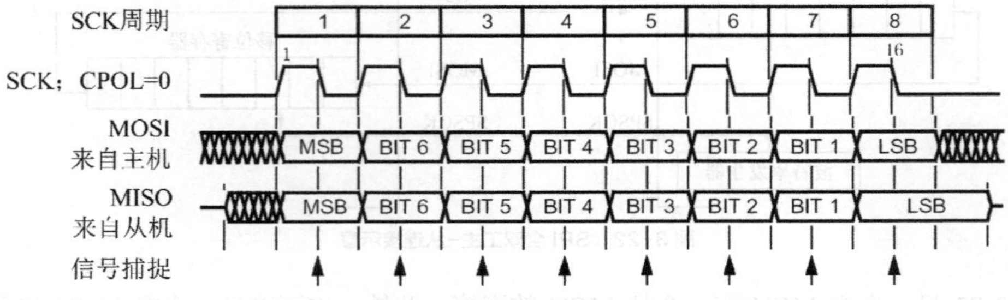
SCK周期
1
2
3
4
5
6
7
8
1
16
SCK：CPOL=0
MOSI
来自主机
MSB
BIT 6
BIT 5
BIT 4
BIT 3
BIT 2
BIT 1
LSB
MISO
来自从机
MSB
BIT 6
BIT 5
BIT 4
BIT 3
BIT 2
BIT 1
LSB
信号捕捉

图 3-24　CPOL=0，CPHA=1 时的数据/时钟时序图

③ 空闲电平是高电平，在下降沿取数：CPOL=1，CPHA=0

同样可对图 3-25 做类似分析。空闲电平是高电平（CPOL=1），在下降沿取数，数据需要提前半个周期上线（CPHA=0）。

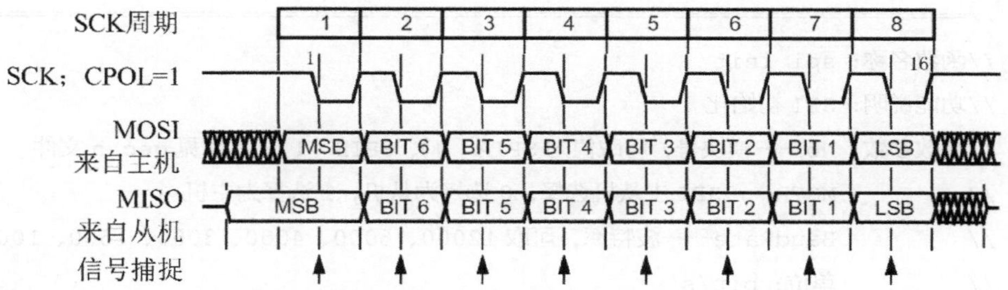
SCK周期
1
2
3
4
5
6
7
8
SCK：CPOL=1
1
16
MOSI
来自主机
MSB
BIT 6
BIT 5
BIT 4
BIT 3
BIT 2
BIT 1
LSB
MISO
来自从机
MSB
BIT 6
BIT 5
BIT 4
BIT 3
BIT 2
BIT 1
LSB
信号捕捉

图 3-25　CPOL=1，CPHA=0 时的数据/时钟时序图

④ 空闲电平是高电平，在上升沿取数：CPOL=1，CPHA=1

可对图 3-26 做类似分析。空闲电平是高电平（CPOL=1），在上升沿取数，数据可与时钟同时变化，不需要提前上线（CPHA=1）。

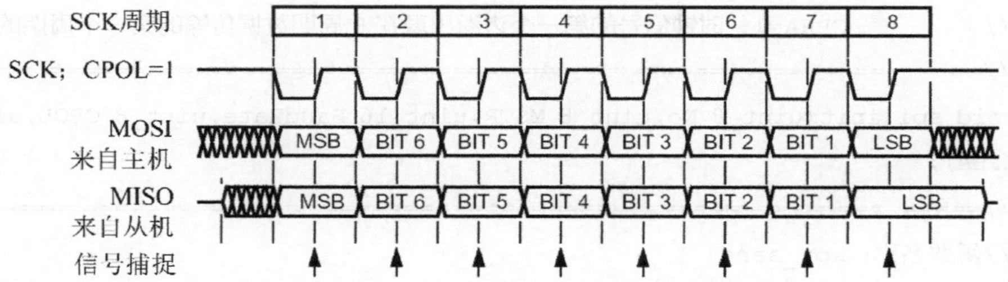
SCK周期
1
2
3
4
5
6
7
8
SCK：CPOL=1
MOSI
来自主机
MSB
BIT 6
BIT 5
BIT 4
BIT 3
BIT 2
BIT 1
LSB
MISO
来自从机
MSB
BIT 6
BIT 5
BIT 4
BIT 3
BIT 2
BIT 1
LSB
信号捕捉

图 3-26　CPOL=1，CPHA=1 时的数据/时钟时序图

只有正确地配置时钟极性和时钟相位，数据才能被准确地接收。因此，必须严格对照从机 SPI 的要求，正确配置主机的时钟极性和时钟相位。

2. SPI 构件 API

（1）SPI 常用接口函数简明列表

在 SPI 构件的头文件 spi.h 中给出了 API 函数声明，表 3-7 所示为其函数名、简明功能及基本描述。

表 3-7　SPI 常用接口函数简明列表

序号	函数名	简明功能	描述
1	spi_init	初始化	初始化 SPI 模块，指定主机或者从机模式、地址、波特率
2	spi_send1	发送数据	发送 1 个字节数据，若读取成功，则返回 1；反之，则返回 0（带命令）
3	spi_sendN	发送数据	发送 *N* 个字节数据，无返回
4	spi_receive1	接收数据	接收 1 个字节数据，返回接收字节
5	spi_receiveN	接收数据	接收 *N* 个字节数据，若读取成功，则返回 1；反之，则返回 0（不带命令）
7	spi_enable_re_int	使能中断	使能指定 SPI 模块的接收中断
8	spi_disable_re_int	关闭中断	关闭指定 SPI 模块的接收中断

（2）SPI 常用接口函数 API

```
//============================================================================
//函数名称：spi_init
//功能说明：SPI 初始化
//函数参数：No——模块号，可取值为 SPIA（0）、SPIB（1），具体见 gec.h 文件
//          MSTR——SPI 主从机选择，0 选择为从机，1 选择为主机
//          BaudRate——波特率，可取 12000、6000、4000、3000、1500、1000，
//          单位：bit/s
//          CPOL——CPOL=0，高有效 SPI 时钟（低无效）；CPOL=1，低有效 SPI 时钟
//          （高无效）
//          CPHA——CPHA=0 表示相位为 0，CPHA=1 表示相位为 1
//函数返回：无
//函数备注：CPHA=0，时钟信号的第一个边沿出现在 8 周期数据传输的第一个周期的中间
//          CPHA=1，时钟信号的第一个边沿出现在 8 周期数据传输的第一个周期的起点
//============================================================================
void spi_init(uint_8 No,uint_8 MSTR,uint_16 BaudRate,uint_8 CPOL,uint_8
CPHA);
//============================================================================
//函数名称：spi_send1
//功能说明：SPI 发送 1 个字节数据
//函数参数：No——模块号，可取值为 SPIA（0）、SPIB（1），具体见 gec.h 文件
//          data——需要发送的 1 字节数据
//函数返回：0——发送失败，1——发送成功
//============================================================================
uint_8 spi_send1(uint_8 No,uint_8 data);
//============================================================================
//函数名称：spi_sendN
//功能说明：SPI 发送 N 个字节数据
//函数参数：No——模块号，可取值为 SPIA（0）、SPIB（1），具体见 gec.h 文件
//          n——要发送的字节个数，范围为（1～255）
//          data[]——所发数组的首地址
//函数返回：无
//============================================================================
void spi_sendN(uint_8 No,uint_8 n,uint_8 data[]);
//============================================================================
//函数名称：spi_receive1
//功能说明：SPI 接收 1 个字节的数据
//函数参数：No——模块号，可取值为 SPIA（0）、SPIB（1），具体见 gec.h 文件
```

```
//函数返回：接收到的数据
//===========================================================
uint_8 spi_receive1(uint_8 No);
//===========================================================
//函数名称：spi_receiveN
//功能说明：SPI 接收 N 个字节数据。当 N=1 时，就是接收 1 个字节的数据，……
//函数参数：No——模块号，可取值为 SPIA（0）、SPIB（1），具体见 gec.h 文件
//          n——要发送的字节个数，范围为（1～255）
//          data[]——接收到的数据存放的首地址
//函数返回：1 表示接收成功，其他值表示接收失败
//===========================================================
uint_8 spi_receiveN(uint_8 No,uint_8 n,uint_8 data[]);
//===========================================================
//函数名称：spi_enable_re_int
//功能说明：打开 SPI 接收中断
//函数参数：No——模块号，可取值为 SPIA（0）、SPIB（1），具体见 gec.h 文件
//函数返回：无
//===========================================================
void spi_enable_re_int(uint_8 No);
//===========================================================
//函数名称：spi_disable_re_int
//功能说明：关闭 SPI 接收中断
//函数参数：No——模块号，可取值为 SPIA（0）、SPIB（1），具体见 gec.h 文件
//函数返回：无
//===========================================================
void spi_disable_re_int(uint_8 No);
```

3. SPI 构件 API 的测试方法

配合金葫芦使用 SPIA 和 SPIB 两个模块，实现 SPI 之间的通信，即将“SPI Test data!\n”字符串通过主机 SPIA 发送给从机 SPIB，在从机 SPIB 接收该字符串后，将该字符串通过 printf 语句输出，具体实例可参考“…\ 04-Soft\ch03\CH03-9-SPI”。

（1）gec.h 的工作

在 04_GEC\gec.h 文件中添加 SPI 引脚的定义，对 SS 所接具有 GPIO 功能的引脚进行宏定义（如 SPIA_Pin 和 SPIB_Pin）。

```
#define SPIA  0
#define SPIB  1
```

（2）main 函数的工作

① 变量定义

在 main 函数的“声明 main 函数使用的局部变量”部分，定义一个用于保存 SPIA 和 SPIB

两个模块之间传递信息的变量 data。

```
uint_8 data[20];                              //用于保存 I2C 模块间传递的信息
```

② 给变量赋初值

```
ArrayCopy(data," SPI Test data!\n", 16); //初始化 data 中的数据，作为待发数据
```

③ 初始化 SPIA 和 SPIB

在 main 函数的“初始化外设模块”处初始化 SPIA 为主机、SPIB 为从机，并设置波特率、时钟极性和时钟相位。

```
//把 SPIA 初始化为主机，波特率 6000，时钟极性 0，时钟相位 0
gpio_init(SPIA_Pin,0,0);                  //设置 SS 为输入
spi_init(SPIA,1,6000,0,0);                //初始化 SPIA 为主机
//把 SPIB 初始化为从机，波特率 6000，时钟极性 0，时钟相位 0
gpio_init(SPIB_Pin,0,0);                  //设置 SS 为输入
spi_init(SPIB,0,6000,0,0);                //初始化 SPIB 为从机
```

④ 使能 SPIB 模块的接收中断

在 main 函数的“使能模块中断”处使能 SPIB 模块的接收中断。

```
spi_enable_re_int(SPIB);                  //使能 SPIB 模块中断
```

⑤ 主机 SPIA 向从机 SPIB 发送数据

在 main 函数的“主循环”处，实现主机 SPIA 向从机 SPIB 发送 12 个字节数据。

```
for(;;)
{
     gpio_reverse (LIGHT_RED);            //红色亮暗状态切换
     spi_sendN(SPIA,12,data);             //发送数据，调用 SPIB 中断接收数据
}
```

⑥ 从机 SPIB 将接收到的数据发回上位机

在 isr.c 文件中，编写 SPIB_Handler 中断服务程序，实现从机 SPIB 接收主机 SPIA 传送来的数据，并通过 printf 语句将接收到的数据发送到上位机。

```
uint_8 data;
data = spi_receive1(SPIB);                //接收 1 个字节的数据
printf("%c",data);                        //发送主机传送来的数据
```

⑦ 下载程序机器码到目标板，观察运行情况

重新编译生成机器码，通过 AHL-GEC-IDE 软件将相关文件下载到目标板中，如图 3-27 所示，可在 AHL-GEC-IDE 界面观察收到的数据情况，图 3-27 中显示了从机向主机回发的“SPI Test data!”信息。硬件具体引脚接线可以参阅本章的辅助阅读材料。

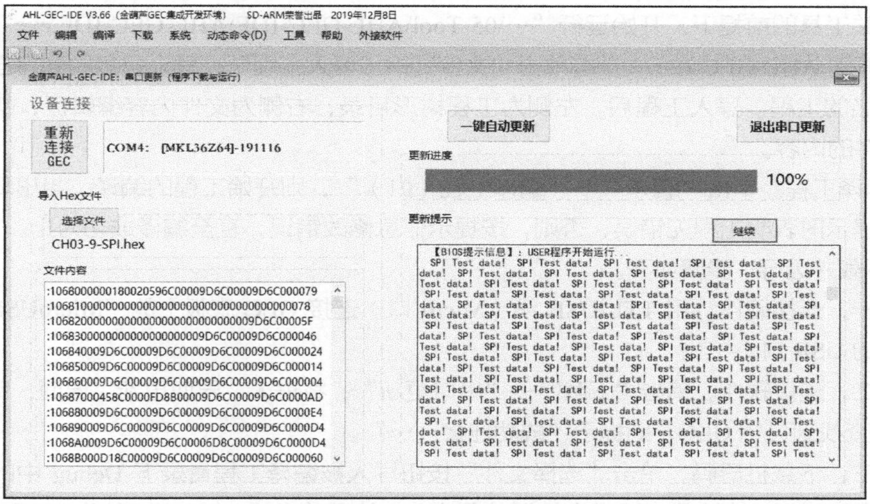
AHL-GEC-IDE V3.66（金葫芦GEC集成开发环境） SD-ARM荣誉出品 2019年12月8日
文件 编辑 编译 下载 系统 动态命令(D) 工具 帮助 外接软件
金葫芦AHL-GEC-IDE：串口更新（程序下载与运行）
设备连接
重新连接GEC
COM4: [MKL36Z64]-191116
一键自动更新
退出串口更新
更新进度
100%
导入Hex文件
选择文件
CH03-9-SPI.hex
更新提示
继续
文件内容
:106800000180020596C00009D6C00009D6C000079
:10681000000000000000000000000000000000078
:1068200000000000000000000000009D6C00005F
:10683000000000000000000009D6C00009D6C000046
:106840009D6C00009D6C00009D6C00009D6C000024
:106850009D6C00009D6C00009D6C00009D6C000014
:106860009D6C00009D6C00009D6C00009D6C000004
:10687000458C0000FD8B00009D6C00009D6C0000AD
:106880009D6C00009D6C00009D6C00009D6C0000E4
:106890009D6C00009D6C00009D6C00009D6C0000D4
:1068A0009D6C00009D6C00006D8C00009D6C0000D4
:1068B000D18C00009D6C00009D6C00009D6C000060
【BIOS提示信息】：USER程序开始运行...
SPI Test data! SPI Test data! SPI Test data! SPI Test data! SPI Test

图 3-27　SPI 运行效果

3.5　实验 3：理解构件的使用方法

1．实验目的

（1）了解集成开发环境的安装与基本使用方法。

（2）初步掌握本章所有构件的使用方法。

（3）掌握硬件系统的软件测试方法，初步理解 printf 输出调试的基本方法。

2．实验准备

（1）硬件部分。PC 或笔记本计算机一台、开发套件一套。

（2）软件部分。根据电子资源“…\02-Doc”文件夹下的电子版快速指南，下载合适的电子资源。

（3）软件环境。按照“附录 B AHL-GEC-IDE 安装及基本使用指南”，进行有关软件工具的安装。

3．实验过程或要求

（1）验证性实验

① 下载开发环境。根据电子资源下“…\05-Tool\AHL-GEC-IDE 下载地址.txt”文件的指引，下载由 SD-Arm 开发的金葫芦集成开发环境（AHL-GEC-IDE）到“…\05-Tool”文件夹中。该集成开发环境兼容一些常规开发环境工程格式。

② 建立自己的工作文件夹。按照“分门别类，各有归处”之原则，建立自己的工作文件夹，并考虑后续内容安排，建立其下级子文件夹。

③ 复制模板工程并重命名。所有工程可通过复制模板工程建立。例如，复制“…\04-Software\ch03\CH03-1-GPIO_Output(Light)”工程到自己的工作文件夹，可以将其改为自己确定的工程名，建议尾端增加日期字样，以避免混乱。

④ 导入工程。在已经下载了 AHL-GEC-IDE 并将其放入“…\05-Tool”文件夹，且已正确

安装了有关工具的前提下，开始运行“…\05-Tool\AHL-GEC-IDE\AHL-GEC-IDE.exe”文件，这一步打开了 AHL-GEC-IDE。接着单击“文件”→“导入工程”，导入已复制到自己文件夹并重新命名的工程。导入工程后，左侧为工程树形目录，右侧为文件内容编辑区，初始显示 main.c 文件的内容。

⑤ 编译工程。单击“编译”→“编译工程（01）”，则开始工程的编译。当出现“编译成功”的提示时表明工程无错误；否则，按提示信息修改错误，直至编译成功为止。

⑥ 下载并运行，步骤如下。

步骤一，连接硬件。用 TTL-USB 线（Micro 口）连接 GEC 底板上的“MicroUSB”串口与计算机的 USB 口。

步骤二，连接软件。单击“下载”→“串口更新”，将进入“界面更新”界面，单击“连接 GEC”查找到目标 GEC，则提示“成功连接……”。

步骤三，下载机器码。单击“选择文件”按钮导入被编译工程目录下 Debug 中的.hex 文件（看准生成时间，确认是自己现在编译的程序），然后单击“一键自动更新”按钮，等待程序自动更新完成。

此时程序自动运行了。若遇到问题，则可参阅开发套件纸质版导引“常见错误及解决方法”一节，也可参阅电子资源“…\02-Doc”文件夹中的快速指南进行解决。

⑦ 观察运行结果与程序的对应。第一个程序运行结果（PC 界面显示情况）见图 3-28。为了表明程序已经开始运行了，在每个样例程序进入主循环之前，使用 printf 语句输出一段话，程序写入后立即执行，就会将其显示在开发环境下载界面的右下角文本框中，提示程序的基本功能。使用 printf 语句将程序运行的结果直接输出到 PC 屏幕上，使嵌入式软件开发的输出调试变得十分便利，改变了传统交叉调试模式，使调试嵌入式软件与调试 PC 软件几乎一样方便。

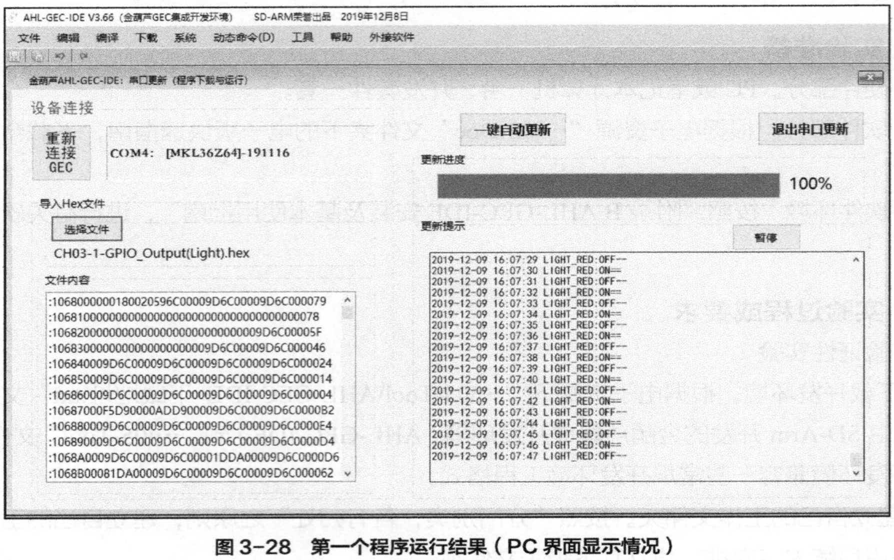

AHL-GEC-IDE V3.66（金葫芦GEC集成开发环境） SD-ARM荣誉出品 2019年12月8日
文件 编辑 编译 下载 系统 动态命令(D) 工具 帮助 外接软件
金葫芦AHL-GEC-IDE：串口更新（程序下载与运行）
设备连接
重新连接GEC
COM4: [MKL36Z64]-191116
导入Hex文件
选择文件
CH03-1-GPIO_Output(Light).hex
文件内容
:10680000180020596C00009D6C00009D6C000079
:106810000000000000000000000000000000000078
:10682000000000000000000000000000009D6C00005F
:10683000000000000000000009D6C00009D6C000046
:106840009D6C00009D6C00009D6C00009D6C000024
:106850009D6C00009D6C00009D6C00009D6C000014
:106860009D6C00009D6C00009D6C00009D6C000004
:10687000F5D90000ADD900009D6C00009D6C0000B2
:106880009D6C00009D6C00009D6C00009D6C0000E4
:106890009D6C00009D6C00009D6C00009D6C0000D4
:1068A0009D6C00009D6C00001DDA00009D6C0000D6
:1068B00081DA00009D6C00009D6C00009D6C000062
一键自动更新
退出串口更新
更新进度
100%
更新提示
暂停
2019-12-09 16:07:29 LIGHT_RED:OFF--
2019-12-09 16:07:30 LIGHT_RED:ON==
2019-12-09 16:07:31 LIGHT_RED:OFF--
2019-12-09 16:07:32 LIGHT_RED:ON==
2019-12-09 16:07:33 LIGHT_RED:OFF--
2019-12-09 16:07:34 LIGHT_RED:ON==
2019-12-09 16:07:35 LIGHT_RED:OFF--
2019-12-09 16:07:36 LIGHT_RED:ON==
2019-12-09 16:07:37 LIGHT_RED:OFF--
2019-12-09 16:07:38 LIGHT_RED:ON==
2019-12-09 16:07:39 LIGHT_RED:OFF--
2019-12-09 16:07:40 LIGHT_RED:ON==
2019-12-09 16:07:41 LIGHT_RED:OFF--
2019-12-09 16:07:42 LIGHT_RED:ON==
2019-12-09 16:07:43 LIGHT_RED:OFF--
2019-12-09 16:07:44 LIGHT_RED:ON==
2019-12-09 16:07:45 LIGHT_RED:OFF--
2019-12-09 16:07:46 LIGHT_RED:ON==
2019-12-09 16:07:47 LIGHT_RED:OFF--

图 3-28　第一个程序运行结果（PC 界面显示情况）

（2）设计性实验

① 基本编程。在验证性实验的基础上，自行编程实现开发板上的红灯、蓝灯和绿灯交替闪烁。LED 三色灯电路原理如图 3-29 所示，对应 3 个控制端接 MCU 的 3 个 GPIO 引脚，具体所接引脚可通过查看 user.h 和 gec.h 文件获知。读者通过程序可以测试自己使用的开发套件

中的发光二极管是否与图中接法一致。

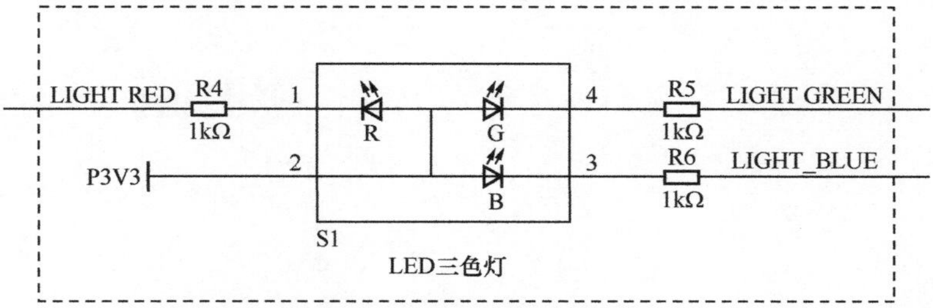
LIGHT RED
R4
1kΩ
1
R
G
B
4
R5
1kΩ
LIGHT GREEN
P3V3
2
3
R6
1kΩ
LIGHT_BLUE
S1
LED三色灯

图 3-29　LED 三色灯电路原理图

② 综合编程。对目标板上的三色灯进行编程，通过三色灯的不同组合，实现红、蓝、绿、青、紫、黄和白等灯的亮暗控制。灯颜色提示：青色为绿蓝混合，黄色为红绿混合，紫色为红蓝混合，白色为红蓝绿混合。

4. 实验报告要求

（1）用适当文字、图表描述实验过程。

（2）用 200～300 字写出实验体会。

（3）在实验报告中完成实践性问答题。

5. 实践性问答题

集成的红绿蓝三色灯最多可以实现几种不同颜色 LED 灯的显示？通过实验给出组合列表。

3.6 习题

（1）参考“CH03-4-UART”工程，先将字符串组装成帧，然后通过串口实现字符串的发送与接收。提示：帧格式可采用“帧头（2 个字节）+数据长度（1～2 个字节）+有效数据（*N* 个字节，*N*=数据长度）+帧尾”，也可以自定义帧格式。

（2）参考“CH03-5-FLASH”工程，实现向 Flash 的 60 扇区 4 字节开始地址写入 30 个字节数据，数据内容为“Welcome Use AHL-GEC-IDE!”。

（3）参考“CH03-6-ADC”工程，将采集到的温度 AD 值转换成实际温度。提示：AD 值与温度的转换公式为 temp=［（AD 值×3300/65536.0）–687.5］/1.875。

（4）参考“CH03-7-PWM”工程，利用 PWM 通过 PWM_PIN1 驱动绿灯的亮度变化。

（5）参考“CH03-8-I2C”工程，实现字符串通过 I^2CB 发送给 I^2CA。

04 chapter

终端与云侦听程序的通信过程

NB-IoT 终端负责数据采集及基本运行，控制执行机构，并把数据送往信息邮局，此时信息邮局已经抽象为具有固定 IP 地址的云服务器的某一端口。信息邮局则“竖起耳朵”侦听终端发来的数据，一旦“听”到数据，就把它接收下来并存入数据库，这就是数据上行过程。反之，信息邮局下发数据到终端（以 IMSI 码为其唯一标志），触发终端内部中断接收数据，这就是数据下行过程。本章将介绍数据上行与下行过程，以及“照葫芦画瓢”的基本方法。下一章将给出这些程序的基本描述，遵循先易后难、先应用后理解的基本原则。

4.1 终端与云侦听模板工程功能简介

终端模板工程在“…\04-Soft\ch04-1\User_NB”[①]文件夹下，云侦听模板工程在“…\04-Soft\ch04-1\CS-Monitor”文件夹下。

4.1.1 终端模板工程的运行流程

终端模板工程的运行流程主要由启动、主循环和中断处理程序 3 个部分组成。

1. 启动

启动过程在 main.c 文件中，主要包括：①给通信模组供电；②初始化运行指示灯、Flash 模块、LCD 模块，初始化 TIMERA 定时器为 200ms 中断；③设置系统时间初值；④使能 TIMERA 中断及 TSI 中断；⑤通信模组初始化，其过程信息显示在 LCD 上，包括 IMSI 码、MCU 温度[MCU_temperature]、定位信息[LBS]、信息邮局的 IP 地址及端口[IP:PT]、触摸次数[TSI]、发送频率[Freq]等信息，同时会显示相关的提示信息。

2. 主循环

main.c 文件中的主循环功能主要有：①每秒更新 LCD 上的显示时间；②控制运行指示灯每秒闪烁一次；③根据发送频率，定时向 CS-Monitor 发送数据；④当触摸按键 TSI 次数达到 3 的倍数时，重新发送数据；⑤接收 CS-Monitor 回发的数据；⑥根据下行命令修改存储在 Flash 中的相关参数。

3. 中断处理程序

中断处理程序在 isr.c 文件中，其中共有 3 个中断处理程序：①TIMERA 中断按每 200ms 触发一次 TSI 扫描；②TSI 中断主要记录 TSI 有效触摸次数，并会将其显示在 LCD 上；③MCU 与通信模组相连接的串口中断，主要被终端和 CS-Monitor 通信使用。

4.1.2 云侦听模板工程功能简介

云侦听程序是指运行在云服务器上的负责侦听终端和 HCI（包括 PC 客户端、Web 网页、微信小程序及手机 App 软件等）并对数据进行接收、存储和处理的程序。可以形象地理解，云服务器“竖起耳朵”侦听着终端发来的数据，一旦“听”到数据，就把它接收下来，因此称之为“CS-Monitor”。

1. 界面加载处理程序

界面加载过程主要包括：①从 Program.cs 文件的应用程序主入口点 main 函数开始执行，创建并启动主界面 FrmMain；②在主界面加载事件处理程序 FrmMain_Load 中初始化数据库表结构，然后跳转至实时数据界面 frmRealtimeData 运行；③在 frmRealtimeData 界面中，动态加载界面待显示数据的标签和文本框、显示侦听终端的 IMSI 码、侦听面向终端数据的端口、将

① 书中只给出工程文件夹名的前面部分，实际工程文件夹名中可能还含有 MCU 芯片型号及日期等信息，下同。

IoT_rec 函数注册为接收终端上行数据的事件处理程序，最后开启 WebSocket，服务于终端回发数据，以及 CS-Monitor 与 HCI 的数据交互。

2．云侦听事件处理程序

云侦听事件包括接收终端数据的 DataReceivedEvent 事件和接收 HCI 数据的 OnMessage 事件。DataReceivedEvent 事件绑定的处理函数是 IoT_recv，其主要功能包括：①解析并显示终端的数据；②将数据存入数据库的上行表中；③向 HCI 广播数据到达信息。OnMessage 事件的主要功能包括：①接收 HCI 发来的数据；②将数据回发给终端。

3．控件单击事件

控件单击事件包括“清空”和“回发”按钮事件，以及实时曲线、历史数据、历史曲线、基本参数、帮助和退出等菜单栏单击事件。“清空”按钮事件的主要功能是清除实时数据界面的文本框内容，“回发”按钮事件的主要功能是在指定的回发时间内将更新后的数据发送给终端。

4.2 建立云侦听程序的运行场景

在 NB-IoT 的通信模型中，终端的数据直接送向具有固定 IP 地址的计算机，本书把具有固定 IP 地址的计算机统称为“云平台”，云侦听程序需要运行在云平台上，才能正确接收终端的数据，并建立上下行通信。但是在实际的教学场景中，难以做到给每个学生配备“一朵云”。在这样的情况下，为了能顺利进行 NB-IoT 应用技术的教学及实践，我们利用 SD-Arm 租用的固定 IP 地址“116.62.63.164”（域名为 suda-mcu.com），拿出 7000～7009 这 10 个端口，服务于本书教学，这个服务器简称为“苏大云服务器”。在此服务器上，运行了内网穿透软件快速反向代理（Fast Reverse Proxy，FRP）的服务器端①，将固定 IP 地址与端口“映射”到读者计算机上，读者可按照 4.2.2 小节的方法配置好 FRP 客户端，就好像使用云平台一样，在自己的计算机上运行云侦听程序。下面首先简要介绍 FRP 内网穿透基本原理，然后介绍 FRP 客户端配置方法。

4.2.1 FRP 内网穿透基本原理

采用 FRP 内网穿透的网络基本原理可通过图 4-1 来初步理解。读者可以将 CS-Monitor、数据库安装在自己的计算机上，同时在此台计算机上安装 FRP 客户端软件，并使 FRP 客户端软件与云服务器上的 FRP 服务端软件建立连接。FRP 服务端软件将内网的 CS-Monitor 服务器映射到云服务器的公网 IP 上，接入外网的读者计算机②和云服务器一起组成了新的“信息邮局”，为终端与 HCI 提供服务。此时，客户端程序 CS-Client、Web 网页程序、微信小程序、Android App、终端等都可以像访问公网 IP 那样，访问读者计算机上运行的 CS-Monitor 服务器。

---

① 内网穿透即网络地址转换（Network Address Translation，NAT），其主要功能是实现外网与内网的连接通信，在这种情况下，外网可以访问内网应用，同样，内网也可以将应用发布到外网中去。FRP 是一款开源免费且易用的内网穿透工具，可免费用于教学，该工具符合 Apache License 2.0 协议，用户利用该工具可以快速地搭建自己的内网服务器（本机），并且不受端口限制。Apache Licence 2.0 是著名的非营利开源组织 Apache 采用的协议，鼓励代码共享和尊重原作者的著作权，允许代码被修改后再发布（作为开源或商业软件）。

② 此时，读者自己的计算机变成了一个“临时服务器”。

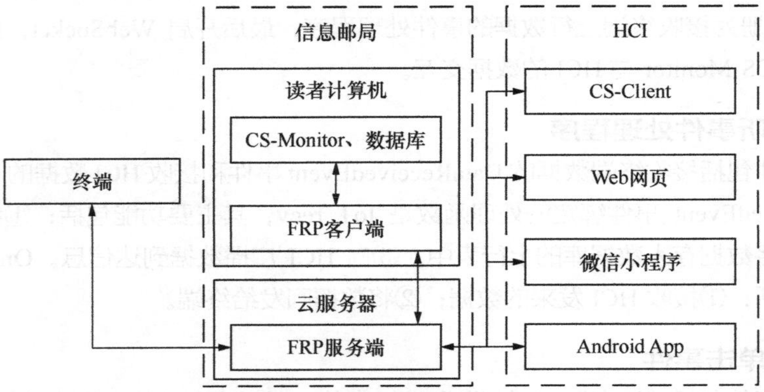

信息邮局
HCI
读者计算机
CS-Client
CS-Monitor、数据库
终端
Web网页
FRP客户端
微信小程序
云服务器
FRP服务端
Android App

图 4-1 FRP 内网穿透拓扑图

4.2.2 利用苏大云服务器搭建读者的临时服务器

CS-Monitor 的运行需要两个端口，一个服务于终端，另一个服务于 HCI。设读者手中的终端的卡号（IMSI 码）为“460113003225036”[①]，面向终端的映射名称为“UE_map”，本机服务侦听的终端端口为 35000，映射到公网的终端端口为 35000，这两个端口号（35000）必须相同；面向 HCI 各客户端的映射名称为“HCI_map”，本机服务侦听的 HCI 端口为 35001，映射到公网的 HCI 端口为 35001，这两个端口号（35001）必须相同。本书后续章节都是采用 FRP 方式并基于这些端口进行实践的，具体详细的设置与说明可参考辅助阅读材料。这里提及的映射名称、端口等读者可自行设置，只要保证不重名、不重复即可。如果读者有自己的云服务器，则也可以参考本章的辅助阅读材料，根据自身所具备的环境实现自主搭建。

1. 复制 FRP 文件夹

读者可将电子资源“…\05-Tool”中的 frp 文件夹复制到自己计算机的 C 盘根文件夹下，完成 FRP 客户端的安装，即 C 盘的“C:\frp”文件夹就是读者计算机上的 FRP 客户端软件文件夹。

2. 修改客户端配置文件 frpc.ini

读者在计算机上，用记事本打开“C:\frp\frpc.ini”文件并进行修改，需要配置的字段的说明如表 4-1 所示。

表 4-1 配置字段说明

字段	说明
server_addr	云服务器 IP 地址，设置为 116.62.63.164（苏大云服务器）
server_port	FRP 服务器侦听端口，可设置 7000～7009 中的一个端口号
[xxx_map]	xxx_map 为映射名称，读者可自定义，不重复即可
type	连接类型，设置为 tcp
local_ip	读者计算机的 IP 地址，一般直接使用 0.0.0.0
local_port	本机服务侦听的端口，范围为 0～65535（其中 80 和 443 不能使用），可自定义，不重复即可
remote_port	映射到公网的端口，范围为 0～65535（其中 80 和 443 不能使用），可自定义，不重复即可
#	用于注释说明

① 读者可以从自己手中的终端的 LCD 屏幕上读取其 IMSI 码，并记录在书本上，备用。

```
#frpc.ini
[common]
server_addr = 116.62.63.164
#FRP 服务器端口，苏大云服务器提供了 7000～7009 这 10 个端口，读者可选用其中之一
server_port = 7000
#UE 的内网穿透配置，可修改，不重复即可
[UE_map]
#连接类型为 tcp
type = tcp
#读者计算机的 IP
local_ip = 0.0.0.0
#本机端口，范围 0～65535（其中 80 和 443 不能使用），读者可自定义，不重复即可
local_port = 35000
#映射到公网的端口，与 local_port 相同
remote_port = 35000
#HCI 的内网穿透配置，可修改，不重复即可
[HCI_map]
#连接类型为 tcp
type = tcp
#读者计算机的本机 IP
local_ip = 0.0.0.0
#本机端口，范围 0～65535（其中 80 和 443 不能使用），读者可自定义，不重复即可
local_port = 35001
#映射到公网的端口，与 local_port 相同
remote_port = 35001
```

通过以上配置，就可以把面向终端服务的本地计算机 IP 和端口（0.0.0.0:35000）映射到云服务器 IP 和端口（116.62.63.164:35000），把面向 HCI 服务的本地计算机 IP 和端口（0.0.0.0:35001）映射到云服务器 IP 和端口（116.62.63.164:35001 或 suda-mcu.com:35001），如表 4-2 所示。

表 4-2 云服务器与本地计算机的映射关系

功能名称	本地计算机 IP 和端口	映射的云服务器 IP 和端口
终端服务	0.0.0.0:35000	116.62.63.164:35000
HCI 服务	0.0.0.0:35001	116.62.63.164:35001 或 suda-mcu.com:35001

3. 启动 FRP 客户端

设读者计算机的操作系统为 Windows 10，则可按照下列步骤，启动 FRP 客户端。

第一步，切换到 DOS 命令行状态。右击桌面左下角的开始按钮“⊞”，在弹出菜单中选择“Windows PowerShell”，进入 DOS 命令行状态。也可在左下角的搜索栏中输入“cmd”后，按回车键，进入 DOS 命令行状态。

第二步，在 DOS 命令行状态下，使用 CD、CD frp 等 DOS 命令访问“C:\frp”文件夹。

第三步，在 DOS 命令行状态下，执行“frpc -c frpc.ini”命令。有些计算机要使用“.\frpc -c frpc.ini”这种命令方式。

若成功启动 FRP 服务端，则命令行会提示以下信息。

```
2019/12/02 10:38:43 [I] [proxy_manager.go:144] [b28cdff200154488] proxy added: [UE_map HCI_map]
2019/12/02 10:38:43 [I] [control.go:164] [b28cdff200154488] [UE_map] start proxy success
2019/12/02 10:38:43 [I] [control.go:164] [b28cdff200154488] [HCI_map] start proxy success
```

至此，FRP 客户端已经启动，读者的临时服务器已经搭建完毕，终端是与“116.62.63.164:35000”这个地址及端口打交道的，HCI 是与“116.62.63.164:35001”这个地址及端口打交道的。接下来，将介绍云侦听程序与终端模板工程的设置与运行。

4. 可能遇到的问题和解决办法

若上述启动 FRP 客户端的过程遇到错误，则可参考下列描述进行解决。

（1）映射名称冲突

启动 FRP 客户端时，若 DOS 命令行出现如下所示的提示信息，则表明当前设置的映射名称其他用户正在使用，需要在 frpc.ini 文件中修改映射名称，直至不冲突为止（一般在英文名后加数字）。

```
C:\frp>frpc -c frpc.ini
2019/12/02 19:42:43 [I] [service.go:249] [67b4a16cd425200b] login to server success, get run id [67b4a16cd425200b], server udp port [0]
2019/12/02 19:42:43 [I] [proxy_manager.go:144] [67b4a16cd425200b] proxy added: [UE_map34 HCI_map34]
2019/12/02 19:42:43 [W] [control.go:162] [67b4a16cd425200b] [UE_map34] start error: proxy name [UE_map34] is already in use
2019/12/02 19:42:43 [W] [control.go:162] [67b4a16cd425200b] [HCI_map34] start error: proxy name [HCI_map34] is already in use
```

（2）本地服务器端口号冲突

启动 FRP 客户端时，若 DOS 命令行出现如下所示的提示信息，则表明当前设置的端口号其他用户正在使用，需要在 frpc.ini 文件中修改端口号，直至不冲突为止（建议在 10000～65535 之间选取端口）。

```
C:\frp>frpc -c frpc.ini
2019/12/02 19:38:55 [I] [service.go:249] [eba636788de15185] login to server success, get run id [eba636788de15185], server udp port [0]
2019/12/02 19:38:55 [I] [proxy_manager.go:144] [eba636788de15185] proxy added: [UE_map34 HCI_map34]
```

```
    2019/12/02 19:38:55 [W] [control.go:162] [eba636788de15185] [HCI_map34]
start error: port already used
    2019/12/02 19:38:55 [W] [control.go:162] [eba636788de15185] [UE_map34]
start error: port already used
```

（3）FRP 服务器端口冲突

设置 FRP 映射端口时，若 DOS 命令行出现如下所示的提示信息，则表明当前设置的 FRP 服务器端口不正确（"苏大云服务器"仅提供 7000～7009 这 10 个服务器端口用于服务本书教学），需要在 frpc.ini 文件中将 FRP 服务器端口更改为 7000～7009 中一个。

```
    C:\frp>frpc -c frpc.ini
    2019/12/02 20:45:34 [W] [service.go:97] login to server failed: dial
tcp 116.62.63.164:7015: connectex: No connection could be made because the
target machine actively refused it.
    dial tcp 116.62.63.164:7015: connectex: No connection could be made
because the target machine actively refused it.
```

4.3 运行云侦听与终端模板工程

在完成 4.2.2 小节工作并启动 FRP 客户端之后，读者已经拥有了自己的临时云服务器，形象地说，拥有了"一朵临时云"，它是运行 CS-Monitor 程序的基础。

4.3.1 运行终端模板工程

为了使读者对终端模板工程有个初步的认识，下面简要阐述运行终端程序的基本步骤。

1. 导入模板工程并编译下载

利用 AHL-GEC-IDE 打开电子资源中的"…\04-Soft\ch04-1\User_NB"终端模板工程，进行编译，并将其下载到终端中。此时，读者观察终端的 LCD 屏幕，可以看到 IMSI 码等信息，请记录下该 IMSI 码（假设为 460113003225036）。

2. 修改终端数据发向的 IP 地址与端口号

连接用户终端，然后运行 AH-GEC-IDE，单击"工具"→"更改终端配置"，如图 4-2 所示。单击"重新连接"按钮，查找更新程序与终端连接的串口；然后单击"读取基本信息"按钮，在"FLASH 操作相关参数"区域中会看到 Flash 中存储的数据；将服务器 IP 修改为 116.62.63.164（苏大云服务器 IP 地址），服务器端口修改为 35000（此端口号为面向终端的端口号，必须与 4.2.2 小节设置的相同），单击"确定修改"按钮完成 Flash 相关参数的修改。此时，就可确定终端的数据是发向 116.62.63.164:35000 这个地址和端口的。

3. 观察终端的运行情况

完成前面两个的步骤后，读者可以观察终端的 LCD 屏幕对应的服务器 IP 和服务器端口号是否与图 4-2 中设置的一致，若一致，则表示读者已经完成了自己的终端的基本配置，此时若直接运行，则会发现 LCD 屏幕初始化失败，屏幕最下方提示“AHL…Link CS-Monitor Error”。产生该错误信息的原因是：读者未启动 CS-Monitor 程序，终端与 CS-Monitor 无法交互。下面将介绍如何运行 CS-Monitor 模板工程。

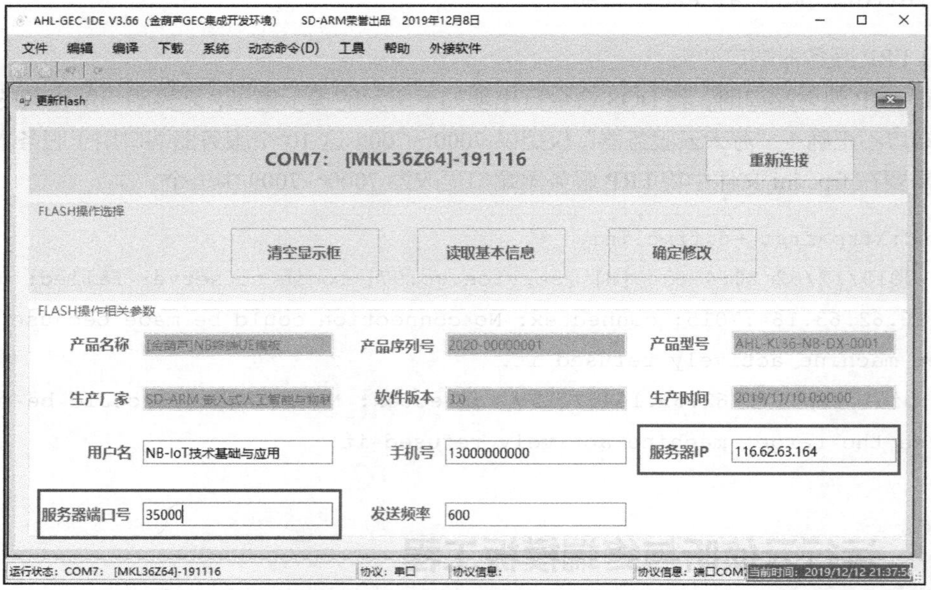
AHL-GEC-IDE V3.66（金葫芦GEC集成开发环境） SD-ARM荣誉出品 2019年12月8日
文件 编辑 编译 下载 系统 动态命令(D) 工具 帮助 外接软件
更新Flash
COM7: [MKL36Z64]-191116
重新连接
FLASH操作选择
清空显示框
读取基本信息
确定修改
FLASH操作相关参数
产品名称
产品序列号
产品型号
生产厂家
软件版本
生产时间
用户名
NB-IoT技术基础与应用
手机号
13000000000
服务器IP
116.62.63.164
服务器端口号
35000
发送频率
600
运行状态：COM7: [MKL36Z64]-191116

图 4-2　修改终端程序发送地址

4.3.2　运行 CS-Monitor 模板工程

1. 修改 AHL.xml 文件的连接配置

本书电子资源所提供的 CS-Monitor 无法在新服务器上直接正常工作，因为运行的环境已经发生了变化，读者需要根据自己设置的 FRP 客户端或云服务器对端口进行修改。

打开电子资源中的“…\04-Soft\ch04-1\CS-Monitor”工程，如图 4-3 所示。AHL.xml 是 CS-Monitor 提供给读者配置服务器地址、侦听终端端口号和 HCI 端口号的文件。若读者已完成 4.2.2 小节的设置，将面向终端的端口及面向 HCI 服务的端口设置成了 35000 和 35001，则可跳过下面的（1）（2）两步，直接添加读者终端的 IMSI 码。

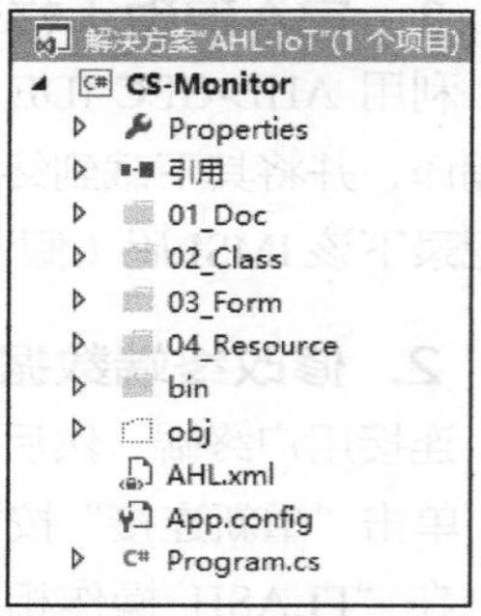
解决方案“AHL-IoT”(1 个项目)
CS-Monitor
Properties
引用
01_Doc
02_Class
03_Form
04_Resource
bin
obj
AHL.xml
App.config
Program.cs

图 4-3　CS-Monitor 工程

（1）设置面向终端的端口号

HCIComTarget 值表示 CS-Monitor 面向终端的 IP 地址和端口号，由于侦听的是本地的 35000 端口（该值必须与 4.2.2 小节中设置的相同），因此使用“local: 35000”进行表示。

```
<!--【2】【根据需要进行修改】指定 HCICom 连接与 WebSocket 连接-->
<!--【2.1】指定连接的方式和目标地址-->
<!--例<1>: 监听本地的 35000 端口时,使用"local: 35000"表示-->
<HCIComTarget>local:35000</HCIComTarget>
```

（2）设置面向 HCI 的端口号

WebSocketTarget 键值是表示 CS-Monitor 面向 HCI 的 IP 地址和端口号，由于侦听的是本地的 35001 端口（该值必须与 4.2.2 小节中设置的相同），因此使用“ws://0.0.0.0:35001”。WebSocketDirection 键值表示 WebSocket 服务器的二级目录地址，此处设置为“/wsServices/”。

```
<!--【2.2】指定 WebSocket 服务器地址和端口号与二级目录地址-->
<!--【2.2.1】指定 WebSocket 服务器地址和端口号-->
<WebSocketTarget>ws://0.0.0.0:35001</WebSocketTarget>
<!--【2.2.2】指定 WebSocket 服务器二级目录地址-->
<WebSocketDirection>/wsServices/</WebSocketDirection>
```

（3）添加读者终端的 IMSI 码

IMSI 键值表示终端的 IMSI 码，将 4.3.1 小节中记录下来的 IMSI 码（460113003225036）添加进来。

```
<IMSI>
     <!--用户的 IMSI 码-->
     460113003225036
</IMSI>
```

2. 运行 CS-Monitor 程序

单击“启动”按钮，就可以运行 CS-Monitor 程序，此时，若终端未启动或未重新发送数据，则会出现图 4-4 所示的结果，提示“正在等待接收数据”，界面上各文本框的内容为空。

《窄带物联网技术基础与应用》 金葫芦CS-Monitor（云侦听软件）V8.0，2020年1月 SD-ARM
实时(R) 历史(H) 基本参数(J) 帮助(F) 退出(E)
金葫芦IoT：实时数据信息
正在监听IMSI：(共1个)
460113003225036
接收终端数据帧
接收客户端数据帧
命令
帧号
IMSI码
服务器IP
服务器端口
发送时间
复位次数
上传间隔
用户名
版本号
产品名称
产品序列号
产品类型
生产厂家
芯片温度
备注1
手机号
IMEI码
信号强度
光线强度
TSI次数
备注2
LBS定位
广播给客户端的数据帧
发送给客户端的数据帧
解析后的lbs定位信息为：
清空
回发
运行状态：清空接收框完成
侦听面向终端数据的端口成功！
local:35000
2019-12-09 19:32:36

图 4-4 CS-Monitor 运行情况

当终端重新启动后，出现发送数据成功的提示“AHL Send Successfully”，此时即可在 CS-Monitor 中看到终端发来的数据，如图 4-5 所示。CS-Monitor 程序还具备实时曲线、历史数据、历史曲线、终端基本参数配置、程序使用说明和退出等功能。

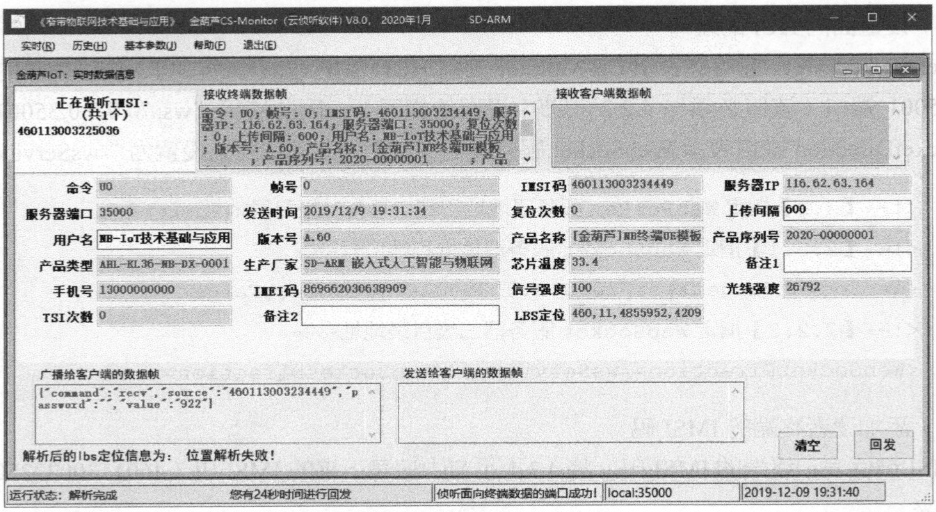
《窄带物联网技术基础与应用》 金葫芦CS-Monitor（云侦听软件）V8.0, 2020年1月 SD-ARM
实时(R) 历史(H) 基本参数(J) 帮助(F) 退出(E)
金葫芦IoT：实时数据信息
正在监听IMSI：（共1个）
460113003225036
接收终端数据帧
接收客户端数据帧
命令 U0
帧号 0
IMSI码 460113003234449
服务器IP 116.62.63.164
服务器端口 35000
发送时间 2019/12/9 19:31:34
复位次数 0
上传间隔 600
用户名 NB-IoT技术基础与应用
版本号 A.60
产品名称 [金葫芦]NB终端UE模板
产品序列号 2020-00000001
产品类型 AHL-KL36-NB-DX-0001
生产厂家 SD-ARM 嵌入式人工智能与物联网
芯片温度 33.4
备注1
手机号 13000000000
IMEI码 869662030638909
信号强度 100
光线强度 26792
TSI次数 0
备注2
LBS定位 460,11,4855952,4209
广播给客户端的数据帧
发送给客户端的数据帧
解析后的lbs定位信息为： 位置解析失败！
清空
回发
运行状态：解析完成
您有24秒时间进行回发
侦听面向终端数据的端口成功！
local:35000
2019-12-09 19:31:40

图 4-5 CS-Monitor 侦听到终端数据

4.3.3 通信过程中常见错误说明

要实现终端和 CS-Monitor 之间的正常数据通信，需要确保以下几步正确执行：①设置并启动 FRP 客户端；②计算机已联网；③设置并启动 CS-Monitor；④设置并启动终端。否则，“运行状态”将会提示错误信息，如表 4-3 所示。

表 4-3 AHL-NB-IoT 开发套件错误提示对应表

错误提示	提示含义	可能原因及解决办法
LCD 不显示、红灯不闪烁		供电有误，重新供电尝试
AHL Init…AT Error	内部 MCU 与通信模组串口通信失败	① 通信模组初始化有误 ② 偶尔出现，会继续尝试
AHL Init…sim Error	读取 SIM 卡失败	① 通信模组与 SIM 卡通信有误 ② 偶尔出现，会继续尝试
AHL Init…link base Error	连接基站失败	① 无基站 ② 离基站太远，信号强度太弱 ③ 供电不足 ④ 会继续尝试
AHL…Link CS-Monitor Error	连接服务器失败	① SIM 卡欠费 ② 服务器程序未开启 ③ 会继续尝试
Send Error:Send Not Start	发送失败	信号质量不好，观察信号强度
Send Error:Send Data Not OK	发送超时	信号质量不好，观察信号强度

4.4 “照葫芦画瓢”设计自己的终端与云侦听程序

本节将根据“照葫芦画瓢”理念，为读者介绍如何根据需求设计自己的终端和云侦听程序。

4.4.1 “照葫芦画瓢”更改终端用户程序

为了实现新系统的需求，可以通过增添新的硬件来更改终端的用户程序。本样例在启动 FRP 客户端的前提下，借助增加一个热敏传感器和在 CS-Monitor 程序中新增控制小灯状态的按钮，在模板程序的基础上完成一个新的终端用户程序，并运行起来，使读者实现对“照葫芦画瓢”过程的基本理解，掌握新的传感器快速接入 NB-IoT 系统的方法。第 6 章～第 10 章的终端用户程序也将使用本样例。

1. 功能需求

本样例增加了一个热敏传感器（热敏电阻），并将其接入 MCU 引脚，同时在 CS-Monitor 程序中新增控制小灯状态的按钮。通过复制终端用户程序及 CS-Monitor 程序模板，对相应程序进行修改，将热敏传感器采集的温度 AD 值，通过 NB-IoT 通信，显示在 CS-Monitor 程序的界面上。同时也可通过 CS-Monitor 程序界面中的小灯控制按钮实现红灯亮、暗状态的切换。

为了方便演示“照葫芦画瓢”的过程，在金葫芦 IoT-GEC 开发套件中，已经将热敏传感器接入了具有 AD 转换采样功能的引脚（具体可查看 user.h 和 gec.h 文件），其在 AHL-NB-IoT 底板上的位置见图 4-6，图中还标出了三色灯、磁开关、光敏传感器、红外发射管与接收管的位置。

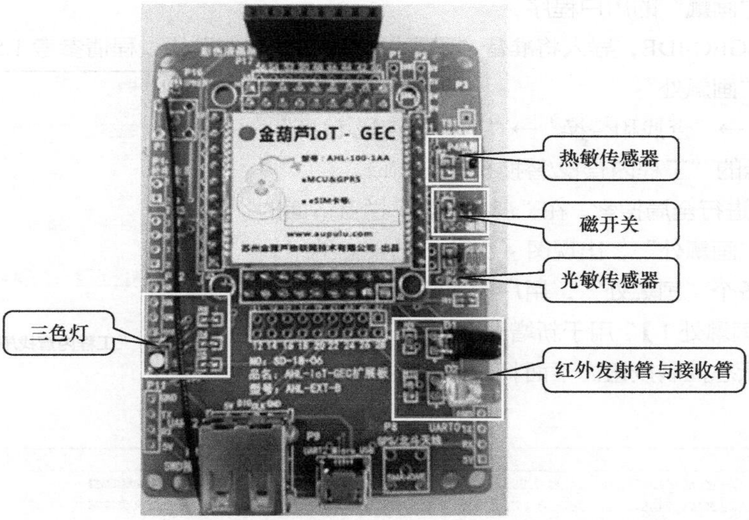
热敏传感器
磁开关
光敏传感器
三色灯
红外发射管与接收管
金葫芦IoT - GEC

图 4-6　热敏传感器在 AHL-NB-IoT 底板上的位置

热敏电阻是对温度敏感的器件，其阻值会随温度的变化而变化。图 4-7 给出了热敏电阻实物图及其采样电路，采样电路的分压电阻选用 10kΩ 电阻以对 3.3V 电源进行分压与限流，设热敏电阻阻值的最大值为 500kΩ（−55℃），最小值为 0.544kΩ（125℃），对应的采样点电压范围为 0.17～3.24V，接近最大范围 0～3.3V，采样电路分压电阻的选择比较合适。采样点接入 MCU 的具有 ADC 采样功能的引脚，就可以通过程序对其进行 AD 转换采样。在获得 AD 值后，可通过物理量回归方法将其“回归”成实际温度值。本处只是期望借助接入热敏电阻来讲解“照葫芦画瓢”的过程。

2. 查找终端用户程序“画瓢处”

用户程序的更改逻辑一般是按照变量定义、变量赋值、外设初始化、数据获取、数据发送、数据显示的流程进行的；在“葫芦”源代码中以“画瓢处”为标志，可以通过搜索“画瓢处”获得代码的插入位置，具体操作步骤如下。

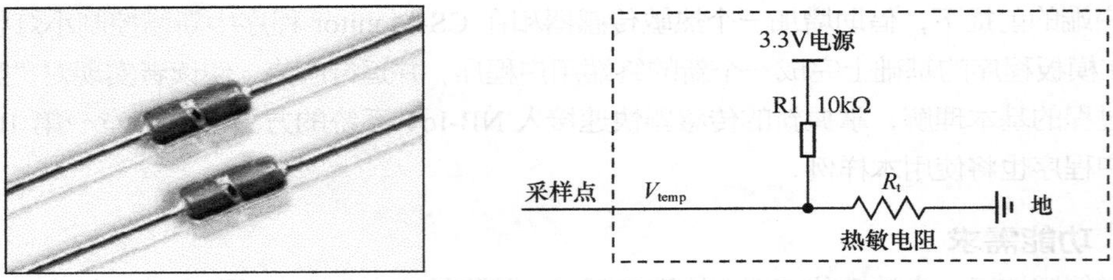

3.3V电源
R1 10kΩ
采样点
V_{temp}
R_t
地
热敏电阻

（a）热敏电阻　　（b）采样电路

图 4-7　热敏电阻及其采样电路

（1）复制模板工程

① 新建一个文件夹，用来“画葫芦”；设计自己的工作文件夹，末尾最好标注日期。

② 将模板用户程序（“…\04-Soft\ch04-1\User_NB”）复制一份至新建文件夹“…\04-Soft\ch04-2”，并将其命名为 User_NB_Temp，即为“画瓢”的用户程序。须特别注意的是，这一步很重要，不要去修改模板，模板是复制使用的。

（2）导入“画瓢”的用户程序

打开 AHL-GEC-IDE，导入将准备“画瓢”的用户程序，具体过程请参考 1.5.4 小节。

（3）搜索“画瓢处”

①“编辑”→“查找和替换”→“工程内查找/替换”，出现图 4-8 所示的“工程内查找/替换”弹出窗口。

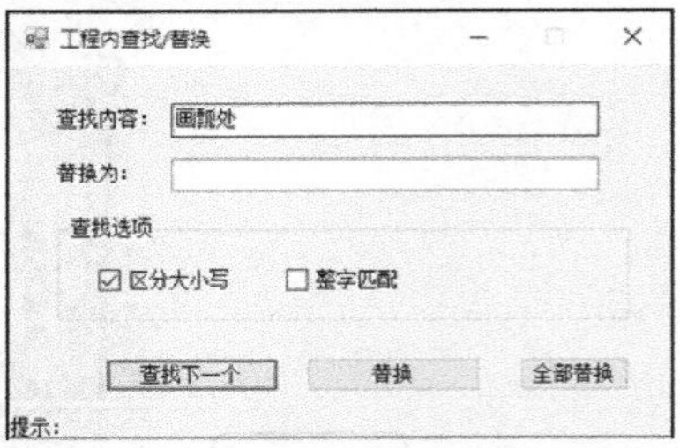

工程内查找/替换
查找内容：
画瓢处
替换为：
查找选项
区分大小写
整字匹配
查找下一个
替换
全部替换
提示：

图 4-8 “工程内查找/替换”弹出窗口

② 接下来进行全局搜索。在“查找内容”栏目下面的文本框中填入“画瓢处”，出现图 4-9 所示的搜索结果。整个工程提供多个“画瓢处”，用户请自行根据需求“画瓢”。其中“【画瓢处 1】”用于新增温度，“【画瓢处 2】”用于增加小灯状态控制按钮。下面将具体阐述用户程序需要修改的内容。

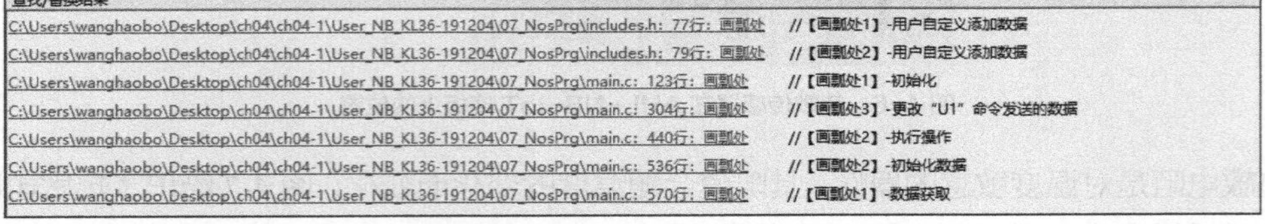

查找/替换结果
C:\Users\wanghaobo\Desktop\ch04\ch04-1\User_NB_KL36-191204\07_NosPrg\includes.h：77行：画瓢处　//【画瓢处1】-用户自定义添加数据
C:\Users\wanghaobo\Desktop\ch04\ch04-1\User_NB_KL36-191204\07_NosPrg\includes.h：79行：画瓢处　//【画瓢处2】-用户自定义添加数据
C:\Users\wanghaobo\Desktop\ch04\ch04-1\User_NB_KL36-191204\07_NosPrg\main.c：123行：画瓢处　//【画瓢处1】-初始化
C:\Users\wanghaobo\Desktop\ch04\ch04-1\User_NB_KL36-191204\07_NosPrg\main.c：304行：画瓢处　//【画瓢处3】-更改“U1”命令发送的数据
C:\Users\wanghaobo\Desktop\ch04\ch04-1\User_NB_KL36-191204\07_NosPrg\main.c：440行：画瓢处　//【画瓢处2】-执行操作
C:\Users\wanghaobo\Desktop\ch04\ch04-1\User_NB_KL36-191204\07_NosPrg\main.c：536行：画瓢处　//【画瓢处2】-初始化数据
C:\Users\wanghaobo\Desktop\ch04\ch04-1\User_NB_KL36-191204\07_NosPrg\main.c：570行：画瓢处　//【画瓢处1】-数据获取

图 4-9　工程内搜索“画瓢处”的结果

3. 修改终端程序

（1）新增温度

根据上面提供的搜索“画瓢处”方法，下面将具体介绍“画瓢”用户程序修改的内容。程序修改的主要工作共 3 步，分别是在 includes.h 文件中增加存储温度的变量，在 main.c 文件中对 ADC 进行初始化，以及将 AD 转换采样值赋给结构体成员变量。

① 增加存储温度的变量。为了获取热敏传感器采集的温度 AD 值，考虑到该 MCU 为 16 位 AD 采样，因此，需要添加一个 16 位无符号整型变量（设变量名为 temp）来存储温度，该

变量需要作为结构体 gUserData 的一个成员变量。有两种方法可以添加该变量：一种方法是在 includes.h 文件的结构体 gUserData 中增加该变量；另一种方法在 includes.h 文件中搜索“【画瓢处 1】-用户自定义添加数据”，在找到【画瓢处 1】位置的下面添加该变量。为了便于统一验证已经都“画瓢”了，建议在“【画瓢处 1】-用户自定义添加数据”下面添加一行新的注释“【新增温度传感器】-1 添加存储温度值的变量”。

```
//【画瓢处 1】-用户自定义添加数据
//【新增温度传感器】-1 添加存储温度值的变量
uint_16 temp;
```

② 初始化 ADC。考虑到如果需要获取温度值，就要将温度模拟量转为数字量，为此需要在 main.c 文件中初始化 ADC。这里的 ADC 初始化函数 adc_init 对应的参数分别是通道和采样精度，具体详情可参考工程中的 adc.h 文件。在 main.c 文件中搜索“【画瓢处 1】-初始化”，确认“画瓢处”的位置，然后添加 ADC 初始化代码。

```
//【画瓢处 1】-初始化
//【新增温度传感器】-2 初始化 ADC0
adc_init(AD_TEMP,16);
```

③ 将 AD 转换采样值赋给结构体成员变量。在定义成员变量、初始化 ADC 之后，需要在 main.c 文件中进行 AD 转换采样。在 main.c 文件中搜索“【画瓢处 1】-数据获取”，并在此处增加获取温度数据的代码，即可得到当前的温度值。注意，这里的成员变量名 temp 必须与步骤①定义的相同。

```
//【画瓢处 1】-数据获取
//【新增温度传感器】-3 获取当前的温度值
gUserData.temp = adc_read(AD_TEMP);
```

为了最终确认终端用户程序所有更新的区域，采用 4.4.1 小节介绍的搜索步骤，通过搜索关键词“新增温度传感器”得到图 4-10 所示的用户程序更改后的全局搜索图，共搜索到 3 处添加内容。至此，终端用户程序更改完毕。建议注释“新增传感器”，可使用唯一标志，最好由“功能、作者、时间”等要素构成，以便在搜索定位时可在工程中找到这一功能的全部修改处。

为方便用户更快学习，本节代码已在光盘“…\04-Soft\ch04-2\User_NB_Temp”中提供。

查找/替换结果	
C:\Users\wanghaobo\Desktop\ch04\ch04-2\User_NB_KL36-191205\07_NosPrg\includes.h：78行：新增温度传感器	//【新增温度传感器】-1添加存储温度值的变量
C:\Users\wanghaobo\Desktop\ch04\ch04-2\User_NB_KL36-191205\07_NosPrg\main.c：124行：新增温度传感器	//【新增温度传感器】-2初始化ADC0
C:\Users\wanghaobo\Desktop\ch04\ch04-2\User_NB_KL36-191205\07_NosPrg\main.c：585行：新增温度传感器	//【新增温度传感器】-3获取当前的温度值

图 4-10　用户程序更改后的全局搜索效果图

（2）添加小灯开关控制功能

① 添加小灯开关控制功能的终端画瓢程序修改与前面类似：一种方法是在 includes.h 文件的结构体 gUserData 中增加该变量；另一种方法在 includes.h 文件中搜索“【画瓢处 2】-用户自定义添加数据”，在找到的“【画瓢处 2】”的下面添加该变量。

```
//【画瓢处 2】-用户自定义添加数据
//【新增小灯】-1 新增小灯状态变量
uint_8 light_state[2];
```

② 初始化数据。在程序初始化的时候赋予小灯状态，在 main.c 文件中搜索“【画瓢处 2】-初始化数据”，确认“画瓢处”的位置，然后添加以下代码即可。

```
//【画瓢处 2】-初始化数据
//【新增小灯】-2 初始化蓝灯状态
ArrayCopy(data->light_state,"暗",2);
```

③ 获取云侦听程序发送过来的数据，该数据中包含需要控制小灯的操作，解析该数据，并执行蓝灯亮暗的状态切换。在 main.c 文件中搜索“【画瓢处 2】-执行操作”，确认“画瓢处”的位置，然后添加以下代码即可。

```
//【画瓢处 2】-执行操作
//【新增小灯】-3 实现蓝灯亮暗状态的切换
if(strcmp(gUserData.light_state,"亮")==0)
    gpio_set(LIGHT_BLUE,LIGHT_ON);
else
    gpio_set(LIGHT_BLUE,LIGHT_OFF);
```

（3）编译下载终端程序

重新编译修改后的终端程序，编译后通过串口更新将其下载到终端中。

至此，终端“画瓢”程序已经修改完毕，下面将介绍 CS-Monitor“画瓢”程序的修改过程。

4.4.2 CS-Monitor 程序的“照葫芦画瓢”

将“…\04-Soft\ch04-1\CS-Monitor”和“…\04-Soft\ch04-1\DataBase”复制至“…\04-Soft\ch04-2”文件夹中，通过在 CS-Monitor 的 AHL.xml 文件中增加“新增温度”和“小灯状态控制”，达到显示温度值和 CS-Monitor 程序控制小灯状态的目的。

利用 Visual Studio 2019 打开 CS-Monitor 的模板程序，按以下步骤进行修改。

1. 修改连接配置

可参考 4.3.2 小节，对 CS-Monitor 的 AHL.xml 连接配置文件进行相应的修改。

2. 添加变量名和显示名

为了更具直观性，在 CS-Monitor 中新增一栏，用于存储传感器信息的变量及显示名。可以在 AHL.xml 文件中搜索“画瓢处”，确认“画瓢处”的位置。其中“【画瓢处 1】”用于新增温度，“【画瓢处 2】”用于添加小灯状态控制。以下为在 AHL.xml 文件中新增代码的具体实现。

```
<!--【4.2】【画瓢处 1】此处可按需要增删变量，注意与 MCU 端帧结构保持一致-->
<!--【新增温度传感器】-1 添加显示新增温度的字段-->
<var>
```

```
<name>temp</name>
<type>ushort</type>
<otherName>新增温度</otherName>
<wr>read</wr>
</var>
<!--【4.3】【画瓢处 2】此处可按需要增删变量，注意与 MCU 端帧结构保持一致-->
<!--【新增小灯】-1 添加显示新增小灯的字段-->
<var>
<name>light_state</name>
<type>byte[2]</type>
<otherName>小灯状态</otherName>
<wr>read</wr>
</var>
```

3．添加该变量至命令“U0”中

在 AHL.xml 文件中，将新增变量 temp 和 light_state 添加至命令“U0”中。可以在 AHL.xml 文件中搜索“【画瓢处 1】”“【画瓢处 2】-添加变量至命令<U0>”进行画瓢处的确认。

```
<!--【4】【根据需要进行修改】通信帧中的物理量，注意与 MCU 端的帧结构保持一致-->
<!---->
<commands>
    <A0>cmd,equipName,equipID,equipType,vendor,productTime,
        userName, phone,serverIP,
        serverPort,sendFrequencySec,resetCount</A0>
    ……（此部分内容省略）
    <B3>cmd,sendFrequencySec,resetCount</B3>
    <!--【画瓢处 1】【新增温度】-2 添加变量至命令“U0”-->
    <!--【画瓢处 2】【新增小灯】-2 添加变量至命令“U0”-->
    <U0>cmd,sn,IMSI,serverIP,serverPort,currentTime,
        resetCount, sendFrequencySec,userName,softVer,
        equipName,equipID,equipType,vendor,mcuTemp,IMEI,
        signalPower, bright,touchNum,
        lbs_location, temp,light_state </U0>
    ……（此部分内容省略）
</commands>
```

4．添加按钮及事件代码

（1）添加按钮

打开“03_Form\03_02_FrmRealtime”文件夹下的 FrmRealtimeData.cs 实时数据界面文件。选择菜单栏“视图（V）”下的“工具箱”选项，在弹出的对话框中选择“公共控件”下的“Button”

按钮，将其拖动到打开的 FrmRealtimeData.cs 文件中。选中该按钮控件，拖动到需要放置的位置，右击该控件，选择“属性”即可对该控件进行基本属性的修改，修改“Text”属性值为“点亮”，“Name”属性值为“button_ledOn”。至此，在实时数据界面上添加“点亮”小灯按钮完成。“熄灭”小灯按钮的添加方法类似，注意修改“Text”属性值为“熄灭”，“Name”属性值为“button_ledOff”。

（2）编写“点亮”按钮的单击事件

双击“点亮”按钮进入程序编写状态，添加以下代码即可。

```
///==================================================================
/// <summary>
/// 对    象:button_ledOn_Click（"点亮"按钮）
/// 事    件:Click（单击）
/// 功    能:点亮小灯
/// </summary>
/// <param name="sender"></param>
/// <param name="e"></param>
///==================================================================
private void button_ledOn_Click(object sender, EventArgs e)
{
    int i;
    string imsi = "";
    FrameData frame = this.frmMain.g_commandsFrame[dTextbox[0].
                    Text. ToString()];
    //（1）将文本框中内容更新到结构体 frame 中
    for (i = 0; i < frame.Parameter.Count; i++)
     {
         if (frame.Parameter[i].name.ToString() == "IMSI")
         imsi = dTextbox[i].Text.ToString();   //读出要发送的 IMSI 码
         if (frame.Parameter[i].name.ToString() == "currentTime")
         {
              System.DateTime startTime = TimeZone.
              CurrentTime Zone. ToLocalTime  //获取时间基准
              (new System.DateTime(1970, 1, 1));
              ulong temp = (ulong)
              (System.DateTime.Now.AddHours(8) -
              startTime). TotalSeconds;
              frame.Parameter[i].value = temp.ToString();
              //更新当前时间与基准时间的差值
         }
         else if (frame.Parameter[i].name == "mcuTemp")
```

```
        {
            string temp = dTextbox[i].Text.ToString();
            temp = temp.Replace(".", "");
            frame.Parameter[i].value = temp;  //读出文本框中的数据
        }
        else if (frame.Parameter[i].name == "light_state")
        {
            frame.Parameter[i].value = "亮";
            //将小灯状态赋值"亮"，表示小灯点亮
        }
        else
        {
            if (frame.Parameter[i].type.ToString() == "byte[]")
            {
                frame.Parameter[i].value = ""; //清空该字节数组
                frame.Parameter[i].value = dTextbox[i].
                    Text. ToString();   //读出文本框中的数据
            }
            else
            {
                frame.Parameter[i].value = dTextbox[i].
                    Text. ToString();   //读出文本框中的数据
            }
        }
    }
        //（2）将结构体 frame 中的内容组帧为字节数组，并存入 data 中
        byte[] data = frame.structToByte();
        //将结构体 frame 中的内容放入字节数组 data
        //（3）发送数据
        if (com.Send(imsi, data) != 0)          //若发送数据失败
        {
            MessageBox.Show("与云平台断开连接，请检查网络!! ",
                "金葫芦友情提示（"回发"按钮）：",
                MessageBoxButtons. OK, MessageBoxIcon.Error);
            Application.Exit();
        }
        else
            frmMain.setToolStripUserOperText("运行状态：小灯已点亮");
            //状态条显示
    }
```

（3）编写“熄灭”按钮的单击事件

双击“熄灭”按钮进入程序编写状态，添加以下代码即可。

```
///==========================================================================
/// <summary>
/// 对     象:button_ledOff_Click（"熄灭"按钮）
/// 事     件:Click（单击）
/// 功     能:熄灭小灯
/// </summary>
/// <param name="sender"></param>
/// <param name="e"></param>
///==========================================================================
private void button_ledOff_Click(object sender, EventArgs e)
{
  //……参照"点亮"按钮代码
         else if (frame.Parameter[i].name == "light_state")
         {
             //将小灯状态赋值"暗"，表示小灯熄灭
             frame.Parameter[i].value = "暗";
         }
  //……参照"点亮"按钮代码
       else
             frmMain.setToolStripUserOperText("运行状态：小灯已熄灭");
             //状态条显示
}
```

至此，“画瓢”完毕。第6～9章将围绕此“照葫芦画瓢”例程进行各自客户端程序的“照葫芦画瓢”过程的介绍。

4.4.3 联合测试

做好全部的前期工作之后就可以进行联合测试了。在确保本地计算机已联网和FRP客户端已经启动的前提下，启动CS-Monitor。在终端中通过触摸TSI键3下，直至出现终端重新初始化提示“AHL Reinit”后，终端就会重新上传数据至CS-Monitor，上传后的效果如图4-11所示。通过用手捂住热敏电阻的方式更改温度传感器所获取的温度值，可以看到采集的数据呈现规律性的变化，这说明上传数据是正确的。通过多次触摸TSI，可触发多次数据发送，在CS-Monitor中观察到每次发送的数据。在接收到数据的30s内，单击“开灯”或“熄灭”按钮，数据会下行到终端，控制蓝灯的亮与暗，以及点亮现象：蓝灯保持“亮”的状态，红灯处于“闪烁”状态。我们看到的灯一直会在两种状态之间切换：①蓝灯和红灯的混合颜色灯亮；②红灯亮。若按下“熄灭”按钮，则红灯一直处于“闪烁”状态。

金葫芦IoT：实时数据信息
正在监听IMSI：(共1个)
460113003225036
接收终端数据帧
接收客户端数据帧
命令
帧号
IMSI码
服务器IP
服务器端口
发送时间
复位次数
上传间隔
用户名
版本号
产品名称
产品序列号
产品类型
生产厂家
芯片温度
备注1
手机号
IMEI码
信号强度
光线强度
TSI次数
备注2
LBS定位
新增温度
小灯状态
广播给客户端的数据帧
发送给客户端的数据帧
解析后的lbs定位信息为：位置解析失败！
点亮
熄灭
清空
回发
运行状态：解析完成
您有27秒时间进行回发
侦听面向终端数据的端口成功！
local:35000
2019-12-09 19:44:31

图 4-11 CS-Monitor 界面显示

4.5 实验 4：终端与云侦听程序基本实践

1. 实验目的

本实验实现云侦听程序远程控制终端处的蓝灯点亮和熄灭，理解终端与云侦听程序之间的通信过程。主要目的如下。

（1）掌握 FRP 客户端配置方法。

（2）基本理解终端与云侦听程序之间的通信过程。

（3）基本掌握“照葫芦画瓢”方法。

2. 实验准备

（1）硬件部分。PC 或笔记本计算机一台、开发套件一套。

（2）软件部分。根据电子资源“…\02-Doc”文件夹下的电子版快速指南，下载合适的电子资源。

（3）软件环境。按照“附录 B AHL-GEC-IDE 安装及基本使用指南”，进行有关软件工具的安装。

3. 实验过程或要求

（1）验证性实验

① 复制模板工程并重命名。将模板工程“…\04-Soft\ch04-2”文件夹下的终端程序与云侦听程序复制到自己的工作文件夹中，将其名称改为自己确定的工程名，使用 AHL-GEC-IDE 导入并编译工程。

② 下载并运行，步骤如下。

步骤一，连接硬件。用 TTL-USB 线（Micro 口）连接终端底板上的“MicroUSB”串口与计算机的 USB 口。

步骤二，连接软件。单击“下载”→“串口更新”，将进入“界面更新”界面。单击“连接 GEC”查找到目标终端，提示“成功连接……”。

步骤三，下载机器码。单击“选择文件”按钮导入被编译工程目录下 Debug 中的.hex 文件（看准生成时间，确认是自己现在编译的程序），然后单击“一键自动更新”按钮，等待程序自动更新完成。

③ 观察运行结果。验证模板程序，具体验证步骤和现象可参照 4.4 节。

（2）设计性实验

在验证性实验的基础上，自行编程实现通过云侦听程序远程控制终端上的红灯、蓝灯和绿灯交替闪烁。

4. 实验报告要求

（1）用适当文字、图表描述实验过程。

（2）用 200～300 字写出实验体会。

（3）在实验报告中完成实践性问答题。

5. 实践性问答题

云侦听程序远程控制终端上的三色灯的原理是什么？

4.6 习题

（1）简述终端与云侦听程序的主要功能，画出终端的 main 函数和 CS-Monitor 的界面加载处理程序的流程图。

（2）上网查阅目前有哪些内网穿透工具，并比较它们的异同点。

（3）总结终端和 CS-Monitor“照葫芦画瓢”的步骤。

（4）在终端程序中定义了 temp 和 light_state，在 CS-Monitor 程序中同样也使用了 temp 和 light_state，那么终端和 CS-Monitor 程序中的这两个变量名称，是必须一样，还是可以不一样？请说明原因。

（5）举例说明如何保证终端工程中 main.c 和 isr.c 这两个程序的可移植性。

05 chapter

终端与云侦听程序深入分析

第 4 章着重讲解了终端与云侦听程序之间的通信过程。有了这些实践基础，相信读者对终端与云侦听程序已经有了基本的了解。本章将系统地分析终端框架与执行流程，终端与 CS-Monitor 通信构件 UECom，CS-Monitor 框架解析与执行流程，CS-Monitor 通信接口类 HCICom 和数据入库过程。

5.1 终端程序框架解析与执行流程

5.1.1 终端程序框架

良好的工程结构是编程的重要一环。建立一个组织合理、易于理解的工程结构，需要开发人员进行较深入的思考与斟酌。所谓的工程结构或工程框架，是指工程内文件夹的命名、文件的存放位置、文件内容等的相关规则。软件工程框架是整个工程的“脊梁”，其主要任务不是实现一个单独的模块功能，而是指出工程应该包含哪些文件夹，这些文件夹里面应该放置什么文件，各个文件的内容应该如何定位等。

这里可以从共性技术的角度阐述终端的 User 程序软件框架、设计思想、用户编程着眼点。图 5-1 所示为 GEC 概念下的 User 工程架构。下面系统阐述其设计思想。

User_NB-IoT-Frame	工程名
Binaries	编译链接生成的二进制代码文件（用户可忽略）
Includes	工程所包含的文件（自动生成，用户可忽略）
01_Doc	<文档文件夹>
02_Core	<内核相关文件夹>
03_MCU	<MCU相关文件夹>
04_GEC	<GEC相关文件夹>
05_UserBoard	<用户板文件夹>
06_SoftComponent	<软件构件文件夹>
07_NosPrg	<无操作系统应用程序文件夹>
Debug	<编译链接产生的文件夹>

图 5-1　GEC 概念下的 User 工程架构

工程结构树形模板中的前两个文件（Binaries、Includes）是编译链接自动产生的；Debug 文件夹也是编译链接自动产生的，其内部含有机器码文件、.lst 文件、.map 文件等。

1. 总体设计原则

按照“分门别类、各有归处”之原则，设计了带前缀编号 01～07 的文件夹，分别用于存放文档、内核、MCU、GEC、用户板、软件构件、无操作系统应用程序等文件。软件工程明确指出，文档与程序一样重要，这里把文档放入工程结构中，其目的是让文档与源程序密切联系在一起。在编程过程中，须及时记录有关信息。文档文件夹之后是由内到外的 4 个文件夹：内核、MCU、GEC 和用户板，它们在硬件层次上有递进包含关系，软件亦是如此。接着是软件构件文件夹，用于存放与硬件无关的软件构件。之后是存放用户功能程序的地方，这里是在无操作系统的情况下进行编程的，因此是无操作系统应用程序文件夹，其可以在扩展到 RTOS 下进行编程。

2. GEC 出厂完成的 3 个文件夹

GEC 在出厂时，已经完成了<02_Core>、<03_MCU>和<04_GEC>这 3 个文件夹的配置，读者可以直接使用它们，不需要进行修改。

（1）<02_Core>：与内核相关的文件放在此文件夹中，内核文件由 Arm 公司提供给 MCU 厂家。针对不同内核的芯片，内核文件会有所不同，如 Arm Cortex-M0+内核含有 core_cm0plus.h、core_cmFunc.h、core_cmInstr.h 文件。

（2）<03_MCU>：存放芯片链接文件、启动文件和底层驱动（MCU 基础构件）。分别建立 linker_file、startup、MCU_drivers 这 3 个下级文件夹。更换 MCU 时，MCU 文件夹内的文件需要进行更换。

（3）<04_GEC>：内含 gec.h 文件，给出了 GEC 芯片引脚宏定义，可供用户在进行硬件设计与编程时使用，还有 NB-IoT 通信驱动接口文件 uecom.h/uecom.c、BIOS 接口函数获取文件 bios_api.c。用户需要熟练掌握关键的 gec.h 文件的使用，对其他文件了解即可。在实际应用开发中，若要使用基础构件，则需要在 gec.h 中包含这些基础构件的头文件。

3. 用户板文件夹

用户利用 GEC 做成用户板，再进一步做成自己的产品。这个板上可能有 LCD、传感器、开关等，这些硬件必须有驱动软件才能工作。驱动这些硬件的软件构件被称为应用构件，应用构件大多需要调用上述 3 个文件夹中的构件来完成，按照“分门别类、各有归处”的原则放置在用户板文件夹<05_UserBoard>中。另外，在 user.h 文件中除给出了应用构件使用的硬件外，用户使用的其他硬件信息也应存放在该文件中。在实际应用开发中，若要使用应用构件，则需要在 user.h 中包含这些应用构件的头文件。

4. 软件构件文件夹

对于一些与硬件无关的软件程序，应将它们封装成软件构件，按照“分门别类、各有归处”的原则放置在软件构件文件夹<06_SoftComponet>中，与具体项目无关。

5. 无操作系统应用程序文件夹

无操作系统应用程序文件夹<07_NosPrg>用于存放总头文件 includes.h、中断服务例程源程序文件 isr.c、主程序文件 main.c 等与具体应用相关的文件，这些文件是工程开发人员进行编程的主要对象。总头文件 includes.h 是 isr.c 和 main.c 使用的头文件，包含用到的构件、全局变量声明、常数宏定义等。中断服务例程文件 isr.c 是中断处理函数所在的文件。主程序文件 main.c 是应用程序的启动总入口，main 函数即在该文件中实现。在 main 函数中包含了一个永久循环，对具体事务过程的操作几乎都添加在该主循环中。

6. Debug 文件夹

Debug 文件夹中的文件是由工程编译链接自动产生的，包含编译链接生成的.elf 文件、.hex 文件、.lst 文件、.map 文件。

（1）.elf 文件

.elf 可执行链接格式（Executable and Linking Format），最初是由 UNIX 系统实验室（UNIX System Laboratories，USL）作为应用程序二进制接口（Application Binary Interface，ABI）的一部分而制定和发布的。其最大的特点是具有比较广泛的适用性，通用的二进制接口定义使之可以平滑地移植到多种不同的操作环境上，可使用 UltraEdit 工具查看.elf 文件的内容。

（2）.hex 文件

.hex 文件是由一行行符合 Intel HEX 文件格式的文本所构成的 ASCII 文本文件。在 Intel

HEX 文件中，每一行包含一条 HEX 记录，这些记录由对应的机器语言码（含常量数据）的十六进制编码数字组成。

（3）.lst 文件

.lst 文件包含函数编译后机器码与源代码的对应关系，可用于程序分析。

（4）.map 文件

.map 文件包含查看程序、堆栈设置、全局变量、常量等存放的地址信息。.map 文件中指定的地址在一定程度上是动态分配的（由编译器决定），工程有任何修改，都可能使这些地址发生变动。

5.1.2 终端的主流程和中断处理程序

终端程序的执行可分两条“线路”：main 函数（主循环）和中断处理程序。在 AHL-NB-IoT 工程中的 07_NosPrg 文件夹中有 3 个文件，即 includes.h、main.c 和 isr.c。这 3 个文件可实现终端的主循环和中断处理程序。

1. 总头文件

includes.h 文件称为应用程序总头文件，是全局变量声明的地方。它还包含了 main.c 和 isr.c 文件中使用到的软件构件的头文件、全局使用的宏常数以及自定义数据类型。

需要特别注意的是，在包含 includes.h 文件时，为了防止全局变量被重复声明，在文件中引入了宏 G_VAR_PREFIX 和 GLOBAL_VAR，给出了“全局变量一处声明多处使用的处理方法代码段”，并且规定在随后的所有全局变量声明①中，一律带上 G_VAR_PREFIX 这个宏作为前导。如果在 main.c 文件中宏定义 GLOBAL_VAR 且包含 includes.h，那么宏 G_VAR_PREFIX 就被替换为“空”，即全局变量在 main.c 文件中声明。当 isr.c 文件包含 includes.h 后，由于 isr.c 文件没有宏定义 GLOBAL_VAR，因此 isr.c 文件中全局变量的声明会自动带上 extern 前缀，这样就可避免全局变量被重复定义，即 isr.c 文件中不会再为每个全局变量声明一次，这就是“全局变量一处声明多处使用”的含义。

includes.h 文件中“全局变量一处声明多处使用”的代码如下。

```
//（4）【根据实际需要增删】声明全局变量
//【不动】宏定义全局变量前缀 G_VAR_PREFIX
    #ifdef GLOBLE_VAR               //GLOBLE_VAR 在 main.c 文件中有宏定义
    #define G_VAR_PREFIX            //前缀 G_VAR_PREFIX 定义为空
    #else                           //GLOBLE_VAR 在非 main.c 文件中无定义
    #define G_VAR_PREFIX extern     //前缀 G_VAR_PREFIX 定义为"extern"
    #endif
    //（在此增加全局变量）
    G_VAR_PREFIX uint_8  gcRecvBuf[1024];     //串口接收数据缓冲区
    G_VAR_PREFIX uint_16 gcRecvLen; //串口接收到的数据长度，为 0 时表示没有收到数据
    G_VAR_PREFIX uint_16 gcUserRecvLen;       //用户/配置数据帧长度
```

---

① 特别提示：所有全局变量在此处声明，且不得赋初值。初值在 main.c 文件中集中处理，为“看门狗”等热复位提供基础，注意其与一般 PC 程序的差异。

```
G_VAR_PREFIX uint_16 gRecvdataLen; //串口1接收到非更新数据的数据长度
G_VAR_PREFIX uint_8  gCount;

G_VAR_PREFIX UserData  gUserData;          //用户信息帧结构体
G_VAR_PREFIX FlashData gFlashData;         //需要写入flash中的数据
G_VAR_PREFIX uint_64   gTimeSec;           //时间戳
G_VAR_PREFIX uint_8    gTimeString[20];    //时间"2019-01-01 00:00:21/0"
```

2. 主函数

在 MCU 完成系统启动过程后，系统将进入主函数文件 main.c 中的 main 函数继续执行。main 函数包含了所有的主程序流程，是终端编程的主要内容，分为两大部分：一是初始化部分，包括声明主函数使用的变量、初始化驱动构件函数指针、给有关变量赋初值、初始化外设模块、使能模块中断等；二是主循环体部分，执行程序功能，并负责响应各个中断。下面给出 main 函数的执行框架。

```
//【不变】GLOBLE_VAR宏定义和包含总头文件
#define GLOBLE_VAR//只须在main.c中定义一次，用来处理全局变量声明与使用问题
#include includes.h                //包含总头文件
……（此部分内容省略）
//=====================================================================
//【根据实际需要增删】声明使用到的内部函数
//main.c使用的内部函数声明处
……（此部分内容省略）
//=====================================================================
//主函数，一般情况下可以认为程序从此开始运行
int main(void)
{
    //（1）启动部分（开头）==============================================
    //（1.1）声明main函数使用的局部变量
    uint_16 mi;                     //主程序使用到的16位循环变量
    ……（此处省略部分代码）
    //（1.2）【不变】BIOS中API表的首地址、用户中断处理程序名初始化
    gTimeSec=1548950401;            //设置系统时间初值，默认2019-02-01 00:00:01
    mTmp=gTimeSec;                  //获得当前系统时间（s）
    //特别注意，（1.2）程序段不能被删除，否则系统不能运行
    //（1.3）【不变】关总中断
    DISABLE_INTERRUPTS;
    //（1.4）给主函数使用的局部变量赋初值
    mLoopCount = 0;                 //清空循环次数
    mSec=0;                         //清空“秒”
```

```
    ……（此处省略部分代码）
    //（1.5）给全局变量赋初值
    gcUserRecvLen = 0;                  //收到数据的长度（单位：字节）
    ……（此处省略部分代码）
    //（1.6）用户外设模块初始化
    uecom_power(UECOM_OFF);
    ……（此处省略部分代码）
    //【画瓢处】-初始化

    //（1.7）使能模块中断
    timer_enable_int(TIMER_LP);         //使能 LPTMR 中断
    ……（此处省略部分代码）
    //（1.8）【不变】开总中断
    ENABLE_INTERRUPTS;
    ……（此处省略部分代码）
    //（1.9）【根据实际需要增删】 主循环前的初始化操作
    //（1.9.1）读取 flash 中的配置信息至 gFlashData；初始化用户帧数据 gUserData
    //读取 Flash 中 63 扇区的参数信息到 gFlashData 中
    flash_read_logic((uint_8*)(&gFlashData),63,0,sizeof(FlashData));
    ……（此处省略部分代码）
    //（1.9.2）判断复位状态，并将复位状态数据存储到 flash 中
    mTmp = gFlashData.resetCount;       // 保存当前“看门狗”复位次数
    ……（此处省略部分代码）
    //（1.9.3）初始化通信模组，并在 LCD 上显示初始化过程
    //LCD 上一行最多显示 28 个字节
    LCD_ShowString(6,300,BLUE,GRAY,    "AHL Init              ");
    ……（此处省略部分代码）
    //（1）启动部分（结尾）==========================================
    printf("Go to Main Loop\r\n");
    //（2）主循环部分（开头）========================================
    for(;;)
    {
    ……（此处省略部分代码）
    //（2）主循环部分（结尾）========================================
    }
}
//======以下为主函数调用的子函数=====================================
……（以下代码省略）
```

初始化部分完成了工程中所有只须执行一次的操作，为主循环体代码的执行提供了基础。

循环体部分中的代码内容需要不断重复执行，以响应中断的发生。main.c 文件主要实现的功能包括：①终端启动后 LCD 会提示产品型号、BIOS 版本、芯片温度、eSIM 卡的 IMSI、基站信号强度、LBS 位置信息等，在成功连接网络后会显示时间；②每隔一段时间，终端会通过信息邮局向指定 IP 和端口号的服务器发送数据，并等待接收数据，进行相关的数据处理；③触摸按键时，LCD 显示按键次数，每按下 3 次，终端将进行数据的发送与接收；④使用 AHL-GEC-IDE 可更新终端用户程序。

3. 中断处理程序

嵌入式程序的另一条运行路线是中断处理程序，当某个中断产生时，执行相应的中断处理程序。在第 4 章提供的终端模板工程中，中断处理程序 isr.c 文件中包含的中断处理程序及其功能如表 5-1 所示。

表 5-1 isr.c 文件中包含的中断处理程序及其功能

序号	中断处理程序	对应的英文名	触发条件
1	串口 UE 接收中断服务程序	UART_UE_Handler	当串口 UE 接收到一帧数据时，触发该中断
2	串口 A 接收中断处理程序	UARTA_Handler	当串口 UARTA 接收到一个字节数据时，触发该中断
3	TSI 中断处理程序	TSI_Handler	当 TSI 通道计数器超出阈值范围时，触发该中断
4	定时器模块中断处理程序	TIMERA_Handler	当定时器计时达到初始化时设置的计时间隔时，触发该中断

下面以添加 LPTMR 定时器中断为例，介绍如何在应用程序中添加该中断，具体步骤如下。

第一步，查找中断向量名。在 03_MCU\startup\startup_xxx.S 芯片启动文件中，查找 LPTMR 定时器中断的中断向量名（LPTMR0_IRQHandler）。

第二步，重定义定时器模块名。考虑到程序的移植性和复用性，在 05_UserBoard\user.h 文件中，将定时器模块名“TIMERA”重定义为“TIMER_LP”。

```
#define TIMER_LP    TIMERA                    //低功耗定时器
```

第三步，重定义中断处理函数名。考虑到程序的移植性和复用性，在 05_UserBoard\user.h 文件中，将定时器中断处理函数名“LPTMR0_IRQHandler”重定义为“TIMERA_Handler”。

```
#define TIMERA_Handler      LPTMR0_IRQHandler
```

第四步，编写中断处理程序。在 07_NosPrg\isr.c 文件中，编写该中断处理程序代码。

```
//======================================================================
//程序名称：TIMERA_Handler（TIMERA 模块中断处理程序）
//触发条件：定时器计时达到初始化时设置的计时间隔时，触发定时器溢出中断
//======================================================================
void TIMERA_Handler(void)
{
    DISABLE_INTERRUPTS;                         //关总中断
    //------------------------------------------------------------------
    //（在此处增加功能）
```

```
timer_clear_int(TIMER_LP);           //清中断标志
tsi_search(TSI_TOUCH);               //触发一次 TSI 扫描
gCount++;
if(gCount==2)
{
    gCount=0;
}
//------------------------------------------------------------
ENABLE_INTERRUPTS;                   //开总中断
}
```

第五步，初始化中断。在 07_NosPrg\main.c 文件中，初始化该中断，具体初始化函数的功能、名称、参数等的用法可查看 03_MCU\MCU_drivers\timer.h 文件。

```
timer_init(TIMER_LP,500);            //LPTMR 计时器初始化为 500ms
```

第六步，使能中断。在 07_NosPrg\main.c 文件中，使能该中断，具体使能函数的功能、名称、参数等的用法可查看 03_MCU\MCU_drivers\timer.h 文件。

```
timer_enable_int(TIMER_LP);          //使能 LPTMR 中断
```

至此，定时器中断添加完毕。在程序运行过程中，每过 500ms 会自动产生 TIMERA_Handler 定时器中断，它会触发一次 TSI 扫描程序。

5.2 终端与 CS-Monitor 通信构件 UECom

在终端编程中，终端与信息邮局的构件 UECom 是 NB-IoT 通信的重要一环，本节将给出其设计要点、头文件及使用方法。

5.2.1 UECom 构件的设计要点

UECom 构件是 MCU 与信息邮局沟通的桥梁，属于嵌入式应用层驱动构件。通过 UECom 构件，可以方便地实现联网功能。无论哪个型号的通信模组，其对外功能应该是一致的，共性方面主要有初始化、发送与接收。发送与接收函数格式又可分为带帧格式与不带帧格式。带帧格式的发送与接收函数和 HCI 的 HCICom 相对应，较为常用；不带帧格式的发送与接收函数用于透明传送（透传）编程。此外，UECom 构件还提供了较为常用的其他 API 函数，如开关通信模块电源、获取基站信息及获取模组信息等函数。

UECom 构件设计主要围绕低功耗支持、使用方便性、数据完整性、安全性等 4 个方面。

1. 低功耗支持

在硬件上，GEC 含有控制通信模组电源的模块，为软件干预通信模组的电源提供了硬件支撑。基于该硬件模块，软件上设计了控制通信模组电源的函数 UECom_gnssSwitch，以便在不使用 NB-IoT 通信时彻底关断通信模组，从而减少其静态功耗，为 GEC 的低功耗设计提供基础。

2. 使用方便性

MCU 与通信模组之间采用串口进行通信，使用 AT 指令进行通信编程。一般来说，AT 指令由厂家在通信模组手册中给出，少则几十条，多则近百条。而且不同的通信模组厂家，其 AT 指令的语义也不尽相同，与以太网的通信协议也可能不同。为了方便用户编程，降低开发难度，通过分析其共性技术，AHL-NB-IoT 从知识要素角度封装了 UECom，其中含有初始化、发送与接收等函数，把各种差异封装在 GEC 内部的 BIOS 中，使应用程序与通信模组的厂家无关。为了不占用过多的 MCU 资源，并能够迅速做出响应，UECom 构件的接收函数采用中断的方式接收通信模组返回的数据。

3. 数据完整性

为了保证数据完整性，UECom 构件在被封装时采用了帧结构，与 HCI 的 HCICom 相对应，自封自解，与用户层编程无关，同时增加了 CRC 校验。循环冗余校验码（Cyclic Redundancy Code，CRC）是数据通信领域中最常用的一种查错校验码，其特征是信息字段和校验字段的长度可以任意选定，具有数据传输检错功能，可对数据进行多项式计算，并将得到的结果附在帧的后面，接收设备也执行类似的算法，以保证数据传输的正确性和完整性。针对 MCU 资源紧缺的特点，UECom 构件采用了 CRC16（16 位 CRC 校验）算法。

4. 安全性

在安全性方面，用户可以将密文提交给 UECom 构件进行传输，PC 方的 HCICom 构件在接收到密文后，再直接传给 HCI 方的应用程序，以满足用户“自我加密、自我解密”的要求。此外，UECom 与 HCICom 构件还形成了构件层“自我加密、自我解密”，即在上行时，UECom 构件将传入的用户数据加密，HCICom 收到密文并解密后交给应用层；在下行时则相反。构件层及应用层的两层加密机制，再加上信息邮局的加密，极大地增强了数据传输的安全性。

5.2.2 UECom 构件头文件

5.2.1 小节对 UECom 构件的设计要点进行了分析，表 5-2 对 UECom 构件所包含的 16 个函数进行了简要描述。

表 5-2 UECome 接口函数简明列表

序号	函数名	简明功能	描述
1	uecom_power	电源控制	控制通信模块供电状态，UECOM_OFF 表示关闭电源；UECOM_ON 表示打开电源；UECOM_REBOOT 表示重启通信模组
2	uecom_init	初始化	初始化 UECom 模块，建立与通信模组的串口通信，并获取 SIM 卡的 IMSI
3	uecom_linkBase	连接铁塔	与网络运营商的基站（铁塔）建立连接
4	uecom_linkCS	建立 TCP 连接	与指定的服务器和端口建立 TCP 连接
5	uecom_send	发送数据	将数据通过已经建立的 TCP/UDP 通道发送出去，最多 500 个字节
6	uecom_transparentSend	透明传输	使用透明传输的方式将数据通过已经建立的 TCP 通道发送出去，最多 500 个字节
7	uecom_interrupt	中断接收函数	接收网络发送来的数据，构件内部使用本方法与通信模块进行数据交互

续表

序号	函数名	简明功能	描述
8	uecom_transparentInterrupt	透明传输中断接收函数	接收通过透明传输发送来的数据
9	uecom_gnssSwitch	设置 GNSS 的状态	设置 GNSS 的状态，开启或关闭 GNSS，并设定开启方式
10	uecom_gnssGetInfo	获取 GNSS 定位信息	获取 GNSS 定位相关的信息
11	uecom_baseInfo	获取基站信息	获取基站的信号强度和基站号
12	uecom_modelInfo	获取需要的模块信息	获取与模块相关的信息，包括 IMEI 码和 IMSI 码
13	uecom_typeGet	获取“金葫芦”型号	获取“金葫芦”型号
14	uecom_version	获取“金葫芦”通信模组型号	获取 UECom 版本号
15	uecom_httpGet	发起 HTTP 的 GET 请求	发起 HTTP 的 GET 请求，并将返回结果存储在 result 中
16	uecom_getTime	获取附近基站的时间	获取附近基站的时间，以时间戳的格式返回，要求在通信模组完成基站初始化后才能使用

下面给出 uecom.h 文件中各函数的接口。

```
//==========================================================================
//文件名称：uecom.h
//功能概要：UE 驱动构件头文件
//模组型号：ME3616（NB，电信）
//版权所有：苏州大学嵌入式系统与物联网研究所（sumcu.suda.edu.cn）
//==========================================================================
#ifndef _UECOM_H                          //防止重复定义（_COMMON_H 开头）
#define _UECOM_H
# include <stdio.h>
# include <stdlib.h>
#include "common.h"                       //包含公共要素头文件
#include "gec.h"
#include "string.h"
//======================构件使用步骤开始==========================
//（1）根据实际项目需要配置本文件中的宏。
//（2）将本构件中的 uecom_interrupt 函数放入相应的串口中断中，并设置合适的入口参数。
//（3）调用 uecom_init 函数完成初始化，此过程约耗时 15s。
//（4）在有发送请求时，调用 uecom_send 函数发送数据。
//（5）通过判断 uecom_interrupt 的 length 是否为零确定是否接收到数据。
//（6）其他功能请参考本文件中的接口说明。
//======================构件使用步骤结束==========================
//硬件引脚宏定义
```

```
#define UART_UE          UARTB          //模块通信串口
#define POWER_CONTROL      (PTE_NUM|22)     //电源控制引脚
//宏常数
#define UECOM_OFF          0
#define UECOM_ON           1
#define UECOM_REBOOT       2
//==========使用到的结构体的定义
//===================================================================
  typedef struct UecomGnssInfo{
      uint_8 time[15];                      //UTC时间
      double latitude;                       //纬度
      double longitude;                      //经度
      double speed;                          //速度
      double attitude;                       //海拔
} UecomGnssInfo;
//=======================宏定义结束=================================
//===================================================================
//函数名称：uecom_power
//函数返回：无
//参数说明：state——通信模组电源控制命令，取值如下（使用宏常数）
//            UECOM_OFF——关闭通信模组电源
//            UECOM_ON——打开通信模组电源
//            UECOM_REBOOT——重启通信模组（先关闭，延时，再开启）
//功能概要：控制通信模块供电状态
//内部调用：gpio_init, delay_ms
//===================================================================
void uecom_power(uint_8 state);            //控制通信模块供电状态
//===================================================================
//函数名称：uecom_init
//函数返回：0——成功；1——与UE模块串口通信失败；2——获取SIM卡的IMSI码失败
//参数说明：无
//功能概要：uecom模块初始化，建立与通信模组的串口通信，并获取SIM卡的IMSI码
//===================================================================
uint_8 uecom_init(void);
//===================================================================
//函数名称：uecom_linkBase
//函数返回：0——成功与铁塔连接；1——连接不上铁塔
//参数说明：无
//功能概要：与网络运营商的基站（铁塔）建立连接
```

```
//=============================================================
uint_8 uecom_linkBase(void);
//=============================================================
//函数名称：uecom_linkCS
//函数返回：0——成功建立 TCP 连接；1——建立 TCP 连接失败
//参数说明：*ip——待连接服务器的 IP 地址；*port——待连接服务器的端口号
//功能概要：与指定的服务器和端口建立 TCP 连接
//=============================================================
uint_8 uecom_linkCS(uint_8 *ip,uint_8 *port);
//=============================================================
//函数名称：uecom_send
//函数返回：0——发送成功；1——开启发送模式失败；2——数据发送失败
//参数说明：*data——待发送数据缓存区，传入参数
//          length——待发送数据的长度
//功能概要：将数据通过已经建立的 TCP 通道发送出去，最多 500 个字节
//=============================================================
uint_8 uecom_send(uint_16 length, uint_8 *data);
//=============================================================
//函数名称：uecom_transparentSend
//函数返回：0——发送成功；1——开启发送模式失败；2——数据发送失败
//参数说明：*data——待发送数据缓存区，传入参数
//          length——待发送数据的长度
//功能概要：将数据通过已经建立的 TCP 通道透明发送出去，最多 500 个字节
//=============================================================
uint_8 uecom_transparentSend(uint_16 length, uint_8 *data);
//=============================================================
//函数名称：uecom_interrupt
//函数返回：无
//参数说明：ch——串口中断接收到的数据；
//*length——接收到的网络数据长度
//          recvData——存储接收到的网络数据
//功能概要：接收网络发送来的数据
//备    注：本函数需要放在串口中断中，需要传入串口中断接收到的数据。本构件的所有功
//          能实现均依赖该函数与其他函数进行数据交互
//=============================================================
void uecom_interrupt(uint_8 ch,uint_16 *length,uint_8 recvData[]);
//=============================================================
//函数名称：uecom_transparentInterrupt
//函数返回：无
```

```
//参数说明：ch——串口中断接收到的数据；
//          *length——接收到的网络数据长度；
//          recvData——存储接收到的网络数据
//功能概要：接收网络发送来的数据
//备    注：该函数是一个透传的中断处理函数，需要放在串口中断中，且需要传入串口中断
//          接收到的数据。本构件的所有功能实现均依赖该函数与其他函数进行数据交互
//======================================================================
void uecom_transparentInterrupt(uint_8 ch,uint_16 *length,uint_8 recvData[]);
//======================================================================
//函数名称：uecom_ gnssSwitch
//函数返回：0——操作 GNSS 成功；1——操作 GNSS 失败
//参数说明：state——设置 GNSS 的开关状态，可取值 1（热启动）、2（温启动）、3（冷启动），
//          建议默认使用冷启动
//功能概要：设置 GNSS 的状态，开启或关闭 GNSS，并设定开启方式
//======================================================================
uint_8 uecom_gnssSwitch (uint_8 state);
//======================================================================
//函数名称：uecom_ gnssGetInfo
//函数返回：0——获取定位信息成功；1——没有获得定位信息
//参数说明：*data——存储获得的 GNSS 相关信息。采用结构体的方式，共包含 4 个成员
//          time(uint_8 数组)，如，"20180706155132"表示 2018 年 7 月 6 日 15:51:32
//          latitude（double 类型），纬度信息；longitude（double 类型），经度信息
//          speed（double 类型），速度，单位：米每秒
//          attitude（double 类型），海拔高度，单位：米
//功能概要：获得与 GNSS 定位相关的信息
//======================================================================
uint_8 uecom_gnssGetInfo (UecomGnssInfo *data);
//======================================================================
//函数名称：uecom_baseInfo
//函数返回：0——获取基站信息成功；1——获取信号强度失败
//参数说明：retData—存储返回的信息，最少分配 20 个字节
//          信息组成包括信号强度（1 个字节）+基站号（19 个字节）
//功能概要：获取与基站相关的信息（信号强度和基站号）
//======================================================================
uint_8 uecom_baseInfo (uint_8 retData [20]);
//======================================================================
//函数名称：uecom_ modelInfo
//函数返回：0——获取模组信息成功；1——获取模组信息失败
//参数说明：retData——存储返回的信息，最少分配 40 个字节
```

```
//          信息组成包括 IMEI 码（20 个字节）+IMSI 码（20 个字节）
//功能概要：获得需要与模块相关的信息，包括 IMEI 码、IMSI 码等
//===========================================================
uint_8 uecom_modelInfo (uint_8 retData[40]);
//===========================================================
//函数名称：uecom_typeGet
//函数返回：无
//参数说明：*type——“金葫芦”型号
//功能概要：获取“金葫芦”型号
//===========================================================
uint_8 uecom_typeGet(uint_8 *type);
//===========================================================
//函数名称：uecom_version
//函数返回：无
//参数说明：*version——“金葫芦”版本（通信模组型号）
//功能概要：获取“金葫芦”版本
//===========================================================
void uecom_version(uint_8 *version);
//===========================================================
//函数名称：uecom_httpGet
//函数返回：0——获得 GET 请求成功；1——初始化 HTTP 失败；2——传递 url 参数失败；
//          3——设置网络失败；4——开启网络失败；5——建立连接失败；
//          6——发送请求失败；7——获得返回失败
//参数说明：ip——目标服务器地址；
//          port——目标地址；
//          url——GET 请求的内容
//          result——GET 请求返回的结果，数组长度由预计返回的长度*1.5 来决定
//功能概要：发起 HTTP 的 GET 请求，并将返回结果存储在 result 中
//===========================================================
uint_8 uecom_httpGet (uint_8 ip[],uint_8 port[],uint_8 url[],uint_8 result[]);
//===========================================================
//函数名称：uecom_remoteConfig
//函数返回：无
//参数说明：*ip——待连接更新服务器的 IP 地址；*port——待连接更新服务器的端口号
//功能概要：配置更新服务器的 IP 地址和端口号
//===========================================================
uint_8 uecom_remoteConfig(uint_8 *ip,uint_8 *port);
//===========================================================
//函数名称：uecom_linkRemoteUpdate
```

```
//函数返回：0——成功建立 TCP 连接；1——建立 TCP 连接失败
//参数说明：*ip——待连接服务器的 IP 地址；*port——待连接服务器的端口号
//功能概要：与指定的服务器和端口建立 TCP 连接，使用套接字 1 发送
//备    注：uecom_RemoteUpdate 要在调用 uecom_linkCS 之前使用
//=====================================================================
uint_8 uecom_linkRemoteUpdate(uint_8 *ip,uint_8 *port);
//=====================================================================
//函数名称：uecom_updateSend
//函数返回：0——发送成功；1——开启发送模式失败；2——数据发送失败
//参数说明：*data——待发送数据缓存区，传入参数
//          length——待发送数据的长度
//功能概要：将数据通过已经建立的 TCP 通道发送出去，最多 500 个字节，使用套接字 0 发送
//=====================================================================
uint_8 uecom_updateSend(uint_16 length, uint_8 *data);
//=====================================================================
//函数名称：uecom_linkOff
//函数返回：无
//参数说明：无
//功能概要：断开 Socket 连接
//=====================================================================
void uecom_linkOff();
//=====================================================================
//函数名称：uecom_info
//函数返回：0——成功获取非更新数据；1——无非更新数据
//参数说明：*data——接收的数据；
//          *len——接收数据的长度
//功能概要：获取串口 1 接收的非更新数据及其长度（在 User 程序中调用）
//=====================================================================
uint_8 uecom_info(uint_8 *data,uint_16 *len);
//=====================================================================
//函数名称：uecom_getTime
//函数返回：成功——返回时间戳（1970.01.01 至今所经历的秒数），失败——返回 0
//参数说明：无
//功能概要：获取附近基站的时间，以时间戳的格式返回，要求在通信模组完成基站初始化后
//          才能使用
//=====================================================================
uint_64 uecom_getTime();
#endif
```

5.2.3 UECom 构件的使用方法

1. UECom 基本使用步骤

使用 UECom 构件需要先根据实际项目配置 uecom.h 文件中的宏，随后才可使用之。基本使用步骤如下。

（1）打开通信模组电源，使通信模组处于供电状态。若要重启通信模组，则须先关闭电源，短暂延时后再开启通信模组的电源。

（2）初始化 UECom 构件。与通信模组建立串口通信，并获取 SIM 卡的 IMSI 码。

（3）与网络运营商的基站建立连接。在基站连接成功后，与指定的服务器和端口建立 TCP 连接。若连接失败，则返回失败提示，并继续尝试连接。

（4）获取通信模组相关的信息，GNSS 定位信息，与基站相关的信息，以及“金葫芦”套件型号、版本号等信息。

（5）在有发送请求时，开启发送模式，将数据通过已经建立的 TCP 通道发送出去。

（6）开启 UECom 串口中断。通过串口中断接收网络发送来的数据，再处理之。

2. UECom 构件基本流程

下面介绍 UECom 构件的一个使用样例，此样例用于实现基于 UECom 构件的发送与接收过程。

（1）通信模组供电

调用 uecom_power 函数为通信模组供电，宏定义 UECOM_ON 打开通信模组电源，控制通信模组电源状态。在设置完成后，等待 6s，保证电源打开成功。

```
uecom_power(UECOM_ON);                    //给通信模组供电
Delay_ms(6000);                           //延时 6s
```

（2）UECom 构件初始化

调用 uecom_init 函数，完成 UECom 构件的初始化。若初始化成功，则继续下面的流程；若初始化失败，则直接退出。

```
uecom_init();                             //初始化
```

（3）连接基站

调用 uecom_ linkBase 函数，连接指定的基站。若成功连接基站，则可继续连接指定的服务器；若连接失败，则直接退出。

```
uecom_linkBase();                         //连接基站
```

（4）连接服务器

调用 uecom_ linkCS 函数，连接指定的服务器。若连接成功，则继续下面的流程；若连接失败，则直接退出。

```
uecom_linkCS(serverIP, serverPort);  //连接服务器
```

（5）获取通信模组信息

调用 UECom_modelInfo 函数，获取通信模组的 IMEI 码和 IMSI 码。若获取失败，则直接退出。

```
uecom_modelInfo(mRetdata);          //获取通信模组信息
```

（6）发送数据

调用 uecom_send 函数将组帧完成的数据 mSendData 通过 TCP 连接发送出去。若发送失败，则直接退出。

```
uecom_send(mSendLen,mSendData); //发送数据
```

（7）接收数据

通过串口中断函数接收网络发送来的数据，根据 gRecvLength 判断是否接收到数据。在接收到数据后，进行相关的数据处理。

```
if(gRecvLength != 0)                //串口接收通信模组返回数据，若接收到数据
{  //处理接收到的数据 gRecvBuf  }
```

3. UECom 构件的调用方法

基于 5.2.2 小节中关于 UECom 构件头文件的内容，下面介绍 UECom 构件所提供的函数的调用方法。

```
//================================发送流程================================
UEComp_power(UECOM_ON);                          //给通信模组供电
Delay_ms(6000);                                  //延时 6s
mflag = UECom_init();                            //初始化
if(mflag) goto UECom_exit;                       //初始化失败，退出
mflag = UECom_linkBase();                        //连接基站
if(mflag) goto UECom_exit;                       //连接基站失败，退出
mflag = UECom_linkCS(serverIP, serverPort);      //连接服务器
if(mflag) goto UECom_exit;                       //连接服务器失败，退出
mflag = UECom_modelInfo(mRetdata);               //获取通信模组信息
if(mflag) goto UECom_exit;                       //获取通信模组信息失败，退出
mflag = UECom_send(mSendLen,mSendData);          //发送数据
if(mflag) goto UECom_exit;                       //发送数据失败，退出
UECom_exit:  //退出
    return;
//================================接收流程================================
if(gRecvLength != 0)            //串口接收通信模组返回的数据，若接收到数据
{  //处理接收到的数据 gRecvBuf  }
```

5.3 CS-Monitor 框架解析与执行流程

读者理解 CS-Monitor 编程模板有助于“照葫芦画瓢”。本节将梳理 CS-Monitor 程序的实

现流程与实现细节，以帮助读者理解 CS-Monitor 模板。

5.3.1 WebSocket 协议与 JSON 格式

1. WebSocket 协议概述

WebSocket 协议（WebSocket Protocol），简称 WebSocket 或 WS，它是一种基于 TCP 全双工通信的网络协议，该协议于 2011 年被国际互联网工程任务组（The Internet Engineering Task Force，IETF）定为标准 RFC6455。

本工程中将 WebSocket 库文件封装成类，供 CS-Monitor 和 HCI 中的各种客户端程序连接使用，具体的使用方法将在后面的相关章节中进行说明。

为了使读者对 WebSocket 协议有一个基本认识，下面简要阐述 WebSocket 协议的基本内涵及其出现的历史背景。

（1）WebSocket 协议基本内涵

WebSocket 协议实现了服务器和客户端之间的全双工通信，既允许服务器主动发送消息给客户端，也允许客户端主动发送消息给服务器。在实现 WebSocket 连接过程中，客户端先向服务器发出建立 WebSocket 连接的请求，然后服务器发出回应，这个过程通常称为“握手”。这时 WebSocket 连接就建立了，客户端和服务器之间形成了一条快速通道，两者之间可以直接互传数据。

WSS（WebSocket Secure）协议是基于 SSL[①]证书的、更加安全的 WS 协议。在默认情况下，WS 协议使用 80 端口，WSS 协议使用 443 端口。

（2）WebSocket 出现的历史背景

在 WebSocket 协议出现之前，双工通信是通过客户端不停发送 HTTP 请求，从服务器获取新的数据来实现的，其效率低，而 WebSocket 的出现解决了这个问题。使用 HTTP 的 Web 服务器不能主动向客户端发送消息，即 HTTP 是无状态的，因此只能由客户端向服务器发出请求，服务器应答请求。为了解决服务器不能主动向客户端发起通信这一问题，人们探索并设计了诸如客户端使用轮询每隔一段时间询问服务器，或使用基于长连接的长轮询获知是否有数据更新等方法，但效果都不甚理想。例如，当服务器有连续变化的实时数据时，客户端就无法很好地及时获取。寻找一个好的方法，既能让客户端及时获取服务器端的新数据，又不会浪费资源，一直是技术人员努力的目标，这就是 WebSocket 出现的历史背景。

2. JSON 格式

JSON（JavaScript Object Notation）格式由 Douglas Crockford 于 2001 年开始推广使用，后来逐步流行。JSON 格式使用字符串方式，按照“键”与“值”相对应的方式进行数据存储，主要用于网络数据交换。在数据通信时，JSON 格式相比于 XML 格式，具有便于编码、易于解析等特点，因此 JSON 格式更加适合 CS-Monitor 与 HCI 客户端使用。

为方便读者直观了解 JSON 格式，这里简要给出其语法说明。在 JSON 格式中，大括号表示一个“对象”，内含使用英文逗号分隔的“键值对”。每个“键值对”由用英文冒号分隔的“键”和“值”组成，冒号左边为“键”，冒号右边为对应的“值”。“值”既可以是字符串、

① SSL（Secure Socket Layer）：SSL 安全证书就是网络用于鉴别网站和网页浏览者的身份，以及在浏览者和网页服务器之间进行加密通信的全球化标准。

数字，也可以是另一个数组或对象。若有数组，则使用中括号。“键”使用英文双引号括起来，“值”若是字符串，也用英文双引号括起来。下面用一个具体的JSON格式的对象进行举例说明。

```
var sensor={"name":"温度","bitlen":"16","AD":12685, "y":25.36}
```

这是一个名为 sensor 的 JSON 对象，其中有 4 个“键值对”：name 的值为温度，bitlen 的值为 16，AD 的值为 12685，y 的值为 25.36。可以通过“键”来访问对应的值，如 name 的值可以使用 sensor. name 进行获取，即为“温度”。

5.3.2 CS-Monitor 模板工程框架

要想学习 CS-Monitor 程序模板，首先应熟悉模板的工程框架，本书的 CS-Monitor 编程模板的工程框架如表 5-3 所示。

表 5-3　CS-Monitor 模板工程框架

编号	文件（夹）名	文件说明
1	01_Doc	该文件夹存放侦听程序工程说明文档
2	02_Class	该文件夹存放工程中使用的通用类和动态库文件
3	03_Form	该文件夹存放界面布局与对应的界面设计类
4	04_Resource	该文件夹存放帮助文档资源
5	AHL.xml	用户可更改资源文件
6	App.config	应用程序配置文件

下面对 CS-Monitor 编程模板工程框架包含的文件夹与文件分别进行介绍。

1. 文档文件夹

文档文件夹（01_Doc）存放的是侦听程序工程说明文档。文档记录的内容包括工程功能介绍、工程框架说明和工程更新说明等信息。

2. 类文件夹

类文件夹（02_Class）存放的是工程中使用的通用类和动态库文件。表 5-4 列举了 02_Class 文件夹包含的通用类和动态库文件。

表 5-4　02_Class 文件夹包含的通用类与动态库文件

编号	类名/库名	内容描述
1	DrawSeries.cs	画图类，对历史数据曲线的显示进行处理的类
2	FrameData.cs	帧处理类，对帧中数据部分进行处理的类
3	HCICom.cs	通信类，提供进行通信所需基本方法的类
4	JsonCommand.cs	JSON 数据格式类，提供操作 JSON 数据对象方法的类
5	SQLCommand.cs	数据库操作类，提供数据库的增、删、改、查等功能的类
6	WebSocket-sharp.dll	提供 WebSocket 功能的动态库
7	WebSocket-sharp.xml	提供 WebSocket 功能的属性设置
8	WsServices.cs	为微信小程序、App、网页等提供 WebSocket 服务的类

3. 界面文件夹

界面文件夹（03_Form）包括 4 个子文件夹，分别存放各个功能界面的交互界面及其设计代码。界面文件夹中包含的内容如表 5-5 所示。

表 5-5　03_Form 文件夹包含的内容

编号	下级文件夹名称	内容描述
1	03_00_FrmMain	FrmMain.cs：父界面，可单击菜单栏，打开界面与帮助，提供程序状态显示
2	03_01_FrmDeviceConfig	FrmDeviceConfig.cs：基本参数配置界面，可获取实时数据，可修改其全部内容后返回，以便更改设备配置
3	03_02_FrmRealtime	FrmRealtimeData.cs：实时数据界面，显示实时数据，可修改其彩色文本框中的内容后返回，以便更改设备配置 FrmRealtimeSeries.cs：实时曲线界面，以曲线形式显示实时数据的部分数据在最近半小时内的变化趋势
4	03_03_FrmHistory	FrmHistoryData.cs：历史数据界面，提供基本的历史数据查询与删除功能，可修改历史数据并进行回发 FrmHistorySeries.cs：历史曲线界面，可选择某一时间段的历史数据以曲线形式进行显示，显示内容包括数据中的部分参数

4. 帮助资源文件夹

帮助资源文件夹（04_Resource）存放的是帮助文档资源，包括使用说明、程序说明和版本说明等。

5. 连接配置文件

连接配置文件（AHL.xml）存放的是用户设定的参数。在程序初始化时，要将已设定的参数读取出来，用以初始化部分全局变量。表 5-6 列举了从 AHL.xml 文件中读取的参数。

表 5-6　从 AHL.xml 文件中读取的参数

编号	AHL.xml 中的参数	对应全局变量	功能简介
1	formName	Text	主界面标题
2	HCIComTarget	g_target	服务器 IP 与端口号
3	WebSocketTarget	g_wsTarget	指定 WebSocket 服务器地址和端口号
4	WebSocketDirection	g_wsDirection	指定 WebSocket 服务器二级目录地址
5	IMSI	g_IMSI	终端的设备号
6	commands	g_ListCommands g_ListCommandsField	命令（保存在 g_ListCommands 中）与命令所包含的变量名（保存在 g_ListCommandsField 中）
7	frames	g_frmStruct0 g_frmStruct1	变量的集合（又称为帧），变量的属性包括变量名、变量类型、变量显示名与读写属性。按照功能可分为 MCU 配置信息帧（保存在 g_frmStruct0 中）与通信帧（保存在 g_frmStruct1 中）

6. 应用程序配置文件

应用程序配置文件（App.config）包含数据库连接字符串 connectionString，其 value 内容决定了 CS-Monitor 程序的数据库访问方式。应用程序配置文件中提供了绝对路径、相对路径以及 SQL Server Studio 本地和远程 4 种数据库访问方式，每次只能使用其中一种方式，其余的方式必须注释掉，当前使用的数据库访问方式为相对路径访问方式。

5.3.3 CS-Monitor 模板自动执行流程

Program.cs 文件是在创建 C#的 Windows 界面工程时 VS 开发环境自动生成在工程目录下的启动代码。在 Program.cs 的 main 函数中，创建了 CS-Monitor 并启动了程序默认界面 FrmMain，CS-Monitor 程序自动执行流程自此开始。本小节从默认界面 FrmMain 开始讲解，具体阐述 CS-Monitor 模板的执行流程。

1. FrmMain 界面的执行流程

FrmMain 界面是 CS-Monitor 的父界面，后文中所有的其他界面都将在该界面上打开，成为该界面的子界面。在 FrmMain 界面中主要进行公共变量初始化、数据库的初始化和加载默认打开界面，还要监管程序的运行状态和联网情况。FrmMain 界面的执行流程如图 5-2 所示。

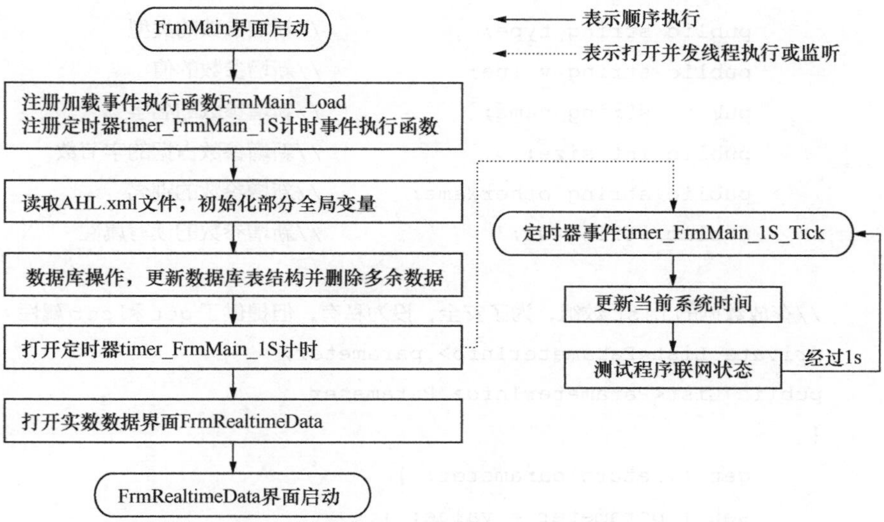
表示顺序执行
表示打开并发线程执行或监听
FrmMain界面启动
注册加载事件执行函数FrmMain_Load
注册定时器timer_FrmMain_1S计时事件执行函数
读取AHL.xml文件，初始化部分全局变量
数据库操作，更新数据库表结构并删除多余数据
打开定时器timer_FrmMain_1S计时
打开实数数据界面FrmRealtimeData
FrmRealtimeData界面启动
定时器事件timer_FrmMain_1S_Tick
更新当前系统时间
测试程序联网状态
经过1s

图 5-2　FrmMain 界面的执行流程

下面将按执行流程顺序讲解 FrmMain 界面的具体执行流程。

（1）读取 AHL.xml 文件

AHL.xml 文件存放在工程目录下，该文件中存放着用户设定的参数，要将这些参数读取出来以初始化一些变量。程序需要读取的参数如表 5-6 所示，下面对这些参数进行详细介绍。

HCIComTarget 节点：保存服务器的 IP 地址与端口号，其格式为“IP 地址:端口号”，例如，“116.62.63.164:26123”，“local:35000”，local 表示本机的 IP 地址。

WebSocketTarget 节点：指定 WebSocket 服务端的地址和端口号，其格式为“ws://服务端 IP 地址:端口号”。

WebSocketDirection 节点：指定 WebSocket 服务端的二级目录地址，该地址被 Nginx 反向代理所使用，二级目录的设置方法可参阅本章的辅助阅读材料，读者在此不必去深入了解。

IMSI 节点：保存实时曲线界面所侦听的终端的设备号，可以设置多个 IMSI 码，在 AHL.xml 文件中多个 IMSI 码用“;”分隔开。

commands 节点：保存命令（也可理解为是数据帧的格式代号）与变量之间的对应关系，

即某个命令包含了哪些变量值，以及这些变量值的先后次序。

frames 节点：为帧参数，包含了命令中所有变量的各种属性，分别为名称、类型、值、别名（通常是中文名称，用于显示在界面上）、空间大小、读写属性。存放 frames 变量 g_frmStruct0 和 g_frmStruct1 的是 FrameData 类型的对象，FrameData 类型定义如下。

```
public class FrameData
{
    //用于存放新增参数的信息
    //注意：参数的值须转为 string 之后保存，取出来时，可根据 type 属性转为需要的值；
    //传进来时，只须转为 string 类型即可（方便使用）
    [Serializable]
    public class ParameterInfo
    {
        public string type;              //新增参数的类型
        public string value;             //新增参数的值
        public string name;              //新增参数的名字
        public int size;                 //新增参数占据的字节数
        public string otherName;         //新增参数的别名
        public string wr;                //新增参数的读写属性
    }
    //存放数据的 List 数组，为了安全，设为私有，但提供了 get 和 set 属性
    private List<ParameterInfo> parameter;
    public List<ParameterInfo> Parameter
    {
        get { return parameter; }
        set { parameter = value; }
    }
    ……//以下代码省略
}
```

在 FrameData 中有一个 ParameterInfo 类型的列表 parameter，用于保存通信帧或 MCU 配置信息帧变量。在列表 parameter 中，一个 ParameterInfo 元素对应一种帧中变量的全部属性，包含名称、类型、值、别名、空间大小、读写属性。

在 AHL.xml 文件中，AppSettings 为一级节点，其下一级节点 formName 为二级节点，依此类推。在读取 AHL.xml 时，会逐级读取各级节点的信息，并将节点包含的信息读到相应的全局变量中，执行代码如下所示。

```
//加载 AHL.xml 文件
XmlDocument xmlDoc = new XmlDocument();
if(File.Exists("..\\..\\AHL.xml") == true)
    xmlDoc.Load("..\\..\\AHL.xml");
```

```
    else
        xmlDoc.Load("AHL.xml");
    //解析 AHL.xml 文件
    xNode = xmlDoc.DocumentElement;     //获取根节点
    xmlDoc.RemoveAll();                 //释放 AHL.xml 文档
    //遍历一级节点
    foreach (XmlNode node in xNode.ChildNodes)
    {
        //找到 AppSetting 节点
        if (node.Name == "appSettings")
        {
            //遍历二级节点，自上而下开始读取
            foreach (XmlNode node2 in node.ChildNodes)
            {
                //读取本界面名并显示
                if (node2.Name == "formName")
                this.Text = node2.InnerText;
                //读取要连接的目标地址 HCIComTarget→target
                else if (node2.Name == "HCIComTarget")
            ……//以下代码省略
            }
        }
    }
```

（2）数据库操作

在 FrmMain 界面初始化中，主要的数据库表操作如下。

① 从 App.config 配置文件中读取远程数据库连接字符串，然后使用连接字符串创建数据库表的操作类 SQLCommand 的对象 sQLxxx，其中 xxx 为数据库表名。

② 对数据库 Up 表（上行帧记录表）中的数据条目数进行查询，如果数据条目数超过 1000 条，则对 Up 表进行清理，只保留最近的 500 条数据。

③ 根据从 AHL.xml 文件中读取的全局变量信息更新各数据库表的结构。

执行代码如下所示。

```
    //（5）数据库操作
        //（5.1）获取 App.config 文件中 AppSettings 域的数据库连接字符串
        string connectionString = System.Configuration;
        ConfigurationManager.AppSettings["connectionString"];
        this.toolStripUserOper.Text = connectionString; //状态栏显示
        this.Refresh();                                //显示刷新
        //（5.2）初始化数据库中的表（3 张表）
        sQLDevice = new SQLCommand(connectionString,"Device");//设备信息记录表
```

```
        sQLDown = new SQLCommand(connectionString, "Down");//下行帧记录表
        sQLUp = new SQLCommand(connectionString, "Up");   //上行帧记录表
    //（5.3）判断数据库是否能够正确连接，并删除多余数据
        int counts = sQLUp.count();
        if (counts < 0)
        {
            MessageBox.Show("未能成功连接数据库，请检查:
                     （1）DataBase 文件夹位置是否正确；" + "
                     （2）DataBase 文件夹中的文件是否对 user 用户有完全控制权限;
                     （3）VS 中是否有 SQL Server Data Tools",
                        "金葫芦友情提示（加载主界面时）：",
                        MessageBoxButtons.OK, MessageBoxIcon.Error);
            Application.Exit();
        }
        else if(counts>1000) //若超过 1000 行，则删除至 500 行【20180831】【修改】
        {
            sQLUp.deleteTopRow(counts - 500);
        }
    //（5.4）根据 g_frmStruct1 和 g_frmStruct0 更新 Up 表、Down 表、
            Device 表的字段结构
       updateDbColumns(sQLUp, g_frmStruct1);
       updateDbColumns(sQLDown, g_frmStruct1);
       updateDbColumns(sQLDevice, g_frmStruct0);
        ……//以下代码省略
```

（3）定时器“timer_FrmMain_1S”的定时事件

定时器 timer_FrmMain_1S 是 FrmMain 界面中定时时间为 1s 的定时器，定时事件注册函数为 timer_FrmMain_1S_Tick，FrmMain 界面在加载函数中打开了定时器 timer_FrmMain_1S 的计时，此后每秒都将执行一次 timer_FrmMain_1S_Tick 函数。

在执行函数 timer_FrmMain_1S_Tick 时，每秒都要读取一次当前计算机的系统时间并根据该系统时间更新 FrmMain 界面右下角状态栏中的显示时间；程序每 60s 检测一次本机是否联网，即通过 ping 百度获知目前的联网状态，执行代码如下所示。

```
private void timer_FrmMain_1S_Tick(object sender, EventArgs e)
{
    //（1）更新当前的系统时间
    this.toolStripStatusTime.Text = DateTime.Now.ToString
                                    ("yyyy-MM-dd HH:mm:ss");
    //（2）每 60s 检测一次本机是否联网，通过 ping 百度实现
    if (this.g_TimeSec % 60 == 0) testNet();
    this.g_TimeSec++;
}
```

testNet 函数的功能为获取当前的联网情况，程序会尝试连接 3 次并返回 flag 变量指示联

网情况，返回 true 表示成功，返回 false 表示失败。testNet 函数代码如下所示。

```
private bool testNet(){
    bool flag;
    flag=true;
    Ping p = new Ping();                    //创建 ping 对象
    for (n = 0; n <= 3; n++)
    {
        //ping 百度
        PingReply pr = p.Send("www.baidu.com");  //"180.97.33.108"
        if (pr.Status == IPStatus.Success) break;
        if (n == 3) flag = false;
    }
    return flag;
}
```

（4）加载实时数据界面

FrmMain 界面在初始化的最后会加载实时数据界面 **FrmRealtimeData**，界面加载代码段如下所示。执行 **mnuRealTimeData_Click** 函数可以实现界面的切换，该函数是（主界面菜单栏的）“实时”选项菜单中“实时数据”选项单击事件的执行函数。

```
//（7）加载实时数据界面运行
timer_1S.Enabled = true;                //1s 定时器启动
mnuRealTimeData_Click(sender, e);
```

mnuRealTimeData_Click 函数的代码如下所示，在加载实时数据界面 **FrmRealtimeData** 时，如果已经打开过一个实时数据界面，则不再另外创建新界面，而是重新显示该界面。

```
private void mnuRealTimeData_Click(object sender, EventArgs e)
{
    //若已打开过，则只须重新显示
    if (frmRealtimeData != null && frmRealtimeData.IsDisposed == false)
    {
    frmRealtimeData.Hide();             //置顶显示
    frmRealtimeData.Show();
    this.toolStripUserOper.Text = "运行状态：重新进入实时界面...";
    frmRealtimeData.Refresh();
    }
//否则创建新界面
    else
    {
    frmRealtimeData = new FrmRealtimeData(this);
```

```
        frmRealtimeData.MdiParent = this;
        frmRealtimeData.Show();
        }
    }
```

2. 实时数据界面的执行流程

FrmMain 的加载函数在最后打开了实时数据界面 FrmRealtimeData，自此 FrmMain 界面的初始化工作全部完成，随后程序将主动去执行界面 FrmRealtimeData 的成员初始化以及构造函数，FrmRealtimeData 界面的主动执行流程如图 5-3 所示。

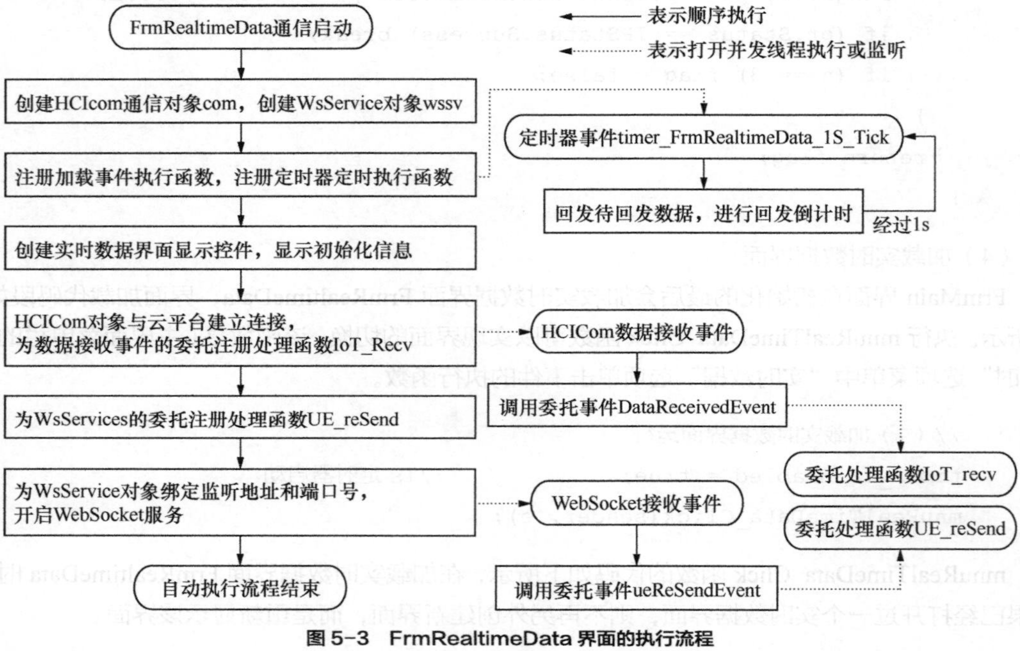

表示顺序执行
表示打开并发线程执行或监听
FrmRealtimeData通信启动
创建HCIcom通信对象com，创建WsService对象wssv
注册加载事件执行函数，注册定时器定时执行函数
创建实时数据界面显示控件，显示初始化信息
HCICom对象与云平台建立连接，
为数据接收事件的委托注册处理函数IoT_Recv
为WsServices的委托注册处理函数UE_reSend
为WsService对象绑定监听地址和端口号，
开启WebSocket服务
自动执行流程结束
定时器事件timer_FrmRealtimeData_1S_Tick
回发待回发数据，进行回发倒计时
经过1s
HCICom数据接收事件
调用委托事件DataReceivedEvent
委托处理函数IoT_recv
委托处理函数UE_reSend
WebSocket接收事件
调用委托事件ueReSendEvent

图 5-3 FrmRealtimeData 界面的执行流程

FrmRealtimeData 实时数据界面的功能介绍如下。

① 负责接收终端上传的实时数据，把实时数据帧的原始形式显示在文本框中。

② 解析接收到的原始数据帧，根据帧中的命令段，将它分解成有实际意义的数据并显示在界面中央的信息显示区。

③ 用户可以对信息显示区中实时数据的内容进行修改，但只能对彩色的文本框的内容进行修改，只能在新数据到达后 30s 内进行修改。

④ 单击“回发”按钮可将实时数据发给对应终端，并修改其配置。

（1）HCICom 接收事件

HCICom 类是侦听程序与上位机的通信类，在界面成员变量初始化时，声明并定义了一个 HCICom 对象 com，用于接收终端数据和向终端回发的数据，执行代码如下所示。

```
    public HCICom com = new HCICom();     //用于发送数据的通信对象
```

在实时界面加载函数中，会把从 AHL.xml 文件中读取到的预设 HCICom 连接方式和目标地址 frmMain.g_target 赋给 com 的成员变量 HCIComTarget。随后通过调用的 com 的 Init 方法，根据 HCIComTarget 的内容设置侦听方式和侦听目标地址端口，并打开数据接收事件，开始对终端实时数据进行监听，执行代码如下所示。

```
//（4）与云转发平台建立连接
com.HCIComTarget = frmMain.g_target;      //设置属性（目标地址及端口）
if (com.Init(frmMain.g_IMSI)!= 0)//将要侦听的 IMSI 码对应的数组 g_IMSI 作为实参
    frmMain.setToolStripConnectStatusText("与云转发平台建立连接失败!");
else
    frmMain.setToolStripConnectStatusText("与云转发平台建立连接成功!");
```

终端实时数据的到来会触发 HCICom 数据接收事件，HCICom 数据接收事件调用类 HCICom 委托事件 HCICom.DataReceived，继而调用委托注册的执行函数 IoT_recv。在 FrmRealtimeData 加载函数中，委托注册执行函数的代码如下所示。

```
com.DataReceivedEvent += new HCICom.DataReceived(IoT_recv);//注册委托
执行函数 IoT_recv
```

此后一旦有完整的终端数据到来，就会触发 HCICom 的数据接收事件并执行 IoT__recv 函数。IoT_recv 函数的执行流程如下。

① 判断接收数据缓冲区中是否有终端上传的数据可取，如果有，则将数据放入帧数据结构体 frameData 中，将 IMSI 码读取到 imsiRecv 并继续往下执行。

② 判断新数据的 IMSI 码是否在 activedIMSI 字典中，如果不在，则将 IMSI 码加入 activedIMSI 字典。

③ 触发设备配置界面的数据接收事件。

④ 判断新数据的命令帧格式，如果该命令帧格式与上一条命令帧的格式一致，则不需要创建新的显示界面控件；否则，调用“m_SyncContext.Post(createLabel, tmpFrmStruct)”语句来重新生成文本框等界面控件。

⑤ 解析接收到的新数据，并将其显示在实时数据界面中央的信息显示区。

⑥ 将解析后的数据写入数据库 Up 表中，同时检查数据库表数据的行数是否超过 1000，如果超过 1000，则对 Up 表进行清理，仅保留最近的 500 条数据。

⑦ 打开 WebSocket 服务器，将接收到的新数据在数据库中的行号及 IMSI 码广播给所有与该服务器建立连接的 WebSocket 客户端。

⑧ 使能“回发”按钮，设置允许回发时间 MaxTime 为 30s。

IoT_recv 函数执行代码如下所示。

```
public void IoT_recv()
{
    ……//此处省略变量定义及其初始化
    try
    {
    //（2）判断是否有数据可取，若无数据，则退出；若有数据，则将其
    //      读取到 imsiRecv、frameData 中
```

```
if (com.Read(ref imsiRecv, ref frameData) == false) goto IoT_recv_Err1;
……//此处省略，对应流程（1）
//并将本 IMSI 码加入“选择查询的 IMSI 码”列表中
if (!activedIMSI.ContainsKey(imsiRecv))
……//此处省略，对应流程（2）
 //（2.2）数据显示
 //（2.2.1）将接收到的字节数据显示在 textBox_recv 框中（十六进制）
 if (TextRecv.ForeColor == Color.Green)          //改变颜色
……//此处省略，对应流程（3）
//（2.3）触发设备配置界面的数据接收事件
if (DeviceDataEvent != null) DeviceDataEvent(imsiRecv, frameData);
……//此处省略，对应流程（4）
//若命令更换，则新建标签
 if (command != dTextbox[0].Text && m_SyncContext != null)
 {
   m_SyncContext.Post(createLabel,tmpFrmStruct); //重新创建标签
   ……//此处省略，对应流程（5）
   //（2.4）解析接收到的数据并将其显示在文本框中
   //把接收到的字节数组类型的数据转为结构体的成员变量
   tmpFrmStruct.byteToStruct(frameData);
   ……//此处省略，对应流程（6）
   //（2.5）将接收到的数据写入数据库的上行表 Up 中
   frmMain.setToolStripUserOperText("运行状态:正在写入数据库,请稍等···");
   ……//此处省略，对应流程（7）
   //（2.6）通知所有连接 WebSocket 服务的客户端有数据到来
   //（2.6.1）组成要发送的 JSON 数据
   JsonCommand jsonCommand = new JsonCommand();
   ……//此处省略，对应流程（8）
```

在终端发给 CS-Monitor 的数据中，前两个字节存储的是数据帧命令格式，CS-Monitor 通过该命令可判断一个数据是否为终端的配置数据或者信息帧。终端与 CS-Monitor 之间通信的命令及其含义如表 5-7 所示。

表 5-7　通信命令及其含义

命令	含义
A0	读取终端的所有信息
A1	读取终端的产品信息
A2	读取终端的服务器信息
A3	读取用户存入终端的信息
B0	更改终端中的所有信息

续表

命令	含义
B1	更改终端中的产品信息
B2	更改终端中的服务器信息
B3	更改用户存入终端的信息
U0	用户信息帧 0
U1	用户信息帧 1

其中，A0、A1、A2、A3、B0、B1、B2、B3 用于终端的配置数据，U0 和 U1 用于用户信息帧。

（2）开启 WebSocket 服务

WebSocket 服务是 Web 网页、手机 App、微信小程序等获取数据和服务的接口，是基于 TCP 的一种新的网络协议，它实现了浏览器与服务器全双工通信。通过使用 WebSocket 连接，可以很方便地实现服务端与 Web 网页、手机 App 和微信小程序等客户端的数据交互。

WebSocket 服务端可以与多个 WebSocket 客户端[1]建立通信，服务端可以向所有与之建立 WebSocket 通信的客户端发送数据。CS-Monitor 中封装了 WebSocket 服务器工具类 WsServices，用于创建 WebSocket 服务端对象。表 5-8 列举了 WsServices 类的主要方法与事件。

表 5-8　WsServices 类主要方法与事件

编号	函数名	类型	简介
1	start	方法	开启 WebSocket 服务端
2	close	方法	关闭 WebSocket 服务端
3	send	方法	向 WebSocket 客户端发送数据
4	OnOpen	事件	当 WebSocket 服务端建立网络连接时，触发该事件
5	OnClose	事件	当 WebSocket 服务端被关闭时，触发该事件
6	OnMessage	事件	当 WebSocket 服务端接收到客户端的数据时，触发该事件
7	OnError	事件	当 WebSocket 服务端网络连接出现错误时，触发该事件
8	UeReSend	委托	该委托的事件 ueReSendEvent 在 OnMessage 事件中被调用

在实时数据的界面加载过程中，为工具类 WsServices 的委托事件 ueReSendEvent 注册执行函数 UE_reSend 的代码如下所示。

```
//（6）开启 WebSocket 服务
//（6.1.1）为 WsServices 服务注册回发处理事件并初始化其 frmMain
WsServices.ueReSendEvent += new WsServices.UeReSend(UE_reSend);
WsServices.frmMain = this.frmMain;
```

WebSocket 客户端的回发数据到达 CS-Monitor 时将触发该委托事件，即调用 UE_reSend 函数。该函数的功能是将要回发的数据加入名为 reSendData 的 FrameData 字典中，定时器 timer_FrmRealtimeData_1S 会在允许时将 reSendData 数据回发至终端。UE_reSend 的功能代码如下所示。

```
public void UE_reSend(string imsi,FrameData frame)
{
```

① 此处的客户端指通过 WebSocket 方式连接至服务器的程序，如 Web 网页、手机 App、微信小程序等。

```
    //如果新数据的 IMSI 在字典里已存在旧数据，则将旧数据删除
    if (reSendData.ContainsKey(imsi))
    {
     reSendData.Remove(imsi);
     reSendData.Add(imsi, frame);
    }
}
```

在实时数据界面加载函数的最后，创建 WebSocket 服务端对象 wssv，设置该服务器的地址与端口号为 frmMain.g_wsTarget 的内容，设置该服务器的二级目录地址为 frmMain.g_wsDirection，最后启动 WebSocket 服务端。

```
//（6.1.2）开启 WS 服务，并使用 AHL.xml 文件【2.2】部分设置的地址、端口与目录
wssv = new WebSocketServer(frmMain.g_wsTarget);
wssv.AddWebSocketService<WsServices>(frmMain.g_wsDir);
wssv.Start();
```

上述过程只是实现了 WebSocket 通信的启动以及委托事件的注册，并未涉及通信过程，在 5.3.4 小节中将对 WebSocket 的通信细节以及通信流程进行详细的讲述。

（3）定时器 timer_FrmRealtimeData_1S 定时事件

实时数据界面构造函数中启动了定时器 timer_FrmRealtimeData_1S，其定时时间间隔为 1s，该定时器定时事件注册函数为 timer_FrmRealtimeData_1S_Tick。timer_FrmRealtimeData_1S_Tick 的主要执行流程如下。

① 遍历全局变量 activedIMSI（字典），删除其中连接超过 MaxTime 秒的 IMSI，因为如果时间超过 MaxTime 秒，终端会进行断电操作以降低功耗，此时回发数据将不会被终端接收。

② 若 reSendData 为 activedIMSI 中的某 IMSI 对应的数据，则回发该数据并将它存入 Down 表中。

③ 若 reSendData 中待回发的数据超过 100 条，则清除 reSendData 中的数据。

④ 更新“实时”标签页的状态条，显示回发倒计时，允许将回发时间 replyTime 减 1；当 replyTime 减至 0 时，将禁用“回发”按钮。

具体执行代码如下所示。

```
private void timer_FrmRealtimeData_1S_Tick(object sender, EventArgs e)
{
    //（1）遍历全局变量 activedIMSI（字典），删除其中链接超过 MaxTime 秒的 IMSI 码
    //  （因为终端超过 MaxTime 秒断电，不可回发数据），确保 activedIMSI 字典中
    //   为可回发的 IMSI 码，若 reSendData 中的数据可回发至终端，则回发，并将其存入
    //   下行表 Down 中
    for (int i = 0; i < activedIMSI.Count; i++) //遍历可回发的 IMSIactivedIMSI
    {
       string key = activedIMSI.ElementAt(i).Key;
       //若 reSendData 中有需要回发的 IMSI，则回发
```

```
        if (reSendData.ContainsKey(key))
        {
            com.Send(key, reSendData[key].structToByte()); //发送数据
            frmMain.sQLDown.insertFrame(reSendData[key]);
                                        //将该数据存入下行表 Down 中
            reSendData.Remove(key); //去除已发送的数据
        }
        if ((frmMain.g_TimeSec - activedIMSI.ElementAt(i).Value
         % ulong.MaxValue > (long)MaxTime))
            activedIMSI.Remove(key);
    }
    //（2）若待回发的数据超过 100 条，则删除
    if (reSendData.Count > 100)    reSendData.Clear();
    //（3）更新“实时”标签页的状态条，显示回发倒计时
    try
    {
        --replyTime;                        //允许回发时间减 1
        ……//此处代码省略
    }
    catch (System.Data.SqlClient.SqlException sqlEx)
    ……//此处代码省略
}
```

5.3.4 NB-IoT 应用架构的通信过程

WebSocket 服务器在被开启后将会保持对 WebSocket 客户端数据的侦听，当有客户端数据或请求时，将触发 WebSocket 服务端的 OnMessage 事件，并在该事件的执行函数中处理客户端的数据请求。如果客户端向服务端请求一条数据，则服务器会向客户端回发包含该数据的数据包，随后客户端将在其 OnMessage 事件中获取该数据包并进行应用；如果客户端回发的是它修改过的数据，则服务器会将该数据转发到这条数据对应的终端。以上所述是 WebSocket 通信的基础过程，读者对其加以了解即可。下面介绍 WebSocket 的具体通信细节。

1. WebSocket 通信格式

CS-Monitor 程序提供的 WebSocket 服务主要有：①实时数据通知；②实时/历史数据发送；③实时/历史数据回发。WebSocket 通信的数据采用 JSON 格式，5.3.1 小节对 JSON 格式的含义进行了详细的介绍，目前在 CS-Monitor 程序中应用过以下两种 JSON 数据格式。

数据格式 1：**command**（命令,string 类型）+**source**（发送方,string 类型）+**password**（密码,string 类型）+**value**（内容,string 类型）。

数据格式 2：**command**（命令,string 类型）+**source**（发送方,string 类型）+**dest**（接收方,string 类型）+**password**（密码,string 类型）+**currentRow**（当前帧,int 类型）+**totalRows**（总帧数,int 类型）+**data**（数据，List<FrameData.ParameterInfo>类型）。

其中，加粗的字段为键，括号中为值的内容和类型。

数据格式 1 通常用于服务器推送实时数据到来通知或客户端请求历史数据，故此格式不需要传递数据，所以不包含 data 字段；数据格式 2 通常用于服务端发送实时/历史数据或客户端回发实时/历史数据，故此格式包含 data 字段以传递实时或历史数据内容。在 JSON 数据格式中，command 字段决定了应用的场景。表 5-9 列举了服务端与客户端 WebSocket 通信中所使用的命令 command 与其对应数据格式和应用场景。

表 5-9 WebSocket 使用的命令格式与应用场景

编号	命令	对应格式	应用场景
1	recv	格式 1	服务端向客户端推送实时数据到来的通知
2	ask	格式 1	客户端向服务端请求实时数据或者历史数据
3	reAsk	格式 2	服务端向客户端发送实时数据或者历史数据
4	send	格式 2	客户端向服务端回发修改后的实时数据或者历史数据
5	shake	格式 1	客户端向服务端发送心跳包，保持 WebSocket 通信不断开

2. NB-IoT 应用架构数据传输流程

下面讲解终端、服务端与客户端之间实时数据的通信流程。图 5-4 所示为 NB-IoT 应用架构数据传输流程，其中，客户端是指运行 Web 网页、微信小程序、手机 App 和 CS-Client 程序的计算机，服务端是指运行 CS-Monitor 程序的计算机。

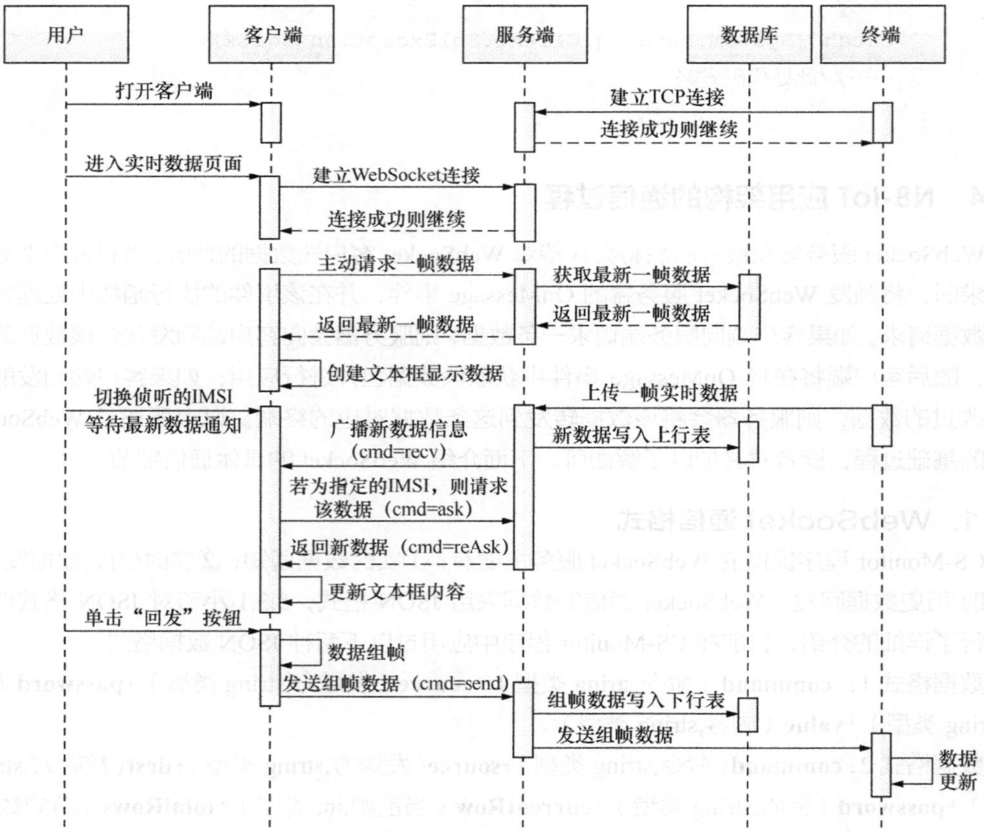

用户
客户端
服务端
数据库
终端
打开客户端
建立TCP连接
连接成功则继续
进入实时数据页面
建立WebSocket连接
连接成功则继续
主动请求一帧数据
获取最新一帧数据
返回最新一帧数据
返回最新一帧数据
创建文本框显示数据
切换侦听的IMSI
等待最新数据通知
上传一帧实时数据
广播新数据信息
(cmd=recv)
新数据写入上行表
若为指定的IMSI，则请求
该数据（cmd=ask）
返回新数据（cmd=reAsk）
更新文本框内容
单击“回发”按钮
数据组帧
发送组帧数据（cmd=send）
组帧数据写入下行表
发送组帧数据
数据
更新

图 5-4 NB-IoT 应用架构数据传输流程

（1）服务器推送通知：recv

当终端有实时数据到来时，会触发服务端的数据接收事件 IoT_recv（该函数位于 FrmRealtimeData.cs 中），在执行该事件的过程中，先组建 JSON 格式的数据包，令 JSON 包中 value 的内容等于当前数据库最后（最新）一行数据的行号。然后，通过 WebSocket 以广播的方式把实时数据到来这一通知推送出去，具体执行代码如下所示。

```
//（2.6）通知所有连接 WebSocket 服务的客户端有数据到来
//（2.6.1）组成要发送的 JSON 数据
JsonCommand jsonCommand = new JsonCommand();
jsonCommand.command = "recv";
jsonCommand.source = imsiRecv;
jsonCommand.password = "";
jsonCommand.value = rowNum.ToString();                    //JSON 数据 value
等于数据库最后一条数据对应的行号
JavaScriptSerializer javaScriptSerializer = new JavaScriptSerializer();
javaScriptSerializer.MaxJsonLength = Int32.MaxValue;  //取得最大数值
string dataString = javaScriptSerializer.Serialize(jsonCommand);
//（2.6.2）发送数据至连接 WS 服务的客户端
WebSocketServiceManager bb2 = wssv.WebSocketServices;
bb2.Broadcast(dataString);
```

假设 IMSI 码为 460113003130916 的终端设备发来了实时数据，并且该数据被存入数据库中的第 497 行，则 CS-Monitor 广播的 JSON 格式数据包内容如下所示。

```
{"command":"recv","source":"460113003130916","password":"","value":"497"}
```

（2）客户端请求数据：ask

在服务端的 WebSocket 服务成功启动之后，客户端即可通过 WebSocket 服务与服务端建立连接。因此，服务端广播一条实时数据到来的通知会触发客户端的数据接收事件 OnMessage，进而获取服务端广播的内容。客户端首先会判断该内容的 command 格式的合法性，若合法，则需要进一步判断该命令所对应的终端设备是否为客户端自己侦听的，如果不是，则舍弃此数据；如果是，则获取这条 JSON 数据。同时，如果 command 内容为“recv”，则组建 JSON 数据包，将新 JSON 数据包的 command 字段的内容修改为“ask”（表示请求这一条数据），新 JSON 数据的 value 字段为服务器发来 JSON 数据的 value 值（表示请求数据为服务端推送的那条数据）。JSON 数据包组建完毕后，使用 WebSocket 的 send 方法发送这条 JSON 数据。以客户端 CS-Client 为例，具体执行代码如下。

```
//（4.3）WebSocket 接收消息的事件
ws.OnMessage += (sender2, e2) =>
{
    ……//此处省略部分代码
//（4.3.2）判断 JSON 命令格式，进行相应操作
```

```
switch (json.command)
{
//接收到新数据
case "recv":
frmMain.NewestCount = int.Parse(json.value);
//通过 IMSI 码甄别信号是否属于被自己侦听的设备
if (frmMain.g_IMSI.Contains(json.source))
{
    try
    {
    rowCount = Convert.ToInt32(json.value);
    //用 Json.value 的值向侦听服务端请求数据
    if (rowCount != 0)
    this.Invoke(new EventHandler(delegate
    {
    JsonCommand askJson = new JsonCommand();
    askJson.command = "ask";
    askJson.source = "CS-Client";
    askJson.password = "";
    askJson.value = json.value;
    //JSON 字符串转为 JSON 对象
    var srAsk = new JavaScriptSerializer();  //实例化一个 JSON 对象
    string dataString = srAsk.Serialize(askJson);
    ws.Send(dataString);
    frmMain.cmd = 0; //当前正在请求一条实时数据
    }));
        }
        catch { }
}
break;
    ……//此处省略部分代码
}
```

如果 CS-Client 接收到步骤（1）发来的实时数据推送，则回发给服务端的 JSON 数据内容应如下所示。

```
{"command":"ask","source":"CS-Client","password":"","value":"497"}
```

（3）服务端发送数据：reAsk

当服务端获取到客户端的数据请求时，会触发消息事件 OnMessage。服务端在该事件的执行过程中，会先判断客户端请求数据行数的合法性，若合法，则在上行表 Up 中读出这条数据，并对数据的类型进行转换，然后将其存于JSON数据包的data字段中，最后将组建好的JSON数据发送出去，执行代码如下所示。

```
//判断接收到的JSON命令类型
switch (jsonRecv.command)
{
    //收到CS-Client、Web网页、App、微信小程序的数据请求命令
    case "ask":
    try
    {
        //（1）获得需要回发的数据表dr
        int currentRow = Convert.ToInt32(jsonRecv.value);
        int totalRows = frmMain.sQLUp.count();
        if (totalRows < currentRow) goto OnMessage_exit_error1;
        DataTable dt = frmMain.sQLUp.selectRow(currentRow);
        if (dt == null || dt.Rows.Count == 0)
        {
        answer.value = "NOT COMMAND 2";
        goto OnMessage_exit_error1;
        }
        DataRow dr = dt.Rows[0];
        //（2）通过dr获得结构数据对象tmpFrmStruct
        FrameData tmpFrmStruct = null;
        string cmd = dr["cmd"].ToString();
        if (frmMain.g_commandsFrame.ContainsKey(cmd))
        {
        tmpFrmStruct = frmMain.g_commandsFrame[cmd];
        }
        else
        return;
        tmpFrmStruct.dataRowToStruct(dr);
        //（3）实例并初始化要发送的JSON对象
        JsonCommand2 reData = new JsonCommand2();
        reData.command = "reAsk";
        reData.source = "CS-Monitor";
        reData.currentRow = currentRow;
        reData.totalRows = totalRows;
        reData.password = "";
        reData.data = tmpFrmStruct.Parameter;
        //（4）将JSON对象转换为JSON字符串
```

```
        string dataString3 = serializer.Serialize(reData);
        //（5）将数据发送出去
        Send(dataString3);
    }
    catch
    {
        answer.value = "NOT COMMAND 3";
        goto OnMessage_exit_error1;
    }
    break;
}
```

如果服务器响应客户端的数据请求，则发送的 JSON 数据格式应如下所示。


```
{"command":"reAsk","source":"CSMonitor","dest":null,"password":"","currentRow":497,"totalRows":497,"data": [{"type":"byte[2]","value":"U0","name":"cmd","size":2,"otherName":"命令", "wr":"read"},
{"type":"ushort","value":"7","name":"sn","size":2,"otherName":"帧号","wr":"read"},
……
{"type":"byte[15]","value":"460113003130916","name":"IMSI","size":15,"otherName":"IMSI码","wr":"read"},]}
```


（4）客户端回发数据：send

当服务端将实时数据发送之后，客户端会触发数据接收事件 OnMessage，获取实时数据，随即在实时数据界面中将其显示出来，并使能实时数据界面的“回发”按钮和重置回发时间。如果在允许回发的时间内单击“回发”按钮，则会触发回发事件。在回发事件执行过程中，客户端会将实时数据界面显示的内容组建成 JSON 数据包，然后通过 send 方法将其回发给服务器。以客户端 CS-Client 为例，执行代码如下所示。

```
private void BtnSend_Click(object sender, EventArgs e)
{

        FrameData frame = RealFrameDate.Clone();
        //（1）将文本框中的内容更新到结构体 frame 中
        ……//此处省略部分代码
        //（2）wsocket 回发
        try
        {
            JsonCommand2 sendJson = new JsonCommand2();
            sendJson.command = "send";
            sendJson.source = "CS-Client";
```

```
                sendJson.password = "";
                sendJson.dest = write_imsi;
                sendJson.data = frame.Parameter;
                //JSON 字符串转换为 JSON 对象
                var serializer = new JavaScriptSerializer();
                                                //实例化一个 JSON 对象
                string dataString = serializer.Serialize(sendJson);
                ws.Send(dataString);    //回发
            frmMain.setToolStripUserOperText("成功写入下行数据表中,并回发
给终端");
            }
            catch
            {
                frmMain.setToolStripUserOperText("写入下行表失败");
            }
            BtnSend.Enabled = false;  //设置"回发"按钮无效
            replyTime = 0;
        }
```

承接步骤（1）～（3），在回发事件中，回发的 JSON 数据格式应如下所示。

```
{"command":"send","dest":"460113003130916","source":"CS-Client",
 "password":"","data":[{"type":"byte[2]","value":"U0","name":
 "cmd","size":2,"otherName":"命令","wr":"read"},
{"type":"ushort","value":"7","name":"sn","size":2,"otherName":
 "帧号","wr":"read"},
……
{"type":"byte[25]","value":"460,000,5280,e46a","name":
 "lbs_location","size":25,"otherName":"LBS 定位信息","wr":"read"}]}
```

以上主要是对实时数据交互过程的流程分析，历史数据的交互实现与实时数据类似，而且历史数据的实现没有实时数据的复杂，所以只要充分理解了 WebSocket 服务器与客户端的实时数据交互过程，就能熟练掌握 CS-Monitor 编程模板的通信。

5.3.5 CS-Monitor 模板按键事件的解析

本小节将对一些典型的按键事件进行说明。

1. 实时数据界面“回发”单击事件

在实时数据界面 FrmRealtimeData 中，当用户编辑了一条实时数据的内容并单击“回发”按钮触发单击事件之后，CS-Monitor 程序将读取显示区域的文本框信息并将其存入 FrameData 结构体 frame 中，通过 HCICom 类的 send 方法将编辑的数据回发到对应的终端，执行代码如下所示。

```
private void BtnSend_Click(object sender, EventArgs e)
{
    ……//此处省略变量声明与初始化
    //（1）将文本框中的内容更新到结构体 frame 中
    for (i = 0; i < frame.Parameter.Count; i++)
    {
        if (frame.Parameter[i].name.ToString() == "IMSI")
            imsi = dTextbox[i].Text.ToString();  //读出要发送的 IMSI 码
        if (frame.Parameter[i].name.ToString() == "currentTime")
        {
            System.DateTime startTime = TimeZone.
                  CurrentTimeZone. ToLocalTime //获取时间基准
            (new System.DateTime(1970, 1, 1));
            ulong temp = (ulong)
            (System.DateTime.Now.AddHours(8) - startTime).TotalSeconds;
            frame.Parameter[i].value = temp.ToString();
                                            //更新当前时间与基准时间的差值
        }
    ……//此处代码省略
    }
    //（2）将结构体 frame 中的内容组帧为字节数组，并存入 data 中
    byte[] data = frame.structToByte();//将结构体 frame 中的内容放入字节数组 data
    //（3）发送数据
    if (com.Send(imsi, data) != 0) //若发送数据失败
    {
        MessageBox.Show("与云服务器转发程序断开连接，请检查网络!! ",
            "金葫芦友情提示（“回发”按钮）：", MessageBoxButtons.OK,
            Message BoxIcon.Error);
        Application.Exit();
    }
    ……//此处代码省略
}
```

2. 历史数据界面“最新一帧”按钮单击事件

历史数据界面 FrmHistoryData 的数据操作包括查询最新一帧、查询最早一帧、查询上一帧、查询下一帧、删除本帧与清空数据库等。在此只介绍查询最新一帧的实现方法，其余数据库操作的实现过程与之类似。在“最新一帧”按钮单击事件中，首先获取 IMSI 下拉框的值，用该值决定调用 SQLCommand 的 select 方法或 selectNeed 方法，前者将获取数据库表 Up 的所有数据，后者只会获取对应 IMSI 的 Up 表的全部数据，系统将显示其中的

第 rowCount 条数据，此时需要显示最新数据，故 rowCount 等于数据库 Up 表的数据条目数；最后调用 updateDLibText()方法，在历史数据文本显示框中显示第 rowCount 条数据的内容，执行代码如下所示。

```
private void BtnNewFrm_Click(object sender, EventArgs e)
{
    //（1）获得选中的 IMSI
    string imsi = ComboBoxSearchIMSI.SelectedItem.ToString();
    //（2）更新当前的数据表
    if (imsi == "全部")
    dt = frmMain.sQLUp.select();    //获得历史数据表
    else
    dt = frmMain.sQLUp.selectNeed("IMSI",imsi);
    //（3）更新当前显示的记录为最新一帧，并更新总记录帧数
    rowCount = dt.Rows.Count;
    rowCountSum = rowCount;
        //（4）更新文本框显示
        updateDLibText();
}
```

3. 设备配置界面“确认命令”单击事件

终端的实时数据携带了其配置信息，可在设备配置界面 FrmDeviceConfig 里获得该配置信息，对配置信息进行修改。修改并单击“确认命令”按钮之后，将按照界面下方下拉框 cBox_command 选定的命令格式来组建 FrameData 对象，该对象的内容对应信息文本框中的内容，即新的配置信息。在组建完成之后，会通过 HCICom 的 send 方法将配置信息发送出去，对应的 IMSI 码设备会在获取到该数据时更改其配置信息，执行代码如下所示。

```
private void btn_confirmCommand_Click(object sender, EventArgs e)
{
   byte[] sendData = null;
   string cmd = dTextbox[0].Text;   //保存命令信息
   switch (cmd)
   {
     case "A0":                     //若为读取命令
     ……//此处省略部分代码
     case "B0":                     //若为更改所有信息命令
      for (int i = 0; i < dTextbox.Length; i++)
          frameDeviceAll.Parameter[i].value = dTextbox[i].Text;
      sendData = frameDeviceAll.structToByte(); break;
```

```
    ……//此处省略其他命令类型
    //向终端回发配置信息
      if (cBox_IMSI.SelectedItem.ToString() == "all")
      {
        for (int i = 1; i < cBox_IMSI.Items.Count; i++)
        {
    if (this.frmMain.frmRealtimeData.com.Send(cBox_IMSI.Items[i].
      ToString(), sendData) != 0)
      this.frmMain.setToolStripConnectStatusText ("数据发送失败");
        }
      }
    ……//此处省略部分代码
    }
}
```

5.4 CS-Monitor 通信接口类 HCICom

NB-IoT 可以应用于燃气表、电子牌、交通灯等各类项目，这些 NB-IoT 项目的传输方式都是相同的。因此，这些项目中的网络通信层也应当是通用的，HCICom 类就是按照这种思想设计出来的。它被抽象出来，以与各类项目的烦琐细节脱离，只留下与数据传输相关的内容，具有项目间易复用、易移植的特点。

HCICom 类对外的接口与传输方式无关。对于侦听程序乃至 HCI 的开发者而言，HCICom 类的存在使他们不再需要与信息邮局打交道，而只需要学会 HCICom 类的使用方法，就可以完成数据的上行与下行传输。当把项目更改为非 NB-IoT 项目，即更改传输方式时，只需要编写一个与现有 HCICom 类对外接口一致的类替换它，便可以在上层的程序中屏蔽掉这种更改，使上层程序具有跨传输方式通用的特点。

5.4.1 HCICom 类的设计要点

HCICom 类是 HCI 和信息邮局间的一个通信接口类，是 HCI 对外沟通的桥梁，其主要功能是建立连接、完成数据的发送和接收。HCICom 类与底层 UECom 构件配合，实现了终端与上层 HCI 之间的数据交互。设计 HCICom 类时，应当综合考虑其易用性、可移植性和可复用性，屏蔽通信协议（如 TCP、UDP、HTTP 等）的差异，对外提供最简单、最直接的接口参数。因此，HCICom 类的设计应围绕使用方便、数据完整性、安全性、交互性、多通道等 5 个方面进行。

1. 使用方便

HCICom 类工作在服务器端的侦听程序以及客户端程序中。在服务器端的主要工作有：①侦听来自客户端的连接请求；②为每个连接请求开启一个新的数据通道；③对每个数据通道的数据进行接收、解析以及相关数据发送等操作。在客户端的主要工作有：①向服务器端（IP地址和端口已知）发起连接请求；②成功建立连接之后，在建立的数据通道上进行数据的发送、解析以及接收等操作。

因此，设计时要考虑上述两个工作场景，为屏蔽两者之间差异，封装中间的过程，对外提供连接的目标地址，以及初始化、接收与发送数据等提供调用方法。

2. 数据完整性

与 UECom 构件相对应，在 HCI 的 HCICom 类中同样使用了帧结构，对数据进行自封自解，与用户编程无关。同时，为了配合 UECom 构件，保证数据传输的正确性和完整性，在该类中同样采用了 CRC16 检验。

3. 安全性

在安全性方面，HCICom 类与 UECom 构件相配合，形成了应用层的“自我加密，自我解密”：上行时，UECom 构件将传入的用户数据加密，HCICom 类在收到密文并解密后将其交给应用层；下行时则相反，通过构件层及应用层两层加密机制，再加上信息邮局的加密，进一步增强数据传输的安全性。

4. 交互性

由于不知道连接请求或数据什么时候会从外部传输过来，若循环等待，则将导致大量时间的浪费，会大大降低程序的交互性。因此，需要采用异步通信方式。

异步接收：开启异步接收之后，当接收到指定字节的数据后，接收回调操作（Receive CallBack）将被执行。在接收回调操作中，将结束本次接收，解析接收到的数据，并将解析得到的数据帧和 IMSI 码放到数据缓冲区，更新或添加通信列表，然后继续进行异步接收。

异步监（侦）听：服务器端开启监听之后，当接收到连接请求时，侦听回调操作（AcceptCallBack）将被执行。侦听回调操作将会结束本次监听，并获得客户端的连接，然后开启对新的客户端连接的异步接收，并重新开始侦听。

5. 多通道

在 NB-IoT 系统中，国际移动用户识别码是区别终端的唯一标志，其总长度不超过 15 位。使用者只须知道设备的 IMSI 码，就可以将数据发送到对应的设备上。而在多个客户端监听同一个终端时，会出现一个 IMSI 码与多个数据通道相对应的情况，因此采用了一个 IMSI 码与 Socket 相对应的结构体，结构体中包含一个 IMSI 码和一个 Socket 的列表。当有侦听同一 IMSI 码的客户端加入时，相应结构体中的 Socket 列表便会更新，并在发送数据时，会根据 IMSI 码把数据发给所有对应的 Socket 接口。

5.4.2 HCICom 类的属性、方法和事件

通过 5.4.1 小节对 HCICom 类设计要点的分析可知，HCICom 类可提供一定的对外属性、方法和事件，利用这些方法可以实现 PC 的数据接收与发送。

1. HCICom 类的对外属性

在面向对象的编程中，属性用于提供对对象或类的特性的访问权限。在 HCICom 类中，

对外属性有 2 个：HCIComTarget（连接方式和连接目标地址）和 recvCount（接收到的数据帧数，只读属性）。对于不同的连接方式，HCIComTarget 对应的字符串不一致，如果用于侦听本地端口，则对应字符串为“local:端口号”；如果用于侦听服务器端口，则对应字符串为“ip 地址:端口号”。

```
//（1）对外属性
//（1.1）连接方式和连接的目标地址
//例如：监听本地的 35000 端口时  "local:35000"
//监听 116.62.63.164 的 35000 号端口时  " 116.62.63.164:35000"
public string HCIComTarget;
//（1.2）存储接收到的数据帧数，并将其设置为只读属性
public long recvCount { get; private set; }
```

2. HCICom 类的对外方法

在面向对象的编程中，方法是指可以由对象或类执行的计算或操作的成员。HCICom 类的对外方法有 3 个：Init（HCICom 类的初始化），Read（读取缓冲区的一帧数据），Send（发送数据）。借助这些方法可以建立通信连接、读取数据和发送操作。

```
//（2）对外方法
//（2.1）Init================================================================
//<summary>
//方法名称：Init
//功能概要：初始化 HCICom，载入属性值，并根据传入的 IMSI 码建立通信连接
//内部调用：BeginAccept BeginConnect
//</summary>
//<param name="IMSI">存储 IMSI 码的 string 数组</param>
//<returns>0——初始化成功；1——不支持此种通信方式；2——目标地址错误；
//            3——监听目标地址失败；4——连接服务器失败
//</returns>
//==========================================================================
public int Init(string[] IMSI);
//（2.2）Read================================================================
//<summary>
//方法名称：Read
//功能概要：读出缓冲区中的一帧数据，并通过传入参数传出
//建议在接收事件中调用
//内部调用：无
//</summary>
//<param name="imsi">发送本条数据的终端 IMSI</param>
//<param name="buffer">本条数据的内容</param>
//<returns>true——读取成功；false——接收缓冲区为空</returns>
```

```
//=====================================================================
public bool Read(ref string imsi, ref byte[] buffer);
//（2.3）Send==========================================================
//<summary>
//方法名称：Send
//功能概要：发送操作
//内部调用：内部函数 SendCallBack
//</summary>
//<param name="imsi">本条数据将要发送至的终端 IMSI</param>
//<param name="data">待发送的数据内容</param>
//<returns>0——发送成功；1——发送失败
//</returns>
// ====================================================================
public int Send(string imsi, byte[] data);
```

3. HCICom 类的对外事件

事件是使对象或类能够提供通知的成员。HCICom 类中设置了一个对外事件 DataReceivedEvent（数据接收事件）。类通过提供事件声明来定义事件，这类似于字段声明，但类增加了 event 关键字和一组可选的事件访问器，并且此声明的类型必须先被定义为委托类型。此处定义的事件用于接收数据，使用时与具体方法进行绑定，即可在触发事件时执行对应的函数方法。

```
//（3）对外事件
//（3.1）recv==========================================================
//<summary>
//方法名称：DataReceived
//功能概要：数据接收委托函数
//内部调用：无
//</summary>
//=====================================================================
public delegate void DataReceived();
public event DataReceived DataReceivedEvent;      //数据接收事件
```

5.4.3 HCICom 类的使用方法

1. HCICom 类基本使用步骤

云侦听程序需要依赖 HCICom 类的方法，下面介绍 HCICom 类的基本使用步骤。

（1）初始化 HCICom 类

载入属性值，设置侦听的 IP 地址和端口，并根据传入的 IMSI 码建立通信连接。

（2）读出缓冲区数据

在数据接收事件中，读出缓冲区中的一帧数据，并通过传入参数传出。

（3）发送数据

根据侦听方式，将组帧好的数据发送给终端设备或客户端。

2. HCICom 类的基本使用步骤样例

下面介绍 HCICom 类的一个使用样例，此样例用于实现基于 HCICom 类的发送与接收过程。

（1）初始化 HCICom 类的对象

创建一个 HCICom 类的对象，设置目标地址及端口，并初始化该对象。

```
HCICom com = new HCICom();  //创建 HCICom 的一个对象 com
com.HCIComTarget = "local:35000";
                            //设置属性（目标地址及端口），此处为本地侦听方式
com.Init(null);             //初始化对象
```

（2）读取缓冲区数据

调用注册接收处理函数 IoT_recv，在该事件处理函数中可读出接收到的数据。

```
com.DataReceivedEvent += new HCICom.DataReceived(IoT_recv);
                                       //注册接收处理函数 IoT_recv
com.Read(ref imsiRecv, ref frameData); //读出接收到的数据
```

（3）发送数据

若本样例采用本地侦听方式，则表示云侦听程序在调用该方法，程序需要查找所有侦听着该 IMSI 码的终端设备，并向它们发送数据帧。

```
com.send(imsiRecv, frameData);         //将接收到的数据原样返回
```

3. HCICom 类的基本使用样例代码

基于上述 HCICom 类的对外属性方法和事件，下面介绍 HCICom 类的一个使用样例，此样例可对目标地址进行侦听，实现对数据的接收以及原样返回。

```
HCICom com = new HCICom();        //创建 HCICom 的一个对象 com
com.HCIComTarget = "local:35000"; //设置属性（目标地址及端口），此处为监听本地
com.Init(null);                   //初始化对象
com.DataReceivedEvent += new HCICom.DataReceived(IoT_recv);
                                  //注册接收处理函数 IoT_recv
void IoT_recv()
{
    String imsiRecv, frameData;            //创建用来接收的字符串对象
    com.Read(ref imsiRecv, ref frameData); //读出接收到的数据
    com.send(imsiRecv, frameData);         //将接收到的数据原样返回
}
```

5.5 数据入库过程

终端上行的数据必须有合适的存储空间，以便后期使用，HCI 下行的数据也需要一个中转处，这些工作需要使用数据库来完成。在计算机体系中，数据库的形式多种多样，本书选择 Microsoft SQL Server 数据库来存储 NB-IoT 系统数据。

5.5.1 查看数据库与表的简单方法

数据被存放在数据库文件 AHL-IoT.mdf 中，该文件处于电子资源“…\04-Soft\ch04-1\DataBase”文件夹内，该文件夹内还有另一文件 AHL-IoT_log.ldf，它是自动生成的日志文件。

AHL-IoT.mdf 内含有几张数据表，每张数据表都由行和列组成，每列称为一个字段，每行称为一个记录，在 C#开发环境中简单地查看数据库与表的内容的步骤如下。

（1）打开工程

双击“…\04-Soft\ ch04-1\CS-Monitor\AHL-IoT.sln” C#解决方案文件，进入 Visual Studio 2019 开发环境，并打开 CS-Monitor.csproj 工程。

（2）利用“解决方案资源管理器”查看程序

若未出现“解决方案资源管理器”窗口，则可单击“视图”→“解决方案资源管理器”，显示“解决方案资源管理器”窗口，如图 5-5 所示。

（3）查看数据库

可以利用“服务器资源管理器”查看数据库。单击“视图”→“服务器资源管理器”，在弹出的“服务器资源管理器”窗口中右击“数据连接”，在弹出的菜单中单击“添加连接”，出现图 5-6 所示的“添加连接”对话框。将“数据源”改为“Microsoft SQL Server 数据库文件”，单击“浏览”按钮，根据工程路径选择需要查看的数据库文件“AHL-IoT.mdf”后，单击“测试连接”，此时会弹出“测试连接成功”对话框，单击“确定”按钮可退出该“测试连接成功”对话框，然后单击“添加连接”对话框下部的“确定”按钮。此时“服务器资源管理器”对话框中的“数据连接”下会出现“AHL-LoT.mdf”，这就是我们要查看的数据库。

（4）查看数据库内的表

单击“AHL-LoT.mdf”前的小箭头“▷”，出现“▷ 表 ▷”等栏目，再单击“表”前的小箭头“▷”，即可展开表所含的内容，如图 5-7 所示。

此时可以看到 AHL-IoT 所含的 3 张表的名字分别为 Device（设备信息表）、Down（下行数据表）、Up（上行数据表）。

以查看数据表 Up 为例。右击“Up”，在弹出的菜单中选择“显示表数据”，即可显示“Up”的数据。

也可以采用结构化查询语言（SQL）进行查询，步骤如下：右键单击“Up”，在弹出的菜单中选择“新建查询”，在弹出的对话框中输入“select * from Up”，单击弹出的对话框左上角的▶按钮，执行 SQL 语句，即可实现数据查询。

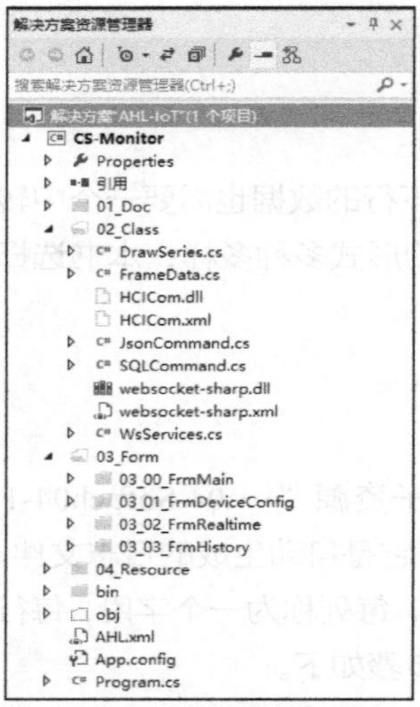
解决方案资源管理器
搜索解决方案资源管理器(Ctrl+;)
解决方案"AHL-IoT"(1 个项目)
CS-Monitor
Properties
引用
01_Doc
02_Class
DrawSeries.cs
FrameData.cs
HCICom.dll
HCICom.xml
JsonCommand.cs
SQLCommand.cs
websocket-sharp.dll
websocket-sharp.xml
WsServices.cs
03_Form
03_00_FrmMain
03_01_FrmDeviceConfig
03_02_FrmRealtime
03_03_FrmHistory
04_Resource
bin
obj
AHL.xml
App.config
Program.cs

图 5-5 解决方案资源管理器

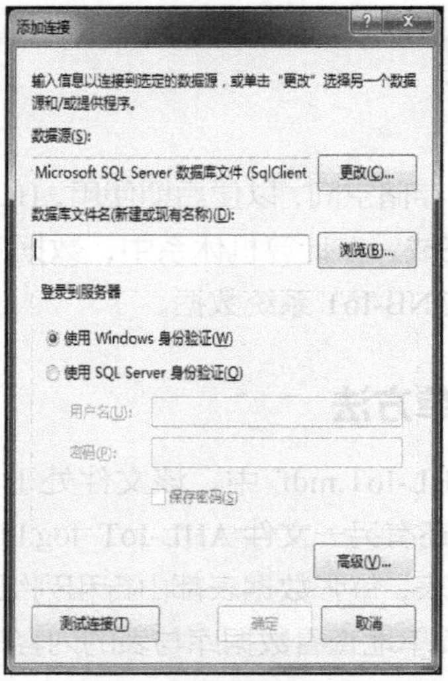
添加连接
输入信息以连接到选定的数据源，或单击"更改"选择另一个数据源和/或提供程序。
数据源(S):
Microsoft SQL Server 数据库文件 (SqlClient
更改(C)...
数据库文件名(新建或现有名称)(D):
浏览(B)...
登录到服务器
使用 Windows 身份验证(W)
使用 SQL Server 身份验证(Q)
用户名(U):
密码(P):
保存密码(S)
高级(V)...
测试连接(T)
确定
取消

图 5-6 "添加连接"对话框

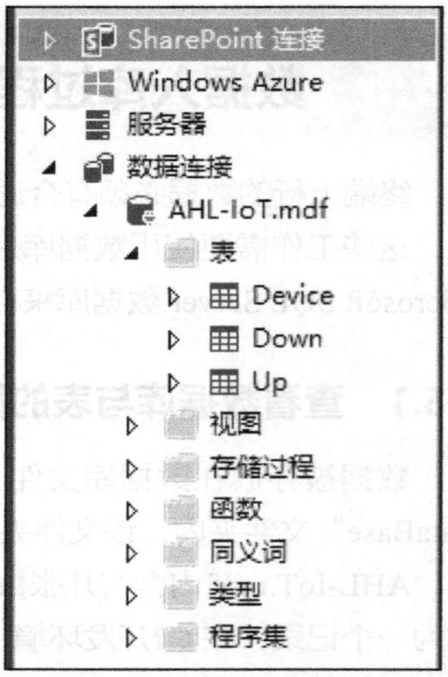
SharePoint 连接
Windows Azure
服务器
数据连接
AHL-IoT.mdf
表
Device
Down
Up
视图
存储过程
函数
同义词
类型
程序集

图 5-7 AHL-IoT 数据库所含的表

5.5.2 各数据表的用途

如前所述，"金葫芦"框架中的数据库共包含 3 张表，分别是设备信息表（Device）、上行数据表（Up）、下行数据表（Down）。下面简要阐述这些表的结构和基本功能。

1. 设备信息表

设备信息表用于存储终端设备的配置信息，一个设备对应一条记录，只保存最新信息，不保存更改的信息，主要记录存储于 GEC 内 Flash 存储体中的与设备配置相关的信息。设备信息表中包含的属性及其含义如表 5-10 所示。

表 5-10 设备信息表

属性名	数据类型	数据含义	备注
ID	int	主键	每增加 1 条数据自动加 1
equipName	nvarchar(50)	产品名称	
equipID	nvarchar(50)	产品序列号	
equipType	nvarchar(50)	产品型号	
vendor	nvarchar(50)	生产厂家	
softVer	nvarchar(50)	版本号	
productTime	nvarchar(50)	生产时间	
userName	nvarchar(50)	用户名	
phone	nvarchar(50)	手机号	
serverIP	nvarchar(50)	服务器 IP	
serverPort	nvarchar(50)	服务器端口号	
sendFrequencySec	nvarchar(50)	上传间隔	
resetCount	nvarchar(50)	复位次数	
cmd	nvarchar(20)	识别命令	
frameCmd	nvarchar(20)	帧格式命令	

2. 上行数据表

上行数据表用于存储所有的上行数据，该表可存储多种格式的数据。例如，所有帧格式的数据，通过命令可确定真正有用的字段。该表包含的字段及其含义如表 5-11 所示。

表 5-11　上行数据表

字段名	数据类型	数据含义	备注
ID	int	主键	每增加 1 条数据自动加 1
sn	nvarchar(20)	帧号	
IMSI	varchar(500)	IMSI 码	
serverIP	varchar(500)	服务器 IP	
serverPort	varchar(500)	服务器端口	
currentTime	nvarchar(80)	发送时间	
resetCount	varchar(500)	复位次数	
sendFrequencySec	nvarchar(40)	上传间隔	
userName	varchar(500)	用户名	
softVer	varchar(500)	版本号	
equipName	nvarchar(300)	产品名称	
equipID	nvarchar(200)	产品序列号	
equipType	nvarchar(200)	产品类型	
vendor	varchar(500)	模板提供	
mcuTemp	nvarchar(40)	芯片温度	
phone	nvarchar(110)	手机号	
IMEI	varchar(500)	IMEI 码	
signalPower	varchar(500)	信号强度	
touchNum	nvarchar(20)	TSI 次数	
lbs_location	nvarchar(250)	LBS 定位	

3. 下行数据表

下行数据表用于存储所有的下行数据，该表也可存储多种格式的数据。例如，所有帧格式的数据，通过命令可确定真正有用的字段。该表的结构与上行数据表一致，所包含的字段及其含义如表 5-11 表示。

5.5.3 操作数据库的基本编程方法

为了方便读者操作数据库，本书给出的模板程序中包含了封装好数据库的操作类 SQLCommand，通过使用该类可完成大部分的数据库操作。本小节以查询 Device 表为例说明其使用方法。

1. 获取数据库连接字符串

在 CS-Monitor 程序的 App.config 文件中，AppSettings 域提前存放好了数据库连接字符串。

```
string connectionString = System.Configuration.
ConfigurationManager.AppSettings["connectionString"];
```

2. 创建数据库操纵对象

```
SQLCommand sqlDevice = new SQLCommand(connectionString, " Device ");
```

connectionString 为数据库连接字符串，可参照样例工程进行书写，也可自行搜索资料。

3. 对数据库中表的基本操作

（1）在数据表中新增一行数据

```
sqlDevice.insert(column,value);
```

（2）删除数据表中的一行数据

```
sqlDevice.deleteNeed(column,value);
```

（3）修改数据表中的一行数据

```
sqlDevice.update(ID,column,value);
```

（4）查询数据表中的所有数据

```
DataTable  dt = sqlDevice.select();  //将查询结果存入 dt 对象中
```

至此，完成了查询数据表的操作，对于参数的详细说明及其他方法请参考类的说明文件。

5.6 实验 5：终端数据通过 NB-IoT 通信存入数据库

1. 实验目的

（1）系统地理解终端与 CS-Monitor 通信的过程。

（2）基本掌握 UECom 和 HCICom 的使用方法。

（3）初步掌握数据库的基本操作。

2. 实验准备

（1）硬件部分。PC 或笔记本计算机一台、开发套件一套。

（2）软件部分。根据电子资源“…\02-Doc”文件夹下的电子版快速指南，下载合适的电子资源。

（3）软件环境。按照“附录 B AHL-GEC-IDE 安装及基本使用指南”，进行有关软件工具的安装。

3. 实验过程或要求

（1）验证性实验

① 复制模板工程并重命名。将模板工程“…\04-Soft\ch04-1”文件夹下的终端程序、云侦听程序和 DataBase 复制到自己的工作文件夹中，并将其名称改为自己确定的工程名，用 AHL-GEC-IDE 导入并编译工程。

② 下载并运行，步骤如下。

步骤一，连接硬件。用 TTL-USB 线（Micro 口）连接 GEC 底板上的“MicroUSB”串口与计算机的 USB 口。

步骤二，连接软件。单击“下载”→“串口更新”，将进入“界面更新”界面。单击“连接 GEC”查找到目标 GEC，则提示“成功连接……”。

步骤三，下载机器码。单击“选择文件”按钮导入被编译工程目录下 Debug 中的.hex 文件（看准生成时间，确认是自己现在编译的程序），然后单击“一键自动更新”按钮，等待程序自动更新完成。

此时程序自动运行了。若遇到问题，则可参阅开发套件纸质版导引“常见错误及解决方法”一节，也可参阅电子资源“…\02-Doc”文件夹中的快速指南进行解决。

③ 观察运行结果。参照 4.3.2 小节直接运行 CS-Monitor 模板，单击菜单栏下的“历史(H)”，对应的历史数据界面会显示终端发送过来的最新一帧数据，如图 5-8 所示。参照 5.5.1 小节查看数据库表，输入数据库查询语句，在查询结果中可以找到终端发送过来的最新一帧数据，如图 5-9 所示。

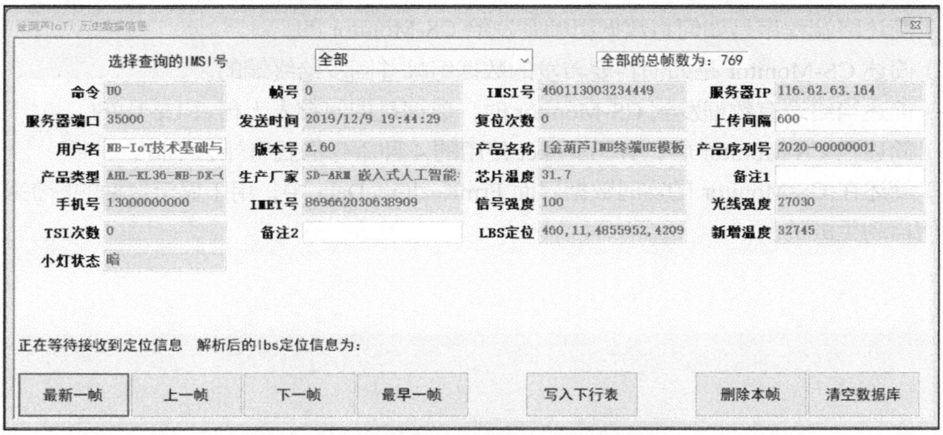
选择查询的IMSI号
全部
全部的总帧数为：769
命令 U0
帧号 0
IMSI号 460113003234449
服务器IP 116.62.63.164
服务器端口 35000
发送时间 2019/12/9 19:44:29
复位次数 0
上传间隔 600
用户名 NB-IoT技术基础与
版本号 A.60
产品名称 [金葫芦]NB终端UE模板
产品序列号 2020-00000001
产品类型 AHL-KL36-NB-DX-(
生产厂家 SD-ARM 嵌入式人工智能
芯片温度 31.7
备注1
手机号 13000000000
IMEI号 869662030638909
信号强度 100
光线强度 27030
TSI次数 0
备注2
LBS定位 460,11,4855952,4209
新增温度 32745
小灯状态 暗
正在等待接收到定位信息　解析后的lbs定位信息为：
最新一帧
上一帧
下一帧
最早一帧
写入下行表
删除本帧
清空数据库

图 5-8　历史数据界面显示最新一帧数据

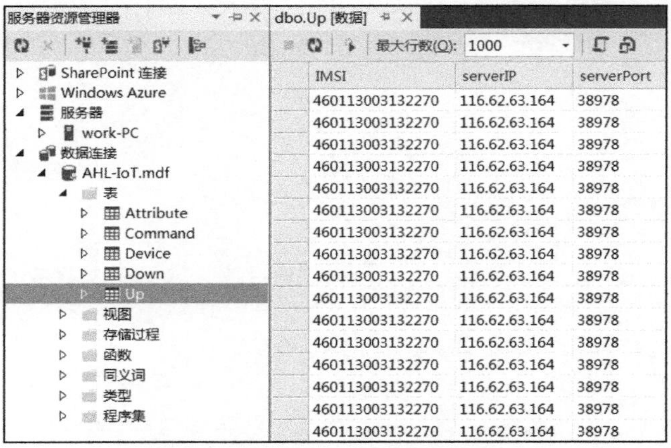
服务器资源管理器
dbo.Up [数据]
最大行数(O): 1000
SharePoint 连接
Windows Azure
服务器
work-PC
数据连接
AHL-IoT.mdf
表
Attribute
Command
Device
Down
Up
视图
存储过程
函数
同义词
类型
程序集
IMSI
serverIP
serverPort
460113003132270
116.62.63.164
38978

图 5-9　上行表 Up 中部分字段的数据

（2）设计性实验

自行编程实现将用户名改成自己的名字或将手机号改成自己的学号，并自行通过历史数据界面或数据库表查询方式查看对应数据是否正确。

4．实验报告要求

（1）用适当文字、图表描述实验过程。

（2）用 200～300 字写出实验体会。

（3）在实验报告中完成实践性问答题。

5．实践性问答题

（1）若将 CS-Monitor 的用户名显示的文本框数据底色变为绿色，则对应的源代码应如何修改？

（2）若通过“A0”识别命令发送数据，则对应的 CS-Monitor 显示的内容以及数据表是怎样的？

5.7 习题

（1）简述终端程序是如何将数据组帧并发给 CS-Monitor 的。

（2）简述 CS-Monitor 是如何将要转发的数据组帧并回发给终端的。

（3）简述当终端有数据发到 CS-Monitor 时，数据是如何存入上行表 Up 中的。

（4）简述在 CS-Monitor 中，WebSocket 使用的 4 种命令格式有什么不同。

（5）简述在 CS-Monitor 的实时数据界面 FrmRealtimeData 中，用于显示数据的标签和文本框是如何自动生成的。

chapter 06

通过 Web 网页访问数据

Web 网页程序是一种可以通过浏览器访问的应用程序，其最大的优点是便于访问，用户只需要一台已经联网的计算机即可通过 Web 浏览器进行访问，不需要安装其他软件。通过 Web 网页访问 NB-IoT 终端，获取终端数据，实现对终端的干预，是 NB-IoT 应用开发的重要一环，也是 NB-IoT 应用开发生态体系中的一个重要知识点。本章的 6.1 节主要介绍用户如何运行 Web 网页观察自己的终端数据；6.2 节分析创建网站的要素并讲述如何利用 NB-Web 网页模板设计一个自己的 Web 网页；6.3 节介绍网页模板的具体功能的实现以及 Web 网页与服务器的通信过程。

6.1 运行 Web 模板观察自己终端的数据

读者首先按照 4.2.2 小节所介绍的内容搭建自己的临时服务器，然后启动 FRP 客户端，运行云侦听模板程序（即“…\04-Soft\ch04-1\CS-Monitor”），最后启动终端模板程序（即“…\04-Soft\ch04-1\User_NB”），并进行以下操作。

1. 修改 Web.config 的配置

打开电子资源“…\04-Soft\ch06-1\AHL-NB-Web\US-Web.sln”，将配置文件 Web.config 中的 value 值（即 WebSocket 服务器地址）修改为“ws://116.62.63.164:35001/wsServices”。

```
<!--更改此处的 value 值为苏大云服务器 IP 地址和端口号-->
<add key="connectionPathString" value="ws://116.62.63.164:35001/
wsServices"/>
```

2. 观察 NB-IoT 终端实时数据

单击顶部菜单“启动”可运行该工程，出现图 6-1 所示的网页。也可更改默认的浏览器，单击“启动”菜单右侧的下拉箭头，选择“使用以下工具浏览”，此时会弹出一个对话框，在该对话框右侧选择常用的浏览器，并单击右侧的“设为默认值”按钮，接着单击“浏览”按钮，即可完成更改。进入首页之后单击“实时数据”菜单，可以显示终端的实时数据，若观察到“实时数据”界面中的 IMSI 码与终端的 IMSI 码一致（设终端的 IMSI 码为 460113003239817），则表示此时网页上的数据确实是终端的数据；若网页无数据，则可重新启动终端，再继续观察。

首页
实时数据
实时图表
历史数据
联系我们
AHL-NB-WEB（实时数据）
正在侦听设备的IMSI
ALL
2019-12-9 17:29:19
2019-12-9 17:29:1
云程序连接成功
命令
U0
帧号
0
IMSI码
460113003239817
服务器IP
116.62.63.164
服务器端口
35000
发送时间
2019-12-9 17:29:10
复位次数
0
上传间隔
600
用户名
NB-IoT技术基础与应用
版本号
A.60
产品名称
[金葫芦]NB终端UE模板
产品序列号
2020-00000001
产品类型
AHL-KL36-NB-DX-0001
生产厂家
SD-ARM 嵌入式人工智能与
芯片温度
35.5
备注1
手机号
13000000000
IMEI码
869662034327004
信号强度
90
光线强度
26372
TSI次数
0
备注2
LBS定位
460.11.4855952.4209
清空
回发
运行状态:回发倒计时: 26

图 6-1 Web 网页“实时数据”界面与终端

3. 数据回发

在实时数据侦听网页接收到数据后的 30s 内，读者可修改界面中白色背景的输入框中的数据，并单击“回发”按钮，从而将数据更新到终端中。如果终端的数据得到更新，则表示数据已成功传输到了终端。读者也可以触摸终端的 TSI 触摸键位置 3 下，以触发终端再次上传数据操作，如果网页上更新了刚刚修改的数据，则可验证数据确实回发到了终端。

6.2 面向 NB-IoT 的 Web 网页设计

6.2.1 NB-IoT 的 Web 网页模板工程结构

图 6-2 所示为 Web 网页模板的树形工程结构，其物理组织与逻辑组织一致。该模板是在 Visual Studio 2019 开发环境下，基于 ASP. NET 的 Web 网页而制作的。

▷ 01_Doc	说明文档文件夹
◢ 02_Class	类文件夹
▷ DataBase	数据库操作相关类
▷ FineUI	引用FineUI的类
▷ Frame	帧封装类
▷ 03_Web	Web网页文件夹
◢ 04_Resources	资源引用文件夹
▷ css	样式表文件夹
▷ icon	图标文件夹
▷ images	图片文件夹
▷ js	JavaScript文件夹

图 6-2　Web 网页模板的树形工程结构

Web 网页模板主要包含 5 个文件夹，分别是 01_Doc、02_Class、03_Web、04_Resources、Web.config。

1. 说明文档文件夹

说明文档文件夹（01_Doc）中存放的是“说明.docx”或者“Readme.txt”文件，它是整个 Web 网页模板工程的总描述文件，主要包括项目名称、功能概要、使用说明以及版本更新等内容。用户在首次接触 Web 网页模板工程时，无须打开项目，即可通过该文件夹内容了解项目的实现功能及运行方法。

可修改性：文件夹名不变，文件内容随 Web 网页模板工程的变动而修改。

2. 类文件夹

类文件夹（02_Class）中存放的是 Web 网页模板工程用到的各种工具类，如 SQL 操作类（在 Database 文件夹下）、界面优化类（在 FineUI 文件夹中）等。

可修改性：文件夹和子文件夹名不变，文件个数和文件内容随 Web 网页模板工程的变动而修改。

3. Web 网页文件夹

Web 网页文件夹（03_Web）中存放的是各个 Web 网页，它们是直接与最终用户交互的界面。任一 Web 网页均包括前台（.aspx 文件）和后台（.aspx.cs 文件）两个部分，前台用于界面的设计，后台负责界面功能的实现。如果 Web 网页上使用了服务器控件，则还会自动生成设计器文件（.aspx.designer.cs 文件）。

可修改性：文件夹名不变，文件个数和文件内容随 Web 网页模板工程的变动而修改。

4．资源引用文件夹

资源引用文件夹（04_Resources）包含所引用的 CSS[①]文件、JS[②]文件，以及引用的图片、图标等，用于实现网页的样式设计以及动画效果。

可修改性：文件夹名不变，文件个数和文件内容随 Web 网页模板工程的变动而修改。

5．Web 工程配置文件

Web 工程配置文件 Web.config 用于设置 Web 网页模板工程的配置信息，如连接字符串设置，是否启用调试、编译及运行，对.Net Framework 版本的要求等。

可修改性：文件名不变，文件内容随 Web 网页模板工程的变动而修改。

6.2.2 “照葫芦画瓢”设计自己的 NB-IoT 网页

本小节主要描述如何在网页上添加“点亮”“熄灭”按钮，来控制终端蓝灯的亮、暗情况这一下行过程。读者可先将“…\04-Soft\ch06-1”文件夹复制至“…\04-Soft\ch06-2”文件夹（建议读者另建文件夹）中，按照 4.2.2 小节所介绍的内容搭建自己的临时服务器。然后启动 FRP 客户端，运行云侦听画瓢程序（即“…\04-Soft\ch04-2\CS-Monitor”），启动终端画瓢程序（即“…\04-Soft\ch04-2\User_NB”）。下面具体介绍如何在网页中“照葫芦画瓢”。

1．修改配置文件

打开“…\04-Soft\ch06-2\AHL-NB-Web\US-Web.sln”文件，将配置文件 Web.config 中的 value（即 WebSocket 服务器地址）值修改为“ws://116.62.63.164:35001/wsServices”。

```
    <!--更改此处的 value 值为苏大云服务器 IP 地址和端口号-->
    <add key="connectionPathString" value=" ws:/116.62.63.164:35001/
wsServices"/>
```

2．添加控制小灯按钮

在 realtime.aspx 界面程序的<body>标签下的“【画瓢处 1】”添加“点亮”和“熄灭”两个按钮，对应的事件为 light_on 和 light_off。

```
    <!--【画瓢处 1】添加用户自己的按钮-->
    <input id="btn_lighton" class="span2 offset8" style =" margin-right:
70px;" type="button" value="点亮" onclick ="light_on()"/>
    <input id="btn_lightoff" class="span2 offset10" style =" margin-right:
70px;" type="button" value="熄灭" onclick ="light_off()"/>
```

---

① 层叠样式表（Cascading Style Sheets，CSS）是一种用于表现 HTML（标准通用标记语言的一个应用）或 XML（标准通用标记语言的一个子集）等文件样式的计算机语言。

② JS（JavaScript）是一种直译式脚本语言，也是一种动态类型、弱类型、基于原型的语言，内置支持类型，可用于给 HTML 网页增加动态功能。

3. 编写“熄灭”按钮的 light_off 事件

在 realtime.aspx 界面程序的<script>标签下的“【画瓢处 2】”添加 light_off 事件。

```
//================================================================
//函数名称：light_off
//函数参数：无
//函数返回：无
//函数说明：关小灯；light_state=0 时，关小灯操作
//================================================================
function light_off() {
//先将控件全部清除
  flag = 0;   //将全局标志初始化为 0
  var jsonObj = JSON.parse(g_JSon);
  var obj = jsonObj["data"];
  var count = obj.length;
//遍历获取文本框中的当前值
   for (var i = 0; i < count; i++)
   {
     var str = "#txt_" + obj[i].name;
     if (str == "#txt_currentTime")
     {
          var timestamp = Date.parse(new Date()) + 8 * 3600 * 1000;
          obj[i].value = ("" + timestamp).slice(0, 10);
     }
     else if (str == "#txt_mcuTemp")
          {
               var temp = parseFloat($(str).val()) * 10 + "";
               obj[i].value = temp;
          }
          else
          {
               obj[i].value = $(str).val();
          }
     //如果是小灯状态，则“熄灭”小灯
     if (obj[i].name == "light_state")
         obj[i].value ="暗";
   }
   jsonObj["command"] = "send";
   jsonObj["source"] = "Web";
   jsonObj["dest"] = g_IMSI;
```

```
        jsonObj["password"] = "";
        var last = JSON.stringify(jsonObj);
        ws.send(last);
    }
```

4. 编写“点亮”按钮的 light_on 事件

在 realtime.aspx 界面程序的<script>标签下的“【画瓢处 2】”添加 light_on 事件。

```
//===========================================================================
//函数名称: light_on
//函数参数: 无
//函数返回: 无
//函数说明: 开小灯
//===========================================================================
function light_on() {
……//参照 light_off 函数代码
         if (obj[i].name == "light_state")
              obj[i].value ="亮";
         }
……//参照 light_off 函数代码
}
```

5. 运行并观察现象

运行 Web 网页，如图 6-3 所示。在接收到数据的 30s 内，单击“点亮”或“熄灭”按钮，数据会下行到终端，控制蓝灯的亮或暗，此为下行过程；当终端回发数据时，数据会上行到 Web 网页中，此时小灯状态变为“亮”或“暗”，新增温度有了新的值，此为上行过程。

首页
实时数据
实时图表
历史数据
联系我们
AHL-NB-WEB（实时数据）
正在侦听设备的IMSI
ALL
2019-12-9 17:27:1
2019-12-9 17:26:51
云程序连接成功
命令
U0
帧号
0
IMSI码
460113003239817
服务器IP
116.62.63.164
服务器端口
35000
发送时间
2019-12-9 17:26:51
复位次数
0
上传间隔
600
用户名
NB-IoT技术基础与应用
版本号
A.60
产品名称
[金葫芦]NB终端UE模板
产品序列号
2020-00000001
产品类型
AHL-KL36-NB-DX-0001
生产厂家
SD-ARM 嵌入式人工智能与
芯片温度
35.1
备注1
手机号
13000000000
IMEI码
869662034327004
信号强度
93
光线强度
27250
TSI次数
0
备注2
LBS定位
460,11,4855952,4209
新增温度
30985
小灯状态
暗
清空
回发
点亮
熄灭
运行状态:回发倒计时: 24

图 6-3 点亮或熄灭小灯操作

本节程序可参考“…\04-Soft\ch06-2”文件夹下的相关代码。

6.3 NB-IoT 的 Web 网页模板

Web 网页模板主要实现的功能包括首页（主页）展示，相关项目展示，终端实时数据显示，以及对终端控制信息的回发、历史数据的查询等功能。

6.3.1 NB-IoT 的 Web 网页模板功能分析

NB-IoT 的 Web 网页功能主要包括终端实时数据信息显示、历史数据信息查询等功能。

1. 实时数据信息显示

使用实时数据信息的前提是使用侦听程序，由侦听程序接收实时数据并通知 Web 网页程序。如果是 Web 网页程序需要的数据，则其发送 ask 请求，侦听程序将数据发送给 Web 网页程序，由 Web 网页程序将其展示在界面中，该界面提供回发和清空显示的功能。

2. 历史数据信息查询

Web 网页程序通过云服务器端的侦听程序对 Up 表中的数据进行查询，并分帧显示在界面中，界面提供“最新一帧”“上一帧”“下一帧”“最早一帧”等操作，如图 6-4 所示。

首页
实时数据
实时图表
历史数据
联系我们
AHL-NB-WEB（历史数据）
查询设备的IMSI:ALL
云程序连接成功
当前帧数为：923 · 总帧数为：923
命令
U0
帧号
0
IMSI码
460113003239817
服务器IP
116.62.63.164
服务器端口
35000
发送时间
2019-12-9 17:21:58
复位次数
0
上传间隔
600
用户名
NB-IoT技术基础与应用
版本号
A.60
产品名称
[金葫芦]NB终端UE模板
产品序列号
2020-00000001
产品类型
AHL-KL36-NB-DX-0001
生产厂家
SD-ARM 嵌入式人工智能与
芯片温度
34.5
备注1
手机号
13000000000
IMEI码
869662034327004
信号强度
90
光线强度
27123
TSI次数
0
备注2
LBS定位
460.11.4855952.4209
最新一帧
上一帧
下一帧
最早一帧

图 6-4　历史数据显示

“历史数据”界面主要显示终端上传到服务器数据库中的信息，在单击“历史数据”菜单后，Web 网页程序会通过 WebSocket 向服务器发送查询最新一帧数据的请求，即打开“历史数据”界面，最新显示的都是当前服务器数据库中最后一行终端的数据信息。历史界面提供“最新一帧”“上一帧”“下一帧”“最早一帧”等操作，可以方便地遍历数据库中的终端信息。

6.3.2 通过 Web 网页的数据访问过程

Web 网页的启动过程是指从打开浏览器到金葫芦 NB-IoT 主页显示出来的过程，这个过程涉及 Web 服务器、浏览器、DNS 服务器等一系列软件与设备。当打开浏览器并在地址栏输入金葫芦 NB-IoT 的 Web 网页地址后，启动过程就开始了。如果网络正常，就能看到图 6-4 所示的界面。下面详细介绍金葫芦 NB-IoT 主页的启动过程。

1. 主页的启动过程

主页的启动过程是用户计算机上的浏览器、Web 服务器与 DNS 服务器交互的过程，其启动过程的流程如图 6-5 所示。

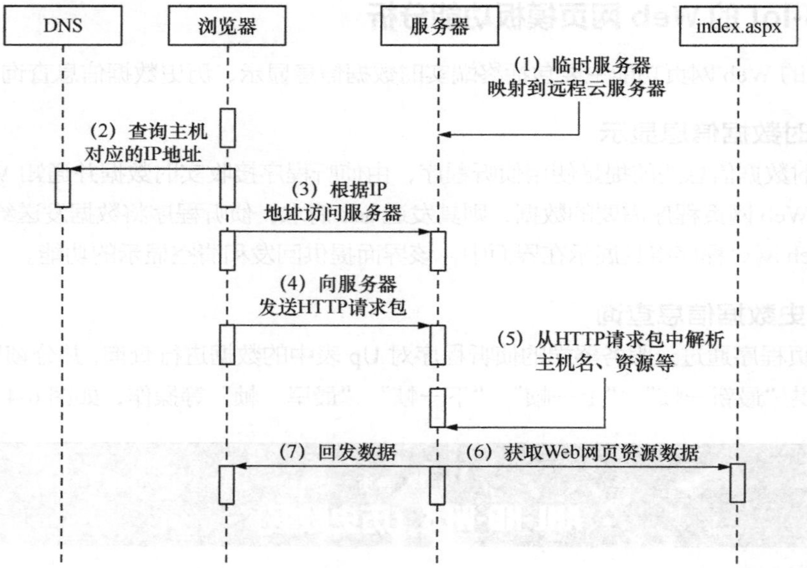
DNS
浏览器
服务器
index.aspx
(1) 临时服务器
映射到远程云服务器
(2) 查询主机
对应的IP地址
(3) 根据IP
地址访问服务器
(4) 向服务器
发送HTTP请求包
(5) 从HTTP请求包中解析
主机名、资源等
(7) 回发数据
(6) 获取Web网页资源数据

图 6-5　主页启动时序图

① 通过 FRP 将临时服务器映射到远程云服务器。

② 查询主机对应的 IP 地址。在浏览器中输入金葫芦 NB-IoT 的 Web 网页地址后，计算机会通过 DNS 服务器查询 URL 中主机（116.62.63.164）的 IP 地址。

③ 根据 IP 地址访问 Web 服务器。取得 Web 服务器的 IP 地址后，浏览器会根据 IP 地址与 Web 服务器建立 TCP/IP 连接。

④ 向服务器发送 HTTP 请求包。浏览器与 Web 服务器建立 TCP/IP 连接后，即可使用相应的应用层协议向服务器发出数据请求。使用 HTTP 时，浏览器的请求是以流（Stream）的形式传输给 Web 服务器的，其作用是指明所要访问的 Web 服务器的资源。

⑤ 从 HTTP 请求包中解析主机名、资源等。HTTP 请求包中含有主机名、应用、资源等信息，收到浏览器发来的 HTTP 请求包后，Web 服务器解析 HTTP 请求包中的信息。

⑥ 获取 Web 资源数据。根据通过解析 HTTP 请求包获得的信息，从 Web 服务器相应的目录中读取资源。启动时，要获取的资源是 home.aspx 的代码及使用到的图片等资源。

⑦ 回发数据。Web 服务器将读取的网页代码与资源数据发送给浏览器，浏览器解析、执行得到的代码，并结合资源数据，将网页显示在浏览器中。

目前 Web 服务器已经改为使用 HTTP。与使用 HTTP 相比有两点不同：一是 HTTP 多了安全加密的步骤；二是 HTTP 使用的 443 端口与系统中微信小程序使用的端口相同，需要通过

Nginx①代理服务器来解决端口共享的问题。但其对用户理解主页的启动过程影响不大，故此处不再对其进行详细解析。

2. 实时数据侦听界面启动过程

实时数据侦听界面是金葫芦 NB-IoT 网页人机交互界面中最重要的界面之一，用于显示从终端实时上传的数据，可以在此界面上选择对全部或某个 IMSI 码进行侦听。实时数据侦听界面的动态数据是由运行在服务器上的 CS-Monitor 提供的，它们之间通过 WebSocket 协议进行通信。

主页启动完成后，用户可在主页上单击“实时数据”，打开实时数据侦听界面。按执行时间先后顺序，可将实时数据侦听界面运行过程分成 3 步：静态界面启动、动态界面启动和 20s 定时器开启。

（1）静态界面启动

静态界面启动是指从单击主页上“实时数据”子菜单到“实时数据”界面显示出来的过程，是从 Web 服务器上获取网页代码与资源数据后，由浏览器负责解析、执行代码并显示网页的过程。其启动过程与主页相似，此处不再赘述。静态界面启动完成后的效果如图 6-6 所示。

首页
实时数据
实时图表
历史数据
联系我们
AHL-NB-WEB（实时数据）
正在侦听设备的IMSI
ALL
2019-12-9 17:21:53
2019-12-9 17:21:43
云程序连接成功
命令
帧号
IMSI码
服务器IP
服务器端口
发送时间
复位次数
上传间隔
用户名
版本号
产品名称
产品序列号
产品类型
生产厂家
芯片温度
备注1
手机号
IMEI码
信号强度
光线强度
TSI次数
备注2
LBS定位
清空
回发
运行状态：正在等待数据

图 6-6 静态界面启动完成后的效果

（2）动态界面启动

动态界面启动是指在静态界面显示后，为了动态地获取从终端上传的实时数据，嵌入在界面中的 JavaScript 代码执行的过程。

实时数据侦听界面为获取从终端实时上传的数据，在界面中嵌入了与 CS-Monitor 服务程序通信的 WebSocket，以及动态显示数据的 JavaScript 代码，当静态界面加载完成后，就开始执行嵌入的 JavaScript 代码。实时数据侦听界面启动流程如图 6-7 所示。

JavaScript 代码从$(function() {…})开始执行，$(function() {…})是$(document).ready

---

① Nginx 是一个高性能的 HTTP 和反向代理 Web 服务器，提供了 IMAP/POP3/SMTP 服务，是由伊戈尔·赛索耶夫（Igor Sysoev）开发的，第一个公开版本 0.1.0 发布于 2004 年 10 月 4 日。

(function() {…})的简写，其含义是界面加载完成后才执行函数。其在函数中主要完成初始化 connectPath、创建 WebSocket 对象 ws、初始化事件和开启 20s 定时器等操作，具体过程如下。

首先初始化 connectPath。变量 connectPath 用于存放 WebSocket 客户端对象所连接服务器 CS-Monitor 的 URL，初始化时从网页配置文件 Web.config 中读取 connectionPathString 值并赋给 connectPath 变量，初始化完成后 connectPath= “ws:/116.62.63.164:35001/ wsServices” 。

然后创建 WebSocket 对象 ws 与初始化事件。变量 ws 用于存放一个 WebSocket 客户端对象。ws 创建与事件初始化的工作包含以下几点：创建与 CS-Monitor 连接的 ws 对象，初始化 ws 的 onmessage、onopen、onclose、onerror 属性。ws 创建与事件初始化流程如图 6-8 所示。

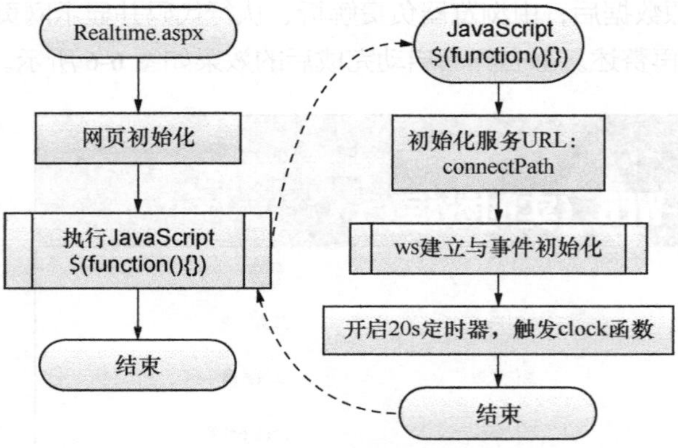

Realtime.aspx
网页初始化
执行JavaScript $(function(){})
结束
JavaScript $(function(){})
初始化服务URL：connectPath
ws建立与事件初始化
开启20s定时器，触发clock函数
结束

图 6-7　实时数据侦听界面启动流程

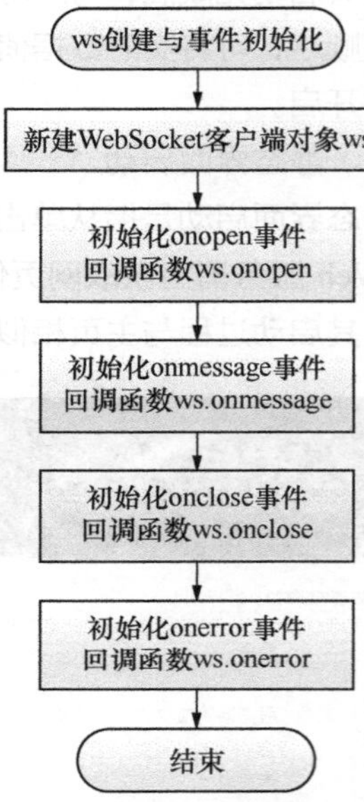

ws创建与事件初始化
新建WebSocket客户端对象ws
初始化onopen事件 回调函数ws.onopen
初始化onmessage事件 回调函数ws.onmessage
初始化onclose事件 回调函数ws.onclose
初始化onerror事件 回调函数ws.onerror
结束

图 6-8　ws 建立与事件初始化流程

① 新建一个 WebSocket 客户端对象 ws。

```
ws = new WebSocket(connectPath)
```

② 初始化 onopen 事件。ws 的 onopen 属性用于指定处理 open 事件的回调函数，当 ws 与 CS-Monitor 连接成功时会触发 open 事件。在实时数据侦听界面中，ws.onopen 指定的回调函数用于显示与 CS-Monitor 连接成功的信息，其代码如下所示。

```
    ws.onopen = function (event) { $("#lblCloudMonitorStatus").html("云程序连接成功"); };
```

③ 初始化 onmessage 事件。ws 的 onmessage 属性用于指定处理 message 事件的回调函数，当 ws 收到 CS-Monitor 发来的数据时触发 message 事件。在实时数据侦听网页中，指定的回调函数 ws.onmessage 用于处理来自服务器的数据，以及对接收到的实时数据进行动态显示。其具体流程将在“3. 实时数据动态显示过程”中介绍。

④ 初始化 onclose 事件。ws 的 onclose 属性用于指定处理 close 事件的回调函数，当 ws 与 CS-Monitor 的连接关闭时会触发 close 事件。在实时数据侦听界面中，ws. onclose 用于显示与 CS-Monitor 连接中断的信息，其代码如下所示。

```
    ws.onclose = function (event) { $("#lblCloudMonitorStatus").html("云
程序连接中断"); };
```

⑤ 初始化 ws 的 onerror 事件。ws 的 onerror 属性用于指定处理 error 事件的回调函数，当 ws 与 CS-Monitor 之间的通信发生意外错误时会触发 error 事件。在实时数据侦听界面中，ws.onerror 指定的回调函数用于显示与 CS-Monitor 连接异常的信息，其代码如下所示。

```
    ws.onerror = function (event) { $("#lblCloudMonitorStatus").html("云
程序连接异常"); };
```

ws 的创建过程也是其与 CS-Monitor 建立连接的交互过程，它们的交互时序如图 6-9 所示。

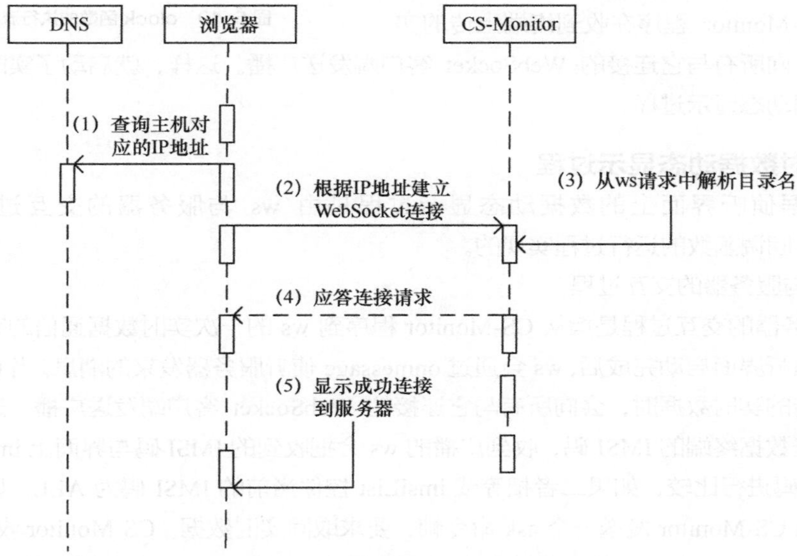
DNS
浏览器
CS-Monitor
(1) 查询主机对应的IP地址
(2) 根据IP地址建立WebSocket连接
(3) 从ws请求中解析目录名
(4) 应答连接请求
(5) 显示成功连接到服务器

图 6-9 ws 连接服务器交互过程时序图

（3）定时器开启

开启 20s 定时器是为了防止 WebSocket 客户端的 ws 与 CS-Monitor 之间的连接断开。定时每 20s 执行一次 clock()函数以将 ws 关闭，然后重新创建它并初始化其事件。设置定时器的代码如下所示。

```
    inte = self.setInterval("clock()", 20000);
```

定时器在 20s 到达后会执行 clock()函数，clock()函数的执行流程如图 6-10 所示。

① 关闭 ws。在 clock()函数中先主动调用 ws.close()来关闭 WebSocket 客户端对象 ws，以防重复创建。

② 重新创建 ws 与事件初始化。该步骤重新执行了 ws 对象的创建与事件初始化的相关回调函数。

定时器的功能是保持客户端与 CS-Monitor 持续有效的连接。需要注意的是，WebSocket 协议本身具有长连接机制，为保持连接，客户端会定时向服务器发送心跳帧。但浏览器版本与种类众多，且不同浏览器在实现 WebSocket 协议时的行为不太相同。在实际测试中，当通信双方都没有收发消息时，浏览器会每隔 30s 发送一个心跳帧，也有不发送任何心跳帧的情况，如 Android 5.0 与 iOS 7 自带的浏览器。如果服务器上使用了代理服务器软件，则会对 WebSocket 的连接产生影响，如 Nginx 代理服务器会配置一个访问超时时间（timeout），其值通常为 90s，超时后 WebSocket 就会自动断开连接。

经过以上 3 个步骤，动态界面的启动即可完成。此时，在浏览器的实时数据侦听界面会有一个 ws 对象和一个 20s 定时器在运行。运行在服务器上的 CS-Monitor 程序在收到终端上传的实时数据时，会向所有与它连接的 WebSocket 客户端发送广播。这样，就启动了实时数据侦听界面上的数据动态显示过程。

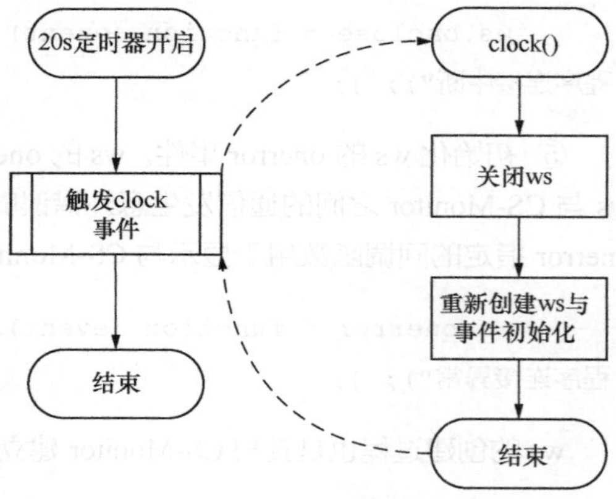
20s定时器开启
触发clock
事件
结束
clock()
关闭ws
重新创建ws与
事件初始化
结束
图 6-10　clock 函数的执行流程

3. 实时数据动态显示过程

实时数据侦听界面上的数据动态显示过程是由 ws 与服务器的交互过程，以及 ws.onmessage 回调函数的运行过程实现的。

（1）ws 与服务器的交互过程

ws 与服务器的交互过程是指从 CS-Monitor 程序到 ws 的一次实时数据通信的完整过程。在实时数据侦听界面启动完成后，ws 会通过 onmessage 侦听服务器发来的消息。当 CS-Monitor 收到终端上传的实时数据时，会向所有与它连接的 WebSocket 客户端发送广播。这个广播数据帧带有发送数据终端的 IMSI 码，收到广播的 ws 会把收到的 IMSI 码与界面上 imsiList 控件的当前 IMSI 码进行比较，如果二者相等或 imsiList 控件当前的 IMSI 码为 ALL，则启动数据请求过程，向 CS-Monitor 发送一个 ask 命令帧，要求取回实时数据。CS-Monitor 收到请求后，会发送一个 reAsk 命令帧并带回终端上传的实时数据。ws 与 CS-Monitor 数据通信交互时序图如图 6-11 所示。

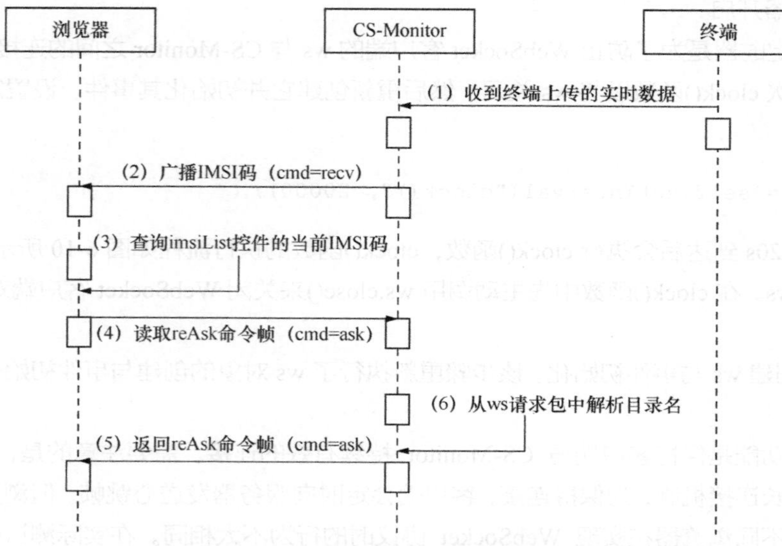
浏览器
CS-Monitor
终端
(1) 收到终端上传的实时数据
(2) 广播IMSI码 (cmd=recv)
(3) 查询imsiList控件的当前IMSI码
(4) 读取reAsk命令帧 (cmd=ask)
(6) 从ws请求包中解析目录名
(5) 返回reAsk命令帧 (cmd=ask)
图 6-11　ws 与 CS-Monitor 数据通信交互时序图

（2）ws.onmessage 回调函数的运行过程

ws.onmessage 回调函数用于处理 ws 的 message 事件。ws 收到从 CS-Monitor 发来的数据时触发 message 事件，调用 ws.onmessage 回调函数对数据进行处理，其处理流程如图 6-12 所示。

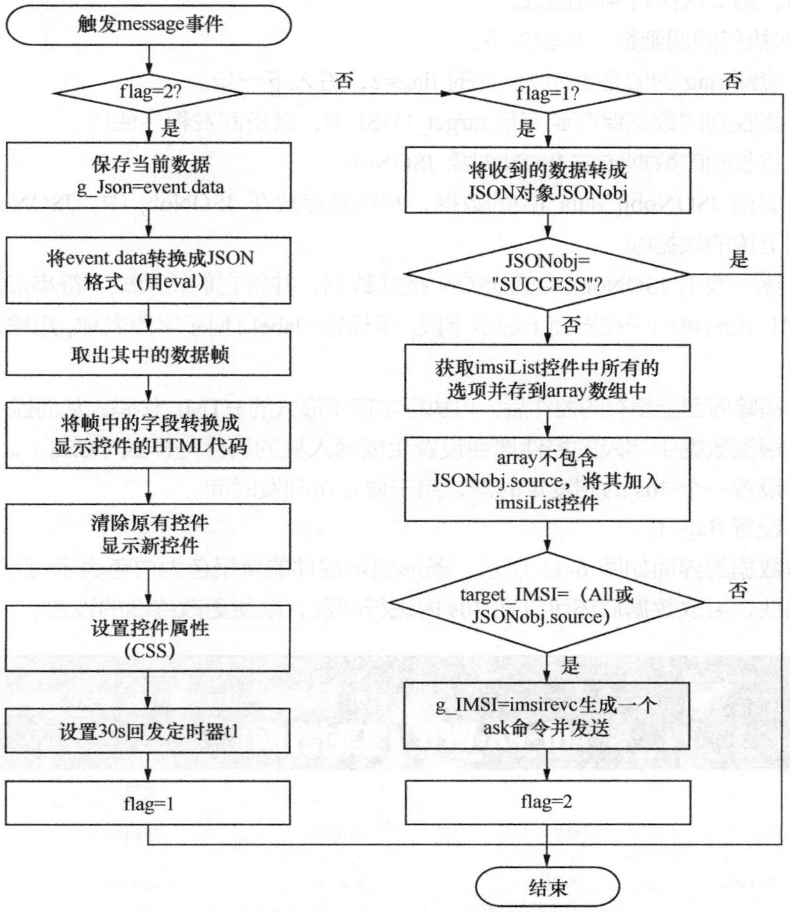
触发message事件
flag=2?
否
是
保存当前数据
g_Json=event.data
将event.data转换成JSON
格式（用eval）
取出其中的数据帧
将帧中的字段转换成
显示控件的HTML代码
清除原有控件
显示新控件
设置控件属性
(CSS)
设置30s回发定时器t1
flag=1
flag=1?
否
是
将收到的数据转成
JSON对象JSONobj
JSONobj=
"SUCCESS"?
是
否
获取imsiList控件中所有的
选项并存到array数组中
array不包含
JSONobj.source，将其加入
imsiList控件
target_IMSI=（All或
JSONobj.source）
否
是
g_IMSI=imsirevc生成一个
ask命令并发送
flag=2
结束

图 6-12　ws.onmessage 回调函数处理数据流程

在实时数据侦听界面初始化时，已经初始化了变量 flag=1，target_IMSI=All。当 ws 接收到数据时调用 ws.onmessage 回调函数，具体执行步骤如下。

① 第 1 次执行回调函数，步骤如下。

步骤一，检测 flag 的值为 2 还是为 1，此时 flag=1，进入下一步。

步骤二，将收到的数据转成 JSON 对象 JSONobj，便于访问。

步骤三，比较 JSONobj.value 是否为“SUCCESS”，若是，则表示收到的数据为回发数据的应答帧，直接退出；否则继续。

步骤四，检查 imsiList 控件中是否包含 JSONobj.source，若不包含，则将 JSONobj.source 中的 IMSI 码加入 imsiList 控件下拉列表中，此时认为这个数据帧为 CS-Monitor 发送包含实时数据的广播帧。

步骤五，判断 target_IMSI 是否等于 JSONobj.source（收到的 IMSI 码）或 All，若不等于，

则退出。此时 target_IMSI=All，继续向下执行。

步骤六，生成一个 ask 命令帧，将 imsirevc 保存在 g_IMSI 中，以备回发程序使用。

步骤七，设置 flag=2。

此时退出 ws.onmessage 回调函数，当下一次接收到 CS-Monitor 发来的数据时，回调函数会被再次调用，第 2 次执行回调函数。

② 第 2 次执行回调函数，步骤如下。

步骤一，检测 flag 的值是否为 2，此时 flag=2，进入下一步。

步骤二，将收到的数据保存到变量 target_IMSI 中，以备回发程序使用。

步骤三，将收到的数据转成 JSON 对象 JSONobj。

步骤四，取出 JSONobj["data"]中的数据，并将其存放在 JSONobj 中，JSONobj["data"]中的数据是终端上传的数据帧。

步骤五，逐一取出 JSONobj 中的 JSON 格式数据，并将它们转换成字符串形式的 HTML 语句，此 HTML 代码将用于在界面上显示字段。用标签（label）显示字段名称，用输入框（Input）显示字段的值。

步骤六，清除界面上原有的控件后，再执行字符串形式的 HTML 代码，从而显示新的控件。

步骤七，根据数据中字段的控件属性设置生成输入框的属性与样式（CSS）。

步骤八，设置一个 30s 的回发定时器，用于显示可回发时间。

步骤九，设置 flag=1。

收到实时数据的界面如图 6-13 所示，条形显示控件的背景色为白色表示可写属性，为灰色表示只读属性，更改数据后还可以在 30s 内进行回发，以便更改终端的设置。

首页
实时数据
实时图表
历史数据
联系我们
AHL-NB-WEB（实时数据）
正在侦听设备的IMSI
ALL
2019-12-9 17:29:19
云程序连接成功
命令
U0
帧号
0
IMSI码
460113003239817
服务器IP
116.62.63.164
服务器端口
35000
发送时间
2019-12-9 17:29:10
复位次数
0
上传间隔
600
用户名
NB-IoT技术基础与应用
版本号
A.60
产品名称
[金葫芦]NB终端UE模板
产品序列号
2020-00000001
产品类型
AHL-KL36-NB-DX-0001
生产厂家
SD-ARM 嵌入式人工智能与
芯片温度
35.5
备注1
手机号
13000000000
IMEI码
869662034327004
信号强度
90
光线强度
26372
TSI次数
0
备注2
LBS定位
460,11,4855952,4209
清空
回发
运行状态:回发倒计时: 26

图 6-13 显示实时数据的界面

在本小节中，我们介绍了金葫芦 NB-IoT 主页的启动显示过程，以及实时数据侦听界面的启动与动态数据显示过程。这个过程中涉及浏览器与 CS-Monitor 之间的交互、网页中 WebSocket 客户端对象的创建、WebSocket 客户端对象动态地显示实时数据以及 WebSocket 客户端连接保持等技术。

6.3.3 NB-IoT 的 Web 网页编程的深入讨论

金葫芦 NB-IoT 的 Web 网页程序实现主要依赖以下方法。

1. 自动生成控件

网页中显示数据的文本框和标签是根据 Web 网页接收到的数据自动生成的，这使网页和终端数据的耦合性得以提高。Web 网页可以动态的改变，不需要人为地添加控件，进而可使开发变得简单。

```
//拼接 HTML，自动生成空白控件
 for (var i = 0; i < count; i++) {
     var temvalue = "";
     if (i % 4 == 0) {
       str1 =  str1 + '<div class="row-fluid"><div class="span3">' +
                '<div class="control-group"><label style="font-family:'
                'SimHei;font-size:15px;" for="txt_' + obj[i].name +
                '">' +
                obj[i].otherName + '</label><input style="font-family:' +
                'SimHei;font-size:13px; margin-bottom:0px;color:
                #333;font-weight: 560; width:150px"  type="text" id="' +
                'txt_' +
                obj[i].name + '"value="' + temvalue + '">' + '</div></div>';
      }
      else if (i % 4 == 1) {
        str1 = str1 + '<div class="span3"><div class="control-group">' +
                '<label style="font-family:SimHei;font-size:15px;"
                for="txt_' +obj[i].name + '">' + obj[i].otherName +
                '</label><input style="' +
                'font-family:SimHei;font-size:13px;
                color:#0a8ae6; margin-bottom:0px;
                width:150px"  type="text" id="' + 'txt_' +
                obj[i].name + '"value="' + temvalue + '">' + '</div></div>';
      }
 }   //由于篇幅限制，其实现请看 Web 工程
```

2. 回发信息

当有数据从终端上传到 CS-Monitor 时，其就会在 Web 网页中的实时数据侦听界面中显示出来。用户可以对数据进行相应的更改，然后回发给终端。

```
//===============================================================
//函数名称：clickBtn
```

```
//函数参数：无
//函数返回：无
//函数说明：回发
//================================================================
function clickBtn()  {
    flag = 0;  //将全局标志初始化为 0
    var jsonObj = JSON.parse(g_JSon);
    var obj = jsonObj["data"];
    var count = obj.length;
    //遍历获取文本框中的当前值，并且获取当前时间
    for (var i = 0; i < count; i++) {
       var str = "#txt_" + obj[i].name;
       if (str == "#txt_currentTime") {
          var timestamp = Date.parse(new Date()) + 8 * 3600 * 1000;
          obj[i].value = ("" + timestamp).slice(0, 10);
       } else if (str == "#txt_mcuTemp"){
          var temp = parseFloat($(str).val()) * 10 + "";
          obj[i].value = temp;
       }
       else {
          obj[i].value = $(str).val();
             }
       }
  //回发的 JSON 格式
    jsonObj["command"] = "send";          //回发命令“send”
    jsonObj["source"] = "Web";            //来源“Web”
    jsonObj["dest"] = g_IMSI;
    jsonObj["password"] = "";
    var last = JSON.stringify(jsonObj);  //转换为 JSON 格式发送
    ws.send(last);
    $("#inf_states").html("数据已回发");
  }
```

3. 查看历史数据

在历史数据界面中，可以查看最新一帧数据。

```
//================================================================
//函数名称：newClickBtn
//函数参数：无
//函数返回：无
```

```
    //函数说明：最新一帧
    //==============================================================
    function newClickBtn() {
        g_JSon["value"] = g_Total;                        //申请最新一帧
        g_currentLoc = g_Total;                           //记录当前帧
        $("#btn_next").attr("disabled", "disabled");  //下一帧按钮禁用
        $("#btn_pre").removeAttr("disabled");
        $("#stateBlock").html("<strong>当前帧数为：" + g_currentLoc + "，总
帧数为：" + g_Total + '</strong>');
        ws.send(JSON.stringify(g_JSon));                  //向服务器请求最新数据
      };
```

在历史数据界面中，可以查看最早一帧数据。

```
    //==============================================================
    //函数名称：earliestClickBtn
    //函数参数：无
    //函数返回：无
    //函数说明：最早一帧
    //==============================================================
    function earliestClickBtn() {
        g_JSon["value"] = 1;
        g_currentLoc = 1;
        $("#btn_pre").attr("disabled","disabled"); //禁用按钮
        $("#btn_next").removeAttr("disabled");     //取消禁用属性
        $("#stateBlock").html("<strong>当前帧数为：" + g_currentLoc + "，总
帧数为：" + g_Total + '</strong>');
        ws.send(JSON.stringify(g_JSon));           //向服务器请求最早一帧数据
    };
```

在历史数据界面中，可以查看当前帧的上一帧数据。

```
    //==============================================================
    //函数名称：upClickBtn
    //函数参数：无
    //函数返回：无
    //函数说明：上一帧
    //==============================================================
    function upClickBtn() {
        g_JSon["value"] = g_currentLoc - 1;        //申请当前帧的上一帧数据
        g_currentLoc = g_currentLoc - 1;           //记录当前帧
        if (g_currentLoc == 1)
```

```
        $("#btn_pre").attr("disabled", "disabled");
        $("#btn_next").removeAttr("disabled");
        $("#stateBlock").html("<strong>当前帧数为: " + g_currentLoc + ", 总
帧数为: " + g_Total + '</strong>');
        ws.send(JSON.stringify(g_JSon));              //向服务器请求上一帧数据
    };
```

在历史数据界面中，可以查看当前帧的下一帧数据。

```
    //==================================================================
    //函数名称：downClickBtn
    //函数参数：无
    //函数返回：无
    //函数说明：下一帧
    //==================================================================
    function downClickBtn() {
        g_JSon["value"] = g_currentLoc + 1;          //申请当前帧的下一帧数据
        g_currentLoc = g_currentLoc + 1;             //记录当前帧
        if (g_currentLoc == g_Total)
        $("#btn_next").attr("disabled", "disabled");
        $("#btn_pre").removeAttr("disabled");
        $("#stateBlock").html("<strong>当前帧数为: " + g_currentLoc + ", 总
帧数为: " + g_Total + '</strong>');
        ws.send(JSON.stringify(g_JSon));             //向服务器请求下一帧数据
    };
```

6.4 实验 6：终端数据实时到达 Web 网页

1. 实验目的

（1）了解终端与 Web 网页的通信过程。

（2）了解通过本地服务器转发的通信流程。

（3）理解和掌握如何添加传感器并在网页上获取相应的数据。

2. 实验准备

（1）硬件部分。PC 或笔记本计算机一台、开发套件一套。

（2）软件部分。根据电子资源“…\02-Doc”文件夹下的电子版快速指南，下载合适的资源。

（3）软件环境。按照“附录 B AHL-GEC-IDE 安装及基本使用指南”，进行有关软件工具的安装。

3. 参考样例

参照 6.2.2 小节，该小节具体描述了如何通过本地服务器获取终端的光线强度的数据。

4. 实验过程或要求

（1）验证性实验。验证模板程序，具体验证步骤可参考 6.2.2 小节。

（2）设计性实验。在验证性实验的基础上，自行编程实现对磁开关状态进行采集，并控制绿灯亮暗。

6.5 习题

（1）描述 NB-IoT 网页模板的基本内容，给出网页的动态数据与 CS-Monitor 之间的通信协议及特点。

（2）画出 Web 网页中实时数据界面程序的执行流程。

（3）在数据上行过程中，给出网页程序的函数调用关系。

（4）在数据下行过程中，给出网页程序的函数调用关系。

（5）描述如何将自己的网站发布到外网上。

07

chapter

通过微信小程序访问数据

2017 年 1 月 9 日，中国腾讯公司推出的微信小程序正式上线，这是一种不需要下载安装即可使用的应用。它实现了应用“触手可及”这一梦想，用户通过“扫一扫”或者搜索小程序名即可打开应用。在有网络的情况下，用户可以在手机或者平板计算机等移动端，借助微信打开微信小程序访问 NB-IoT 终端的数据，实现对终端数据的查询以及控制，这具有重要的应用价值。本章将从共性技术角度入手，阐述 NB-IoT 应用系统如何利用微信小程序实现对 NB-IoT 终端的数据访问，并介绍 NB-IoT 的微信小程序模板以及“照葫芦画瓢”设计自己的 NB-IoT 微信小程序的方法。

7.1 运行小程序模板观察自己终端的数据

读者首先按照 4.2.2 小节所介绍的内容搭建自己的临时服务器，然后启动 FRP 客户端，运行云侦听模板程序（即“…\04-Soft\ch04-1\CS-Monitor”），启动终端模板程序（即“…\04-Soft\ch04-1\User_NB”）。

1. 修改微信小程序工程的配置

（1）修改实时数据和实时曲线的侦听地址。打开微信小程序开发工具，导入电子资源“…\04-Soft\ch07-1\Wx-Client”文件夹，在“实时数据”界面（pages/realtime-data/reaitime-data.wxml）和“实时曲线”界面（pages/realtime-chart/realtime-chart.wxml）中将侦听地址修改为自己终端的 IP 地址和端口。

```
侦听地址: 116.62.63.164:35000
```

（2）修改 wss 的访问地址[①]。将配置文件 app.js 中的 wss 的访问地址修改成“ws://suda-mcu.com:35001/wsServices”。

```
//服务器 wss 的访问地址
wss: 'ws://suda-mcu.com:35001/wsServices',
```

（3）在“实时数据”界面中的 IMSI 码处输入读者所持终端的 IMSI 码。

2. 观察 NB-IoT 终端实时数据

进入首页之后，单击“实时数据”可进入“实时数据”界面，如图 7-1 所示。正常情况下，其可以显示终端的实时数据。若观察到“实时数据”界面中的 IMSI 码与终端的 IMSI 码一致（设读者终端的 IMSI 码为 460113003233325），则表示此时网页上的数据确实是终端的数据；若二者的 IMSI 码不一致，可单击“请选择 IMSI 号”，输入自己终端的 IMSI 码。若微信小程序无数据，则可重新启动终端，再继续观察。

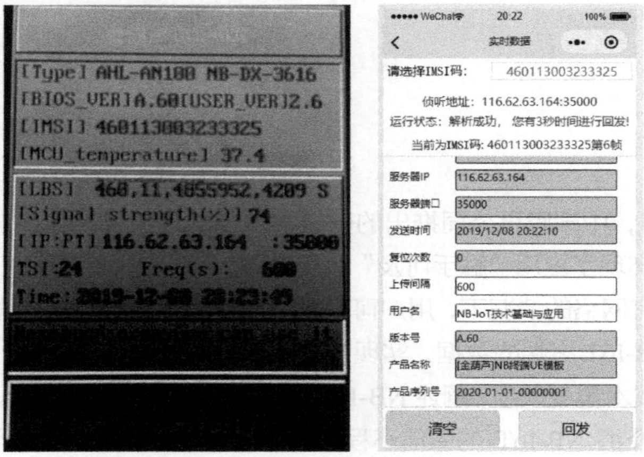

[Type] AHL-AN180 NB-DX-3616
[BIOS_VER]A.60[USER_VER]2.6
[IMSI] 460113003233325
[MCU_temperature] 37.4
[Signal strength(%)] 74
[IP:PT] 116.62.63.164
TSI:24
Freq(s):
WeChat
20:22
100%
实时数据
请选择IMSI码:
460113003233325
侦听地址：116.62.63.164:35000
运行状态：解析成功，您有3秒时间进行回发！
当前为IMSI码: 460113003233325第6帧
服务器IP
116.62.63.164
服务器端口
35000
发送时间
2019/12/08 20:22:10
复位次数
0
上传间隔
600
用户名
NB-IoT技术基础与应用
版本号
A.60
产品名称
[金葫芦]NB终端UE模板
产品序列号
2020-01-01-00000001
清空
回发

图 7-1 终端数据与微信小程序端数据

---

① wss 的访问地址是 WebSocket 通信地址，该地址需要在“微信小程序管理平台”的“设置”→“开发设置”→“服务器域名”→“Socket 合法域名”处填写，之后才能在程序中被使用。

3. 数据回发

在微信小程序接收到终端数据的 30s 内，读者可修改界面中白色背景的输入框的内容，并单击“回发”按钮；如果终端相应的数据得到更新，则表示微信小程序已将数据回发给终端，此为下行数据过程。读者也可以在终端的 TSI 触摸键位置触摸 3 下，以触发终端再次上传数据操作；如果微信小程序更新了刚刚修改的数据，则表明终端成功地将回发的数据上传到了微信小程序，此为上行数据过程。

7.2 在开发环境中运行 NB-IoT 微信小程序

7.2.1 前期准备

1. 保证 PC 能够接入互联网

数据是通过互联网进行传输的，因此，需要保证用于开发微信小程序的 PC 能够接入互联网，以便实现数据的实时传输。

2. 获取微信小程序开发账号

本章只讲解基于 NB-IoT 微信小程序的开发方法，因此采用测试号的方式进行开发，它与正式账号的使用（除了不能上线发布）无任何区别。若想上线发布自己的微信小程序，需要申请一个属于自己的微信小程序账号。测试号的申请方法如下。

（1）获得开发许可证 AppID。打开“微信公众平台”官网，选择“小程序”→“小程序开发文档”→“工具”，在左侧滚动菜单中单击“测试号”，在“申请测试号”栏目中单击“申请地址”，这时会弹出“测试号管理”界面，在“小程序测试号信息”栏目中可获得 AppID 和 AppSecret。请将这两个信息保存下来，它们在后续的开发过程中将会被使用到。

注意：若是在“测试号管理”界面上没有显示自己的 AppID，则可以使用微信开发工具，在导入项目的时候，如图 7-2 所示，在其下方单击测试号，从而自动添加自己的 AppID。

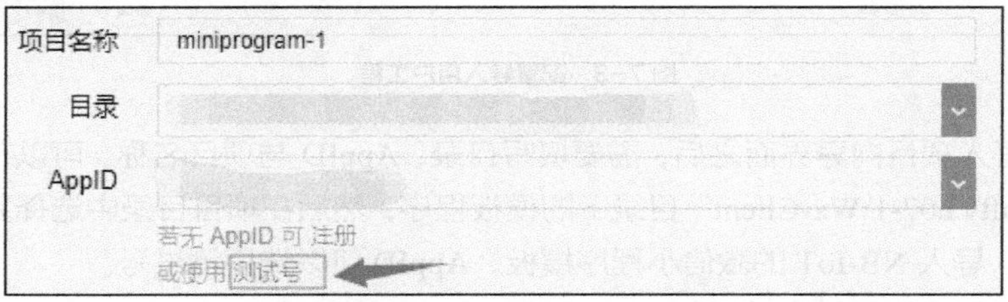
项目名称
miniprogram-1
目录
AppID
若无 AppID 可 注册
或使用 测试号

图 7-2 显示自己的 AppID

（2）配置开发服务器信息。在“测试号管理”界面的“可信域名”栏目中单击“开始配置”按钮，此时可以对 4 类可信域名进行配置：requset 合法域名、downloadFile 合法域名、uploadFile 合法域名和 Socket 合法域名。

在 requset 合法域名一栏中，填入与域名相对应的 HTTPS 地址，作为 request 请求的访问地址，保证能够正常调用对应接口。

在 Socket 合法域名一栏中，填入与域名相对应的 wss 地址，作为获取信息的访问地址，此处不需要填写至二级目录。

3. 微信小程序开发环境的安装

微信小程序的开发环境为微信开发者工具，这是一个可以进行小程序编辑、模拟和调试的开发工具，可在微信小程序官网中的“开发”→“工具”→“下载”界面进行下载。下载完成后，直接运行安装包，选择安装目录，即可完成安装。

7.2.2 运行 NB-IoT 微信小程序

1. 工程导入

（1）运行微信小程序开发工具。

（2）使用微信手机客户端“扫一扫”进行登录，选择“小程序项目”下的“小程序”一栏，进行微信小程序开发。

（3）单击界面中的“+”，将直接进入项目添加向导，选择“导入项目”选项卡，将进入图 7-3 所示界面，进行项目的导入。

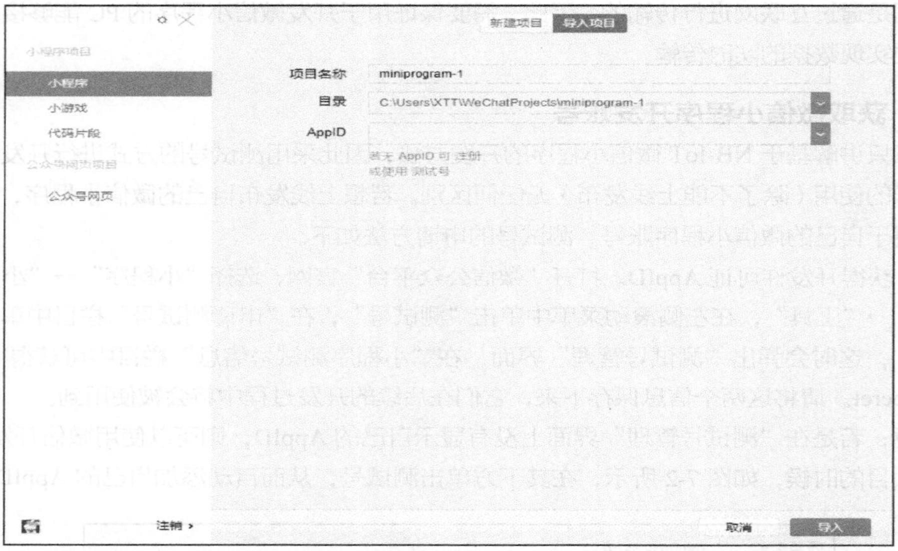

新建项目
导入项目
小程序项目
小程序
小游戏
代码片段
公众号网页项目
公众号网页
项目名称
miniprogram-1
目录
C:\Users\XTT\WeChatProjects\miniprogram-1
AppID
若无 AppID 可 注册
或使用 测试号
注销 >
取消
导入

图 7-3 配置导入用户工程

（4）进入导入项目向导界面之后，需要填写目录、AppID 与项目名称。可以首先复制一份位于“…\04-Soft\ch07-1\Wx-Client”目录下的模板程序，然后在项目目录中选择复制的样例工程所在的目录，导入 NB-IoT 的微信小程序模板。AppID 可以选用测试号。

（5）单击“导入”按钮完成添加。

项目添加完成之后，将会看到图 7-4 所示的视图，其总共有 3 大区域，分别是模拟器视图、编辑器视图和调试器视图，界面非常简洁大方，用户可以很容易地找到需要的功能。编辑器视图又分为目录结构和代码编辑区，通过视图开关可以选择需要显示的视图区域。

2. 修改配置文件

双击目录结构中的配置文件 app.js，在其对应的代码编辑区修改 wss 地址。该地址使用域名进行访问，并且支持 SSL 协议，更加安全。该域名必须与服务器的域名相对应，并且 wss 地址的二级目录需要与 CS-Monitor 程序中设置的相同。

```
//app.js
App({
  //【修改处】此处为服务器域名访问地址，须将其修改为用户自己的服务器对应的域名及配置
  config: {
    //服务器 https 访问地址
    url: 'https://suda-[redacted].com',
    //服务器 wss 访问地址
    wss: 'wss://suda-mcu.com/wsServices',
  }
})
```

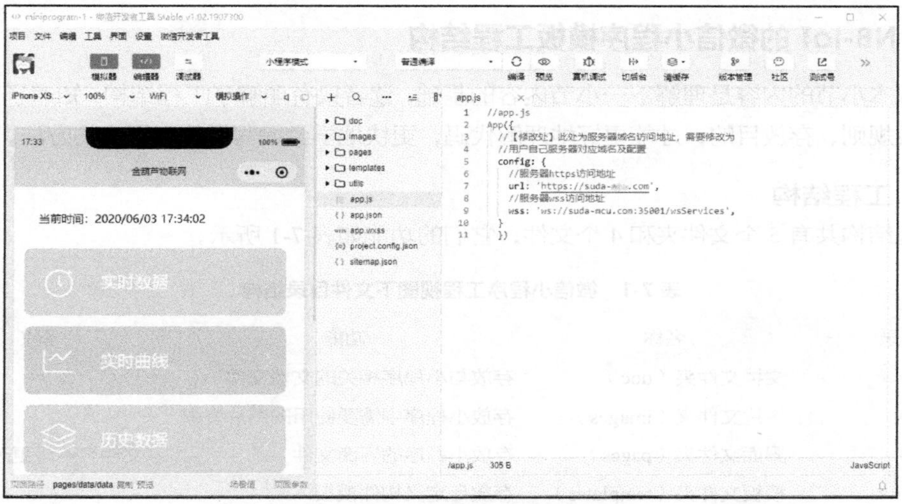

当前时间：2020/06/03 17:34:02
实时数据
实时曲线
历史数据
//app.js
App({
//【修改处】此处为服务器域名访问地址，需要修改为
//用户自己服务器对应域名及配置
config: {
//服务器https访问地址
//服务器wss访问地址
wss: 'wss://suda-mcu.com:35001/wsServices',
}
})

图 7-4　微信小程序工程视图

3．编译运行

单击图 7-4 上方的“编译”按钮，开发者工具将编译代码，并刷新左边的模拟器视图。至此，完成了样例工程在模拟器上的运行过程。可参照 7.1 节的操作方法进行测试，实时数据侦听界面的运行效果参见图 7-1。

4．常见错误

（1）AppID 不合法。在导入项目时，若输入错误的 AppID，会提示“Error:AppID 不合法”。此时需要检查 AppID 是否填写正确；若不正确，须登录管理平台，参照“获取微信小程序开发账号”的步骤，获取自己的 AppID。

（2）Socket 地址不在 Socket 合法域名列表中。这时会在调试器视图的“Console”选项卡下出现图 7-5 所示的错误。

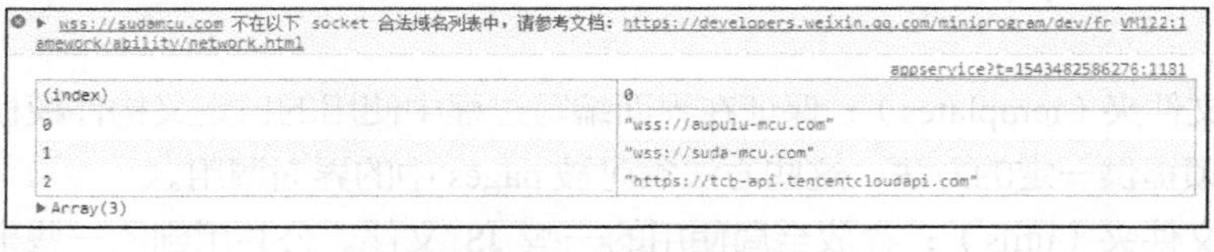

wss://sudamcu.com 不在以下 socket 合法域名列表中，请参考文档：https://developers.weixin.qq.com/miniprogram/dev/framework/ability/network.html
(index)
0
"wss://aupulu-mcu.com"
"wss://suda-mcu.com"
"https://tcb-api.tencentcloudapi.com"
Array(3)

图 7-5　Socket 域名不合法

出现此问题的原因是：①未修改程序中的 wss 地址，需要按照修改 app.js 配置文件的方法，将其修改成对应服务器的 wss 地址；②未在管理平台配置服务器信息，此时需要按照“获取开发者账号”的步骤将 WebSocket 地址加入其中；③与服务器断开连接，此时需要检查连接。

（3）此时与服务器的连接中断，无法获取数据。出现该问题的原因可能是小程序平台断开连接或云侦听程序与 Nginx 反向代理软件未正常启动。需要按照以下步骤进行检查：①网络是否畅通，并且是否已经接入互联网；②CS-Monitor 程序是否运行成功，并且是否能接收到来自终端的数据。

7.3 NB-IoT 的微信小程序模板

7.3.1 NB-IoT 的微信小程序模板工程结构

掌握本小节的内容是理解下一小节内容的基础，读者只有理解了工程结构，知道了工程文件的存放规则、存放目的，才能更好地理解代码，更快地学会编写微信小程序的方法。

1. 工程结构

工程结构共有 5 个文件夹和 4 个文件，它们的功能如表 7-1 所示。

表 7-1 微信小程序工程视图下文件目录结构

目录	名称	功能	备注
▸ 🗀 doc	文档文件夹（doc）	存放与小程序相关的文档文件	
▸ 🗀 images	图片文件夹（images）	存放小程序中需要使用的图片资源	
▸ 🗀 pages	界面文件夹（pages）	存放小程序的界面文件	文件名不可更改
▸ 🗀 templates	模板文件夹（templates）	存放自定义构件模板	
▸ 🗀 utils	工具文件夹（uitils）	存放全局的一些.js 文件	文件名不可更改
JS app.js	逻辑文件（app,js）	小程序运行后首先执行的 JS 代码	文件名不可更改，文件内容根据需要修改
{ } app.json	公共设置文件（app,json）	小程序运行后首先配置的 JSON 文件	文件名不可更改，文件内容根据需要修改
wxss app.wxss	公共样式表（app,wxss）	全局的界面美化代码	文件名不可更改，文件内容根据需要修改
{o} project.config.json	工具配置文件（project.config.json）	对开发工具进行的配置	文件名不可更改

（1）文档文件夹（doc）：存放与微信小程序相关的文档文件，如目录结构介绍、项目相关介绍以及实现的功能等。

（2）图片文件夹（images）：存放小程序中需要使用的图片资源。

（3）界面文件夹（pages）：存放微信小程序的各个界面文件，内部包含的每个文件夹都对应一个界面。

（4）模板文件夹（templates）：保证在界面编写过程中使用的自定义构件模板与普通的界面类似，但其须提供一定的方法，这些方法须可被 pages 中的界面调用。

（5）工具文件夹（utils）：存放全局使用的一些 JS 文件。公共用到的一些事件处理代码文件可以放到该文件夹下，作为工具供全局调用。对于允许外部调用的方法，用 module.exports 进行声明后，才能在其他 JS 文件中引用。

（6）逻辑文件（app.js）：微信小程序运行后首先执行的 JS 代码。在此界面中可以对微信小程序进行实例化。该文件是系统的方法处理文件，主要处理程序的生命周期的一些方法，例如，程序刚开始运行时的事件处理等。

（7）公共设置文件（app.json）：微信小程序运行后首先配置的 JSON 文件。该文件是系统全局配置文件，包括微信小程序的所有界面路径、界面表现、网络超时时间、底部 Tab 等设置，具体界面的配置在界面的 JSON 文件中单独修改。文件中的 pages 字段用于描述当前微信小程序所有界面的路径（默认自动添加），只有在此处申明的界面才能被访问，第一行的界面作为首页被启动。

（8）公共样式表（app.wxss）：全局的界面美化代码。需要全局设置的样式可以在此文件中进行编写。

（9）工具配置文件（project.config.json）：在工具上做的任何配置都会被写入 project.config.json 文件。在导入项目时，会自动恢复对该项目的个性化配置，其中包括编辑器的颜色、代码上传时自动压缩等一系列选项。

2. 界面文件夹

在表 7-1 所示的目录结构中，pages 文件夹下的“实时数据”文件夹（realtime-data）包含的目录内容如表 7-2 所示。

表 7-2 realtime-data 文件夹内容

目录	名称	功能	备注
pages	界面文件夹	存放微信小程序的界面文件，包含多个文件夹	名称不可更改
realtime-data	单个界面文件夹	界面文件夹，包含实际界面文件	
realtime-data.js	事件交互文件	用于实现微信小程序逻辑交互等功能	
realtime-data.json	配置文件	用于修改导航栏显示样式等	文件不必更改
realtime-data.wxml	界面文件	用于构造前端界面组件内容	
realtime-data.wxss	界面美化文件	用于定义界面外观显示参数	文件不必更改

pages 文件夹下包含多个文件夹，每个文件夹（如 realtime-data 文件夹）对应一个界面，且包含 4 个文件，其中.js 文件为事件交互文件，用于实现微信小程序逻辑交互等功能；.json 文件为配置文件，用于修改导航栏显示样式；.wxml 文件为界面文件；.wxss 文件为界面美化文件，可以让界面显示得更加美观等。微信小程序的每个界面都必须有.wxml 和.js 文件，另外两种类型的文件可以没有。

注意：文件名称必须与界面的文件夹名称相同，如 index 文件夹，文件只能是 index.wxml、index.wxss、index.js 和 index. json。

7.3.2 NB-IoT 的微信小程序模板开发过程

1. 功能分析

为了能随时随地查看接收到的数据，基于运行在云服务器上的 NB-IoT 应用系统实现了本程序。本程序主要包含 3 个界面，分别是“实时数据”界面、“实时曲线”界面、“历史数据”界面。“实时数据”界面能够实时显示终端发送上来的数据，“实时曲线”界面则会根据数据帧传入的物理量进行曲线的绘制，“历史数据”界面则会展示历史数据内容。这些功能主要是微信小程序通过与云侦听程序进行交互实现的。云侦听程序通过 WebSocket 向微信小程序提供数据，间接实现了微信小程序与数据库的交互；而数据库又通过侦听程序与终端进行交互，从而实现了微信小程序与终端的间接交互。

2．界面设计

微信小程序的界面设计与网页类似，也是通过标记语言（表示网页信息的符号标记语言）进行编写的，并可以通过“编译”查看显示效果。官方提供了包括 view、text、button、label、picker、navigator、image 和 canvas 在内的各类组件，如表 7-3 所示按照功能对它们进行了分类。在.wxml 文件中使用这些组件配合.wxss 文件中编写的样式表，可以实现对界面的布局、字体、颜色、背景和其他效果更加精确的控制。可参考微信小程序官网中的“开发”→“组件”界面提供的全部组件来实现界面的设计。

表 7-3　基础组件

组件类型	组件名	说明
视图容器	view	视图容器
	scroll-view	可滚动视图容器
	swiper	滑块视图容器
基础内容	icon	图标
	text	文字
	progress	进度条
表单	button	按钮
	form	表单
	input	输入框
	checkbox	多项选择器
	radio	单选选择器
	picker	列表选择器
	picker-view	内嵌列表选择器
	slider	滚动选择器
	switch	开关选择器
	label	标签
导航	navigator	应用链接
多媒体	audio	音频
	image	图片
	vedio	视频
地图	map	地图
画布	canvas	画布

3. 数据交互

对于微信小程序的一个界面来说，.wxss 和.wxml 文件可以被当作界面的“前端”，.js 文件可以被当作界面的“后台”。前端把交互行为封装成事件（Event）发送到后台，后台处理完成后通过 setData 方法将数据回传到前端。同时，后台还可以通过调用 API 的方式使用微信提供的功能，如获取用户信息、微信支付等，也可以借助 API 向自己的服务器进行数据访问，图 7-6 所示展示了数据与界面的交互过程。

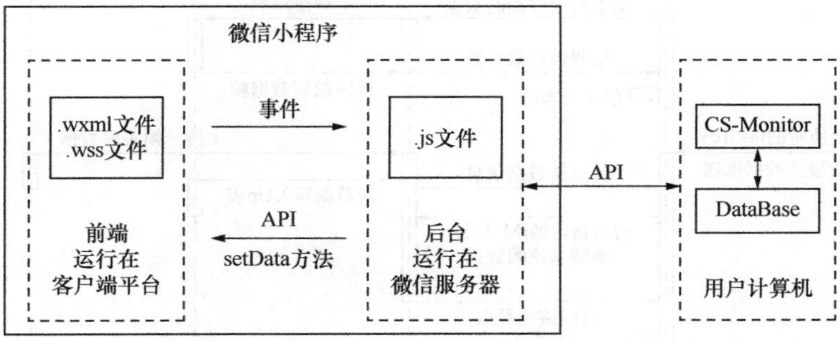
微信小程序
.wxml文件
.wss文件
事件
.js文件
CS-Monitor
API
DataBase
前端
运行在
客户端平台
API
setData方法
后台
运行在
微信服务器
用户计算机

图 7-6　数据与界面的交互过程

微信小程序提供的基础事件有单击、长按、触摸、滑动以及针对视频播放器控件的播放、暂停事件。这些事件比较基础，没有更高级的手势、多点触控等相关事件，但足够开发者使用。

微信小程序界面响应的唯一方式是通过 pages 文件夹下的 JS 文件中的 setData[①]方法对界面上的数据进行更新。

除了上述界面与数据之间的交互方式，还存在一种交互方式——API。官方提供了网络、媒体、文件、数据缓存、位置、设备、界面等各类 API，读者可参考微信小程序官网中的“开发”→“API”界面获取更多 API 信息。在 JS 文件中可以通过调用 API 的方式获取更多的数据。

在本程序中，大部分数据是通过 API 中的 WebSocket 获取的运行在服务器上的侦听程序提供的 JSON 数据，其具体格式参照 5.3.1 小节的介绍，相关数据的使用方法将在下一节中介绍。

4. 样例工程的数据传输流程

“实时数据”界面的数据传输流程如图 7-7 所示，可以大致分为建立 WebSocket 连接、接收数据和回发数据 3 个部分。

（1）建立 WebSocket 连接。进入“实时数据”界面建立 WebSocket 连接，若成功建立连接，则等待对应终端上传数据（用于创建界面文本框）。

（2）接收数据。实时侦听是否有新数据发送，当终端发送一帧数据后，CS-Monitor 会将接收到的一帧数据写入数据库，并将消息发送给微信小程序。如果数据来自微信小程序指定 IMSI 码的终端，则其会向 CS-Monitor 请求完整数据，进而完成数据的上行过程。

（3）回发数据。在规定时间内，完成对数据的修改，可以单击“回发”按钮将数据组帧后回发给 CS-Monitor，CS-Monitor 将数据写入数据库并发送给终端，完成数据的下行过程。

---

① setData 函数用于将数据从逻辑层发送到视图层，同时改变对应的 this.data 的值。

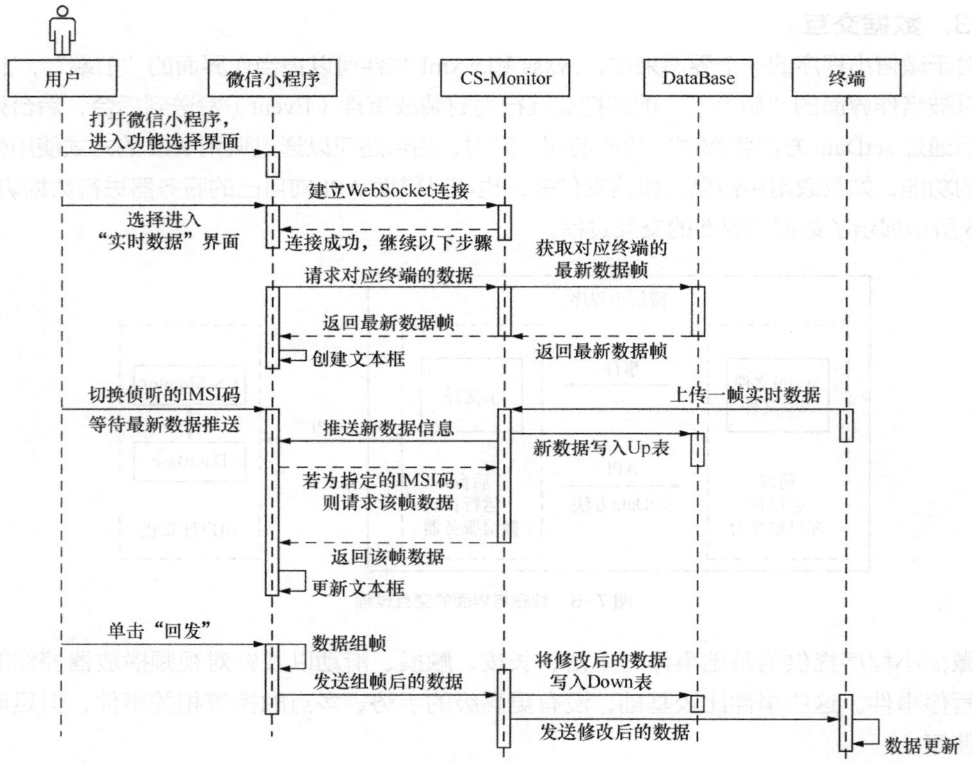
用户
微信小程序
CS-Monitor
DataBase
终端
打开微信小程序，
进入功能选择界面
建立WebSocket连接
选择进入
“实时数据”界面
连接成功，继续以下步骤
获取对应终端的
最新数据帧
请求对应终端的数据
返回最新数据帧
返回最新数据帧
创建文本框
切换侦听的IMSI码
等待最新数据推送
上传一帧实时数据
推送新数据信息
新数据写入Up表
若为指定的IMSI码，
则请求该帧数据
返回该帧数据
更新文本框
单击“回发”
数据组帧
将修改后的数据
写入Down表
发送组帧后的数据
发送修改后的数据
数据更新

图 7-7 “实时数据”界面数据传输时序图

7.3.3 NB-IoT 的微信小程序的运行分析

本小节将以运行小程序后显示的第一个界面为例，讲述该界面运行时执行的相关函数以及对应的界面设计代码，方便读者快速了解微信小程序的运行过程。

运行样例工程时，首先进入功能选择界面。该界面对应的界面文件位于“pages/data”文件夹下。此时会加载 data.wxml 文件和 data.wxss 文件，实现对界面的渲染。从运行结果来看，这个界面中包含两个部分，一是当前的时间显示，二是不同界面对应的按钮显示，分别对应于 data.wxml 文件中的两个部分。

第一部分的时间显示代码如下。

```
<view class='time'>
    <text>{{time}}</text>
</view>
```

其时间保存在“{{time}}”中，由 data.js 文件传入。onLoad 函数作为界面加载函数，会在界面加载的同时被执行，在该函数中定义了一个定时器（Clock），该定时器设置为每 1000ms 触发一次，触发时执行函数 timeClock，获取当前时间并将其更新至 data.wxml 文件中的“{{time}}”中，从而实现对时间的更新。

```
onLoad: function (options) {
    //设置定时器，用于时间显示
```

```
 this.clock = setInterval(this.timeClock, 1000)
},
timeClock:function(){
   this.setData({
      // 获取当前时间，并更新提示字符串
      time: "当前时间: " + util.formatTime(new Date())
   })
},
```

第二部分的按钮显示代码如下。

```
<!-- for 循环，循环填入界面信息 -->
<block wx:for="{{list}}" wx:key="{{list}}">
   <!-- 使用自定义控件 data_menu，使用前需要在 JSON 文件中引用 -->
   <!-- item 对应于 for 循环 list 数组中的每一项-->
   <data_menu config="{{item}}"></data_menu>
</block>
```

该代码中使用了一个自定义控件 data_menu，可以在“templates/data_menu”文件中查看。该组件需要传入的参数有图片路径、文字、背景颜色以及目标地址，传入时须将这些参数封装成对象（Object）。这里使用一个 for 循环生成多个按钮，利用数组的形式保存所有对象，将该数组存入 data_menu.js 文件的 data 字段中，该字段将会在界面加载时以字符串的形式传至 data_menu.wxml 文件中进行渲染，即在“{{list}}”中被展开使用。在自定义组件中使用了一个 navigator 组件，该组件会实现一个跳转功能，转至目标地址界面执行。例如，单击“实时数据”按钮，此时将跳转至“实时数据”界面，data 界面中的 data.js 文件中的代码如下。

```
 /*
 界面的初始数据，相当于全局变量
 */
data: {
   //界面数据信息
   list: [{
      iconpath: "../../images/realtime-data.png",
      text: "实时数据",
      color: "background-color:#A3E3B3",
      pagepath: "../realtime-data/realtime-data"
   },
   {
      iconpath: "../../images/realtime-chart.png",
      text: "实时曲线",
      color: "background-color:#EBA9D0",
      pagepath: "../realtime-chart/realtime-chart"
   },
   {
      iconpath: "../../images/history-data.png",
```

```
            text: "历史数据",
            color: "background-color:#C6C6E8",
            pagepath: "../history-data/history-data"
        },
        ],
        //时间
        time: "当前时间: " + util.formatTime(new Date())
    },
```

通过上述讲解可以看出，在进入一个微信小程序界面时，首先完成.wxml 文件及.wxss 文件的渲染加载过程，实现界面的整体样式。同时，会将.js 文件 data 字段中的部分数据作为初始效果传入前端进行渲染。在界面运行过程中，还将伴随着相应事件的触发，会执行对应的函数。例如，在加载界面时会触发 onLoad 函数，在触发按钮事件时会执行对应的按钮事件函数。

7.4 NB-IoT 的微信小程序编程的深入讨论

7.4.1 微信小程序的函数执行流程

通过 7.3 节的讨论，我们已经知晓了用户在使用微信小程序时的数据传输流程，接下来本节将深入讲解在程序内部各函数的功能以及各个函数是如何跳转的。

我们首先讨论微信小程序的启动过程。此过程属于内部过程，较为复杂，读者只需要简单了解即可。

在实例化界面之前，微信小程序需要经过初始化全局变量、加载框架等步骤，具体过程如下。

（1）初始化全局变量。微信小程序被打开后，首先会执行全局变量的初始化操作。

（2）加载框架（WAService.js）。初始化全局变量后将会加载微信小程序的框架，除了基础的 wx 和 WeixinJSBridge 两个 API 集合外，还有作为框架核心的__appServiceEngine__、exparser、__virtualDOM__三部分。__appServiceEngine__提供了框架最基本的接口，如 App、Page、Component 等；exparser 提供了框架底层的能力，如实例化组件、数据变化监听、view 层与逻辑层的交互等；而__virtualDOM__则起着连接__appServiceEngine__和 exparser 的作用，如对开发者传入 Page 方法的对象进行格式化，然后再将其传给 exparser 的对应方法进行处理。

（3）业务代码的加载。在此步骤中，小程序的 JS 代码将会被 define 语句打包。小程序中的业务代码加载顺序：首先加载项目中的非注册程序和注册界面的 JS 文件，其次加载注册程序的 app.js 文件，然后加载自定义组件的 JS 文件，最后加载各注册界面的 JS 文件。在程序中可以通过 require 方法调用 JS 文件。

（4）加载 app.js 与注册程序。在 app.js 加载完成后，小程序会使用 require('app.js')注册程序，即对 App 方法进行调用，App 方法根据传入的对象实例化一个 App 实例，其生命周期函数 onLaunch 和 onShow 将会使用不同的方式获取 options 的参数。

（5）自定义组件代码的加载与注册。在 app.js 文件加载完成之后加载自定义组件，此时所有的自定义组件将会被加载并且自动注册。只有加载完成一个自定义组件并且注册成功后，才会加载下一个自定义组件。

（6）界面代码的加载与注册。在此过程中，Page 方法会根据是否使用自定义组件做出不同的判断，在界面实例化的时候使用不同的处理流程。与自定义组件相同，只有一个界面加载并注册成功后，才会加载下一个界面代码。

（7）等待 Page 实例化。小程序将会检测所有界面的自定义组件是否准备好，并且检测需要加载的界面是否存在，若满足要求，则进行 Page 实例化，进入具体界面。

启动完成后，再进行界面的实例化，app.json 文件中处于 pages 列表的第一个界面，将作为默认启动页的第一页被加载。

以“实时数据”界面为例，其主要函数如表 7-4 所示。

表 7-4 “实时数据”界面主要函数说明

序号	函数名	简明功能	描述
1	onLoad	侦听界面加载	当监听到界面被加载时，建立 WebSocket 连接，并在连接成功后请求一帧数据，用来自动生成文本框，若未建立连接则提示与侦听程序断开连接
2	btn_clear_click	清空文本框	在单击“清空”按钮之后，清空文本框
3	btn_send_click	回发数据	在单击“回发”按钮之后，将数据组帧回发至 CS-Monitor
4	onUnload	侦听界面卸载	当侦听到界面被卸载时，关闭 WebSocket 连接

根据实时界面的操作流程及其主要函数，可知其执行过程如图 7-8 所示。

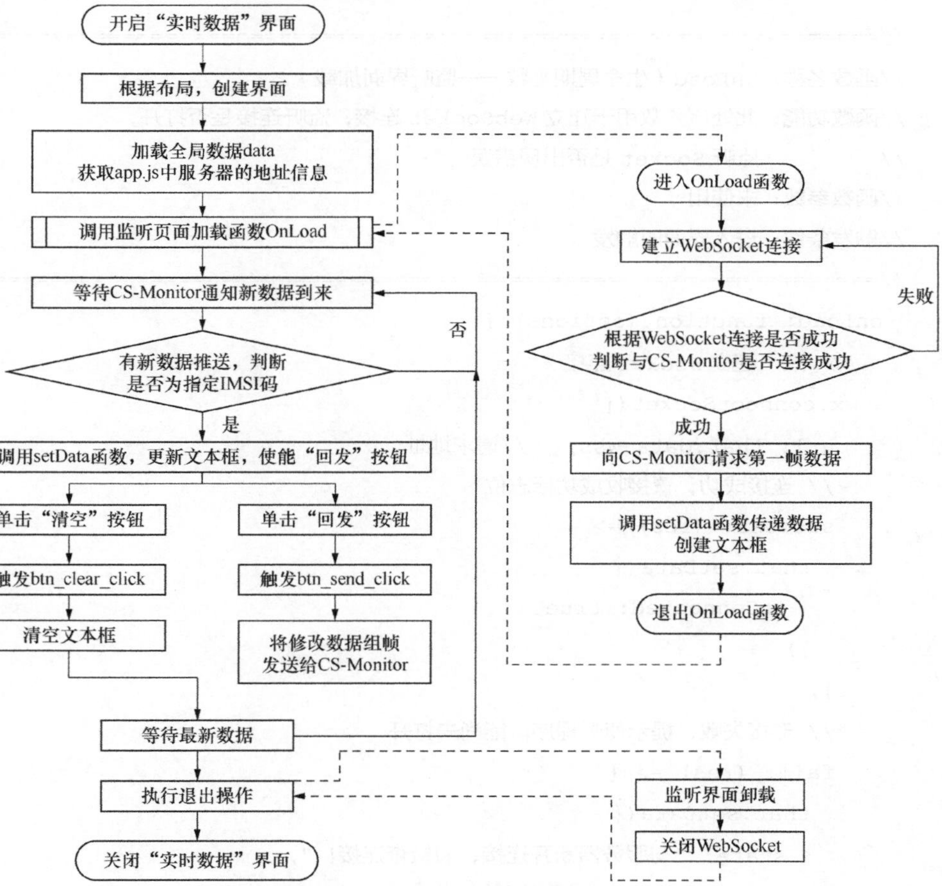
开启“实时数据”界面
根据布局，创建界面
加载全局数据data
获取app.js中服务器的地址信息
调用监听页面加载函数OnLoad
等待CS-Monitor通知新数据到来
有新数据推送，判断
是否为指定IMSI码
否
是
调用setData函数，更新文本框，使能“回发”按钮
单击“清空”按钮
单击“回发”按钮
触发btn_clear_click
触发btn_send_click
清空文本框
将修改数据组帧
发送给CS-Monitor
等待最新数据
执行退出操作
关闭“实时数据”界面
进入OnLoad函数
建立WebSocket连接
失败
根据WebSocket连接是否成功
判断与CS-Monitor是否连接成功
成功
向CS-Monitor请求第一帧数据
调用setData函数传递数据
创建文本框
退出OnLoad函数
监听界面卸载
关闭WebSocket

图 7-8 实时数据界面的执行过程

7.4.2 微信小程序的 WebSocket 连接

使用 WebSocket 进行发送数据时，由云侦听程序向微信小程序发送消息，告知收到终端的实时数据，从而实现服务器向客户端的消息发送；也可以主动向服务器发送消息请求数据，从而获得完整数据帧。

在微信小程序中提供了 7 个用于 WebSocket 的 API：wx.connectSocket（建立 WebSocket 连接）、wx.onSocketOpen（侦听 WebSocket 连接打开）、wx.onSocketError（侦听 WebSocket 错误）、wx.sendSocketMessage（发送数据）、wx.onSocketMessage（侦听 WebSocket 接收到服务器的消息事件）、wx.closeSocket（关闭 WebSocket 连接）和 wx.onSocketClose（侦听 WebSocket 关闭）。

通过指定 wss 地址建立 WebSocket 连接，并且利用上述的 API 进行数据接收与发送，完成对数据的处理。

1. 建立连接

只有与指定地址建立连接才能向云侦听程序发送和接收数据，因此需要在进入界面（onLoad 函数）中打开连接。在 wx.connectSocket 中需要填写 URL，即建立连接的 wss 地址，在本程序中，该地址被写在了 app.js 文件中，可在 app.js 文件中对其进行修改。建立连接后，需要通过 wx.onSocketOpen 函数来判断是否成功打开连接，还需要调用 wx.onSocketError 函数来防止在 WebSocket 通信过程中出现错误。

```
//==========================================================================
//函数名称：onLoad（生命周期函数——监听界面加载）
//函数功能：此处该函数用于建立 WebSocket 连接，监听连接是否打开，
//          监听 Socket 是否出现错误
//函数参数：未使用
//触发条件：进入界面时触发
//==========================================================================
  onLoad: function (options) {
   // （1）建立 Socket 连接
   wx.connectSocket({
    url: that.data.wss,   //请求地址
    // 连接成功，置接收成功标志位
    success: (res) => {
     that.setData({
      isConnected: true
     })
    },
    // 连接失败，提示侦听程序可能尚未打开
    fail: (res) => {
     that.setData({
      state: "与服务器断开连接，请检查连接！",
      state_imsi: "当前时间：" + util.formatTime(new Date()),
```

```
            send_dis: true,
            isConnected: false
          });
        }
      })
      // （2）监听连接是否打开
      wx.onSocketOpen(function () {
        console.log('WebSocket 连接已打开！')
      })
      //……（此处省略部分代码）
    // （4）Socket 连接出现问题
      wx.onSocketError(function (res) {
        // 提示当前问题，并禁用回发
        that.setData({
          state: "与服务器断开连接，请检查连接！",
          state_imsi: "当前时间：" + util.formatTime(new Date()),
          send_dis: true,
          isConnected: false
        });
    })
    //……（以下代码省略）
    }
```

2. 侦听数据

在连接建立成功之后，还需要侦听是否有数据，以确保能够接收到实时数据。

```
    // （3）监听是否有来自侦听程序的数据
    wx.onSocketMessage(function (res) {
      // （3.1）将接收到的数据转化成 JSON 对象
      var jsonP = JSON.parse(res.data)
      //对数据的具体处理
    }
```

3. 发送数据

当请求数据时，可利用 **wx.sendSocketMessage** 来发送请求，该 **API** 可以用在类似按键事件或者需要进行发送数据的场合。

```
    //（2）回发数据
    wx.sendSocketMessage({
      data: JSON.stringify({
        command: "send",      //命令
```

```
      source: "WeChat",        //发送方
      dest: dest,              //接收方（终端 IMSI 码）
      password: "",
      data: myarray            //全部数据
    })
})
```

4. 关闭连接

微信小程序的 WebSocket 最多只能建立两个连接，为了保证其他界面数据的接收，在退出界面的时候需要关闭 WebSocket 连接。因此，需要在 onUnload 函数中执行关闭 WebSocket 的操作（wx.closeSocket）。

```
//============================================================================
  //函数名称：onUnload（生命周期函数——监听界面卸载）
  //函数功能：关闭定时器和 WebSocket 连接
  //触发条件：退出界面时触发
//============================================================================
  onUnload: function () {
    var that = this;
    // （1）关闭定时器
    clearInterval(this.returntime);
    // （2）关闭 WebSocket 连接
    wx.closeSocket({
      success: function () {
        // 设置界面处于关闭状态
        that.setData({
          isClose:true
        })
        console.log("WebSocket 已关闭")
      }
    })
  },
```

7.4.3 数据的处理与使用

1. 历史数据——ask 与 reAsk

请求数据时，发送命令“command: "ask"”，此时会向云侦听程序请求位于数据表中指定行的数据，下面以请求最新一行数据为例进行说明。

```
// ===========================================================================
//事件名称：btn_new_click（获取最新一帧数据）
```

```
//触发条件：单击“最新一帧”按钮
//事件功能：发送 WebSocket 信息，请求最新一帧数据
// ================================================================
 btn_new_click: function () {
  var that = this;    //防止 this 的值发生变化而无法访问全局的 data 等资源
  // 请求最新帧一帧数据
  wx.sendSocketMessage({
   // 转化成 JSON 字符串
   data: JSON.stringify({
    command: "ask",
    source: "WeChat",
    password: "",
    value: that.data.sum.toString()
   }),
  })
 },
```

当云侦听程序收到请求后，会将数据通过“command = "reAsk"”指令返回，可调用 wx.onSocketMessage 函数接收该命令，并对数据进行解析处理。

```
// （3）监听是否有来自侦听程序的数据
  wx.onSocketMessage(function (res) {
   // （3.1）将接收到的数据转化成 JSON 对象
   var jsonP = JSON.parse(res.data)
   // （3.2）接收到 reAsk 命令（即获得 ask 命令指定的全部数据）
   if (jsonP.command == "reAsk") {
    //获取数据帧的数据
    var myarray = jsonP.data
    // 当前数据的行号
    that.data.curlen = jsonP.currentRow;
    // 数据表中全部数据的总行数
    that.data.sum = jsonP.totalRows;
    //清空数据数组
    that.data.array = []
    // （3.2.1）保存数据
    for (var i = 0; i < myarray.length; i++) {
     // 数据为发送时间，将时间戳转化成具体时间
     if (myarray[i].name == "currentTime") {
      var time = parseInt(myarray[i].value)
      myarray[i].value = util.formatTime(new Date((time - 28800) *
1000));
```

```
        }
        // 数据为芯片温度，将其转化成实际温度
        if (myarray[i].name == "mcuTemp") {
          var value = (myarray[i].value / 10).toFixed(1);
          myarray[i].value = value
        }
        // 创建一个对象，将当前信息保存下来
        var newarray = [{
          id: i,
          data: {
            type: myarray[i].type,
            value: myarray[i].value,
            name: myarray[i].name,
            size: myarray[i].size,
            otherName: myarray[i].otherName,
            wr: myarray[i].wr
          }
        }];
        // 将保存的对象加入数据数组中
        that.data.array = that.data.array.concat(newarray);
      }
      //（3.2.2）创建界面，将数据传至前台
      that.setData({
        'state':"当前为第" + that.data.curlen+"/"+that.data.sum+"帧",
        'array': that.data.array,
      });
    }
  }
```

2. 实时数据——recv

当在 wx.onSocketMessage 的 API 中接收到一行数据时，即命令“command == "recv"”，需要判断此数据是否为指定 IMSI 码的终端数据，若是，则向云侦听程序请求该数据帧，方法与请求历史数据一致。

```
wx.onSocketMessage(function (res) {
  // （3.1）将接收到的数据转化成 JSON 对象
  var jsonP = JSON.parse(res.data)
  // （3.2）接收到 recv 命令（即接收到一帧实时数据）
  if (jsonP.command=="recv")
  {
```

```
        // （3.2.1）获得当前侦听的 IMSI 码
        var imsi = that.data.imsi[that.data.index];
        // 若当前为输入状态，则为输入框对应 IMSI 码
        if (that.data.index == 0) {
          imsi = that.data.imsi_input;
        }
        // （3.2.2）接收到侦听 IMSI 码的数据，请求全部数据
        if(jsonP.source==imsi)
        {
          // 请求该帧数据，value 值为接收到命令所传递的行号
          wx.sendSocketMessage({
            data: JSON.stringify({
              command: "ask",
              source: "WeChat",
              password: "",
              value: jsonP.value
            }),
          })
        }
      }
    }
```

3. 回发——send

回发操作是先获取界面中的全部数据，然后重新组帧，接着将新组帧的数据通过 wx.sendSocketMessage 发送到云侦听程序的过程。云侦听程序会在接收到数据后，对其进行解析并将其存入下行数据表中，以便回发给终端。

```
    // ===================================================================
    //事件名称：btn_send_click（回发）
    //触发条件：单击“回发”按钮
    //事件功能：将数据回发至终端
    // ===================================================================
     btn_send_click: function () {
       var that = this;
       var myarray = [];
       var dest;
       // （1）将数据进行转换
       for (var i = 0; i < that.data.array.length; i++) {
         // 提取接收方的 IMSI 码
         if (that.data.array[i].data.name == "IMSI") {
           dest = that.data.array[i].data.value
```

```
        }
        // 将当前时间转化为时间戳
        else if (that.data.array[i].data.name == "currentTime")
        {
          that.data.array[i].data.value=Date.parse(new Date())/1000+28800
        }
        // 温度值转化
        else if (that.data.array[i].data.name == "mcuTemp") {
          that.data.array[i].data.value *=10
        }
        // 存入数组保存
        var newarray = that.data.array[i].data;
        myarray = myarray.concat(newarray)
      }
      //(2)回发数据
      wx.sendSocketMessage({
        data: JSON.stringify({
          command: "send",              //命令
          source: "WeChat",             //发送方
          dest: dest,                   //接收方(终端 IMSI 码)
          password: "",
          data: myarray                 //全部数据
        })
      })
      //(3)禁用回发
      this.setData({
        relay_time: -1,
        send_dis: true
      });
    },
```

7.4.4 组件模板

在编写界面程序时，有一些模块（如本程序使用的数据界面菜单按钮）需要重复使用，为了使代码简洁明了，可以根据传入的变量完成相应的设置，利用自定义组件的功能来实现相应的构件。例如，在 templates 目录下添加一个 component 文件，将功能模块提取出来，抽象成一个自定义组件，以便在不同的界面中重复使用。

自定义组件的编写与界面相似，首先完成.wxml 文件与.wxss 样式文件的编写。

```
    <!-- 界面跳转导航，读取 config 对象来填写内容 -->
```

```
<navigator class='menu' style="{{config.color}}" url="{{config.
pagepath}}">
    <!-- 图标 -->
    <image class='icon_menu' src="{{config.iconpath}}"></image>
    <!-- 界面名称 -->
    <text class='text'>{{config.text}}</text>
    <image class='icon-right' src="../../images/right.png"></image>
</navigator>
```

然后在JS文件中对相关属性进行配置，此处使用的是一个对象，还可以在此文件中添加功能函数，如界面跳转或者动画效果。

```
/* 组件的属性列表
properties: {
  //定义 config 变量，其类型为对象
  config:{
    type:Object,
    value:{}
  }
},
```

但是需要在 JSON 文件中进行自定义组件声明，并且需要在使用该组件的界面对应的JSON文件中进行如下引用。

```
"usingComponents": {
  "data_menu":"../../templates/data_menu/data_menu" }
```

完成声明后的自定义组件即可在界面中直接使用。

```
<!-- for 循环，循环填入界面信息 -->
<block wx:for="{{list}}" wx:key="{{list}}">
  <!-- 使用自定义控件 data_menu，使用前需要在 json 文件中引用 -->
  <!-- item 对应于 for 循环 list 数组中的每一项-->
  <data_menu config="{{item}}"></data_menu>
</block>
```

同时，在JS文件中传入界面信息，编译时会自动传入相关变量，从而完成界面的设计。

```
/* 界面的初始数据，相当于全局变量 */
data: {
  //界面数据信息
  list: [{
    iconpath: "../../images/realtime-data.png",
    text: "实时数据",
```

```
            color: "background-color:#A3E3B3",
            pagepath: "../realtime-data/realtime-data"
        },
        {
            iconpath: "../../images/realtime-chart.png",
            text: "实时曲线",
            color: "background-color:#EBA9D0",
            pagepath: "../realtime-chart/realtime-chart"
        },
        {
            iconpath: "../../images/history-data.png",
            text: "历史数据",
            color: "background-color:#C6C6E8",
            pagepath: "../history-data/history-data"
        },
        ],
    },
```

组件模板可以简化之前复杂的程序，只需要通过一条标签即可使用相应的功能模块。当需要修改界面程序时，也只须修改自定义组件文件，而不用修改使用该功能的所有界面。

7.5 “照葫芦画瓢”开发自己的 NB-IoT 微信小程序

本节内容主要描述如何在微信小程序上添加开灯、关灯的按钮，以控制终端蓝灯的亮、暗情况这一下行过程。读者先将“…\04-Soft\ch07-1”文件夹复制至“…\04-Soft\ch07-2”文件夹（建议读者另建文件夹）中，按照 4.2.2 小节介绍的内容搭建自己的临时服务器。然后启动 FRP 客户端，运行云侦听画瓢程序（即“…\04-Soft\ch04-2\CS-Monitor”），启动终端画瓢程序（即“…\04-Soft\ch04-2\User_NB”）。下面将具体介绍如何在微信小程序中“照葫芦画瓢”。

1. 修改微信小程序工程的配置

（1）修改实时数据和实时曲线的侦听地址。打开微信小程序开发工具，导入电子资源“…\04-Soft\ch07-1\Wx-Client”文件夹，在“实时数据”界面（pages/realtime-data/reaitime-data.wxml）和“实时曲线”界面（pages/realtime-chart/realtime-chart.wxml）中将侦听地址修改为自己终端的 IP 地址和端口。

```
侦听地址：116.62.63.164:35000
```

（2）修改 wss 的访问地址。将配置文件 app.js 中的 wss 的访问地址修改成“ws://suda-mcu.com:35001/wsServices”。

```
//服务器 wss 的访问地址
wss: 'ws://suda-mcu.com:35001/wsServices'
```

2. 添加控制小灯按钮

在微信小程序中的“实时数据”界面的 realtime-data.wxss 文件的“【画瓢处 1】新增控制小灯的按钮”处添加两个控制小灯按钮。

```
/*【画瓢处 1】新增控制小灯的按钮 */
.btn_con1Info
{
  float: left;
  width: 23%;
  margin: 8rpx;
  background-color: lightblue;
}
.btn_con0Info
{
  float: left;
  width: 23%;
  margin: 8rpx;
  background-color: lightblue;
}
```

在 realtime-data.wxml 文件中的“【画瓢处 1】添加按钮绑定事处”处添加按钮绑定事件。

```
<!--【画瓢处 1】添加按钮绑定事件 -->
    <button id= "亮" class="btn_con1Info" bindtap="btn_con_click">开
灯</button>
    <button id= "暗" class="btn_con0Info" bindtap="btn_con_click">关
灯</button>
```

3. 编写“关灯/开灯”按钮的 btn_con_click 事件

在 realtime-data.js 文件中的“【画瓢处 2】”下面添加对按钮单击的判断，再执行相应的操作。

```
//……受限于篇幅，此处省略部分代码
//【画瓢处 2】单击按钮后，改变 light_state 变量的值
//小灯控制
else if(that.data.array[i].data.name == "light_state")
{
  if(id == "亮")
     that.data.array[i].data.value = "亮";
  if(id == "暗")
     that.data.array[i].data.value = "暗";
}
```

4. 运行小程序并观察现象

在模拟器中运行微信小程序并进入“实时数据”界面，如图 7-9 所示。在接收到数据的 30s 内，单击“开灯”或“关灯”按钮，数据会下行到终端，控制蓝灯的“亮”与“暗”，此为下行过程；当终端回发数据时，数据会上行到微信小程序中，此时小灯状态变为“亮”或“暗”，新增温度就有了新的值，此为上行过程。

●●●●● WeChat
20:03
100%
实时数据
请选择IMSI码:
460113003233325
侦听地址：116.62.63.164:35000
正在侦听：460113003233325
当前时间：2019/12/08 20:03:29
手机号
13000000000
IMEI码
869662030637182
信号强度
74
光线强度
28947
TSI次数
3
备注2
LBS定位
460,11,4855952,4209
新增温度
33639
小灯状态
暗
清空
开灯
关灯
回发

图 7-9　画瓢程序运行效果图

本节程序可参考“…\04-Soft\ch07-2”文件夹下的相关代码。

7.6 NB-IoT 微信小程序模板的发布

若使用正式的微信小程序账号，则可以根据以下方法发布自己的小程序。

（1）在微信小程序发布前，首先确认是否已经填写相应的 AppID，然后进行编译测试，填写版本号以及项目备注，最后单击“上传”按钮完成上传，如图 7-10 所示。

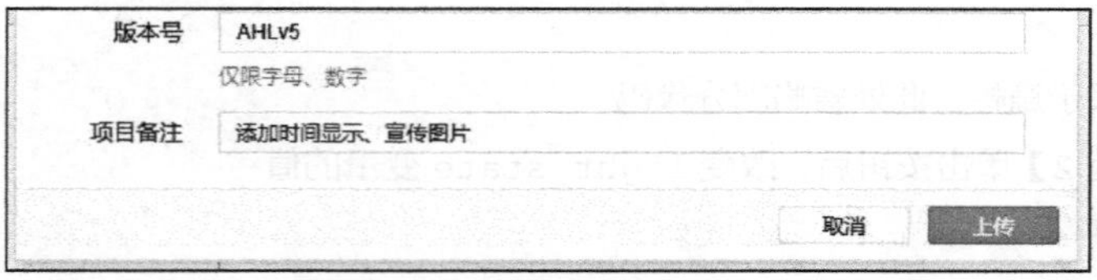

版本号
AHLv5
仅限字母、数字
项目备注
添加时间显示、宣传图片
取消
上传

图 7-10　项目上传

（2）进入微信公众平台官网，登录小程序开发管理平台，选择“开发管理”选项卡，可在开发版本一栏查看已上传项目的相关信息。单击“提交审核”按钮可对提交项目的功能界面进行配置，如图 7-11 所示。

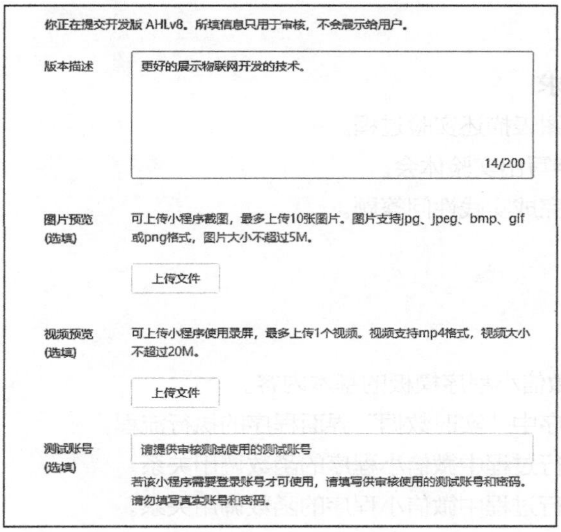
你正在提交开发版 AHLv8。所填信息只用于审核，不会展示给用户。
版本描述
更好的展示物联网开发的技术。
14/200
图片预览
(选填)
可上传小程序截图，最多上传10张图片。图片支持jpg、jpeg、bmp、gif或png格式，图片大小不超过5M。
上传文件
视频预览
(选填)
可上传小程序使用录屏，最多上传1个视频。视频支持mp4格式，视频大小不超过20M。
上传文件
测试账号
(选填)
请提供审核测试使用的测试账号
若该小程序需要登录账号才可使用，请填写供审核使用的测试账号和密码。
请勿填写真实账号和密码。

图 7-11　功能界面配置

（3）确认提交后需要等待小程序官方进行审核。审核完毕后再次登录微信小程序管理平台，进入“开发管理”选项卡，在审核版本一栏中查看已审核通过的版本，单击“提交发布”即可。可以选择全量发布（即立刻发布），也可以选择分阶段发布（即 15 天内按照一定的比例发布给用户）。在确认发布后，可以使用微信手机客户端扫描二维码，查看已发布的小程序。至此微信小程序发布完成。

7.7 实验 7：微信小程序实时控制终端

1. 实验目的

（1）了解终端与微信小程序的通信过程。

（2）了解通过本地服务器转发数据的通信流程。

（3）理解和掌握如何在终端中添加传感器并在小程序上获取相应的数据。

2. 实验准备

（1）硬件部分。PC 或笔记本计算机一台、开发套件一套。

（2）软件部分。根据电子资源“…\02-Doc”文件夹下的电子版快速指南，下载合适的资源。

（3）软件环境。按照“附录 B AHL-GEC-IDE 安装及基本使用指南”，进行有关软件工具的安装。

3. 参考样例

参考 7.5 节，该节具体描述了如何通过本地服务器获取终端的温度。

4. 实验过程或要求

（1）验证性实验。验证模板程序，具体步骤参考 7.5 节。

（2）设计性实验。在验证性实验的基础上，自行编程实现对磁开关状态的采集，并控制绿灯的亮暗。

5. 实验报告要求

（1）用适当文字、图表描述实验过程。

（2）用 200～300 字写出实验体会。

（3）在实验报告中完成实践性问答题。

7.8 习题

（1）描述 NB-IoT 微信小程序模板的基本内容。

（2）画出微信小程序中“实时数据”界面程序的执行流程。

（3）说明在数据上行过程中微信小程序的函数调用关系。

（4）说明在数据下行过程中微信小程序的函数调用关系。

（5）描述一下如何将自己的微信小程序上线发布。

08 chapter

通过 Android App 访问数据

Android（安卓）操作系统是目前世界上使用率最高的移动操作系统。Android 操作系统最初由安迪·鲁宾（Andy Rubin）开发；2005 年 8 月被 Google 收购；2007 年 11 月，Google 与 84 家硬件制造商、软件开发商及电信运营商组建开放手机联盟，共同研发、改良 Android 操作系统，随后 Google 以 Apache 开源许可证的授权方式发布了 Android 的源代码。Android App 是指可以运行在 Android 操作系统上的应用软件，其使我们能够更加便捷地通过手机查看信息、操作数据等。本章通过讲解能够实现数据收发的样例工程，帮助读者快速学习 Android App 的一般编程方法和步骤，走出开发 Android App 时一切从零开始的困境。

8.1 在开发环境中运行 NB-IoT 的 Android App

8.1.1 开发环境的安装

读者可通过 Google 官网下载相应版本的 Android Studio 安装包，如图 8-1 所示；也可以通过 Android Studio 中文社区官网下载相应的安装包，如图 8-2 所示。

说明：Android Studio 安装包分为含 SDK 版本和不含 SDK 版本，如果开发者有 SDK，那么可以下载不含 SDK 的版本。在 Android Studio 中文社区官网能够下载到最新版本的 Android Studio。

android studio
Android Studio提供了用于在每种类型的Android设备上构建应用程序的最快工具。
下载ANDROID STUDIO
对于Windows 64位3.5.2（718 MB）
下载选项
发行说明

图 8-1　从 Google 官网下载 Android Studio 安装包

ANDROID STUDIO 3.4.1.0 DOWNLOAD FROM DL.GOOGLE.COM
立即开始使用 Android Studio
Android Studio 包含用于构建 Android 应用所需的所有工具。
下载 ANDROID STUDIO
3.4.1 FOR WINDOWS 64-BIT (971 MB)
• 版本：3.4.1
• 发布日期：2019.1.6
选择其他平台
Platform
Android Studio package
Size
SHA-256 checksum
Windows (64-bit)
android-studio-ide-183.5522156-windows.exe
Recommended
971 MB
3bdeb96033d9aa54ed6192b5f95688464eed8d4d3a5bf23aa5b421f095b05741
android-studio-ide-183.5522156-windows.zip
No .exe installer
1035 MB
34fb0eb7c965e86cfe2d26a9fd176e9faa78b245f71fe0ee250da5a393d96eff

图 8-2　从 Android Studio 中文社区官网下载 Android Studio 安装包

安装 Android Studio，具体步骤参见“辅助阅读材料”。

8.1.2 项目的导入与编译运行

在正确安装完 Android Studio 之后，将本样例工程（“…\04-Soft\ch08-1\App(Android)”）导入 Android Studio 中，单击 Android Studio 上部导航栏中的“Build”→“Rebuild Project”可重建本工程。读者如果是第一次安装并使用 Android Studio，则在重建过程中有可能会遇到因

缺失 SDK 而报错的情况。通常，Android Studio 会在报错的同时提供下载链接，读者只需要单击链接下载即可。

本书使用的开发环境版本是 Android Studio 3.4.1，编译过程中如果在“Bulid Output”一栏中出现“SSL peer shut down incorrectly”这一错误，则有可能是因为下载的 Android Studio 版本过高所致。读者只须双击工程根目录下的 build.gradle 文件，找到图 8-3 所示的代码，将其中的 Android Studio 版本号 3.4.1 修改成自己正在使用的 Android Studio 的版本号即可。

```
buildscript {
    repositories {
        jcenter()
        google()
    }
    dependencies {
        classpath 'com.android.tools.build:gradle:3.4.1'

        // NOTE: Do not place your application dependencies here; they belong
        // in the individual module build.gradle files
    }
}
```

图 8-3　修改版本号的代码

完成 SDK 的下载和 Android Studio 版本号的修改后，再次单击“Rebuild Project”重建本工程，单击下部导航栏“ Build ”按钮，出现图 8-4 所示的“Build: completed successfully”提示字样，这表示程序编译成功。

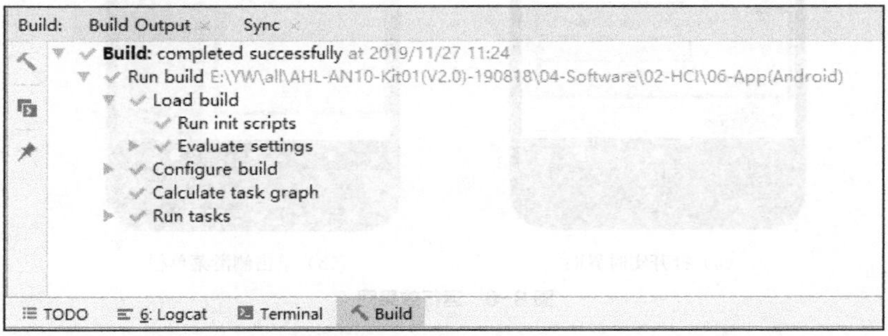
Build:
Build Output
Sync
Build: completed successfully at 2019/11/27 11:24
Run build E:\YW\all\AHL-AN10-Kit01(V2.0)-190818\04-Software\02-HCI\06-App(Android)
Load build
Run init scripts
Evaluate settings
Configure build
Calculate task graph
Run tasks
TODO
6: Logcat
Terminal
Build

图 8-4　程序编译成功

编译成功之后，单击“Run”→“Run ‘App’”，此时 Android Studio 会弹出运行设备选择对话框，如图 8-5 所示，本书选用安卓虚拟设备（Android Virtual Device，AVD）来运行 App 程序。

选择好运行 App 程序的虚拟设备之后，单击“OK”按钮打开虚拟设备，就可以开始运行 App 了。当虚拟设备开机后，等待一会儿，它会自动跳转到“NB-IoT 技术基础”App 并打开实时界面，如图 8-6（a）所示。单击侧滑菜单栏按键，会出现图 8-6（b）所示界面。

本样例工程虽然不复杂，但却涵盖了 Android 编程的基本知识，如界面的编辑、控件的动态创建、控件的获取和赋值、定时器的使用、子线程的创建、主线程和子线程之间的消息传递等。读者在理解了本工程之后，可以快速在本工程的基础上创建自己的 Android App。

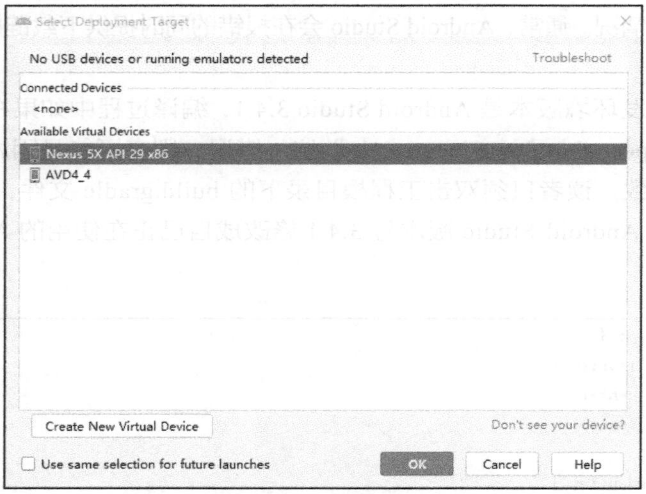
Select Deployment Target
No USB devices or running emulators detected
Troubleshoot
Connected Devices
<none>
Available Virtual Devices
Nexus 5X API 29 x86
AVD4_4
Create New Virtual Device
Don't see your device?
Use same selection for future launches
OK
Cancel
Help

图 8-5 选择运行设备

状态提示
查 询
正在等待接收数据
监听的IMSI码为：
全部
命令
帧号
IMSI码
服务器IP
服务器端口
发送时间
看门狗复位次数
实时数据
清 空
回 发
侧滑菜单栏
查 询
实时
历史
System
帮助
退出

（a）打开实时界面　　（b）单击侧滑菜单栏

图 8-6 运行效果图

8.2 运行 Android App 模板观察自己终端的数据

读者首先按照 4.2.2 小节所介绍的内容搭建自己的临时服务器，然后启动 FRP 客户端，运行云侦听模板程序（即“…\04-Soft\ch04-1\CS-Monitor”），并启动终端模板程序（即“…\04-Soft\ch04-1\User_NB”）。

1. 修改配置文件

打开 Android Studio 及电子资源“…\04-Soft\ch08-1\ App(Android)”文件夹，将配置文件“app\src\main\assets\AHL.xml”中的 value 值修改为“ws://116.62.63.164:35001/ wsServices”。

```
<!--更改此处的 value 值为自己的服务器域名加端口号-->
<string name="sever_address" value = " ws:// 116.62.63.164:35001/
wsServices ">SeverAddress</string>
```

2. 添加自己终端的 IMSI 码

打开 Android App，在“实时数据”界面中找到文本框提示栏“请输入需要侦听的 IMSI 码！”，在该处输入新设备的 IMSI 码（读者可查看自己手中终端的 IMSI 码，以下使用的 IMSI 码均为测试号），单击右侧的“查询”按钮，便可监听刚添加的终端设备。

3. 观察 NB-IoT 终端实时数据

用户设备的 IMSI 码添加完后，观察图 8-7（a）所示的新设备数据，可以看到界面中的 IMSI 码与终端的 IMSI 码一致（假设读者终端的 IMSI 码为 460113003239964），这表示此时金葫芦 NB-IoT 上的数据确实是终端的数据。若客户端无该 IMSI 码终端的数据，则可重新启动终端，再继续观察。

4. 数据回发

打开虚拟设备（参考 8.1.2 小节），在 Android App 接收到数据的 30s 内，读者可修改“实时数据”界面中可编辑的数据（可编辑区域为白色背景文本框），并单击“回发”按钮，将修改后的数据更新到终端中，可以通过观察图 8-7（b）前后数据的变化来验证数据是否回发成功。当终端相应的数据得到更新后，可以通过在 TSI 触摸区位置按 3 次，将终端数据再次上传到 Android App 中，观察 Android App 接收到实时数据前后的变化，可以验证数据是否上传成功。

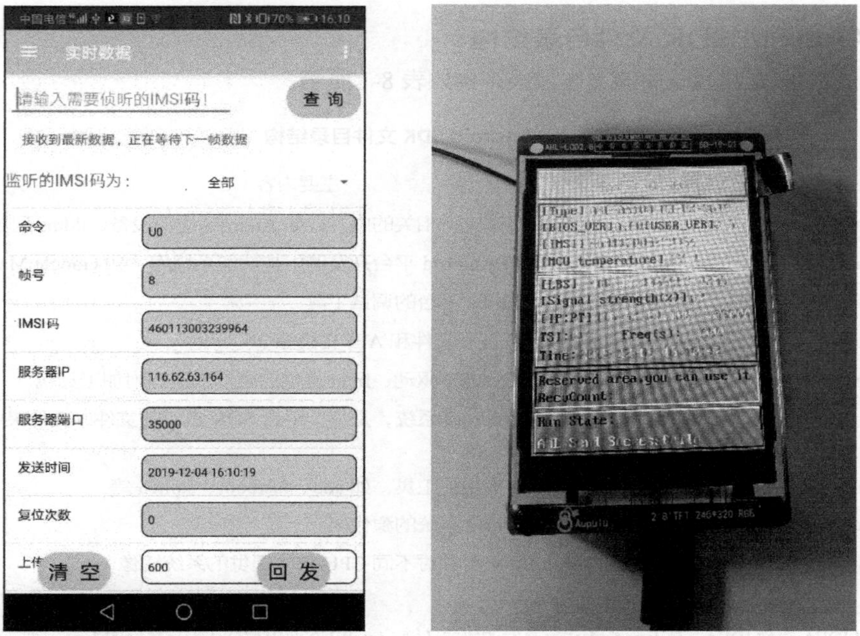
实时数据
请输入需要侦听的IMSI码!
查 询
接收到最新数据，正在等待下一帧数据
监听的IMSI码为：
全部
命令
U0
帧号
8
IMSI码
460113003239964
服务器IP
116.62.63.164
服务器端口
35000
发送时间
2019-12-04 16:10:19
复位次数
0
600
清 空
回 发

（a）新设备数据　　（b）观察前后数据的变化

图 8-7　实时数据侦听终端与界面

8.3 NB-IoT 的 Android 端 App 模板

8.3.1 NB-IoT 的 Android 端 App 开发环境

本工程是在 Android Studio 环境下编写的，Android Studio 是 Google 在 2013 年 5 月推出的一款全新的 Android 开发环境，也是目前 Google 公司主推的 Android 编程环境。下面简单介绍 Android Studio 开发环境。

1. Android Studio 简介

Android Studio 支持 Windows、Mac、Linux 等操作系统，它是基于流行的 Java 语言集成开发环境 IntelliJ IDEA①搭建而成的，其类似于 Eclipse②，提供了集成的 Android 开发工具，可用于开发和调试。

在 2014 年 12 月 8 日，Google 发布了稳定版的 Android Studio 1.0，此后 Google 官方逐步放弃对原来主要的 Eclipse ADT 的支持，并为 Eclipse 开发者提供了工程迁移的解决办法。

2. Android Studio 开发环境搭建

基于 Windows 平台的 Android Studio 开发环境搭建，主要包括以下内容。

（1）Java JDK 的下载与安装。

（2）Android Studio 的下载与安装。

（3）Android SDK 的下载与安装。

具体的搭建过程详见“辅助阅读材料”。

3. Android SDK 文件目录结构

Android SDK 安装完成后的文件目录结构如表 8-1 所示。

表 8-1 Android SDK 文件目录结构

序号	Android SDK	主要内容
1	.android	存放与 Android 调试设备相关的内容，如 Android 虚拟设备、ddms 配置等
2	add-ons	存放第三方公司为 Android 平台开发的附加功能系统库，如 Google Maps 等
3	build-tools	存放相关版本 Android 平台的调试工具
4	docs	存放 Android SDK 开发文件和 API 文档等
5	extras	存放 Google 提供的 USB 驱动、Intel 提供的硬件加速等附加工具包
6	platforms	存放不同版本的 Android 系统，是每个平台 SDK 真正的文件，文件夹中会根据 API Level 划分 SDK 版本
7	platforms-tools	存放 Android 平台的相关工具，如 adb、fastboot、sqlite3 等
8	sources	存放各个版本 Android 系统的源代码
9	System-imagesd	存放不同 Android 平台针对不同 CPU 架构提供的系统镜像

① IntelliJ IDEA 简称 IDEA，是 Java 编程语言开发的集成环境。IntelliJ 在业界被公认为是最好的 Java 开发工具，尤其是它在智能代码助手、代码自动提示、重构、J2EE 支持、各类版本工具（如 git、svn 等）、JUnit、CVS 整合、代码分析、创新的 GUI 设计等方面的功能，可以说是超常的。

② Eclipse 是一个开放源代码的、基于 Java 的可扩展开发平台。就其本身而言，它只是一个框架和一组服务，用于通过插件和组件构建开发环境。

续表

序号	Android SDK	主要内容
10	.temp	存放临时操作或缓存
11	tools	存放大量 Android 开发、调试工具
12	AVD Manager	Android 虚拟设备管理器，用于管理 Android 虚拟设备
13	SDK Manager	Android SDK 管理器，用于管理 Android SDK，包括安装最新的 Android SDK

8.3.2 NB-IoT 的 Android 端 App 模板工程结构

体验了 Android 程序的运行过程之后，读者应该首先熟悉 Android App 模板的工程结构，因为以此为基础进行编程可以大大提高工作效率。

1. 视图选择

通过单击 Android Studio 开发环境的左上角可以切换多种视图模式，常用的视图模式有 3 种：Project、Android 和 Packages。

如图 8-8（a）所示，Project 视图是真实的目录结构视图，在这个视图下，文件的路径是真实的，嵌套关系也是真实的。

如图 8-8（b）所示，Android 视图是 Android Studio 将一些文件分门别类并适当合并和隐藏之后显示出来的界面，由于隐藏了许多用户在 Project 中不需要的东西，故界面简洁明了，适合进行快速开发。但是这个视图对于不熟悉 Android Studio 的读者来说可能并不容易理解，这是因为其中文件的路径不是真实的，嵌套关系也不是真实的，它是 Android Studio 为方便编程而重新组织的视图。

如图 8-8（c）所示，Packages 视图隐藏了配置文件、属性文件和系统自身的目录。

读者可以根据自己的需求，自由地切换视图的结构模式。

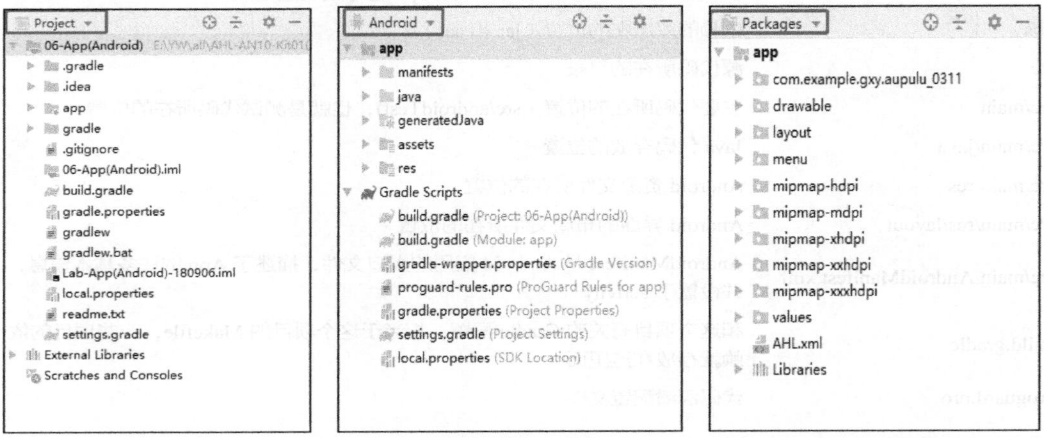
Project
06-App(Android)
.gradle
.idea
app
gradle
.gitignore
06-App(Android).iml
build.gradle
gradle.properties
gradlew
gradlew.bat
Lab-App(Android)-180906.iml
local.properties
readme.txt
settings.gradle
External Libraries
Scratches and Consoles
Android
app
manifests
java
generatedJava
assets
res
Gradle Scripts
build.gradle (Project: 06-App(Android))
build.gradle (Module: app)
gradle-wrapper.properties (Gradle Version)
proguard-rules.pro (ProGuard Rules for app)
gradle.properties (Project Properties)
settings.gradle (Project Settings)
local.properties (SDK Location)
Packages
app
com.example.gxy.aupulu_0311
drawable
layout
menu
mipmap-hdpi
mipmap-mdpi
mipmap-xhdpi
mipmap-xxhdpi
mipmap-xxxhdpi
values
AHL.xml
Libraries

（a）Project 视图　　（b）Android 视图　　（c）Packages 视图

图 8-8 Android Studio 常用的 3 种视图模式

2. 文件和文件夹介绍

由于 Project 视图是真正的文件视图，如图 8-8（a）所示，所以本小节讲解 Project 视图。表 8-2 所示列出了该视图下工程根目录内的文件和文件夹及其功能。

表 8-2 根目录下的文件和文件夹

文件（夹）名	功　能
.gradle	Gradle 编译系统，版本由包装程序 Gradle Wrapper 指定
.idea	Android Studio IDE 所需要的文件
app	存放文件代码
build	存放代码编译后生成的文件
gradle	存放 wrapper 的 jar 和配置文件所在的位置
.gitignore	Git 使用的 Ignore 文件
build.gradle	Gradle 编译的相关配置文件（相当于 Makefile）
gradle.properties	Gradle 相关的全局属性设置
gradlew	Linux 下的 Gradle Wrapper 可执行文件
graldew.bat	Windows 下的 Gradle Wrapper 可执行文件
local.properties	本地属性设置（key 设置，Android SDK 位置等属性设置）
settings.gradle	和设置相关的 Gradle 脚本

Gradle 本身不是一种编程语言，不能帮助使用者实现软件中的任何实际功能。它只是一种构建工具，可以帮助使用者管理项目中的差异，如依赖、编译、打包、部署等。使用者也可以自行定义满足自己需要的构建逻辑，并将其写入 build.gradle 中供以后使用（复用）。

在这些文件和文件夹中，最重要的是 app 文件夹，它存放了程序代码和相关资源。其他的文件和文件夹在不需要更换开发环境或者编译系统时是不需要更改的。单击打开 app 文件夹，其中的内容如表 8-3 所示。

表 8-3 app 文件夹中的内容

文件（夹）名	功　能
build	存放编译后的文件（最终生成的 apk 也存放在这里面）
libs	依赖的库所在的位置（jar 和 aar）
src	源代码所在的目录
src/main	主要代码所在的位置（src/androidTest)，也就是测试代码所在的位置
src/main/java	Java 代码存放的位置
src/main/res	Android 资源文件所在的位置
src/main/res/layout	Android 界面的布局文件所在的位置
src/main/AndroidManifest.xml	AndroidManifest 是 Android 应用的入口文件，描述了 App 的许多基本信息，并设置了 activity
build.gradle	和这个项目有关的 Gradle 配置，相当于这个项目的 Makefile，一些项目的依赖就存放在这里面
proguard.pro	代码混淆配置文件

在 app 文件夹中，“src/main/java”路径下的 Java 代码是可以和“src/main/res/layout”文件下的布局文件进行绑定的。在“src/main/res/layout”布局好的界面（如 content_main.xml）中，可以通过单击图 8-9 中左侧的“ ”图标，快速跳转到 MainActicity.java 程序中，以快速实现界面里的功能。也可以通过单击 MainActicity.java 程序中左侧的“ ”图标，跳转到界面布局文件中。

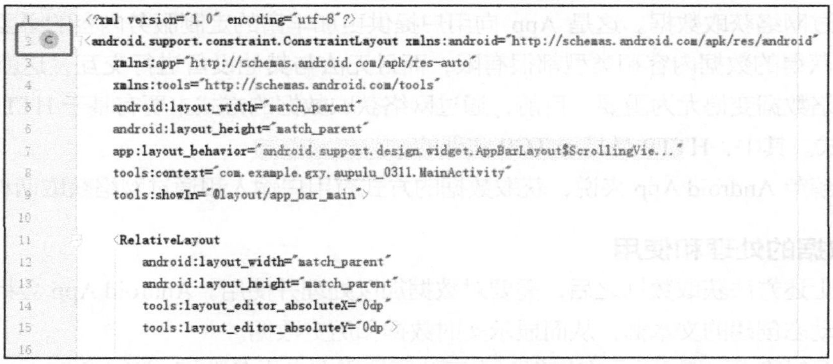
<?xml version="1.0" encoding="utf-8"?>
C
<android.support.constraint.ConstraintLayout xmlns:android="http://schemas.android.com/apk/res/android"
xmlns:app="http://schemas.android.com/apk/res-auto"
xmlns:tools="http://schemas.android.com/tools"
android:layout_width="match_parent"
android:layout_height="match_parent"
app:layout_behavior="android.support.design.widget.AppBarLayout$ScrollingVie..."
tools:context="com.example.gxy.aupulu_0311.MainActivity"
tools:showIn="@layout/app_bar_main">
<RelativeLayout
android:layout_width="match_parent"
android:layout_height="match_parent"
tools:layout_editor_absoluteX="0dp"
tools:layout_editor_absoluteY="0dp">

图 8-9　快速跳转图标

3. 功能分析

从 8.1 节的运行结果可以看出，本程序有 4 个界面，分别是项目、实时数据、历史数据和帮助。

“项目”界面的主要功能是提供不同项目的选择入口，通过单击不同项目可以进入相应的界面中。

“实时数据”界面的主要功能是与服务器建立 WebSocket 连接，等待服务器发送有新数据到来的信息，并根据接收到的信息中的 IMSI 码向服务器请求对应的数据，在得到实时数据后将其显示出来。同时可以看到，“实时数据”界面上有“回发”按钮（该按钮只有在接收到实时数据后才可以单击），单击“回发”按钮会触发一个事件，该事件将通过 WebSocket 连接向服务器发送回发的请求，并由服务器将修改后的新数据回发给终端。

“历史数据”界面的主要功能是查询历史数据，即向服务器发送历史数据帧请求，从而获取数据库的数据表中的历史数据，其功能有查询“最早一帧”“上一帧”“下一帧”和“最新一帧”的数据。

“帮助”界面针对该 App 操作过程中可能出现的问题，给出了相应的解决方法，并提供了一些其他的帮助信息。

8.3.3 NB-IoT 的 Android 端 App 模板执行过程

学习完 8.3.2 小节之后，读者可以对于 Android 的工程模板有个整体的理解。本小节将会从样例工程的源代码角度分析 Android App 模板的执行过程。

1. 数据获取方式

（1）用户通过交互界面输入信息。这是 Android App 获取数据的重要方式，几乎每个 App 都需要与用户进行交互，都会允许用户通过交互界面输入信息。App 通过读取用户输入的内容，向用户展示其需要的界面。App 一般可通过文本框输入、按钮单击、手势操作等方式获取用户的输入信息。

（2）读取与设备相关的部分信息。这是 App 为了更好地为用户服务或者向用户提供信息（如设备的型号、当前联网状态、操作系统版本、当前电量等）的一种数据获取方式。

（3）读取本地文件系统中的数据。为了提高效率、减少内存占用等，App 会将部分数据存入本地文件系统中。因此，当用户希望通过 App 打开本地文件时，App 会从本地文件系统中读取用户所需的数据。

（4）通过网络获取数据。这是 App 向用户提供更加丰富的定制服务内容的必要条件，本地文件系统获得的数据内容和类型都很有限，而且无法与其他设备进行交互，这就使得通过 App 获取网络数据变得尤为重要。目前，通过网络获取数据的方式主要有基于 HTTP[①]、TCP[②] 和 UDP[③]方式。其中，HTTP 是基于 TCP 实现的。

对于金葫芦 Android App 来说，获取数据的方式有用户输入和通过网络获取两种。

2. 数据的处理和使用

在通过上述方法获取数据之后，需要对数据加以处理并使用。Android App 会将获取到的数据应用于动态创建的文本框，从而显示实时数据和历史数据。

（1）动态创建文本框。App 在运行时由于并不知道有多少条数据，因此需要在运行中动态地创建文本框。App 程序运行后，首先执行“app/src/main/res/java”文件夹下的 MainActivity.java 的 onCreate 函数来初始化界面。在 onCreate 函数中，首先根据布局来创建界面，设置正文界面、标题、侧滑菜单，并初始化 IMSI 码选择列表等。

```
    super.onCreate(savedInstanceState);//调用父类的 onCreate 函数
    //（2.1）根据 activity_main 布局，设置正文界面
    setContentView(R.layout.activity_main);
    //（2.2）根据 toolbar 布局，设置标题
    Toolbar toolbar = (Toolbar) findViewById(R.id.toolbar);
    setSupportActionBar(toolbar);
    //（2.2）根据 drawer_layout 布局，设置侧滑菜单
    DrawerLayout drawer = (DrawerLayout) findViewById(R.id.drawer_layout);
    //旋转特效按钮
    ActionBarDrawerToggle toggle = new ActionBarDrawerToggle(this, drawer,
toolbar, R.string.navigation_drawer_open, R.string.navigation_drawer_close);
    drawer.setDrawerListener(toggle);
    toggle.syncState();
    //滑动菜单
    NavigationView navigationView = (NavigationView) findViewById(R.id.
nav_view);
    navigationView.setNavigationItemSelectedListener(this);

    final SharedPreferences sp = getSharedPreferences("userInfo", MODE_
PRIVATE);
    //（2.4）初始化 IMSI 码选择列表
    Init_IMSI_Select();
```

① 超文本传输协议（HyperText Transfer Protocol，HTTP）是应用于互联网的网络协议。所有的 www 文件都必须遵守这个协议。它还有个安全版本叫超文本传输安全协议（Hyper Text Transfer Protocol over Secure Socket Layer，HTTPS）。

② 传输控制协议（Transmission Control Protocol，TCP）是基于字节流的传输层通信协议。它使用 3 次握手建立连接，4 次握手关闭连接，具有比较高的可靠性，不易丢包。但是，其耗费资源较多，且用时稍长。

③ 用户数据报协议（User Datagram Protocol，UDP），是一种无连接的传输层通信协议。它具有简单快速的优点。但是，它不保证数据包发送的顺序和数据包是否完整到达，而且不会对数据进行分包和组装，提供的是不可靠的信息传送服务。

接着读取配置文件 AHL.xml 中的服务器链接地址（读取 values.xml 配置文件内的值，单击“app/src/main/assets/AHL.xml”打开）。

```
    //传入文件名：AHL.xml；用来获取流
    InputStream is = getAssets().open("AHL.xml");
    //首先创造：DocumentBuilderFactory 对象
    DocumentBuilderFactory dBuilderFactory = DocumentBuilderFactory.
newInstance();
    //获取：DocumentBuilder 对象
    DocumentBuilder dBuilder = dBuilderFactory.newDocumentBuilder();
    //将数据源转换成：document 对象
    Document document = dBuilder.parse(is);
    //获取根元素
    Element element = (Element) document.getDocumentElement();
    //获取子对象的数值，读取 lan 标签的内容
    NodeList nodeList = element.getElementsByTagName("string");
    for (int i = 0; i < nodeList.getLength(); i++) {
      //获取对应的对象
      Element value = (Element) nodeList.item(i);
      if(value.getAttribute("name").equals("sever_address"))
        {
          address = value.getAttribute("value"); }}
```

然后根据读取的地址与服务器建立 WebSocket 连接，在成功连接服务器后向其请求历史数据，即 WebSocket 连接的初始化操作。

```
    InitWebSockect();          //初始化 WebSocket 连接
```

最后等待服务器返回数据，并根据接收的数据动态地创建文本框。

```
    InitPageControl();         //初始化文本框
```

在文本框创建完成后，App 程序便会通过 WebSocket 连接等待服务器发送实时数据到来的信息。

（2）查询实时数据并显示。金葫芦 NB-IoT App 与服务器建立 WebSocket 连接后，等待服务器发送有新数据到来的通知，并根据通知中的 value 值（即行号）再次向服务器发送数据请求，获取该行号所包含的数据并将其显示出来。

（3）界面按钮的触发响应。在 onCreate 函数中，还有一件很关键的事情，即事件绑定。如果不绑定事件，单击按钮的时候就无法执行相应的操作。下面将以“清空”按钮为例说明事件绑定的过程（可以单击“app/main/res/layout/content_main.xml”，找到“清空”按键的控件）。

```
    //找到 xml 文件中创建的“清空”按钮对象并将其存入 button_empty
    button_empty = (Button)findViewById(R.id.button_new);
```

```
//在“最新一帧”按钮上绑定一个按钮单击对象 button_new_listener
btn_empty.setOnClickListener(new View.OnClickListener());
```

绑定之后，再实例化按钮单击对象 btn_empty.setOnClickListener，即可定义按钮触发后执行的事件（单击“清空”按键，将“实时数据”界面的数据清空）。

```
//===================================================================
//函数名称：btn_empty.setOnClickListener
//函数返回：无
//参数说明：无
//功能概要：清空界面数据
// ==================================================================
btn_empty.setOnClickListener(new View.OnClickListener(){
    @Override
    public void onClick(View v){
    EmptyView();//清空界面
    //发送 msgKey4 消息给 mHandler，执行相应操作
    Message msg = new Message();
    msg.what = msgKey4;
    mHandler.sendMessage(msg);}}
```

3. 界面设计

进入“app/src/main/res/layout”文件夹，双击打开 activity_main.xml 文件，选择“Design”视图（有可能默认为“Design”，在界面的下方可以切换“Design”视图和“Text”视图）。可以通过“Design”视图直接拖曳控件进入界面，也可以在“Text”界面中按照要求编写创建控件的代码。如图 8-10 所示，本工程的所有非动态生成的界面均在此文件中设计完成。

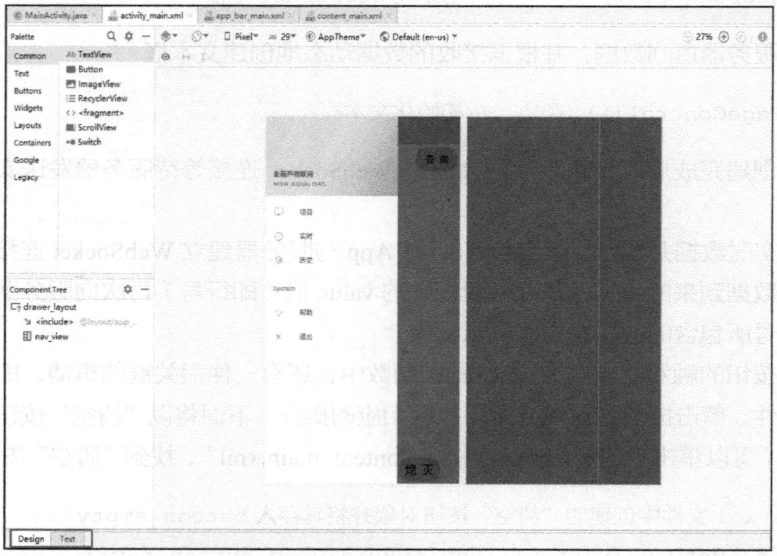

MainActivity.java
activity_main.xml
app_bar_main.xml
content_main.xml
Palette
Common
Text
Buttons
Widgets
Layouts
Containers
Google
Legacy
TextView
Button
ImageView
RecyclerView
ScrollView
Switch
Component Tree
drawer_layout
nav_view
Design
Text

图 8-10　界面布局的设计

下面给出一些常见控件（“查询”按键、“查找 IMSI 码”文本框）的生成代码，可打开“app/main/res/layout/content_main.xml”文件查看。

```
<Button                                              //搜索按钮
    android:id="@+id/btn_inquiry"                    //控件 id
    android:layout_width="wrap_content"              //控件宽度（自适应）
    android:layout_height="wrap_content"             //控件高度（自适应）
    android:text="查 询"                              //按钮文字
    android:textSize="20dp"                          //字体大小
    android:background="@drawable/bg_btn"/>          //控件背景

<TextView                                            //文本框
    android:id="@+id/stateText"                      //控件 id
    android:layout_width="match_parent"              //控件宽度（适应父控件）
    android:layout_height="wrap_content"             //控件高度（自适应）
    android:text = "请先输入正确 IMSI 码(15 位数字)! " //文本框文字
    android:textColor="#ff3030"                      //字体颜色
    android:textSize="18dp"/>                        //字体大小
```

生成的“查询”按键、“查找 IMSI 码”文本框，如图 8-11 所示。

请输入需要侦听的IMSI码!
查 询
请先选择需要查询的IMSI号!
监听的IMSI码为:
清 空
回 发

图 8-11　生成的控件

4．简要执行流程

进入 App 之后，首先进入“实时数据”界面，选择需要侦听的 IMSI 码即可实时侦听该 IMSI 码对应的终端发送的数据，当收到一帧数据时，可以在 30s 内对接收到的数据进行修改并回发至终端。单击左上角菜单栏或者向右滑动屏幕选择“历史数据”即可切换到历史数据界面，选择需要查询的 IMSI 码，就可查询到该 IMSI 码对应的所有数据，在屏幕下方可以单击“第一帧”“上一帧”“下一帧”和“最新一帧”按钮实现对数据的查询以及将其写入下行表等操作。

这里以“实时数据”界面为例分析 App 在进入“实时数据”界面后不同时段执行的操作，其执行流程如图 8-12 所示。

（1）进入“实时数据”界面，创建文本框。App 在进入“实时数据”界面的同时，会主动与服务器建立 WebSocket 连接；在连接成功后，通过 CS-Monitor 从数据库获取一帧数据；然后根据获取的数据帧，自动创建文本框。

（2）等待最新数据推送，更新文本框。终端上传实时数据后，CS-Monitor 通过 WebSocket 连接主动向 App 发送新数据信息；若指定 IMSI 码，则 App 会再主动向服务器请求该帧数据，并根据接收到的数据更新文本框。

（3）单击“回发”按钮，实现终端的更新。接收到实时数据后，“回发”按钮被使能；单击“回发”按钮可将修改后的数据发送给 CS-Monitor，由 CS-Monitor 将该数据发送至终端，实现终端的更新。

（4）终端接收到数据，表示回发成功，可继续发送实时数据。

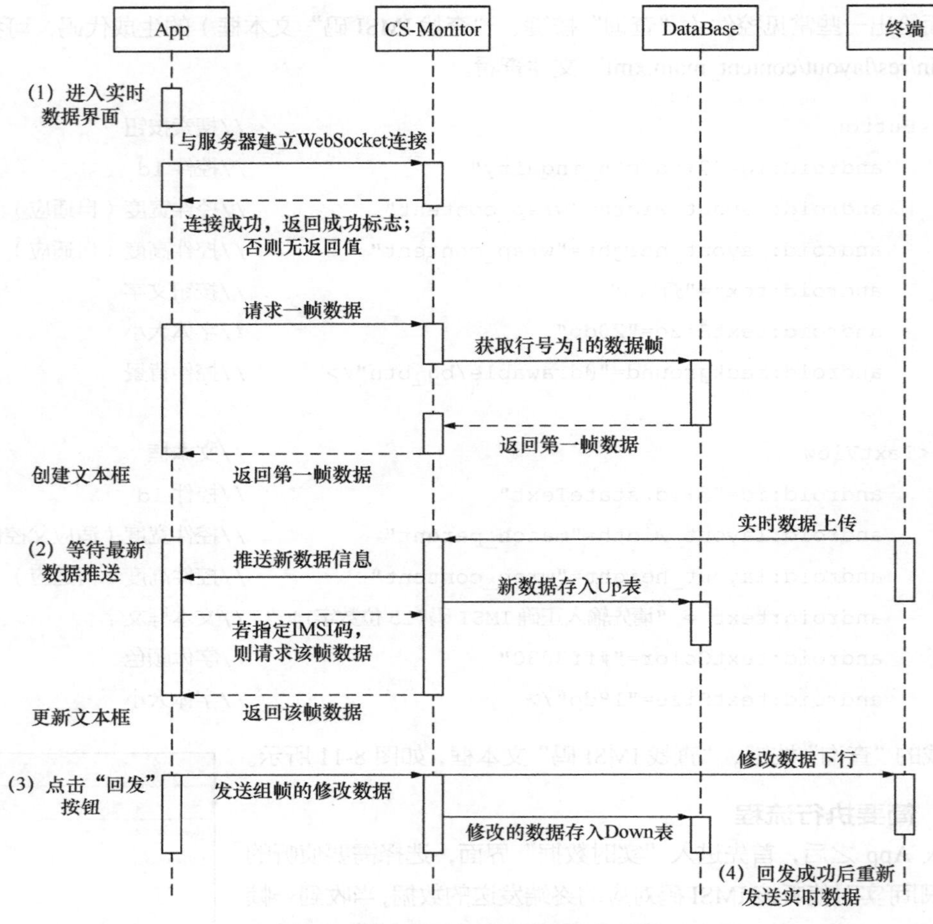
App
CS-Monitor
DataBase
终端
(1) 进入实时数据界面
与服务器建立WebSocket连接
连接成功，返回成功标志；否则无返回值
请求一帧数据
获取行号为1的数据帧
返回第一帧数据
创建文本框
返回第一帧数据
实时数据上传
(2) 等待最新数据推送
推送新数据信息
新数据存入Up表
若指定IMSI码，则请求该帧数据
更新文本框
返回该帧数据
修改数据下行
(3) 点击“回发”按钮
发送组帧的修改数据
修改的数据存入Down表
(4) 回发成功后重新发送实时数据

图 8-12　App 执行流程

8.4　NB-IoT 的 Android 端 App 编程的深入讨论

8.3.3 小节简要介绍了 App 的操作流程，本节将深入讨论各个函数的执行过程，以及 WebSocket 的连接与数据的处理。

8.4.1　App 函数执行流程

App 执行过程中涉及的主要函数如表 8-4 所示。

表 8-4　App 主要函数说明

序号	函数名	简明功能	描述
1	onCreate	入口函数	Activity 的入口函数，主要完成本 Activity 的界面初始化和相关变量的赋值
2	Init_IMSI_Select	IMSI 码选择	初始化 IMSI 码选择列表
3	InitWebSocket	WebSocket 初始化	向指定服务器建立 WebSocket 连接，并在连接成功后请求一帧数据，用来自动生成文本框

续表

序号	函数名	简明功能	描述
4	CheckMonitorStatus	侦听程序状态检测	判断服务器端侦听程序是否开启
5	InitPageControl	初始化界面控件	根据数据帧自动生成文本框
6	GetRealData	获取实时数据	根据最新数据帧，更新文本框
7	EmptyView	清空文本框	在单击“清空”按钮之后，清空文本框
8	ResendData	回发数据	在单击“回发”按钮之后，将修改数据组帧回发给 CS-Monitor

各个函数之间的执行流程，如图 8-13 所示。

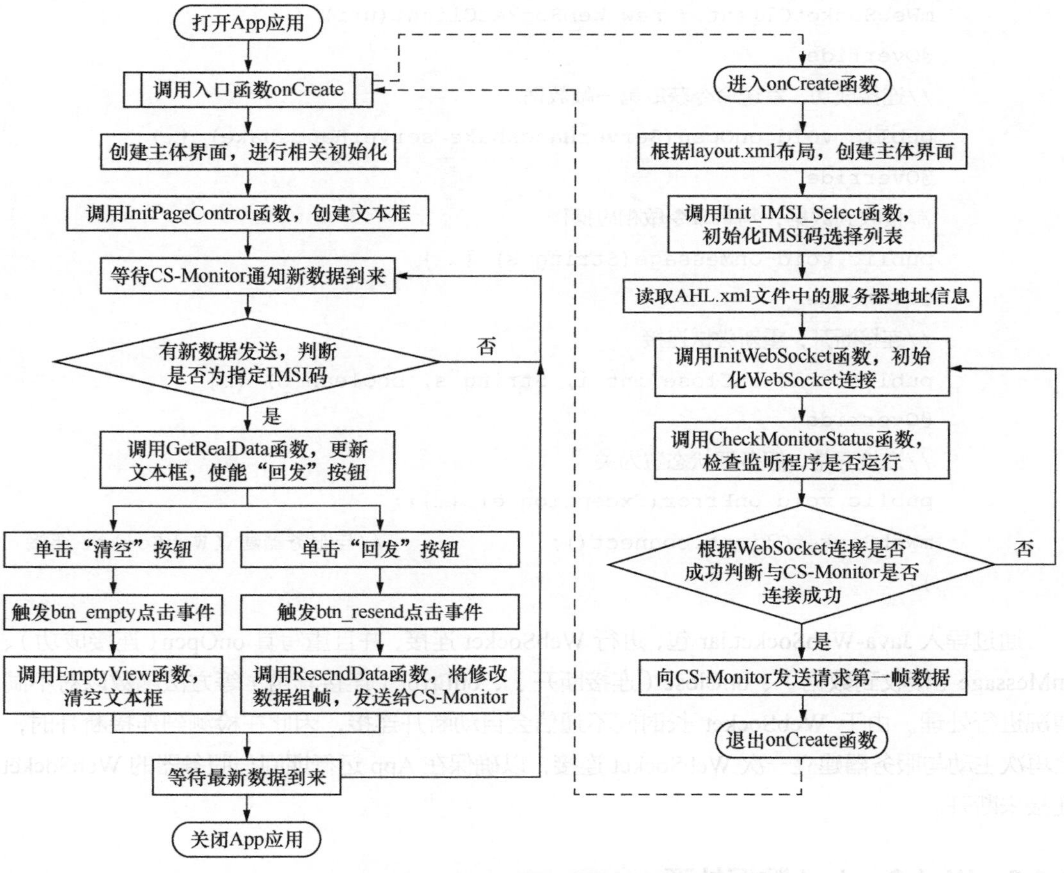
打开App应用
调用入口函数onCreate
创建主体界面，进行相关初始化
调用InitPageControl函数，创建文本框
等待CS-Monitor通知新数据到来
有新数据发送，判断是否为指定IMSI码
否
是
调用GetRealData函数，更新文本框，使能“回发”按钮
单击“清空”按钮
单击“回发”按钮
触发btn_empty点击事件
触发btn_resend点击事件
调用EmptyView函数，清空文本框
调用ResendData函数，将修改数据组帧，发送给CS-Monitor
等待最新数据到来
关闭App应用
进入onCreate函数
根据layout.xml布局，创建主体界面
调用Init_IMSI_Select函数，初始化IMSI码选择列表
读取AHL.xml文件中的服务器地址信息
调用InitWebSocket函数，初始化WebSocket连接
调用CheckMonitorStatus函数，检查监听程序是否运行
根据WebSocket连接是否成功判断与CS-Monitor是否连接成功
否
是
向CS-Monitor发送请求第一帧数据
退出onCreate函数

图 8-13　App 函数执行流程

8.4.2　WebSocket 连接建立

从以上的函数功能分析中可以知晓，本工程是通过与服务器建立 WebSocket 连接，以服务器为桥梁获取远程数据库的数据的。WebSocket 协议是基于 TCP 的一种新的网络协议。它实现了浏览器与服务器全双工通信，允许服务器主动给客户端发送信息。在这样的机制下，当服务器接收到最新数据时，便可以通过 WebSocket 连接通知 App，此时 App 端再向服务器主动请求最新数据，以实现实时显示。Android App 与服务器建立 WebSocket 连接的代码（“app/src/main/res/java/MainActivity.java”）如下。

```
private  WebSocketClient mWebSocketClient;//创建 WebSocketClient 实例
private String address;                        //用来存放服务器地址
private URL url;                               //用来存放服务器的 URL
public void initSockect() {
    try {
    uri = new URI(address); }
    catch (URISyntaxException e) {
                e.printStackTrace();}
    if (null == mWebSocketClient) {
    mWebSocketClient = new WebSocketClient(uri) {
    @Override
    //连接成功，发送命令获取第一帧数据
    public void onOpen(ServerHandshake serverHandshake) {…}
    @Override
    //接收到数据，判断命令做相应操作
    public void onMessage(String s) {… }
    @Override
    //连接断开，重新尝试连接
    public void onClose(int i, String s, boolean b) {…}
    @Override
    //连接异常，服务器状态置为关
    public void onError(Exception e) {…}};
    mWebSocketClient.connect();                 //与服务器建立 WebSocket 连接
    }}
```

通过导入 Java-WebSocket.jar 包，进行 WebSocket 连接，并且重写其 onOpen（连接成功）、onMessage（接收到数据）、onClose（连接断开）、onError（连接异常）等方法函数以对不同情况进行处理。由于 WebSocket 长时间不通信会自动断开连接，因此在检测到连接断开时，会再次主动与服务器建立一次 WebSocket 连接，以确保在 App 运行期间与服务器的 WebSocket 连接未断开。

8.4.3 WebSocket 数据处理

1. 实时数据推送：recv

在收到终端发送来的实时数据之后，服务器会以“recv”命令方式将该消息发送到所有已连接 WebSocket 的客户端，数据格式如下所示。

```
{"command":"recv","source":"460113003130916","password":"","value":"4971"}
```

2. 客户端请求数据：ask

当客户端接收到服务端发来的有新数据的通知时，其会进行判断：若该命令中所包含的终端是自己侦听的终端，则会以“ask”命令方式向服务器发送数据请求，数据格式如下。

```
{"command":"ask","source":"Android","password":"","value":"4971"}
```

新建 JSON 对象，并将各元素值添加进去，对应的代码如下（“app/src/main/res/java/MainActivity.java”）。

```
JSONObject sendjson = new JSONObject();
sendjson.put("command", "ask");
sendjson.put("source", "Android");
sendjson.put("password", "");
sendjson.put("value", jsonObject.getString("value"));
```

3. 服务器发送数据：reAsk

在收到 App 端发送来的数据请求之后，服务器会以“reAsk”命令方式，根据“value”值（即数据库行号），将该帧数据采用 JSON 格式返回给 App，数据格式如下所示。

```
{"command":"reAsk","source":"CS-Monitor","dest":null,"password":"",
"currentRow":4770,"totalRows":4977,
"data":[{"type":"byte[2]","value":"U0","name":"cmd","size":2,"other
Name":"命令","wr":"read"},
{"type":"ushort","value":"7","name":"sn","size":2,"otherName":"帧号",
"wr":"read"},
……
{"type":"byte[25]","value":" x,x,x,x ", "name":"lbs_location","size":
25,"otherName":"定位信息","wr":"read"}]}
```

此时 App 程序获取到的命令 command 为 reAsk，这表明接收到了一帧数据，并会根据接收到的 data 值调用 getRealData()函数以更新“实时数据”界面。

```
getRealData();              //更新“实时数据”界面
```

4. 客户端回发数据：send

在接收到实时数据后，可以对相关值进行修改，然后单击“回发”按钮，App 先将数据进行 JSON 格式转换，然后以“send”命令方式发送给服务器端，由服务器端写入数据库并回发给终端，数据格式如下所示。

```
{"command":"send","dest":"460113003239964","source":"WeChat","passw
ord":"",
"data":[{"type":"byte[2]","value":"U0","name":"cmd","size":2,"other
Name":"命令","wr":"read"},
{"type":"ushort","value":"7","name":"sn","size":2,"otherName":"帧号",
"wr":"read"},
{"type":"byte[15]","value":"460113003239964","name":"IMSI","size":15,
```

```
"otherName":"IMSI","wr":"read"},
    {"type":"byte[15]","value":"x.x.x.x","name":"serverIP","siz  e":15,
"otherName":"服务器 IP","wr":"read"},
    ......
    {"type":"byte[25]","value":"x,x,x,x","name":"lbs_location","size":25,
"otherName":"定位信息","wr":"read"}]}
```

新建 JSON 对象，并将各元素值添加进去，对应的代码如下（“app/src/main/res/java/MainActivity.java”）

```
    JSONObject sendjson = new JSONObject();
    sendjson.put("type",parame.getNode(i).getWidget_type());
    sendjson.put("value",valuetemp);
    sendjson.put("name",parame.getNode(i).getWidget_name());
    sendjson.put("size",parame.getNode(i).getWidget_size());
    sendjson.put("othername",parame.getNode(i).getWidget_othername());
    sendjson.put("wr",parame.getNode(i).getWidget_wr());
    sendarr.put(sendjson);
```

其中，dest 表明要发送的目的地，必须填入正确的终端 IMSI 码才可以发送成功。当服务器收到客户端发来的“send”命令后，会回复一条数据表明接收成功。数据格式如下所示。

```
    {"command":"status","source":"CS-Monitor","password":"","value":"SU
CCESS"}
```

但是，由于终端可能此时已断电，所以本回复只能表明 CS-Monitor 程序接收数据成功，并不能表明数据成功发送至终端。若 CS-Monitor 不能立即成功发送数据至终端，则其会在终端重新启动时将数据发送至终端。

8.4.4 动态生成控件

因为每次获得的数据内容不一定相同，所以需要根据内容生成对应的界面布局，本 App 可以自动生成多个文本框。下面介绍如何利用 addView 自动生成不同的控件。

首先定位到需要添加控件的界面布局，单击 MainActivity.Java 文件，找到 InitPageControl() 函数，在 InitPageControl()函数中创建需要添加的控件，如 textView 文本框，并设置它的属性（与在 layout 布局中进行静态设置类似）。然后将生成的控件添加到所定位的界面布局中，并设置该控件在父布局中的属性，还可以添加一些在父布局中的其他标准。最后，将设置好属性规则的控件加入父布局中，该控件即可动态显示出来。相关代码如下。

```
    //动态生成文本框
    //（1）将接收到的数据转换为 JSON 格式
    JSONArray jsonArray = new JSONArray(currentData);
    for(int i = 0; i < jsonArray.length(); i++){
    //（2）获取各数据值
```

```
JSONObject jsonObject = jsonArray.getJSONObject(i);
name = jsonObject.getString("name");
otherName = jsonObject.getString("otherName");
wr_type = jsonObject.getString("wr");
value = jsonObject.getString("value");
type = jsonObject.getString("type");
size = jsonObject.getString("size");
//（3）获取需要创建控件的父布局
//线性布局，原界面 content 部分
LinearLayout root_layout = (LinearLayout) findViewById(R.id.content);
//（4）新建需要添加的控件
//相对布局，用来放置标题及内容
RelativeLayout Layout = new RelativeLayout(MainActivity.this);
//标题，otherName
TextView textView = new TextView(MainActivity.this);
//文本框，用来放置 value
EditText editText = new EditText(MainActivity.this);
//（5）设置控件属性
//（5.1）标题属性设置
textView.setText(otherName);
textView.setTextSize(16);
textView.setTextColor(Color.BLACK);
textView.setPadding(20, 10, 10, 10);
//（5.2）文本属性设置
editText.setPadding(20, 30, 40, 30);
editText.setTextSize(12);
Layout.setBackgroundResource(R.drawable.bg_data);
Layout.setPadding(20, 20, 20, 20);
editText.setId(paraNum + 20);
//（5.3）判断是否可读，并设置不同背景
if (wr_type.equals("read")) {
    editText.setFocusable(false);
    editText.setFocusableInTouchMode(false);
    editText.setBackgroundResource(R.drawable.bg_r);}
if (wr_type.equals("write")) {
    editText.setBackgroundResource(R.drawable.bg_w);}
//（6）设置控件在其父布局中的属性
//（6.1）用来将相对布局放入父布局（线性布局）中，并设置其在父布局中的属性
LinearLayout.LayoutParams relativeLayout_parent_params
= new LinearLayout.LayoutParams(
```

```
        LinearLayout.LayoutParams.MATCH_PARENT, LinearLayout.LayoutParams.WRAP_
CONTENT);
        //（6.2）用来将文本放入父布局（相对布局）中，并设置其在父布局中的属性
        RelativeLayout.LayoutParams edit_parent_params= new RelativeLayout.
LayoutParams(600,RelativeLayout.LayoutParams.WRAP_CONTENT);
        //（6.3）用来将文本放入父布局（相对布局）中，并设置其在父布局中的属性
        RelativeLayout.LayoutParams text_parent_params = new
        RelativeLayout.LayoutParams(RelativeLayout.LayoutParams.WRAP_CONTENT,
        RelativeLayout.LayoutParams.WRAP_CONTENT);
        //（6.4）设置相关标准
        edit_parent_params.addRule(RelativeLayout.ALIGN_PARENT_RIGHT);
        text_parent_params.addRule(RelativeLayout.ALIGN_PARENT_LEFT);
        //（7）将新生成的控件放入父布局中
        Layout.addView(textView, text_parent_params);
        Layout.addView(editText, edit_parent_params);
        root_layout.addView(Layout, relativeLayout_parent_params);
        //（8）存入生成文本框的相关信息（id, name, type, value）
        parame.add(paraNum + 20, name, type, value,size,otherName,wr_type);
        paraNum++;//控件个数自增}
```

8.5 “照葫芦画瓢”开发自己的 NB-IOT Android App

本节内容主要介绍如何在 Android App 上添加开灯、关灯的按钮，以控制终端蓝灯的亮、暗情况这一下行过程。先将“…\04-Soft\ch08-1”文件夹复制至“…\04-Soft\ch08-2”文件夹（建议读者另建文件夹）中，按照 4.2.2 小节所介绍的内容搭建自己的临时服务器。首先启动 FRP 客户端，运行云侦听画瓢程序（即“…\04-Soft\ch04-2\CS-Monitor”），然后启动终端画瓢程序（即“…\04-Soft\ch04-2\User_NB”）。下面具体介绍如何在 Android App 中“照葫芦画瓢”。

1. 修改配置文件

打开“画瓢”的 Android App 工程，将配置文件“app\src\main\assets\AHL.xml”中的 value 值修改为“ws://116.62.63.164:35001/wsServices”。

```
        <!--更改此处的 value 值为自己的服务器域名加端口号-->
        <string  name="sever_address"  value  =  "ws://  116.62.63.164:35001/
wsServices">SeverAddress</string>
```

2. 添加控制小灯按钮

在“…/main/res/layout/content_main.xml”配置文件下，单击所生成的界面的左下角“Text”按钮。在<RelativeLayout>标签下的“【画瓢处 1】”处添加“点亮”和“熄灭”两个按钮，对应的事件为 btn_on 和 btn_off，如图 8-14 所示，完成“点亮”和“熄灭”按钮的添加。

```
<Button
android:id="@+id/btn_on"
android:layout_width="wrap_content"
android:layout_height="wrap_content"
android:layout_centerInParent="true"
android:background="@drawable/bg_btn"
android:paddingLeft="10dp"
android:paddingTop="5dp"
android:paddingRight="10dp"
android:paddingBottom="5dp"
android:text="点  亮"
android:textSize="25dp" />
<Button
android:id="@+id/btn_off"
android:layout_width="wrap_content"
android:layout_height="wrap_content"
android:layout_alignParentRight="true"
android:background="@drawable/bg_btn"
android:paddingLeft="10dp"
android:paddingTop="5dp"
android:paddingRight="10dp"
android:paddingBottom="5dp"
android:text="熄  灭"
android:textSize="25dp" />
```

清 空
点 亮
熄 灭

图 8-14 “点亮”和“熄灭”按钮添加完成

3. 为按钮控件绑定单击事件

（1）打开“…\main\java\MainActivity.java”文件，在“【画瓢处 2】”处添加“点亮”和“熄灭”按钮变量。

```
//（2.7）【画瓢处 2】重写相关按钮单击事件
Button btn_empty = (Button) findViewById(R.id.btn_empty);
Button btn_inquire = (Button) findViewById(R.id.btn_inquire);
Button btn_off = (Button) findViewById(R.id.btn_off);
Button btn_on = (Button) findViewById(R.id.btn_on);
```

（2）在“【画瓢处 3】”处编写“点亮”和“熄灭”按钮单击事件代码。

```
//================================================================
//【画瓢处 3】函数名称：btn_lightoff.setOnClickListener
//函数返回：无
//参数说明：无
//功能概要："熄灭"按钮的按下监听
//================================================================
btn_off.setOnClickListener(new View.OnClickListener(){
    @Override
    public void onClick(View v){
        ResendData_off();}});
//================================================================
//函数名称：btn_on.setOnClickListener
//函数返回：无
//参数说明：无
//功能概要："点亮"按钮的按下监听
//================================================================
btn_on.setOnClickListener(new View.OnClickListener(){
    @Override
    public void onClick(View v){
        ResendData_on();}});
```

（3）编写 ResendData_off 函数。打开 MainActivity.java 界面程序，在"【画瓢处 4】"处添加 ResendData_off 函数，供"熄灭"按钮的单击事件调用。

```
//================================================================
//    【画瓢处 4】
//     函数名称：ResendData_off
//     函数返回：无
//     参数说明：无
//     功能概要：构造关闭小灯的数据，并写入下行表
//================================================================
private void ResendData_off() {
try {
String valuetemp;
String sendStr = "";
String sendData = "[";
JSONArray sendarr = new JSONArray();
for (int i = 0; i < parame.size(); i++) {
    //（1）获取控件 id，并根据 id 获取其文本框内的值
     int temp = parame.getNode(i).getWidget_id();
     EditText editText = (EditText) findViewById(temp);
```

```
valuetemp = editText.getText().toString();
    if(parame.getNode(i).getWidget_name().equals("IMSI"))
imsiStr = parame.getNode(i).getWidget_value();
    if(parame.getNode(i).getWidget_name().equals("currentTime")) {
long currentTime=System.currentTimeMillis()/1000+28790;
valuetemp = String.valueOf(currentTime); }
if(parame.getNode(i).getWidget_name().equals("light_state")){
valuetemp = "暗";}
//（2）新建 JSON 对象，并将各元素值添加进去
JSONObject sendjson = new JSONObject();
sendjson.put("type",parame.getNode(i).getWidget_type());
sendjson.put("value",valuetemp);
sendjson.put("name",parame.getNode(i).getWidget_name());
sendjson.put("size",parame.getNode(i).getWidget_size());
sendjson.put("othername",parame.getNode(i).getWidget_othername());
sendjson.put("wr",parame.getNode(i).getWidget_wr());
sendarr.put(sendjson); }
//（3）将 JSON 对象转为字符串，并做格式处理
sendData = sendarr.toString();
sendStr = "{\"command\":\"send\",\"dest\":\""+imsiStr+
"\",\"source\":\"Android\",\"password\":\"\",\"data\":"+sendData+"}";
//（4）将该字符串发送给服务器
mWebSocketClient.send(sendStr);
    }catch (JSONException e) {}
```

（4）编写 ResendData_on 函数。打开 MainActivity.java 界面程序，在“【画瓢处 4】”处添加 ResendData_on 函数，供“点亮”按钮的单击事件调用。

```
//=================================================================
//    【画瓢处 4】
//    函数名称：ResendData_on
//    函数返回：无
//    参数说明：无
//    功能概要：构造关闭小灯的数据，并写入下行表
//=================================================================
private void ResendData_on() {
try {
//…… 参照 ResendData_off 函数代码
if(parame.getNode(i).getWidget_name().equals("light_state")){
valuetemp = "亮";}
//…… 参照 ResendData_off 函数代码
```

```
    }}
    catch (JSONException e) {}
```

4. 运行并观察现象

运行 Android App，如图 8-15 所示。在程序接收到数据的 30s 内，单击“点亮”或“熄灭”按钮，数据会下行到终端，控制蓝灯的“亮”与“暗”，此为下行过程；当终端回发数据时，数据会上行到 Android App 中，此时蓝灯状态变为“亮”或“暗”，新增温度就有了新的值，此为上行过程。

实时数据
请输入需要侦听的IMSI码!
查 询
接收到最新数据，正在等待下一帧数据
监听的IMSI码为：
全部
信号强度
74
光线强度
36233
TSI次数
11
备注2
LBS定位
460,11,4855953,4209
新增温度
30842
小灯状态
暗
清 空
点 亮
熄 灭

图 8-15　新增温度和小灯点亮时的小灯状态

为了方便读者更好、更快地学习，“…\04-Soft\ch08-2”中提供了已经修改好的“画瓢”程序，读者可以直接使用。

8.6 实验 8：终端数据实时到达 Android App

1. 实验目的

（1）了解终端与 Android App 的通信过程。

（2）了解通过本地服务器转发数据的通信流程。

（3）理解和掌握在终端上如何添加传感器并在 Android App 上获取相应的数据。

2. 实验准备

（1）硬件部分。PC 或笔记本计算机一台、开发套件一套。

（2）软件部分。根据电子资源“…\02-Doc”文件夹下的电子版快速指南，下载合适的资源。

（3）软件环境。按照“附录 B AHL-GEC-IDE 安装及基本使用指南”，进行有关软件工具的安装。

3. 参考样例

参照 8.5 节，该节具体描述了如何通过本地服务器获取终端的新增温度的数据。

4. 实验过程或要求

（1）验证性实验。验证模板程序。

（2）设计性实验。在验证性实验的基础上，自行编程实现增加对磁开关状态的采集，并控制绿灯亮暗。

8.7 习题

（1）描述 NB-IoT 手机 App 模板的基本内容。

（2）画出手机 App 中“实时数据”界面程序的执行流程。

（3）说明在数据上行过程中手机 App 的函数调用关系。

（4）说明在数据下行过程中手机 App 的函数调用关系。

（5）描述如何将自己设计的 App 进行打包并安装到 Android 手机中。

09 chapter

通过 PC 客户端访问数据

本章主要阐述如何通过 PC 客户端程序来访问终端数据。PC 客户端程序 CS-Client 运行在联网的 PC 上，它与云侦听程序及数据库打交道，实现对终端数据的获取与干预，并提供对历史数据的显示、绘图、统计、分析等功能。本章将介绍运行 CS-Client 模板来观察自己终端数据的方法，CS-Client 的编程模板，以及 CS-Client 的“照葫芦画瓢”方法。

9.1 运行 CS-Client 模板观察自己终端的数据

PC 客户端程序 CS-Client 与云侦听程序 CS-Monitor 使用 WebSocket 进行通信。简要地说，CS-Monitor 运行在服务器上，称为 WebSocket 服务器；WebSocket 客户端程序 CS-Client 运行在联网的 PC 上，通过 WebSocket 协议与服务器进行通信，并提供人机交互界面的程序。本节给出 CS-Client 的运行方法，并阐述如何借助 FRP 内网穿透工具来完成用户终端设备的添加，并观察现象。

读者首先按照 4.2.2 小节所介绍的内容搭建自己的临时服务器，然后启动 FRP 客户端，运行云侦听模板程序（即“…\04-Soft\ch04-1\CS-Monitor”），最后启动终端模板程序（即“…\04-Soft\ch04-1\User_NB”），并进行以下操作。

1. 修改 WebSocket 服务器地址

通过 VS 2019 打开电子资源“…\04-Soft\ch09-1\CS-Client”工程，在 AHL.xml 文件中搜索“【2】”以找到该注释，在注释下的“<WebSocketTarget>”与“</WebSocketTarget>”字段间设置新服务器的 IP 地址、端口和目录组合。本书使用的 IP 地址、端口和目录组合为“ws://116.62.63.164:35001/wsServices”。

```
<!--【2】【根据需要进行修改】指定 WebSocket 服务器的地址-->
<WebSocketTarget>116.62.63.164:35001/wsServices</WebSocketTarget>
```

2. 添加自己终端的 IMSI 码

在 AHL.xml 文件中，找到注释“【3】”，在“<IMSI>”与“</IMSI>”字段之间添加自己终端的 IMSI 码（假设为 460113003239964）。

```
<!--【3】【根据需要进行修改】指定侦听的 IMSI 码，分号隔开，可以换行，以“;”结尾-->
    <IMSI>
        <!--用户新增加设备 IMSI 码-->
        460113003239964;
</IMSI>
```

3. 数据回发

运行启动 PC 客户端的程序，出现图 9-1 所示界面。在 PC 客户端接收到数据的 30s 内，读者可修改“实时数据“界面中可编辑的文本框内容，单击“回发”按钮就可将数据发往终端。终端如果收到该数据，就会更新 LCD 屏幕上的信息，表示数据已经成功回传至终端，此为下行数据过程。读者也可以在终端的 TSI 触摸键上触摸 3（或 3 的倍数）次，以触发终端再次上传数据到客户端，如果在客户端的“实时数据”界面中更新了刚刚修改的数据，则表示终端成功地将回发的数据上传到了客户端，此为上行数据过程。

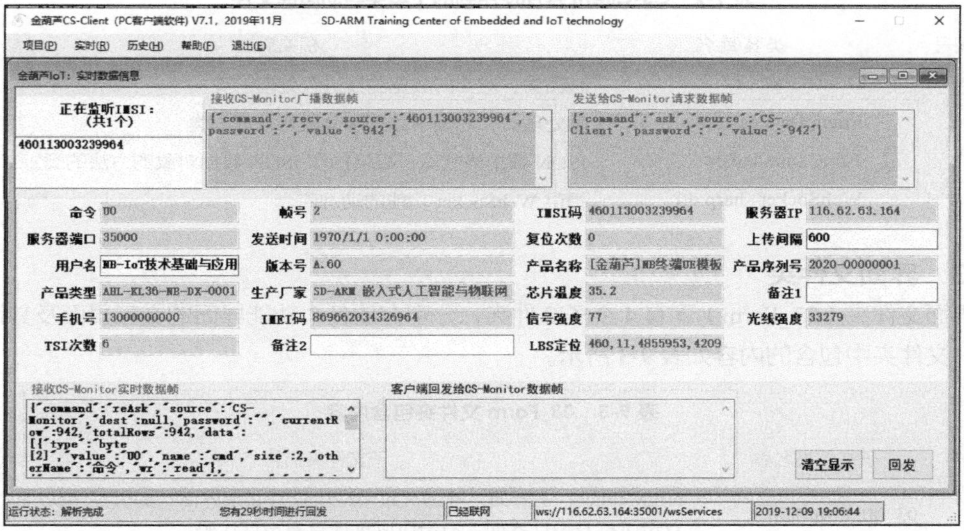
金葫芦CS-Client (PC客户端软件) V7.1，2019年11月
SD-ARM Training Center of Embedded and IoT technology
项目(P) 实时(R) 历史(H) 帮助(F) 退出(E)
金葫芦IoT：实时数据信息
正在监听IMSI：(共1个)
460113003239964
接收CS-Monitor广播数据帧
{"command":"recv","source":"460113003239964","password":"","value":"942"}
发送给CS-Monitor请求数据帧
{"command":"ask","source":"CS-Client","password":"","value":"942"}
命令 U0
帧号 2
IMSI码 460113003239964
服务器IP 116.62.63.164
服务器端口 35000
发送时间 1970/1/1 0:00:00
复位次数 0
上传间隔 600
用户名 NB-IoT技术基础与应用
版本号 A.60
产品名称 [金葫芦]NB终端UE模板
产品序列号 2020-00000001
产品类型 AHL-KL36-NB-DX-0001
生产厂家 SD-ARM 嵌入式人工智能与物联网
芯片温度 35.2
备注1
手机号 13000000000
IMEI码 869662034326964
信号强度 77
光线强度 33279
TSI次数 6
备注2
LBS定位 460,11,4855953,4209
接收CS-Monitor实时数据帧
{"command":"reAsk","source":"CS-Monitor","dest":null,"password":"","currentRow":942,"totalRows":942,"data":[{"type":"byte[2]","value":"U0","name":"cmd","size":2,"otherName":"命令","wr":"read"},
客户端回发给CS-Monitor数据帧
清空显示
回发
运行状态：解析完成
您有29秒时间进行回发
已经联网
ws://116.62.63.164:35001/wsServices
2019-12-09 19:06:44

图 9-1　CS-Client“实时数据”界面

9.2 CS-Client 的编程模板

本节介绍 CS-Client 编程模板的工程结构与执行流程，以便读者在观察现象的基础上理解程序。此过程比较复杂，需要深入理解 PC 客户端程序执行流程。

9.2.1　CS-Client 编程模板的工程结构

CS-Client 编程模板的工程结构如表 9-1 所示。

表 9-1　CS-Client 编程模板的工程结构

编号	文件（夹）名	文件（夹）说明
1	01_Doc	该文件夹存放侦听程序工程说明文档
2	02_Class	该文件夹存放工程使用的通用类
3	03_Form	该文件夹存放界面布局与对应的界面设计类
4	04_Resource	该文件夹存放帮助文档
5	AHL.xml	用户资源文件

下面分别介绍 CS-Client 编程模板包含的文件夹与文件。

1. 文档文件夹

文档文件夹（01_Doc）存放的是工程说明文档，包括工程功能介绍、工程框架说明和工程更新说明信息等。

2. 类文件夹

类文件夹（02_Class）存放的是工程中通用的工具类以及动态库文件，表 9-2 列举了 CS-Client 程序使用到的工具类与动态库文件。

表 9-2　CS-Client 程序使用到的工具类与动态库文件

编号	类名/库名	相关描述
1	DrawSeries.cs	画图类，对实时数据曲线进行处理的类
2	FrameData.cs	帧处理类，对帧中数据部分进行处理的类
3	JsonCommand.cs	JSON 数据格式类，提供操作 JSON 数据对象的方法的类
4	WebSocket-sharp.dll	提供 WebSocket 功能的动态库

3. 界面文件夹

界面文件夹（03_Form）下有 4 个子文件夹，分别存放各个功能界面的交互界面及其设计代码，文件夹中包含的内容如表 9-3 所示。

表 9-3　03_Form 文件夹包含内容

编号	子文件夹名称	子文件夹描述
1	03_00_FrmMain	FrmMain.cs：主界面，单击其菜单栏可打开其余界面；提供程序状态显示；双击可打开设计界面，右击可以选择查看设计代码
2	03_01_FrmRealtime	FrmRealtimeData.cs："实时数据"界面，显示实时数据，可修改其彩色文本框中的内容以更改设备配置 FrmRealtimeSeries.cs："实时曲线"界面，以曲线形式显示部分实时数据在最近半小时内的变化趋势
3	03_02_FrmHistory	FrmHistoryData.cs："历史数据"界面，提供基本的历史数据查询与删除功能，可修改历史数据并进行回发

4. 帮助资源文件夹

帮助资源文件夹（04_Resource）存放的是帮助文档资源，包括使用说明、程序说明和版本说明等。

5. 资源配置文件

AHL.xml 为用户可更改的资源配置文件，存放的是用户设定的参数，在程序初始化时需要将设定的参数读取出来以初始化部分全局变量，表 9-4 列举了从 AHL.xml 中读取的参数。

表 9-4　从 AHL.xml 中读取的参数

编号	参数	对应的全局变量	功能简介
1	formName	Text	主界面标题
2	WebSocketTarget	g_target	服务器 IP 与端口号
3	IMSI	g_IMSI	终端的设备号

9.2.2　PC 客户端模板执行流程

当启动 CS-Client 时，PC 客户端会从工程项目中 Program.cs 文件的 Main 函数开始执行，调用 FrmMain 类的构造函数 FrmMain 创建该类的主界面对象，CS-Client 程序将进入自动执行流程。下面分析程序的执行流程。

1. FrmMain 界面的执行流程

FrmMain 界面（主界面）是一个 MDI 界面的容器，"实时数据"界面和"历史数据"界面均在该主界面上显示。显示主界面会触发该主界面的 Load 事件。主界面执行流程如图 9-2 所示。

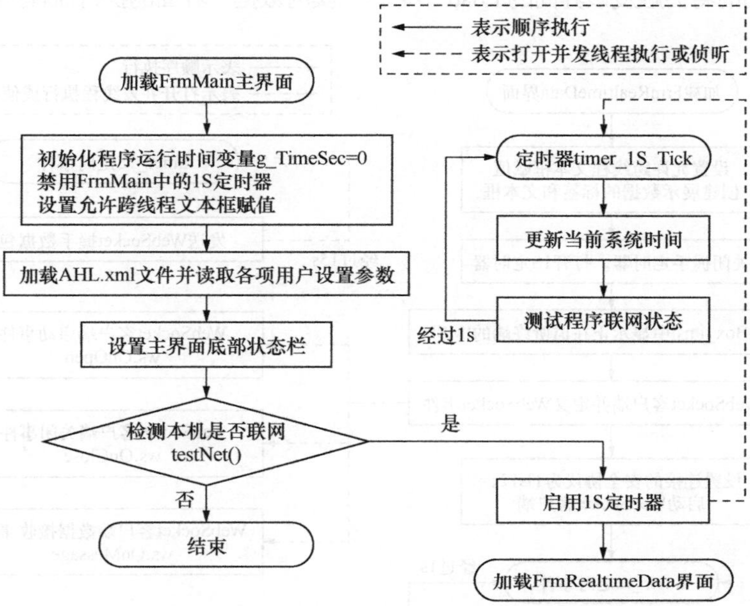
表示顺序执行
表示打开并发线程执行或侦听
加载FrmMain主界面
初始化程序运行时间变量g_TimeSec=0
禁用FrmMain中的1S定时器
设置允许跨线程文本框赋值
加载AHL.xml文件并读取各项用户设置参数
设置主界面底部状态栏
检测本机是否联网
testNet()
否
结束
是
定时器timer_1S_Tick
更新当前系统时间
测试程序联网状态
经过1s
启用1S定时器
加载FrmRealtimeData界面

图 9-2　主界面执行流程

（1）读取 AHL.xml 文件。加载函数会读取 AHL.xml 文件以获得用户设置的参数，AHL.xml 文件中预设有用户设置的相关参数，包括界面名、与 CS-Client 程序建立 WebSocket 连接的云服务程序的地址（在工程中，该地址统一用“IP 地址+端口号+二级目录”的形式表示，也可以用域名方式来表示）以及用户指定侦听的 IMSI 码等信息，读取代码如下。

```
Text = node2.InnerText;              //读取本界面名并显示
g_target = node2.InnerText;          //读取要侦听的终端的 IMSI 码→g_IMSI 数组
//以“;”为间隔符将 imsiList 中的数据解析到 g_IMSI 数组中
g_IMSI = node2.InnerText.ToString().Trim().Split(';');
```

（2）测试联网情况并打开定时器。通过调用 testNet()函数可测试本机是否联网，该函数通过 ping 百度实现联网情况的判断。如果 PC 联网成功，则启用定时器（timer_1S），并在状态栏显示联网成功，其中，定时器每秒更新一次当前的系统时间，每 60s 检测一次本计算机是否联网。

```
if (testNet()) timer_1S.Enabled = true;         //若已联网，则启动 1s 定时器
this.toolStripConnectStatus.Text = "已经联网"; //联网成功
```

（3）默认加载“实时数据”界面。在主界面加载函数的最后，会加载并运行“实时数据”界面。

```
mnuRealTimeData_Click(sender, e);//加载并运行“实时数据”界面运行
```

2. FrmRealtimeData 的执行流程

FrmRealtimeData 界面（“实时数据”界面）是 FrmMain 主界面的子界面，该界面用于接

收实时数据并显示。当启动 CS-Client 时，加载并显示出 FrmMain 界面后，程序将默认自动加载“实时数据”界面。调用 FrmRealtimeData 类的构造函数 FrmRealtimeData 创建该类的界面对象，显示该界面时将会触发该界面的 Load 事件。“实时数据”界面的执行流程如图 9-3 所示。

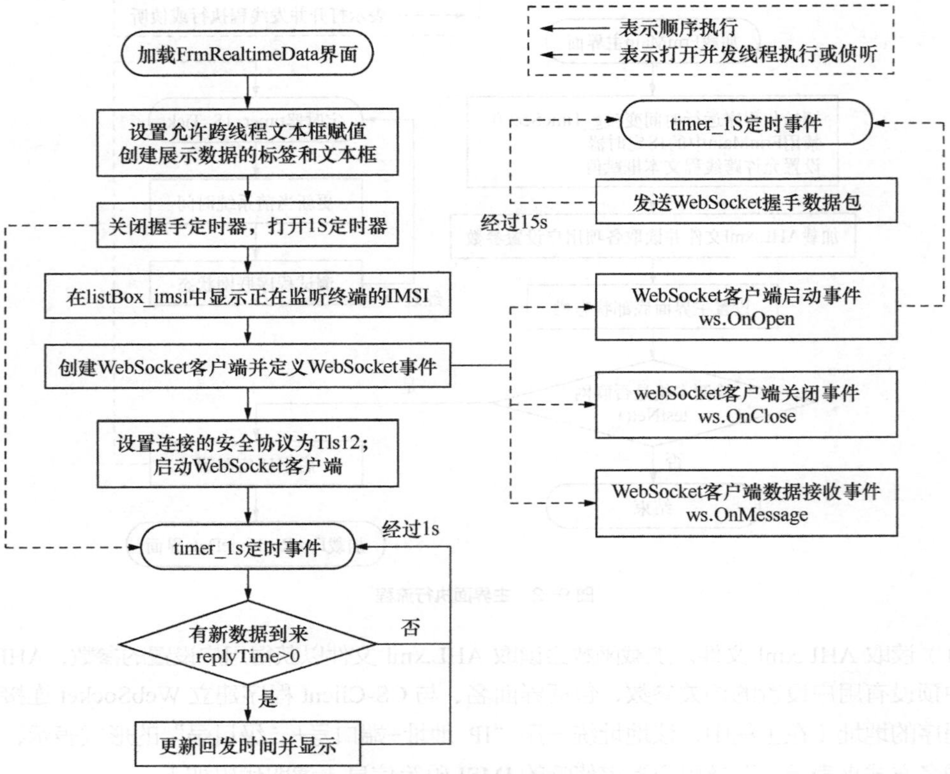

表示顺序执行
表示打开并发线程执行或侦听
加载FrmRealtimeData界面
设置允许跨线程文本框赋值
创建展示数据的标签和文本框
关闭握手定时器，打开1S定时器
在listBox_imsi中显示正在监听终端的IMSI
创建WebSocket客户端并定义WebSocket事件
设置连接的安全协议为Tls12；
启动WebSocket客户端
timer_1s定时事件
经过1s
有新数据到来
replyTime>0
否
是
更新回发时间并显示
timer_1S定时事件
发送WebSocket握手数据包
经过15s
WebSocket客户端启动事件
ws.OnOpen
webSocket客户端关闭事件
ws.OnClose
WebSocket客户端数据接收事件
ws.OnMessage

图 9-3　“实时数据”界面执行流程

“实时数据”界面的主要执行流程介绍如下。

（1）初始化定时器和“回发”按钮。在载入“实时数据”界面时需要设置“回发”按钮不可用、关闭握手定时器（timer_shake）、打开 1S 定时器（timer_1S）。

```
BtnSend.Enabled = false;                //设置"回发"按钮不可用
timer_shake.Enabled = false;            //关闭握手定时器
timer_1S.Enabled = true;                //打开 1S 计时定时器
replyTime = -1;                         //回发计时变量赋值为-1
```

定时器主要用于回发倒计时，每秒触发一次。实时数据到来时会激活定时器与“回发”按钮，计时器每秒将 replyTime 减 1。当 replyTime=0 时，禁用“回发”按钮，回发将不被允许。定时器执行代码如下所示。

```
private void timer_1S_Tick(object sender, EventArgs e)
{
    FrameData frame = frmMain.g_frmStruct.Clone();
    //更新主界面的状态条，显示回发倒计时
```

```
    if (replyTime > 0)
    {
      --replyTime;                               //允许回发时间减 1
      if (replyTime > 0)                         //若允许回发时间大于 0
     {
      //更新“实时”标签页的状态条，显示回发倒计时，使能“回发”按钮
      frmMain.setToolStripUserOperText("运行状态：解析完成           " +
      "          您有" + replyTime.ToString() + "秒时间进行回发");
      BtnSend.Enabled = true;
     }
     else if (replyTime == 0)                    //若允许回发时间等于 0
     {
      replyTime = -1;
      frmMain.setToolStripUserOperText("运行状态：
      无法进行回发，请等待下一帧数据");
      BtnSend.Enabled = false;                   //禁用“回发”按钮
     }
     else if (replyTime < 0)                     //若允许回发时间小于 0
     {
      replyTime = -1;

     }
    }
  }
```

握手定时器用于发送 WebSocket 服务的心跳包，因为 WebSocket 服务器会定期关闭不活跃的 WebSocket 连接，所以需要不时发送心跳包来保持通信。执行代码如下所示，其中 ws 为 WebSocket 客户端对象。

```
private void timer_shake_Tick(object sender, EventArgs e)
{
    //发送心跳包
    ws.Send("shake");
}
```

（2）初始化监听显示列表。在界面的 listBox_imsi（左上角显示控件）中显示正在监听终端的 IMSI 码，显示的 IMSI 码来自于主界面读取 AHL.xml 文件的结果，其保存在 g_IMSI 变量中。

```
ListImsi.Items.Clear();                       //清空 ListImsi 框中的内容
int count = 0;                                //用于存储监听的 IMSI 码的个数
foreach (string Imsi in frmMain.g_IMSI)  //对于 g_IMSI 数组中的每个 IMSI 码
{
```

```
    string one_imsi = Imsi.Trim();  //清除字符串开始和结尾的空格、tab和换行
    if (one_imsi.Length == 15)                    //IMSI码长度为15时
    {
      ListImsi.Items.Add(one_imsi);       //添加到监听IMSI码列表中
      count++;                                    //IMSI码个数加1
    }
}
```

（3）启动 WebSocket 服务。首先创建 WebSocket 客户端对象 ws。

```
ws = new WebSocket(frmMain.g_target);     //创建一个WebSocket客户端对象
```

WebSocket 客户端启动前需要注册的事件包括：启动事件 ws.OnOpen、关闭事件 ws.OnClose 和数据接收事件 ws.OnMessage。下面对它们进行逐一介绍。

① WebSocket 客户端启动事件：在实时数据侦听界面中，当 ws 与服务器 CS-Monitor 连接成功时，会触发 ws.OnOpen 事件，该事件指定的回调函数会打开握手定时器，不断地给服务器发送握手消息。

```
ws.OnOpen += (sender1, e1) =>
{
    timer_shake.Enabled = true;              //打开握手定时器
};
```

② WebSocket 客户端关闭事件：在实时数据侦听界面中，当 ws 与服务器 CS-Monitor 之间的连接关闭或 ws 连接了错误的 WebSocket 服务器地址时，会触发 ws.OnClose 事件，该事件指定的回调函数会显示与服务器 CS-Monitor 连接中断的信息。如果与服务器连接断开，程序将以对话框消息提示错误，并提示用户是否确认重新建立连接，单击“确定”按钮会进行重新连接，否则会关闭 WebSocket 握手定时器。

```
ws.OnClose += (sender1, e1) =>
{
//如果与服务器断开连接
    DialogResult res = MessageBox.Show("【无法通过WebSocket与侦听
                       程序建立通信，是否重新建立通信】",
                       "金葫芦IoT友情提示：",
                       MessageBoxButtons.OKCancel,
                       MessageBoxIcon.Question);
//弹出对话框确认是否连接
    if (res == DialogResult.OK)
        ws.Connect();                                //WebSocket重连
    else
          timer_shake.Enabled = false;      //关闭WebSocket握手定时器
}
```

③ WebSocket 数据接收事件：在实时数据侦听界面中，当 ws 收到服务器 CS-Monitor 发送来的数据时，会触发 ws.OnMessage 事件，该事件指定的回调函数用于处理来自服务器的数据，以及对接收到的实时数据进行动态显示。

（4）调用 ws. OnMessage 回调函数。该函数实现的功能是当有数据到来时，解析消息包，并将数据格式转换为 JSON 对象格式，根据 JSON 对象的 command 字段的内容进行相应操作。

字段 recv：表明收到一个 CS-Monitor 广播发送的、某个终端的新数据到来的信息，将 frmMain.NewestCount（记录总帧数目）值更新为此时收到的新帧的 json.value 值。如果此时的 frmMain.g_IMSI 里面包含了此 json.source（IMSI 码），则表明该 IMSI 码对应的终端就是客户端需要侦听的终端，那么该客户端将产生一个“command 字段为 ask、value 值为该 IMSI 码”的简化的 JSON 对象格式的数据并发送给 CS-Monitor，然后等待 CS-Monitor 数据的到来。

字段 reAsk：表明此时收到的是一个完整 JSON 对象格式、command 字段是 reAsk 的数据帧，它可能是实时数据帧，也可能是历史数据帧。如果是实时数据帧，则客户端会根据前后帧数据格式判断是否需要重新生成标签，以防不同的前后帧数据内容不一致，最后将该数据解析后在“实时数据”界面上显示出来；如果是历史数据帧，则客户端会将收到的帧赋值给 HisFrameData 对象，在历史数据界面中刷新定时器 timerRefresh_Tick，并把 HisFrameData 对象动态地显示在界面上。

ws. OnMessage 回调函数的主要代码如下所示。

```
ws.OnMessage += (sender2, e2) =>
    {
        UInt16 i;
    //（4.3.1）获取接收到的消息包，解析消息包
    string sr = e2.Data.ToString();
    string sendTime = "";          //用于存储终端发送来的时间
    JavaScriptSerializer serializer = null;
    JavaScriptSerializer serializer2 = null;
    JsonCommand json = null;
    JsonCommand2 json2 = null;
    serializer = new JavaScriptSerializer();
    //实例化一个 JSON 处理对象，处理命令格式 1
    serializer2 = new JavaScriptSerializer();
    //实例化一个 JSON 处理对象，处理命令格式 2
    json= serializer.Deserialize<JsonCommand>(sr);
    //将 JSON 字符串反序列化为 JSON 对象（命令格式 1）
    json2= serializer.Deserialize<JsonCommand2>(sr);
    //将 JSON 字符串反序列化为 JSON 对象（命令格式 2）
    //（4.3.2）判断 JSON 命令格式，进行相应操作
        switch (json.command)
        {
            //接收到新数据
```

```
        case "recv":
        frmMain.NewestCount = int.Parse(json.value);
        //通过 IMSI 码甄别信号是否属于被自己侦听的设备
        if (frmMain.g_IMSI.Contains(json.source))
        {
            ……;（此处代码略过，请看源程序）
        }
        break;
        //接收到侦听程序发回的完整数据
        case "reAsk":
        frmMain.NewestCount = json2.totalRows;
        //正在接收实时数据
        if (frmMain.cmd == 0)
        {
            ……;（此处代码略过，请看源程序）
        }
        //正在接收历史数据
        else
        {
            FrameData tmpFrameData = new FrameData();
            tmpFrameData.Parameter = json2.data;
            frmMain.HisFrameData = tmpFrameData;
            frmMain.cmd = 2;    //历史数据接收结束
        }
        break;
    }
};
```

最后启动 WebSocket 客户端，如果启动成功，则与服务端程序 CS-Monitor 建立 WebSocket 连接，开始实时通信，并触发 ws.OnOpen 事件打开握手定时器 timer_shake 以不断侦听实时数据的到来。若建立不成功，则触发 ws.OnClose 事件，弹出提示连接错误的界面。

```
//设置安全协议为 Tls12
ws.SslConfiguration.EnabledSslProtocols =
      System.Security.Authentication. SslProtocols.Tls12;
ws.Connect();                               //启动 WebSocket 客户端
```

“实时数据”界面加载函数执行完成后，程序的自动执行流程自此结束。“实时数据”界面会一直等待新数据的到来，并会通过 ws 对象的 ws.OnMessage 事件的回调处理函数对到来的数据进行处理，然后将其刷新显示在“实时数据”界面（或“历史数据”界面）上。

3. WebSocket 服务器与客户端通信流程

WebSocket 服务器与客户端通信流程如图 9-4 所示。下面来解析 WebSocket 服务端与客户端之间数据的通信细节。

（1）服务器发送通知：recv。在服务器 CS-Monitor 中，当终端实时数据到来时，服务器会触发 HCICom 的数据接收事件，执行函数 IoT_recv（该函数位于 FrmRealtimeData.cs 中），然后服务器以广播的方式将实时数据到来的通知发送出去。

（2）客户端请求数据：ask。在 WebSocket 服务器成功启动之后，客户端 CS-Client 可以与 WebSocket 服务器建立“多对一”连接。如果服务器广播的实时数据到来的通知是客户端所侦听的终端发来的，则客户端 CS-Client 会向服务器请求该数据。

（3）服务器发送数据：reAsk。当服务器收到客户端对终端数据的请求时，其会将终端数据发给客户端。

（4）客户端回发数据：send。当客户端 CS-Client 收到服务器发来的实时数据时，其会将该数据显示在“实时数据”界面中。客户端可以修改这些数据，并可能过单击“回发”按钮将数据发给终端。

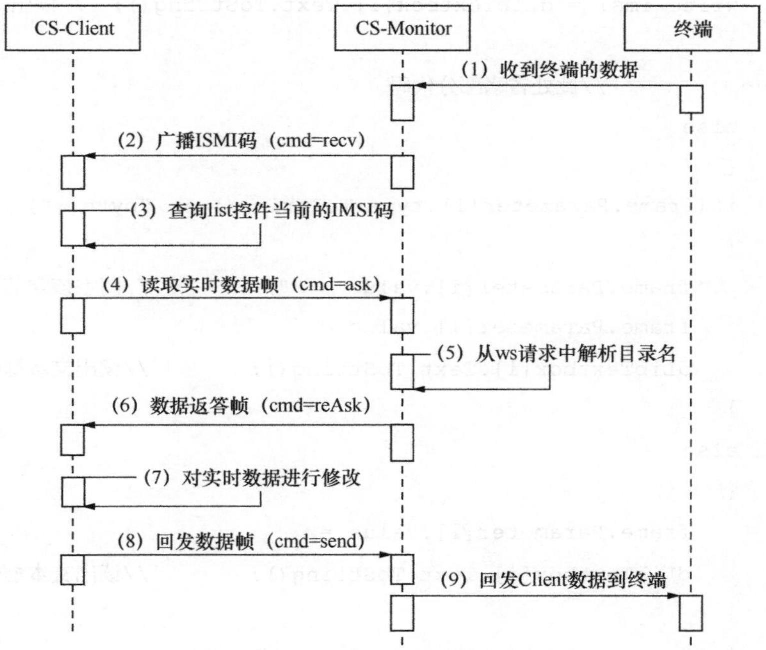
CS-Client
CS-Monitor
终端
(1) 收到终端的数据
(2) 广播ISMI码 (cmd=recv)
(3) 查询list控件当前的IMSI码
(4) 读取实时数据帧 (cmd=ask)
(5) 从ws请求中解析目录名
(6) 数据返答帧 (cmd=reAsk)
(7) 对实时数据进行修改
(8) 回发数据帧 (cmd=send)
(9) 回发Client数据到终端

图 9-4　WebSocket 实时数据通信

9.2.3　主要按键事件的实现

下面介绍“实时数据”界面与“历史数据”界面的主要按键事件的实现。

1.“实时数据”界面回发按键事件

在新的一帧实时数据到来之后的 30s 内，“回发”按钮被允许按下，按下“回发”按钮将执行数据的实时回发。代码如下所示，该代码段在回发按键事件 BtnSend_Click 函数中执行。

回发按键事件的执行过程为：首先读取“实时数据”界面文本框中的数据到 FrameData 对象 frame 中；其次创建一个 JsonCommand2 对象，并将 frame 放入其 data 属性中；然后使用 ws.Send 方法将该对象的内容组成的 JSON 包发送出去；最后禁用“回发”按钮，清零回发时间。

```
private void BtnSend_Click(object sender, EventArgs e)
{
int i;
string write_imsi = "";
FrameData frame = frmMain.g_frmStruct.Clone();
//（1）将文本框中的内容更新到 frame 中
try
{
for (i = 0; i < frame.Parameter.Count; i++)
{
    if (frame.Parameter[i].name.ToString() == "IMSI")
    {
    write_imsi = dLibTextbox[i].Text.ToString();  //读出 IMSI 码
    }
……            //此处省略部分代码
    else
    {
    if(frame.Parameter[i].type.ToString() == "byte[]")
    {
        frame.Parameter[i].value = "";                //清空该字节数组
        frame.Parameter[i].value =
        dLibTextbox[i].Text.ToString();          //读出文本框中的数据
    }
    else
    {
        frame.Parameter[i].value =
        dLibTextbox[i].Text.ToString();          //读出文本框中的数据
    }
    }
}
}
catch
{
frmMain.setToolStripUserOperText("写入失败，文本框中的数据有误");
return;
}
try
{
//创建 JSON 对象
```

```
    JsonCommand2 sendJson = new JsonCommand2();
    sendJson.command = "send";
    sendJson.source = "CS-Client";
    sendJson.password = "";
    sendJson.dest = write_imsi;
    sendJson.data = frame.Parameter;
    //JSON 字符串转为 JSON 对象
    var serializer = new JavaScriptSerializer(); //实例化一个 JSON 处理对象
    string dataString = serializer.Serialize(sendJson);
    //（3）WebSocket 回发
    ws.Send(dataString);                                //回发
}
……//此处省略部分代码
    //设置“回发”按钮无效
    BtnSend.Enabled = false;
    replyTime = 0;
```

2．历史数据界面最新一帧按键事件

以请求最新一帧为例，历史数据请求代码如下所示。该代码段位于“历史数据”界面的 BtnNewFrm_Click 函数中，其余数据库操作按键事件的实现与最新一帧按键事件实现基本类似，因此该事件的实现细节可作为其他按键事件的参考。

```
CurrentRow = frmMain.NewestCount;
//创建 JSON 命令对象
JsonCommand askJson = new JsonCommand();
askJson.command = "ask";
askJson.source = "CS-Client";
askJson.password = "";
askJson.value = CurrentRow.ToString();
//JSON 字符串转为 JSON 对象
var srAsk = new JavaScriptSerializer(); //实例化一个 JSON 处理对象
string dataString = srAsk.Serialize(askJson);
FrmRealtimeData.ws.Send(dataString);     //请求最新一条历史数据
frmMain.cmd = 1;                          //表示“历史数据”界面请求数据
```

最新一帧按键事件执行的内容包括创建 JsonCommand 对象，该对象的内容为向 WebSocket 服务器请求第 CurrentRow 帧数据。这里的 CurrentRow 的值等于 frmMain.NewestCount 的值，frmMain.NewestCount 在每次接收到 WebSocket 服务器的 JSON 数据后会进行更新，该值大小等于数据库当前最新一帧数据的行号；最后置 frmMain.cmd =1，表示“历史数据”界面在请求数据。

显示数据函数在“历史数据”界面刷新定时器 timerRefresh 的执行事件 timerRefresh_Tick 中，如果 frmMain.cmd 等于 2，则表示“实时数据”界面中的 WebSocket 数据接收事件获取了一条

“历史数据”界面所请求的数据，并把 frmMain.cmd 的值由 1 置为 2，否则表示历史数据请求没有被响应；接着把 frmMain.cmd 置 0，FrameData 对象 tmpFrameData 会获取 frmMain.HisFrameData 中的历史数据（在 WebSocket 接收事件中将获取到的数据赋给了 frmMain.HisFrameData）；最后通过 createLabel(tmpFrameData)来显示数据的标签和文本框，并将 tmpFrameData 的内容显示在文本框中。

```
    if (frmMain.cmd == 2)
    {   frmMain.cmd = 0;
        LabelFrmNum.Text= "共有" + frmMain.NewestCount +
                                    "帧数据，当前为第"+ CurrentRow+"帧";
        //重新生成标签
        FrameData tmpFrameData = frmMain.HisFrameData;
        createLabel(tmpFrameData);//创建标签
        Thread.Sleep(200);
        //解析 tmpFrmStruct 中的数据并将其显示在相应的文本框中
        for (i = 0; i < frmMain.HisFrameData.Parameter.Count; i++)
        {
        //将发送时间转化为标准时间
        if (frmMain.HisFrameData.Parameter[i].name == "currentTime")
        {
          ……//此处省略部分代码
        }
        else if (frmMain.HisFrameData.Parameter[i].name == "mcuTemp")
        {
            string temp = frmMain.HisFrameData.Parameter[i].value;
            dLibTextbox[i].Text = temp.Insert(temp.Length - 1, ".");
        }
        ……//此处省略部分代码
        else
        {
            //在其他情况下直接将数据显示在文本框中
            dLibTextbox[i].Text = frmMain.HisFrameData.Parameter[i].value;
        }
        }
    }
```

9.3 CS-Client 程序的“照葫芦画瓢”

本节内容主要描述如何在网页上添加开灯、关灯的按钮，以控制终端蓝灯的亮、暗情况这一下行过程。读者先将“…\04-Soft\ch09-1”文件夹复制到“…\04-Soft\ch09-2”文件夹（建议读者另建文件夹）中，按照 4.2.2 小节所介绍的内容搭建自己的临时服务器。然后启动 FRP 客户端，运行云侦听画瓢程序（即“…\04-Soft\ch04-2\CS-Monitor”），并启动终端画瓢程序（即“…\04-Soft\ch04-2\User_NB”）。下面具体介绍如何在 PC 客户端中“照葫芦画瓢”。

1. 修改 WebSocket 服务器地址

打开“画瓢”工程，在工程目录下的 AHL.xml 文件中，搜索“【2】【根据需要进行修改】”并找到该注释，在注释下的“<WebSocketTarget>”与“</WebSocketTarget>”字段间设置新服务器的 IP 地址和目录组合。本书的“照葫芦画瓢”例程将使用的 IP 地址、端口与目录组合为“ws://116.62.63.164:35001/wsServices”。

```
<!--【2】【根据需要进行修改】指定 WebSocket 服务器的地址-->
<WebSocketTarget>116.62.63.164:35001/wsServices</WebSocketTarget>
```

2. 添加自己终端的 IMSI 码

在 AHL.xml 文件中，找到注释“【3】”处，在“<IMSI>”与“</IMSI>”字段间添加新设备的 IMSI 码（假设 IMSI 码为 460113003239964）。

```
<!--【3】【根据需要进行修改】指定侦听的 IMSI 码，分号隔开，可以换行，以“;”结尾-->
<IMSI>
   <!--用户新增加设备的 IMSI 码-->
    460113003239964;
</IMSI>
```

3. 添加控制小灯按钮

在 CS-Client 工程中，打开“实时数据”界面“03_01FrmRealtime\FrmRealtimeData”，并添加“点亮”和“熄灭”按钮。

在 FrmRealtimeData.cs 界面程序中，设置“点亮”和“熄灭”按钮有效。

```
private void FrmRealtime_Load(object sender, EventArgs e)
{   //（1）设置允许跨线程文本框赋值
    Control.CheckForIllegalCrossThreadCalls = false;
    cmdPrior = "";
    //（2）创建用于展示数据的标签和文本框，并设置“回发”不可用
    BtnSend.Enabled = false;            //设置“回发”按钮无效
    BtnLightOn.Enabled = true;          //设置“点亮”按钮有效
    BtnLightOff.Enabled = true;         //设置“熄灭”按钮有效
    ……（此部分内容省略）
    ws.Connect();
}
```

4. 编写“熄灭”按钮的单击事件

在 FrmRealtimeData.cs 界面程序中，为“熄灭”按钮添加 BtnLightOff_Click 单击事件。

```
//=====================================================================
//函数名称：BtnLightOff_Click
//函数参数：无
//函数返回：无
//函数说明：关小灯；light_state=0 时，执行关小灯操作
//=====================================================================
private void BtnLightOff_Click(object sender, EventArgs e) {
int i;
string write_imsi = "";
FrameData frame = RealFrameDate.Clone();
//（1）将文本框中的内容更新到结构体 frame 中
    try
    {
      for (i = 0; i< frame.Parameter.Count; i++)
      {
        if (frame.Parameter[i].name.ToString() == "IMSI")
      {
          write_imsi = dLibTextbox[i].Text.ToString();//读出 IMSI 码
      }
        if (frame.Parameter[i].name.ToString() == "currentTime")
      {
          System.DateTime startTime =    //获取时间基准
                  TimeZone.CurrentTimeZone.ToLocalTime
                  (new System.DateTime(1970, 1, 1));
          ulong temp = (ulong) (System.DateTime.Now.AddHours(8) -
                        startTime). TotalSeconds;
          frame.Parameter[i].value =
                  temp.ToString();    //更新当前时间与基准时间的差值
      }
          else if (frame.Parameter[i].name == "mcuTemp")
      {
          string temp = dLibTextbox[i].Text.ToString();
          temp = temp.Remove(temp.Length - 2, 1);
          frame.Parameter[i].value = temp;  //读出文本框中的数据
      }
          else if (frame.Parameter[i].name == "light_state")
    {
          dLibTextbox[i].Text = "暗";
          frame.Parameter[i].value =
          dLibTextbox[i].Text.ToString();   //读出文本框中的数据
    }
```

```
        else
        {
            if (frame.Parameter[i].type.ToString() == "byte[]")
            {
                frame.Parameter[i].value = "";   //清空该字节数组
                frame.Parameter[i].value =
                dLibTextbox[i].Text.ToString(); //读出文本框中的数据
            }
            else
            {
                frame.Parameter[i].value =
                dLibTextbox[i].Text.ToString(); //读出文本框中的数据
            }
         }
        }
    }
        catch
         {
            frmMain.setToolStripUserOperText("运行状态: 小灯熄灭失败");
            return;
         }
        try
         {
            //(2)WebSocket 回发实时数据/历史数据
            JsonCommand2 sendJson = new JsonCommand2();
            sendJson.command = "send";
            sendJson.source = "CS-Client";
            sendJson.password = "";
            sendJson.dest = write_imsi;
            sendJson.data = frame.Parameter;
            //JSON 字符串转为 JSON 对象
            var serializer = new JavaScriptSerializer();
                                           //实例化一个 JSON 处理对象
            string dataString = serializer.Serialize(sendJson);
            ws.Send(dataString);           //回发
            TextBack.Text = dataString;
            frmMain.setToolStripUserOperText("运行状态: 小灯已熄灭");
          }
        catch
        {
```

```
            frmMain.setToolStripUserOperText("运行状态: 小灯熄灭失败");
    }
            replyTime = 0;
}
```

5. 编写“点亮”按钮的单击事件

在 FrmRealtimeData.cs 界面程序中，为“点亮”按钮添加 BtnLightOn_Click 单击事件。

```
//==============================================================
//函数名称: BtnLightOn_Click
//函数参数: 无
//函数返回: 无
//函数说明: 开小灯; light_state=1 时, 执行开小灯操作
//==============================================================
private void BtnLightOn_Click(object sender, EventArgs e){
……//参照 BtnLightOff_Click 函数代码
    else if (frame.Parameter[i].name == "light_state")
    {
        dLibTextbox[i].Text = "亮";
        frame.Parameter[i].value =
        dLibTextbox[i].Text.ToString();      //读出文本框中的数据
……//参照 BtnLightOff_Click 函数代码
    }
}
```

6. 运行 CS-Client 并观察现象

运行 CS-Client 程序，出现图 9-5 所示的界面。在程序接收到数据的 30s 内，单击“点亮”或“熄灭”按钮，数据会下行到终端，控制蓝灯的“亮”与“暗”，此为下行过程；当终端回发数据时，数据会上行到 PC 客户端中，此时小灯状态变为“亮”或“暗”，新增温度就有了新的值，此为上行过程。

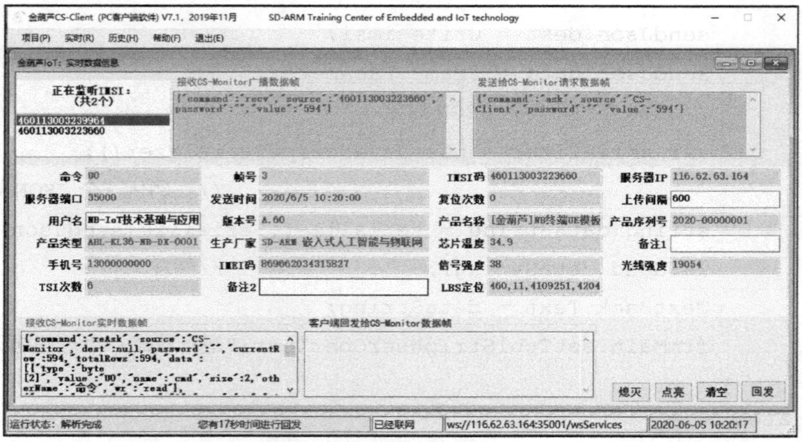
金葫芦CS-Client (PC客户端软件) V7.1, 2019年11月
SD-ARM Training Center of Embedded and IoT technology
项目(P) 实时(R) 历史(H) 帮助(F) 退出(E)
金葫芦IoT: 实时数据信息
正在监听IMSI: (共2个)
460113003239964
460113003223660
接收CS-Monitor广播数据帧
发送给CS-Monitor请求数据帧
命令 00
帧号 3
IMSI码 460113003223660
服务器IP 116.62.63.164
服务器端口 35000
发送时间 2020/6/5 10:20:00
复位次数 0
上传间隔 600
用户名 NB-IoT技术基础与应用
版本号 A.60
产品序列号 2020-00000001
产品类型 ABL-KL36-NB-DX-0001
生产厂家 SD-ARM 嵌入式人工智能与物联网
芯片温度 34.9
备注1
手机号 13000000000
IMEI码 869662034315827
信号强度 38
光线强度 19054
TSI次数 0
备注2
LBS定位 460,11,4109251,4204
接收CS-Monitor实时数据帧
客户端回发给CS-Monitor数据帧
熄灭 点亮 清空 回发
运行状态: 解析完成
您有17秒时间进行回发
已经联网
ws://116.62.63.164:35001/wsServices
2020-06-05 10:20:17

图 9-5　小灯点亮状态

为了方便读者更好、更快地学习，“…\04-Soft\ch09-2”中提供了已经修改好的“画瓢”程序，读者在学习过程中可以参考之。

9.4 实验 9：终端数据实时到达 PC 客户端

1. 实验目的

（1）了解终端与 PC 客户端的通信过程。

（2）了解通过本地服务器转发数据的通信过程。

（3）理解和掌握如何在终端上添加传感器并在 PC 客户端获取相应的数据。

2. 实验准备

（1）硬件部分。PC 或笔记本计算机一台、开发套件一套。

（2）软件部分。根据电子资源“…\02-Doc”文件下的电子版快速指南，下载合适的资源。

（3）软件环境。按照“附录 B AHL-GEC-IDE 安装及基本使用指南”，进行有关软件工具的安装。

3. 参考样例

参照 9.3 节，该小节具体描述了如何通过本地服务器获取终端的数据。

4. 实验过程或要求

（1）验证性实验。验证样例程序，具体验证步骤参考 9.1 节。

（2）设计性实验。在验证性实验的基础上，自行编程实现对磁开关状态的采集并控制绿灯亮暗。

9.5 习题

（1）描述 NB-IoT 客户端 CS-Client 模板的基本内容。

（2）画出 CS-Client 中“实时数据”界面程序的执行流程。

（3）说明在数据上行过程中 CS-Client 的函数调用关系。

（4）说明在数据下行过程中 CS-Client 的函数调用关系。

（5）比较网页与客户端的异同点。

10

chapter

4G/5G、Wi-Fi 及 WSN 通信方式的接入

第四代移动通信技术（The fourth generation of mobile communication technology，4G）将无线局域网（Wireless Local Area Network，WLAN）技术和 3G 进行结合，使图像的传输速度更快，让传输的图像质量更高（图像看起来更加清晰），是目前最为广泛使用的移动通信技术。Wi-Fi 是一个基于 IEEE 802.11 标准的 WLAN 技术，无论是在地铁上、办公室中或是家里，还是在其他各种地方，都会有它的身影，它使上网变得更便捷、更灵活，人们可以随时随地通过 Wi-Fi 上微博看新奇事物或是在微信上与好友聊天。无线传感器网络（WSN）是一种具有数据采集、处理和传输功能的分布式网络，已在环境监测与保护、军事领域、井矿、核电厂等领域得到了广泛使用。本章将从实践的角度阐述 4G、Wi-Fi 和 WSN 的应用架构。

10.1 4G[1]通信方式

相比于“新鲜”的NB-IoT，4G具有通信速度快、布网充分、用户规模大等特点，但也存在费用高等不足。考虑到4G广泛的应用前景，编者也研发了基于4G的AHL-4G开发套件，它使用4G来传输数据，应用架构类似于NB-IoT，通过将AT指令屏蔽在内部并封装成UECom构件，利用AT指令完成初始化、发送、接收等功能，实现MCU与通信模组的通信，使读者可以像使用NB-IoT开发套件一样方便地使用AHL-4G开发套件。下面将从4G/5G概述、AHL-4G开发套件简介、运行AHL-4G模板和AHL-4G的“照葫芦画瓢”等方面入手介绍AHL-4G的使用，以使读者初步掌握开发基于4G的嵌入式应用系统的方法。

10.1.1 4G/5G 概述

4G是目前最为广泛使用的移动通信技术，它将WLAN[2]技术与3G进行了很好的结合，使图像的传输速度更快，让传输的图像质量更高（图像看起来更加清晰）。4G采用的关键技术有正交频分复用（Orthogonal Frequency Division Multiplexing，OFDM）[3]技术、多入多出（Multiple-Input Multiple-Output，MIMO）[4]技术、智能天线技术[5]和软件无线电（Software Defined Radio，SDR）[6]技术等，具有通信速度快、智能化、兼容性强等特点。将4G应用于智能通信设备中可使用户的上网速度更加快，速度可高达100Mbit/s，因此在手机网游、云计算和视频直播等领域4G使用较多。4G在我国于2001年开始研发，于2011年正式投入使用，截至2019年9月，我国4G用户规模达到12.64亿户，渗透率达到80%。

第五代移动通信技术（5G）是最新一代蜂窝移动通信技术，是4G的延伸。5G追求更高的数据吞吐量、更低的延迟、更低的能源消耗、更低的成本，以满足当今大规模设备连接的需求，它正朝着网络多元化、宽带化、综合化、智能化的方向发展。5G采用的关键技术有超密集异构网络、自组织网络、内容分发网络、设备到设备（Device-to-Device，D2D）通信、机器到机器（Machine to Machine，M2M）通信和信息中心网络等技术。它的数据传输速率最高可达到10Gbit/s，以满足高清视频、虚拟现实等的大量数据传输的需要，为车联网与自动驾驶、远程医疗、智能电网等提供实时应用。在2019年6月6日，我国工信部正式向中国电信、中国移动、中国联通、中国广电发放5G商用牌照，同年10月31日，三大运营商公布了5G商用套餐，该套餐于同年11月1日正式上线。

---

① 第一代移动通信技术（简称1G）于1983年开始发展使用，随后出现了2G、3G、4G、5G，5G在2019年已经开始被使用。目前，第六代移动通信技术（简称6G）也已被提出。

② WLAN是指应用无线通信技术将计算机设备互联起来，构成可以互相通信和实现资源共享的网络体系。它通过无线的方式连接，可以使网络的构建和终端的移动更加灵活。

③ OFDM技术是多载波调制技术的一种，它通过频分复用实现高速串行数据的并行传输，具有较好的抗多径衰弱的能力，能够支持多用户接入。

④ MIMO技术是指在发射端和接收端同时使用多个天线的通信系统，在不增加带宽的情况下可以成倍地提高通信系统的容量和频谱利用率。

⑤ 智能天线技术采用空分复用，利用信号在传播方向上的差别，将同频率、同时隙的信号区分开来。

⑥ SDR技术基于软件定义的无线通信协议，在通用的硬件平台上用软件来实现各种通信模块。

10.1.2 AHL-4G 开发套件简介

1. AHL-4G 开发套件硬件组成

AHL-4G 开发套件的硬件部分由 4G 模块、TTL-USB 串口线、彩色 LCD、扩展底板等部分组成，如图 10-1 所示。

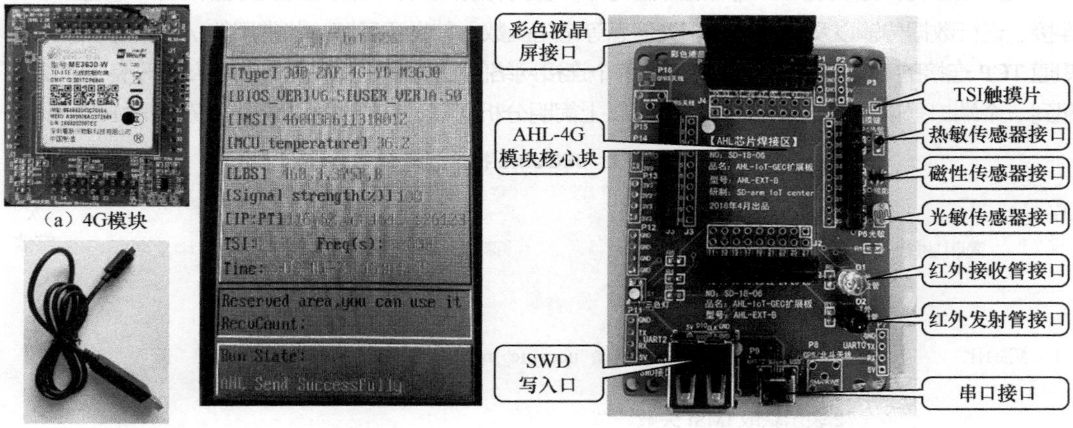
彩色液晶屏接口
AHL-4G模块核心块
SWD写入口
TSI触摸片
热敏传感器接口
磁性传感器接口
光敏传感器接口
红外接收管接口
红外发射管接口
串口接口

（a）4G模块　（b）TTL-USB串口线　（c）彩色LCD　（d）扩展底板

图 10-1　金葫芦 4G 开发套件硬件组成

AHL-4G 开发套件的硬件设计目标是将 MCU、4G 通信模组、电子卡、MCU 硬件最小系统等组成一个整体，集成在一个 SOC 片子上，以满足大部分终端产品的设计需要。AHL-4G 开发套件内含电子卡，在业务方面包含一定的流量费。它在出厂时就内含硬件检测程序（BIOS+基本用户程序）。用户获得该芯片后，直接供电即可运行程序，实现联网通信。AHL-4G 开发套件的软件设计目标是把硬件驱动按规范设计好并固化于 BIOS，提供静态连接库及工程模板（“葫芦”）以节省开发人员的时间，同时给出人机交互系统的工程模板级实例，为系统整体的连通提供示范。

2. AHL-4G 开发套件电子资源

AHL-4G 开发套件的电子资源中包含 6 个文件夹：01-Infor、02-Doc、03-Hard、04-Soft、05-Tool、06-Other，表 10-1 所示为电子资源 AHL-4G-GEC 各文件夹的主要内容。

表 10-1　电子资源 AHL-4G-GEC 各文件夹的主要内容

文件夹	主要内容	说明
01-Infor	MCU 芯片参考手册	本套件使用的 MCU 基本资料
02-Doc	AHL-4G-GEC 快速开发指南	供快速入门使用
03-Hard	AHL-4G-GEC 芯片对外接口	使用本套件芯片时需要的电路接口
04-Soft	软件“葫芦”及样例	内含终端及 HCI 等下级文件夹
05-Tool	基本工具	含 TTL-USB 串口驱动、串口助手等
06-Other	C#快速应用指南等	供 C#快速入门使用

需要特别说明的是，04-Soft 文件夹存放了金葫芦 IoT-GEC 的主要配套源程序及用户程序更新软件，包含终端和 HCI 文件夹。终端文件夹含有终端的参考程序 User_NB 及用户程序更

新软件 AHL-GEC-IDE 等。HCI 文件夹内含 HCI 的侦听程序、Web 网页、微信小程序、手机 App 软件框架及相关软件组成。这些配套程序、常用软件以及 AHL-4G-GEC 快速开发指南，可以帮助读者迅速了解金葫芦工程框架，增大了 4G 开发编程颗粒度，降低了开发难度。

3. AHL-4G-GEC 驱动构件分析

UECome 构件是实现 4G 通信的基础构件，它具有初始化、与指定的服务器和端口号建立 TCP 连接、进行数据传输以及获取基站相关信息等常用函数。首先要了解一些常用的 AT 指令，然后要知道 TCP 连接的 IP 地址和端口号 Port。每个连接网络的设备都有一个 IP 地址，每个设备上都会分配到一个端口号以与外界进行通信。通过以上简明分析可知，UECome 构件的要素如表 10-2 所示。

表 10-2 UECome 构件要素

序号	函数			形参		宏常数
	简明功能	返回	函数名	英文名	中文名	
1	初始化	函数执行结果： 0 表示成功 1 表示与终端模块串口通信失败 2 表示获取 IMSI 失败	uecome_init	无	无	用
2	与指定的服务器和端口号建立 TCP 连接	函数执行状态： 0 表示成功建立 TCP 连接 1 表示建立 TCP 连接失败	uecome_linkCS	IP	连接服务器的 IP 地址	不用
				Port	连接服务器的端口号	不用
3	将数据通过已经建立的 TCP/UDP 通道发送出去	函数执行状态： 0 表示发送成功 1 表示发送失败 2 表示返回超时	uecome_send	data	发送数据	不用
				length	发送数据长度	不用
4	获取与基站相关信息，即信号强度和基站号	函数执行状态： 0 表示获取基站信息成功 1 表示获取信号强度失败 2 表示获取基站号失败	uecome_baseInfo	retData	存储返回的信息	用
5	控制通信模块供电状态	无	uecom_power	state	通信模组电源控制命令	用
6	与电信运营商的基站（铁塔）建立连接	函数执行状态： 0 表示成功建立与铁塔的连接 1 表示连接不上铁塔	uecom_linkBase	无	无	不用
7	透明发送，将数据通过已经建立的 TCP 通道发送出去	函数执行状态： 0 表示发送成功； 1 表示开启发送模式失败； 2 表示数据发送失败	uecom_transparentSend	length	待发送数据缓存区，传入参数	不用
				data	待发送数据的长度	不用
8	接收网络发送来的数据	无	uecom_interrupt	ch	串口中断接收到的数据	不用
				length	接收到的网络数据长度	不用
				recvData	存储接收到的网络数据	不用

续表

序号	函数			形参		宏常数
	简明功能	返回	函数名	英文名	中文名	
9	设置 GNSS 的状态	函数执行状态： 0 表示操作 GNSS 成功 1 表示操作 GNSS 失败	uecom_gnssSwitch	state	设置 GNSS 的开关状态	用
10	获得与 GNSS 定位相关的信息	函数执行状态： 0 表示获取定位信息成功 1 表示没有获得定位信息	uecom_gnssGetInfo	data	存储获得的 GNSS 相关信息	不用
11	获得与模块相关的信息	函数执行状态： 0 表示获取模组信息成功 1 表示获取模组信息失败	uecom_modelInfo	retData	存储返回的信息	不用
12	发起 HTTP 的 get 请求，并将返回结果存储在 result 中	函数执行状态： 0 表示获得 get 请求成功 1 表示初始化 HTTP 失败 2 表示传递 url 参数失败 3 表示设置网络失败 4 表示开启网络失败 5 表示建立连接失败 6 表示发送请求失败 7 表示获得返回失败	uecom_httpGet	IP	目标服务器地址	不用
				Port	目标地址	不用
				url	get 请求的内容	不用
				result	get 请求返回的结果	不用
13	获取串口 1 接收的非更新数据及其长度	函数执行状态： 0 表示成功获取非更新数据 1 表示无非更新数据	uecom_info	data	接收的数据	不用
				len	接收数据长度	不用
14	获取附近基站的时间	函数执行状态： 成功则返回时间戳 失败则返回 0	uecom_getTime	无	无	不用

下面以请求通信基站号为例，介绍从通信模组获取一条数据的整个过程。

首先，调用内部函数 uecom_sendCmd 向通信模组发送请求基站号的指令。

```
uecom_sendCmd(CCED_1,500,3);
```

uecom_sendCmd 的参数 1 为基站号 AT 指令，参数 2 表示该命令的最大等待时间为 500ms，参数 3 表示该命令最多发送 3 次，以下是该函数中串口发送命令语句 uart_send_string(UART_UE,cmd)的执行代码。

```
uint_8 uecom_sendCmd(uint_8 *cmd,uint_16 maxDelayMs,uint_16 maxTimes)
{
    //(1)变量声明和赋初值
    uint_8 ret;
    ……                      //省略部分代码
    AT_haveCommand=1;       //置位 AT 命令标志
    uecom_delay_ms(10);     //防止串口 AT 命令发送过于频繁
    for(count=0;count<maxTimes;count++)
```

```
        {
            //如果 AT 指令不是 SEND 和 wait 命令
            if(strcmp(cmd,"SEND") && strcmp(cmd,"wait") )
            {
                AT_reLength=0;//当在接收中断里再接收一个字节时，其后的位置赋值 0
                AT_reBuf[0]=0;//清空字符串
                uart_send_string(UART_UE,cmd); //通过串口发送 AT 指令
            }
        }
    ……//省略部分代码
    }
```

在 uecom_sendCmd 函数执行过程中，先置 AT_haveCommand 为 1，表示当前正在准备接收模组返回数据。接着，置接收数组长度 AT_reLength 为 0，清空接收数组 AT_reBuf，执行 uart_send_string(UART_UE,cmd)以向串口 1 发送 AT 指令 CCED_1，准备接收数据。

在 uart_send_string(UART_UE,cmd)语句被执行之后，串口接收中断中开始获取模组返回的数据。以下代码为用户程序 isr.c 中的串口 1 中断服务例程。在中断服务例程中，串口接收数据 ch 被赋给了 UECom 中断处理函数 uecom_interrupt。

```
    void UART1_IRQ(void)
    {
    ……//省略部分代码
        //接收一个字节
        ch = uart_re1(UARTB, &flag);  //调用接收一个字节的函数，清空接收中断位
        //如果有数据返回
    if(flag)
        {
            uecom_interrupt(ch,&gRecvLength,gRecvBuf);
        }
    ……//省略部分代码
    }
```

在 UECom 中断处理函数 uecom_interrupt 中，当 AT_haveCommand 等于 1 时，串口接收到的数据（也就是通信模组返回的数据）最终会被放入缓冲区 AT_reBuf 中。

```
    void uecom_interrupt(uint_8 ch,uint_16 *length,uint_8 recvData[])
    {
        //保存数据到缓冲区中
        if(AT_haveCommand)
        {
            AT_reBuf[AT_reLength]=ch;//存储接收到的数据到缓冲区 AT_reBuf 中
            AT_reLength=(AT_reLength+1)%AT_reBuf_length;//接收到的数据下标递增
```

```
            AT_reBuf[AT_reLength] = 0;//自动加入结束符
        }
        ……//省略部分代码
    }
```

下面主要对 uecom_init、uecom_linkCS、uecom_send 与 uecom_baseInfo 这 4 个典型的功能函数进行分析。

uecom_init 函数执行流程为：首先，初始化串口模块 1(UART_UE)，打开串口接收中断，此后，通信模组与 MCU 将一直使用串口 1 进行半双工通信；然后，对 MCU 最小系统与 GPRS 模块之间通信的可行性进行测试，若不可行，则需要重新启动终端模块，延时 8s 后再重新测试，若第二次测试也失败，则认为无法建立通信，函数将返回错误；若可行，则需要关闭回显，禁止通信模组将接收到的命令原样返给 MCU；最后，通过通信模组查询 IMEI 码与 IMSI 码，并将查询结果放入 IMEI 数组与 IMSI 数组内，即全局数组 dest 的前 15 位与后 15 位，如果查询成功，则函数返回 0（结束），至此，初始化过程结束。

uecom_linkCS 函数的目的是建立 TCP 连接，故代入的参数应包含 IP 地址与端口号。该函数执行流程为：首先，建立一条 AT 指令字符串 QIOPEN，并使该字符串包含 IP 地址与端口号；然后，将组建起的 AT 指令 QIOPEN 发送给通信模组以建立 TCP 连接，若建立 TCP 连接失败，则发送关闭 TCP 连接的 AT 指令，并在延时后尝试重新建立 TCP 连接；若在 3 次尝试 TCP 连接期间成功地建立了 TCP 连接，则返回 0（表示成功），否则返回 1。

uecom_send 的执行流程为：首先，根据传入数据数组地址与数据长度参数，使用内部函数 frameEncode 进行组帧；然后，将数组长度转化为字符串形式，将该字符串与开启发送模式的 AT 指令进行组合，并将该 AT 指令发送给通信模组以使之进入发送模式（在发送模式中，通信模组将持续接收 MCU 发来的数据帧）；最后，在数据帧发送完成后，发送 AT 指令以查询数据帧是否完整地发送给了通信模组，若查询结果为成功，则返回 0 结束，否则返回错误。

uecom_baseInfo 的执行流程为：首先，向通信模组发送请求信号强度的 AT 指令，从通信模组收到反馈数据后，先将该数据由字符串转换为对应的 uint_8 整型，再赋值给 retData[0]；然后，判断 retData[0]的值，如果其值为 0，则说明获取失败，需要重新发送指令以获取信号强度，如果 3 次获取信号强度的结果都为获取失败，则报错返回，否则继续使用 AT 指令通过通信模组查询基站号。

10.1.3 运行 AHL-4G 模板

AHL-4G 模板需要一套 AHL-4G 开发套件和一根串口线，软件开发环境为 AHL-GEC-IDE 和 Visual Studio 2019，可以按照以下步骤进行实验。

1. 运行终端模板工程

为了使读者对终端模板工程有个初步的认识，下面简要阐述运行终端模板工程的基本步骤。

（1）导入终端模板工程并编译下载

利用 AHL-GEC-IDE 打开电子资源中的“…\04-Soft\ch10-1\User_4G”工程，进行编译，并将结果文件下载到终端中。此时，观察终端的 LCD 屏幕，可以看到 IMSI 码等信息，请记录下该 IMSI 码（假设为 460046868409966）。

（2）修改终端数据送向的 IP 地址与端口号

连接用户终端，运行 AH-GEC-IDE，单击“工具”→“更改终端配置”，如图 10-2 所示。单击“连接”按钮，查找更新程序与终端连接的串口；单击“读取基本信息”按钮，在“FLASH 操作相关参数”区域中会看到 Flash 中存储的数据；将服务器 IP 修改为 116.62.63.164（苏大云服务器 IP 地址），服务器端口修改为 35000（此端口号为面向终端的端口号，且必须与 4.2.2 小节设置的相同），单击“确定修改”，则完成 Flash 相关参数的修改。此时，就确定了终端的数据是发向 116.62.63.164:35000 这个地址和端口的。

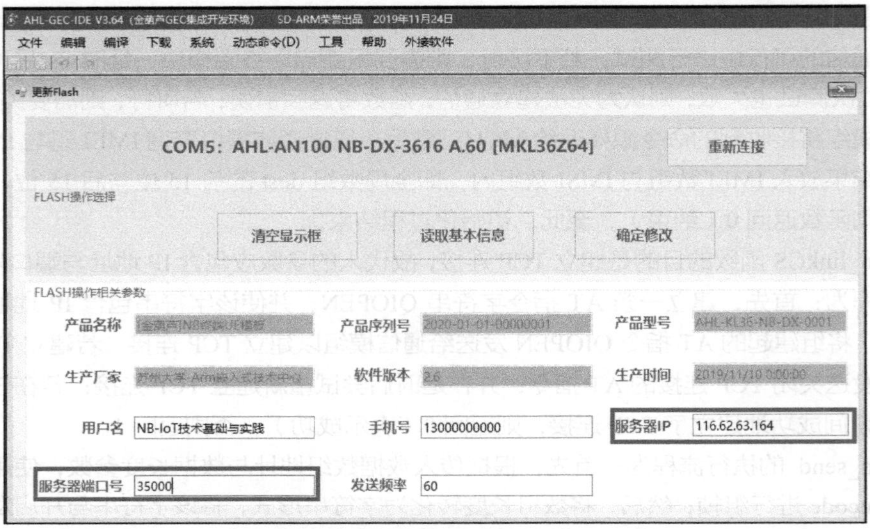

AHL-GEC-IDE V3.64（金葫芦GEC集成开发环境） SD-ARM荣誉出品 2019年11月24日
文件 编辑 编译 下载 系统 动态命令(D) 工具 帮助 外接软件
更新Flash
COM5：AHL-AN100 NB-DX-3616 A.60 [MKL36Z64]
重新连接
FLASH操作选择
清空显示框
读取基本信息
确定修改
FLASH操作相关参数
产品名称
产品序列号
2020-01-01-00000001
产品型号
AHL-KL36-NB-DX-0001
生产厂家
软件版本
2.6
生产时间
2019/11/10 0:00:00
用户名
NB-IoT技术基础与实践
手机号
13000000000
服务器IP
116.62.63.164
服务器端口号
35000
发送频率
60

图 10-2 修改终端数据发送地址

（3）观察终端的运行情况

完成前面两个步骤后，读者可以观察终端的 LCD 屏幕对应的服务器 IP 地址和端口号是否与图 10-2 所设置的一致，若一致，则表示已经完成了终端的基本配置，此时若直接运行终端，会发现 LCD 屏幕初始化失败，屏幕最下方提示“AHL…Link CS-Monitor Error”。产生该错误信息的原因是读者未启动 CS-Monitor 程序，终端与 CS-Monitor 无法交互。

2. 运行 CS-Monitor 模板工程

（1）修改 AHL.xml 文件的连接配置

本书电子资料所提供的 CS-Monitor 无法在新服务器上直接正常工作，因为运行的环境已经发生了变化，读者需要根据自己设置的 FRP 客户端或云服务器对端口进行修改。

打开电子资源中的“…\04-Soft\ch10-1\CS-Monitor”工程，按以下步骤完成连接配置。若读者已完成 4.2.2 小节的设置，将面向终端的端口及面向 HCI 服务的端口设置成 35000 和 35001，则可跳过下面①、②两步，直接添加读者终端的 IMSI 码。

① 设置面向终端的端口号

HCIComTarget 值表示 CS-Monitor 面向终端的 IP 地址和端口号，由于侦听的是本地的 35000 端口（该值必须与 4.2.2 小节设置的相同），故使用“local: 35000”进行表示。

```
<!--【2】【根据需要进行修改】指定 HCICom 连接与 WebSocket 连接-->
<!--【2.1】指定连接的方式和目标地址-->
```

```
<!--例<1>: 监听本地的 35000 端口时，使用"local: 35000"表示-->
<HCIComTarget>local:35000</HCIComTarget>
```

② 设置面向 HCI 的端口号

WebSocketTarget 键值是表示 CS-Monitor 面向人机交互系统的 IP 地址和端口号，由于侦听的是本地的 35001 端口（该值必须与 4.2.2 小节设置的相同），故使用“ws://0.0.0.0:35001”。WebSocketDirection 键值表示 WebSocket 服务器的二级目录地址，此处设置为“/wsServices/”。

```
<!--【2.2】指定 WebSocket 服务器地址、端口号以及二级目录地址-->
<!--【2.2.1】指定 WebSocket 服务器地址和端口号-->
<WebSocketTarget>ws://0.0.0.0:35001</WebSocketTarget>
<!--【2.2.2】指定 WebSocket 服务器二级目录地址-->
<WebSocketDirection>/wsServices/</WebSocketDirection>
```

③ 添加读者终端的 IMSI 码

IMSI 键值表示终端的 IMSI 码，将 4.3.1 小节中记录下来的 IMSI 码（460046868409966）添加进来。

```
<IMSI>
     <!--用户的 IMSI 码-->
     460046868409966
</IMSI>
```

（2）运行 CS-Monitor 程序

单击“启动”按钮就可以运行 CS-Monitor 程序，此时，若终端未启动或未重新发送数据，则出现图 10-3 所示的结果，提示“正在等待接收数据”，界面上各文本框的内容为空。

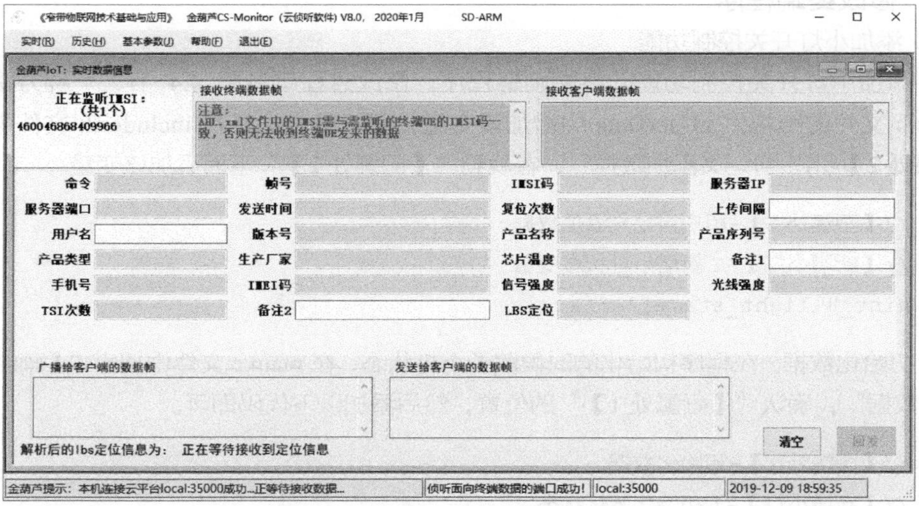
正在监听IMSI：
(共1个)
460046868409966
接收终端数据帧
接收客户端数据帧
命令
帧号
IMSI码
服务器IP
服务器端口
发送时间
复位次数
上传间隔
用户名
版本号
产品名称
产品序列号
产品类型
生产厂家
芯片温度
备注1
手机号
IMEI码
信号强度
光线强度
TSI次数
备注2
LBS定位
广播给客户端的数据帧
发送给客户端的数据帧
解析后的lbs定位信息为：正在等待接收到定位信息
清空
回发
local:35000
2019-12-09 18:59:35

图 10-3　CS-Monitor 运行情况

当终端重新启动且出现发送数据成功的提示“AHL Send Successfully”后，就可以在 CS-Monitor 中看到终端发来的数据，如图 10-4 所示。CS-Monitor 程序还提供了绘制实时曲线、获取历史数据、绘制历史曲线、配置终端基本参数、给出程序使用说明和退出程序等功能。

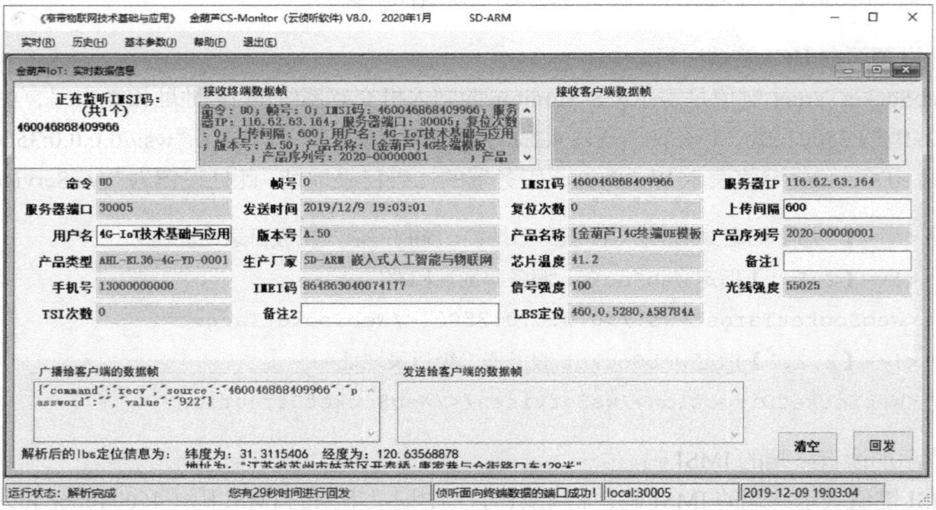
《窄带物联网技术基础与应用》 金葫芦CS-Monitor（云侦听软件）V8.0，2020年1月 SD-ARM
实时(R) 历史(H) 基本参数(J) 帮助(F) 退出(E)
金葫芦IoT：实时数据信息
正在监听IMSI码：(共1个)
460046868409966
接收终端数据帧
命令：U0；帧号：0；IMSI码：460046868409966；服务器IP：116.62.63.164；服务器端口：30005；复位次数：0；上传间隔：600；用户名：4G-IoT技术基础与应用；版本号：A.50；产品名称：[金葫芦]4G终端模板；产品序列号：2020-00000001；产品
接收客户端数据帧
命令 U0
帧号 0
IMSI码 460046868409966
服务器IP 116.62.63.164
服务器端口 30005
发送时间 2019/12/9 19:03:01
复位次数 0
上传间隔 600
用户名 4G-IoT技术基础与应用
版本号 A.50
产品名称 [金葫芦]4G终端UE模板
产品序列号 2020-00000001
产品类型 AHL-KL36-4G-YD-0001
生产厂家 SD-ARM 嵌入式人工智能与物联网
芯片温度 41.2
备注1
手机号 13000000000
IMEI码 864863040074177
信号强度 100
光线强度 55025
TSI次数 0
备注2
LBS定位 460,0,5280,A58784A
广播给客户端的数据帧
{"command":"recv","source":"460046868409966","password":"","value":"922"}
发送给客户端的数据帧
清空
回发
解析后的lbs定位信息为： 纬度为：31.3115406 经度为：120.63568878
运行状态：解析完成
您有29秒时间进行回发
侦听面向终端数据的端口成功！
local:30005
2019-12-09 19:03:04

图 10-4 CS-Monitor 侦听到终端数据

10.1.4 AHL-4G 的“照葫芦画瓢”

首先将“…\04-Soft\ch10-1”文件夹复制至“…\04-Soft\ch10-2”文件夹（建议读者另建文件夹）中，然后按以下步骤完成 AHL-4G 的“照葫芦画瓢”。

1. 控制小灯状态（功能需求）

我们可以根据前面所讲的 NB-IoT 内容“照葫芦画瓢”实现通过主机上的用户界面来控制终端上小灯的亮暗，以此来充分理解 4G 通信的整个过程。

2. 修改终端程序

（1）添加小灯开关控制功能

① 添加小灯开关控制功能的终端画瓢程序。修改过程可参照 4.4 节，一种方法是在 includes.h 文件的结构体 gUserData 中增加该变量；另一种方法是在 includes.h 文件中搜索“【画瓢处 2】-用户自定义添加数据”，在找到“【画瓢处 2】”下面添加该变量。

```
//【画瓢处 1】-用户自定义添加数据
//【新增小灯】-1 新增小灯状态变量
uint_8 light_state[2];
```

② 初始化数据。在程序初始化的时候赋予小灯状态，在 main.c 文件中搜索“【画瓢处 1】-初始化数据”，确认“【画瓢处 1】”的位置，然后添加以下代码即可。

```
//【画瓢处 1】-初始化数据
//【新增小灯】-1 初始化蓝灯状态
ArrayCopy(data->light_state,"暗",2);
```

③ 初始化小灯状态。在 main.c 文件中搜索“【画瓢处】-初始化”，然后添加以下代码即可完成对蓝灯的初始化操作。

```
//【画瓢处】-初始化
gpio_init(LIGHT_BLUE,GPIO_OUTPUT,LIGHT_OFF);    //初始化蓝灯
```

④ 获取云侦听程序发送过来的数据（该数据中包含需要控制小灯的操作），解析该数据，并执行蓝灯亮暗状态的切换操作。在 main.c 文件中搜索“【画瓢处 2】-执行操作”，确认“【画瓢处 2】”的位置，然后添加以下代码即可。

```
//【画瓢处 2】-执行操作
//【新增小灯】-3 实现蓝灯亮暗状态的切换
if(strcmp(gUserData.light_state,"亮")==0)
    gpio_set(LIGHT_BLUE,LIGHT_ON);
else
    gpio_set(LIGHT_BLUE,LIGHT_OFF);
```

（2）编译下载修改后的终端程序

重新编译修改后的终端程序，并通过串口更新将其下载到终端中。至此，终端“画瓢”程序已经修改完毕。下面介绍 CS-Monitor“画瓢”程序的修改过程。

3. CS-Monitor 程序的“照葫芦画瓢”

利用 Visual Studio 2019 打开 CS-Monitor 的模板程序，按以下步骤进行修改。

（1）修改 AHL.xml 文件的连接配置

可参考 4.3.2 小节的步骤，对 CS-Monitor 的 AHL.xml 文件进行相应的修改。

（2）添加变量名及显示名

为了更具有直观性，在 CS-Monitor 中新增一栏，用于存储传感器信息的变量及显示名，在 AHL.xml 文件的“【画瓢处 1】”处添加小灯状态变量。

```
<!--【4.3】【画瓢处 1】此处可按需要增删变量，注意与 MCU 端帧结构保持一致-->
 <!--新增小灯状态控制-->
 <var>
    <name>light_state</name>
    <type>byte[2]</type>
    <otherName>小灯状态</otherName>
    <wr>read</wr>
 </var>
```

（3）添加该变量至命令“U0”中

在 AHL.xml 文件的【画瓢处 1】【画瓢处 2】-添加变量至命令“U0”处将新增小灯状态变量 light_state 添加到命令<U0>中。

```
<!--【4】【根据需要进行修改】通信帧中的物理量，注意与 MCU 端的帧结构保持一致-->
<!---->
<commands>
    <A0>cmd,equipName,equipID,equipType,vendor,productTime,userName,
```

```
phone,serverIP,serverPort,sendFrequencySec,resetCount</A0>
        ……（此部分内容省略）
        <B3>cmd,sendFrequencySec,resetCount</B3>
        <!--【画瓢处 1】【画瓢处 2】-添加变量至命令“U0”-->
        <U0>cmd,sn,IMSI,serverIP,serverPort,currentTime,resetCount,
sendFrequencySec,userName,softVer,equipName,equipID,equipType,vendor,mcu
Temp,IMEI,signalPower,bright,touchNum,lbs_location, light_state </U0>
        ……（此部分内容省略）
    </commands>
```

（4）添加按钮并绑定事件

① 添加按钮。打开“03_Form\03_02_FrmRealtime\FrmRealtimeData.cs”实时数据界面文件，选择菜单栏“视图（V）”下的“工具箱”选项，在弹出的对话框中选择“公共控件”下的“Button”按钮，并将其拖动到打开的 FrmRealtimeData.cs 文件中。右击该控件，选择“属性”即可对该控件进行基本属性的修改，修改“Text”属性值为“点亮”，“Name”属性值为“button_ledOn”。至此，在实时数据界面上添加“点亮”小灯按钮已经完成。“熄灭”按钮的添加方法类似，不同的是需要修改“Text”属性值为“熄灭”，“Name”属性值为“button_ledOff”。

② 编写“点亮”按钮的单击事件。双击“点亮”按钮进入程序编写状态，添加以下代码即可。

```
    ///==========================================================
    /// <summary>
    /// 对    象：button_ledOn_Click（"点亮"按钮）
    /// 事    件：Click（单击）
    /// 功    能：点亮小灯
    /// </summary>
    /// <param name="sender"></param>
    /// <param name="e"></param>
    ///==========================================================
    private void button_ledOn_Click(object sender, EventArgs e)
    {
        int i;
        string imsi = "";
        FrameData frame = this.frmMain.g_commandsFrame[dTextbox[0].
                          Text. ToString()];
        //（1）将文本框中的内容更新到结构体 frame 中
        for (i = 0; i < frame.Parameter.Count; i++)
         {
            if (frame.Parameter[i].name.ToString() == "IMSI")
            imsi = dTextbox[i].Text.ToString();    //读出要发送的 IMSI 码
```

```
    if (frame.Parameter[i].name.ToString() == "currentTime")
    {
        //获取时间基准
        System.DateTime startTime = TimeZone.CurrentTimeZone.
            ToLocalTime (new System.DateTime(1970, 1, 1));
        ulong temp = (ulong)
         (System.DateTime.Now.AddHours(8) - startTime).TotalSeconds;
        frame.Parameter[i].value = temp.ToString();
                                    //更新当前时间与基准时间的差值
    }
    else if (frame.Parameter[i].name == "mcuTemp")
    {
        string temp = dTextbox[i].Text.ToString();
        temp = temp.Replace(".", "");
        frame.Parameter[i].value = temp;     //读出文本框中的数据
     }
     else if (frame.Parameter[i].name == "light_state")
     {
         frame.Parameter[i].value = "亮";
                                    //将小灯状态赋值"亮"，表示小灯点亮
     }
     else
     {
         if (frame.Parameter[i].type.ToString() == "byte[]")
         {
             frame.Parameter[i].value = ""; //清空该字节数组
             frame.Parameter[i].value = dTextbox[i].Text.ToString();
                                    //读出文本框中的数据
         }
         else
         {
             frame.Parameter[i].value = dTextbox[i].Text.ToString();
                                    //读出文本框中的数据
         }
     }
}
   //（2）将结构体 frame 中的内容组帧为字节数组，并存入 data 中
   byte[] data = frame.structToByte();
                                    //将结构体 frame 中的内容存入字节数组 data 中
```

```
        //（3）发送数据
        if (com.Send(imsi, data) != 0)      //若发送数据失败
        {
            MessageBox.Show("与云平台断开连接，请检查网络!! ",
                      "金葫芦友情提示（"回发"按钮）：",
                          MessageBoxButtons. OK, MessageBoxIcon.Error);
            Application.Exit();
        }
        else
            frmMain.setToolStripUserOperText("运行状态：小灯已点亮");
                                            //状态条显示
    }
```

③ 编写“熄灭”按钮的单击事件。双击“熄灭”按钮进入程序编写状态，添加以下代码即可。

```
///==========================================================================
/// <summary>
/// 对      象：button_ledOff_Click（"熄灭"按钮）
/// 事      件：Click（单击）
/// 功      能：熄灭小灯
/// </summary>
/// <param name="sender"></param>
/// <param name="e"></param>
///==========================================================================
private void button_ledOff_Click(object sender, EventArgs e)
{
  //……参照"点亮"按钮对应的代码
        else if (frame.Parameter[i].name == "light_state")
        {
            frame.Parameter[i].value = "暗";//将小灯状态赋值"暗"，表示小灯熄灭
        }
  //……参照"点亮"按钮对应的代码
       else
         frmMain.setToolStripUserOperText("运行状态：小灯已熄灭");
                                              //状态条显示
}
```

至此，“画瓢”完毕。读者可以通过单击 CS-Monitor 界面上的控制小灯按钮，查看自己终端上的小灯是否发生相应的变化。

10.2 Wi-Fi 通信方式

相比于 NB-IoT，Wi-Fi 具有费用低、带宽高、传输速率快、连接便捷等特点，几乎所有智能手机、平板计算机和笔记本计算机都支持 Wi-Fi 上网。鉴于 Wi-Fi 非常适合移动办公和家庭使用这一优势，编者也研发了基于 Wi-Fi 的开发套件，它采用无线网络技术来传输数据。下面将从 Wi-Fi 通信概述、AHL-Wi-Fi 开发套件简介、运行 AHL-Wi-Fi 模板和 AHL-Wi-Fi 的"照葫芦画瓢"等方面介绍 AHL-Wi-Fi 的使用，使读者能够初步掌握基于 Wi-Fi 通信技术的嵌入式应用系统开发。

10.2.1 Wi-Fi 通信概述

1. Wi-Fi 简介

Wi-Fi（Wireless Fidelity）又称为 802.11b 标准，是 Wi-Fi 联盟于 1999 年推出的一种商业认证，是一种基于 IEEE 802.11 标准的无线局域网技术，是当今使用最广的一种短距离无线网络传输技术。它通过无线电波联网，使用 2.4GHz 附近的频段，常用无线路由器连接入网，若无线路由器连接了一条非对称数字用户线路（Asymmetric Digital Subscriber Line，ADSL）[①]或者别的上网线路，则其又会被称为"热点"。Wi-Fi 具有费用低、带宽高、信号强、功耗低、传输速率快、覆盖范围广、连接便捷等特点，但也存在通信质量不高、数据安全性能差、传输质量弱等不足，常用于网络媒体、日常休闲、客运列车和公共厕所等场合。2019 年 9 月 16 日，Wi-Fi 联盟推出的 Wi-Fi 6 标准允许多达 8 个设备通信，最高速率可达 9.6Gbit/s。目前，我国网民规模达 6.32 亿人，手机网民规模达 5.27 亿人，占总网民数的 83.4%，有 28.6%的手机用户使用公共 Wi-Fi 上网。

2. Wi-Fi 应用架构

依"照葫芦画瓢"的思想，类比 NB-IoT 应用架构，同样可将 Wi-Fi 应用架构抽象为 Wi-Fi 终端、Wi-Fi 信息邮局、Wi-Fi 人机交互系统 3 个组成部分，如图 10-5 所示。这种抽象可以为读者深入理解 Wi-Fi 的应用层面开发共性提供理论基础。

（1）Wi-Fi 终端

Wi-Fi 终端是一种以微控制器为核心，能够进行数据采集、运算和控制，并通过 Wi-Fi 通信功能将数据向服务器发送的一种软硬件结合的嵌入式设备，如 Wi-Fi 燃气表、Wi-Fi pH 计、Wi-Fi 红外测温仪等。

Wi-Fi 终端类比 NB-IoT 终端，它不具有 IMSI 码的特征，但是有着和以太网类似的唯一辨识号介质接入控制（Media Access Control，MAC）地址。为了将 Wi-Fi 终端接入金葫芦体系中，可以直接修改 MAC 地址，使之成为 Wi-Fi-IMSI。

Wi-Fi-IMSI 码是由终端的 12 位 MAC 地址加 3 个任意字符（样例中在 MAC 地址前添加了"AHL"3 个字符）组成的，是和 IMSI 码具有相同字符数的终端辨识号的一种。

① ADSL 的国际标准于 1999 年获得批准，它允许高达 8 Mbit/s 的下行速度和 1 Mbit/s 的上行速度。

Wi-Fi终端
上行（1）
下行（2）
特征：Wi-Fi-IMSI码
例如：AHL feb0ac450000
Wi-Fi信息邮局
Wi-Fi接入点
特征：接入点名称
例如：SUDA_WIFI
Wi-Fi云服务器
特征：固定IP地址
例如：116.62.63.164
上行（2）
下行（1）
人机交互系统
特征：联网计算机、手机

图 10-5　Wi-Fi 应用架构

（2）Wi-Fi 信息邮局

Wi-Fi 信息邮局是一种基于 Wi-Fi 协议的信息传送系统，由 Wi-Fi 接入点（Access Point，AP）与 Wi-Fi 云服务器组成，具有在 Wi-Fi 终端与 Wi-Fi 人机交互系统之间建立起信息传送桥梁的作用。接入点所在局域网由终端使用者自身进行维护，而连接服务器的广域网则由互联网服务提供商（Internet Service Provider，ISP）如电信、移动和联通等进行维护。Wi-Fi 的信息邮局不同于 NB-IoT 的信息邮局，如果说 NB-IoT 的信息邮局是信箱固定式的，那么 Wi-Fi 的信息邮局就是把信箱搬进了用户的家中。

Wi-Fi 接入点是能够搭建无线局域网环境的设备，在信息邮局中充当信箱的角色，如无线路由器、手机和带热点功能的计算机，终端可以通过这些设备提供的服务集标志（Service Set Identifier，SSID）和密码连接进入无线局域网中。处于局域网状态的接入点还可以接入广域网以连接云服务器，此时无线路由器的广域网（Wide Area Network，WAN）端口需要使用一根网线连接至广域网，手机则需要打开数据流量服务，而带热点功能的计算机则需要通过有线或无线方式连接至广域网。

信息邮局中的云服务器可以是一个实体服务器，也可以是分散在几处的云服务器，它在信息邮局中充当“邮局”的角色。对编程者来说，它就是具有信息侦听功能的固定 IP 地址与端口（可以是局域网内的固定 IP），如果使用广域网的云服务器，则需要向服务运营商缴费。

（3）Wi-Fi 人机交互系统

Wi-Fi 人机交互系统是实现人与 Wi-Fi 信息邮局（Wi-Fi 云服务器）之间的信息交互、信息处理与信息服务的软硬件系统。其目标是使人们能够利用通用计算机、笔记本计算机、平板计算机、手机等设备，通过 Wi-Fi 信息邮局，获取 Wi-Fi 终端的数据，并实现对终端的控制等功能，其与 NB-IoT 架构中的人机交互系统可以互通。

10.2.2　AHL-Wi-Fi 开发套件简介

1．AHL-Wi-Fi 开发套件硬件组成

AHL-Wi-Fi 开发套件是在 AHL-Wi-Fi 应用架构的基础上研发的一套软硬件系统。借助这套开发套件和书中“照葫芦画瓢”的方法，读者可以自行开发出与 NB-IoT 类似甚至超越 NB-IoT 的无线通信应用项目，如 Wi-Fi 燃气表、Wi-Fi pH 计和私有数据采集工具等。

AHL-Wi-Fi 开发套件由基础配件和可选配件组成，基础配件包括一块 AHL-Wi-Fi 终端开

发板、一根 TTL-USB 串口线、一根 MicroUSB 串口线和若干杜邦线，可选配件包括 AHL-WSN 采集扩展开发板。AHL-Wi-Fi 开发套件的部分实物如图 10-6 所示。

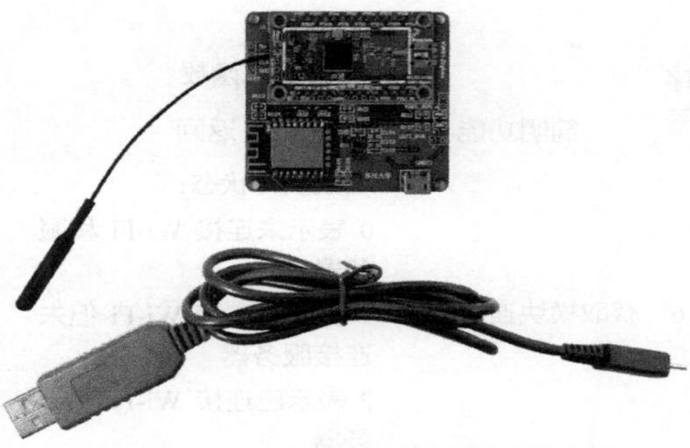

图 10-6　AHL-Wi-Fi 开发套件部分实物

2. AHL-Wi-Fi 开发套件电子资源

AHL-Wi-Fi 开发套件电子资源中含有 6 个文件夹：01-Infor、02-Doc、03-Hard、04-Soft、05-Tool、06-Other。表 10-3 所示为 AHL-Wi-Fi 开发套件电子资源中各文件夹的主要内容。

表 10-3　AHL-Wi-Fi 开发套件电子资源中各文件夹的主要内容

文件夹	主要内容	说明
01-Infor	MCU 芯片参考手册	本 AHL-Wi-Fi 使用的 MCU 基本资料
02-Doc	AHL-Wi-Fi 快速开发指南	供快速入门使用
03-Hard	AHL-Wi-Fi 芯片对外接口	使用 AHL-Wi-Fi 芯片时需要的电路接口
04-Soft	软件“葫芦”及样例	内含测试工程等
05-Tool	基本工具	含 TTL-USB 串口驱动、串口助手等
06-Other	C#快速应用指南等	供 C#快速入门使用

3. AHL-Wi-Fi 软件构件分析

AHL-Wi-Fi 软件构件（UECom）是实现 Wi-Fi 通信的基础构件。UECome 具有初始化、指定的服务器和接入点连接、数据传输等常用函数，其要素如表 10-4 所示。

表 10-4　UECom 要素

序号	函数			形参		宏常数
	简明功能	返回	函数名	英文名	中文名	
1	初始化 Wi-Fi	无	wifi_init	mode_type	模块类型	用
				mode_name	模块名称	不用
				pssword	密码	不用
				chn	信道号	不用
				ip	IP 地址	不用
2	重启 Wi-Fi	无	wifi_reset	无	无	不用
3	中断接收字符	无	wifi_int_re	ch	要接收的字符	不用
				dataLen	接收到的数据长度	不用
				data	存储接收到的数据	不用
4	域名解析	域名解析是否成功： 0 表示成功 1 表示错误 2 表示无返回数据	wifi_resolve_domain	domain	域名	不用
				retVal	域名解析存放的缓冲区	不用
5	Ping 指定的 IP 或域名	是否 ping 通： 0 表示成功 1 表示错误 2 表示无返回数据	wifi_ping	address	目标地址	不用
				time	返回时间	不用

续表

序号	函数			形参		宏常数
	简明功能	返回	函数名	英文名	中文名	
6	获取模块连接状态	函数执行状态： 0 表示未连接 Wi-Fi 和服务器 1 表示已连接 Wi-Fi 但未连接服务器 2 表示已连接 Wi-Fi 和服务器	wifi_get_state	无	无	不用
7	获取本机 MAC 地址	获取是否成功： 1 表示成功 0 表示失败	wifi_get_mac	mac	MAC 值	不用
8	接入指定的 Wi-Fi 接入点	接入是否成功： 1 表示成功 0 表示失败	wifi_linktossid	ssid	接入点名称	不用
				password	密码	不用
9	断开 Wi-Fi 接入点的连接	断开是否成功： 0 表示成功 1 表示错误 2 表示无返回数据	wifi_quitssid	无	无	不用
10	与服务器建立连接	函数执行状态： 0 表示连接成功 1 表示连接失败 2 表示处于发送模式	wifi_con_srv	ip	服务器 IP 地址	不用
				port	端口号	不用
11	接收缓冲区中 N 个字节的数据	实际接收到的字节数，若无数据返回 0	wifi_recvN	data	接收的数据包	不用
				len	接收的数据长度	不用
12	向服务器发送 N 个字符	发送是否成功： 0 表示成功 1 表示错误 2 表示无返回数据	wifi_sendN	data	要发送的数据	不用
				length	发送的数据长度	不用
				IMSI	IMSI 码	不用
13	设置 sta 模式下 Wi-Fi 模块的 IP 地址	函数执行状态： 0 表示设置成功 1 表示设置失败 2 表示 Wi-Fi 模块无应答	wifi_set_ip	ip	要设置的 IP 地址	不用

10.2.3 运行 AHL-Wi-Fi 模板

读者要理解 Wi-Fi 通信流程，可以先运行 AHL-Wi-Fi 模板程序，再依据“照葫芦画瓢”的思想搭建自己的 Wi-Fi 通信架构。读者可以按照以下流程配置 Wi-Fi 环境，并接入终端，然后观察服务器上 CS-Monitor 的现象。

1. 配置接入点

Wi-Fi 通信不同于 NB-IoT 通信，它的信息邮局的邮箱需要自己搭建。由于终端使用的是 2.4GHz 的频段，因此接入点也必须工作在 2.4GHz 的频段。以带热点功能的 Windows 10 操作系统为例，需要按照以下步骤打开热点，完成接入点的配置。

（1）确保计算机上网

在 Windows 10 系统打开热点之前必须先确保计算机已经联网，且已安装无线网卡。

（2）修改网络名称和密码

右击“开始”菜单，选择“设置”，打开 Windows 设置，如图 10-7 所示，选择“网络和 Internet”，单击“移动热点”，选择“编辑”，然后填入网络名称和密码，如网络名称为 Desktop、密码为 65260784，并选择网络频带为 2.4GHz，单击“保存”。由于有些网卡不会出现“选择网络频带”的选项，因此要通过手动方式将频带设置为 2.4GHz，具体步骤：在“设备管理器”→“网络适配器”中，找到无线网卡，然后右击选择“属性”→“高级”→“Preferred Band”，在“值（V）”中选择“2.4G first”。

（3）打开移动热点

在图 10-7 中开启移动热点。

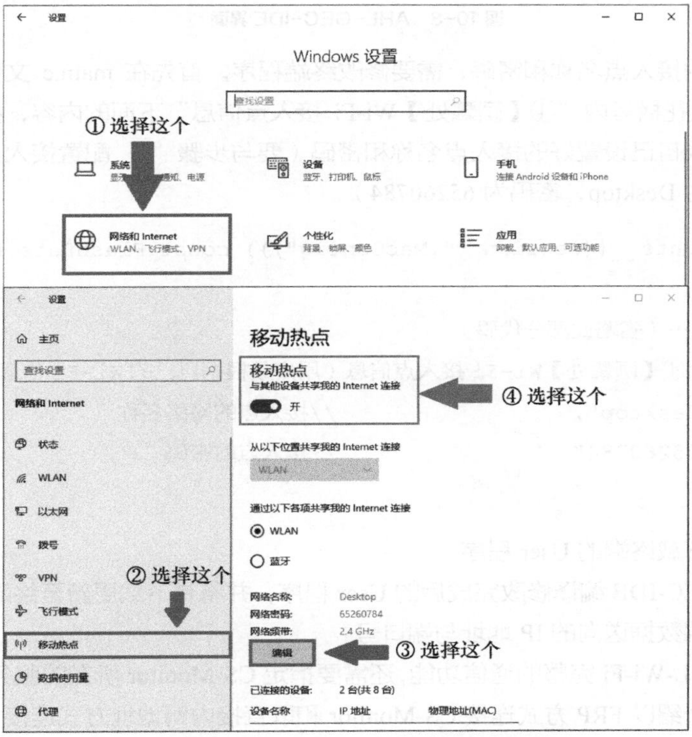
设置
Windows 设置
查找设置
① 选择这个
系统
设备
蓝牙、打印机、鼠标
手机
连接 Android 设备和 iPhone
网络和 Internet
WLAN、飞行模式、VPN
个性化
背景、锁屏、颜色
应用
卸载、默认应用、可选功能
设置
主页
查找设置
网络和 Internet
状态
WLAN
以太网
拨号
VPN
飞行模式
移动热点
数据使用量
代理
② 选择这个
移动热点
移动热点
与其他设备共享我的 Internet 连接
开
④ 选择这个
从以下位置共享我的 Internet 连接
WLAN
通过以下各项共享我的 Internet 连接
WLAN
蓝牙
网络名称:
Desktop
网络密码:
65260784
网络频带:
2.4 GHz
编辑
③ 选择这个
已连接的设备:
2 台(共 8 台)
设备名称
IP 地址
物理地址(MAC)

图 10-7　Windows 10 设置网络名称和密码

2. 修改终端配置

配置完接入点后，需要修改终端中的接入点信息，才能让终端找到“邮箱”。下面讲解如何找到并修改这些信息。

首先，打开 AHL-GEC-IDE，导入 AHL-Wi-Fi 样例工程“…\04-Soft\ch10-3\User_Wi-Fi_KW01_Frame-191210”，出现图 10-8 所示的界面。

（1）设置终端的接入点名称和密码

可以将设置终端的接入点名称和密码这一过程理解为手机、平板或笔记本等设备连接无线网并输入密码的过程。该步骤能够帮助终端连接到一个无线局域网，无线局域网可以在网关处设置连接进入电信、移动等电信运营商的方式，使终端能够访问广域网。

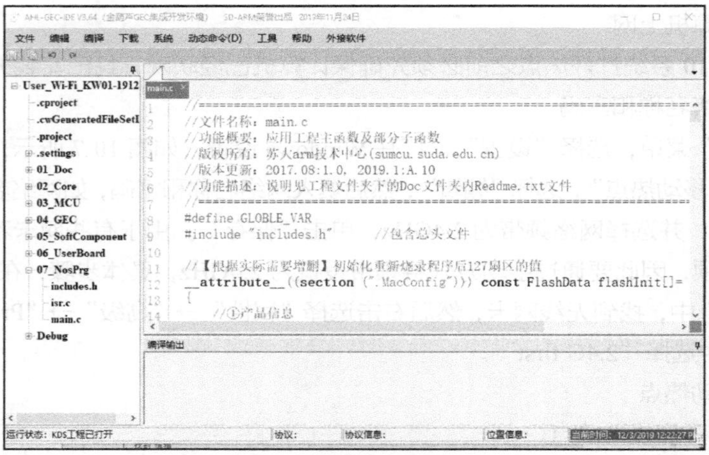
文件 编辑 编译 下载 系统 动态命令(D) 工具 帮助 外接软件
User_Wi-Fi_KW01-1912
.cproject
.cwGeneratedFileSetI
.project
.settings
01_Doc
02_Core
03_MCU
04_GEC
05_SoftComponent
06_UserBoard
07_NosPrg
includes.h
isr.c
main.c
Debug
main.c
//文件名称：main.c
//功能概要：应用工程主函数及部分子函数
//版权所有：苏大arm技术中心(sumcu.suda.edu.cn)
//版本更新：2017.08:1.0，2019.1:A.10
//功能描述：说明见工程文件夹下的Doc文件夹内Readme.txt文件
#define GLOBLE_VAR
#include "includes.h"   //包含总头文件
//【根据实际需要增删】初始化重新烧录程序后127扇区的值
__attribute__((section (".MacConfig"))) const FlashData flashInit[]=
{
//①产品信息
编译输出
运行状态：KDS工程已打开
协议：
协议信息：
位置信息：

图 10-8　AHL-GEC-IDE 界面

要设置终端的接入点名称和密码，需要修改终端程序。首先在 main.c 文件的顶部找到变量 flashInit，修改花括号内“④【画瓢处】Wi-Fi 接入点信息”下面的内容，把网络名称和密码对应的部分改成自己设置好的接入点名称和密码（要与步骤“1. 配置接入点”中设置的一致，即网络名称为 Desktop，密码为 65260784）。

```
__attribute__((section (".MacConfig"))) const FlashData flashInit[]=
{
        ……（省略此部分代码）
        //④【画瓢处】Wi-Fi 接入点信息（用户须根据自己的 Wi-Fi 信息进行修改）
        "Desktop",                      //接入点的网络名称
        "65260784"                      //接入点的密码
};
```

（2）编译并下载终端的 User 程序

利用 AHL-GEC-IDE 编译修改完成后的 User 程序，并将其下载更新至终端。

（3）修改终端数据送向的 IP 地址与端口号

要想实现 AHL-Wi-Fi 完整的通信功能，还需要指定 CS-Monitor 所在的服务器的 IP 地址和监听端口。下面介绍以 FRP 方式连接 CS-Monitor 和以直接内网地址方式连接 CS-Monitor。

① 通过 FRP 方式连接 CS-Monitor。AHL-Wi-Fi 如果要通过 FRP 方式连接 CS-Monitor，则应首先按 4.2.2 小节所介绍的内容搭建临时服务器（假设 IP 地址为 116.62.63.164，端口号为 35000），启动 FRP 客户端，然后按 4.3.1 小节所介绍的内容配置 AHL-Wi-Fi 终端的 IP 地址与端口号（假设 IP 地址为 116.62.63.164，端口号为 35000，此处的 IP 地址和端口号必须和读者临时服务器的 IP 地址和端口号相同）。

② 通过直接内网地址方式连接 CS-Monitor。这里以一台开热点的、操作系统为 Windows 10 的计算机为例，介绍内网服务器的 IP 地址和端口号的设置方法。首先，打开控制台；然后输入“ipconfig”即可获取新增网络连接的 IP 地址，此处为 192.168.137.1。

```
C:\Users\SoG>ipconfig
……（省略部分代码）
```

```
Wireless LAN adapter 本地连接* 2:
    Connection-specific DNS Suffix  . :
    Link-local IPv6 Address . . . . . : fe80::cdd4:8486:8c79:91f3%20
    IPv4 Address. . . . . . . . . . . : 192.168.137.1
    Subnet Mask . . . . . . . . . . . : 255.255.255.0
    Default Gateway . . . . . . . . . :
    ……(省略部分代码)
```

然后按 4.3.1 小节所介绍的内容配置 AHL-Wi-Fi 终端的 IP 地址与端口号（假设 IP 地址为 192.168.137.1，端口号为 35000）。

3. 修改并运行 CS-Monitor

（1）设置面向终端的端口号

打开电子资源中的“…\04-Soft\ch10-3\CS-Monitor”工程，修改 AHL.xml 文件，HCIComTarget 值表示 CS-Monitor 面向终端的 IP 地址和端口号，由于侦听的是本地的 35000 端口（该值必须与“2. 修改终端配置”中设置的相同），故使用“local: 35000”进行表示。

```
<!--【2】【根据需要进行修改】指定 HCICom 连接与 WebSocket 连接-->
<!--【2.1】指定连接的方式和目标地址-->
<!--例<1>: 监听本地的 35000 端口时，使用"local: 35000"表示-->
<HCIComTarget>local:35000</HCIComTarget>
```

（2）运行 CS-Monitor

运行 CS-Monitor，如图 10-9 所示，IMSI 码和 IMEI 码相同且为 15 位字母数字混合的字符串，信号强度为 0（不存在基站，无法获取信号强度）。至此，AHL-Wi-Fi 模板程序通信流程打通。

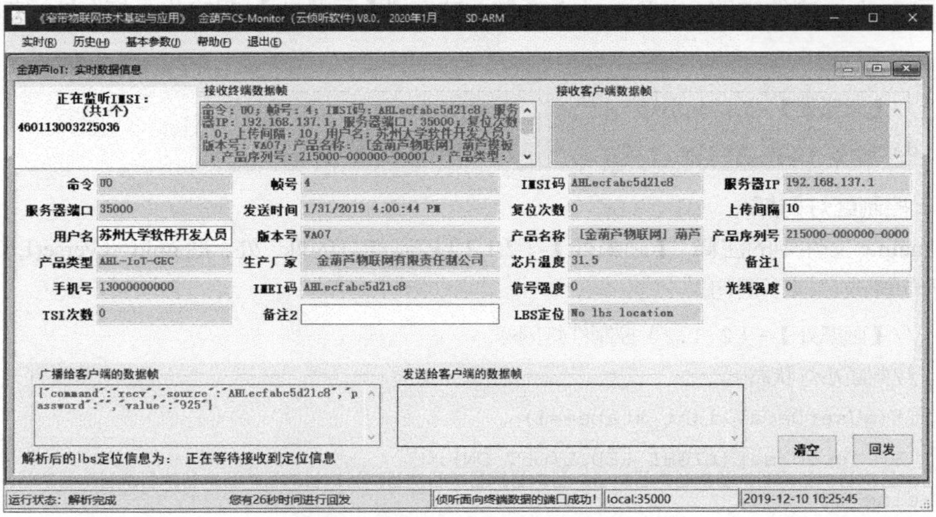
《窄带物联网技术基础与应用》 金葫芦CS-Monitor（云侦听软件）V8.0，2020年1月 SD-ARM
实时(R) 历史(H) 基本参数(J) 帮助(F) 退出(E)
金葫芦IoT：实时数据信息
正在监听IMSI：(共1个)
460113003225036
接收终端数据帧
接收客户端数据帧
命令 U0
帧号 4
IMSI码 AHLecfabc5d21c8
服务器IP 192.168.137.1
服务器端口 35000
发送时间 1/31/2019 4:00:44 PM
复位次数 0
上传间隔 10
用户名 苏州大学软件开发人员
版本号 VA07
产品名称 [金葫芦物联网]葫芦
产品序列号 215000-000000-0000
产品类型 AHL-IoT-GEC
生产厂家 金葫芦物联网有限责任公司
芯片温度 31.5
备注1
手机号 13000000000
IMEI码 AHLecfabc5d21c8
信号强度 0
光线强度 0
TSI次数 0
备注2
LBS定位 No lbs location
广播给客户端的数据帧
发送给客户端的数据帧
清空
回发
解析后的lbs定位信息为： 正在等待接收到定位信息
运行状态：解析完成
您有26秒时间进行回发
侦听面向终端数据的端口成功！
local:35000
2019-12-10 10:25:45

图 10-9 通信流程打通后的 CS-Monitor

（3）相关问题分析

如果 CS-Monitor 运行后，在图 10-9 中各文本框内无数据，则可能是因为用户在第一次启动 CS-Monitor 时，当提示允许防火墙连接时选择了取消。可以采用两种方法解决这一问题：一种方法是关闭所有防火墙；另一种方法是右击“开始”菜单，选择“设置”，打开 Windows 设置，单击“Windows 防火墙”→“防火墙和网络保护”→“高级设置”，选择“入站规则”→“新建规则”→“程序”→“此程序路径”，浏览并找到 CS-Monitor 下的 AHL-IoT.exe 文件（如“…\04-Soft\ch10-3\CS-Monitor-191209\bin\Debug\AHL-IoT.exe”），然后选择“下一步”→“允许连接”，并给连接取名（如 IoT1），最后单击完成。可用同样方法新建出站规则。重新启动 CS-Monitor，观察运行结果。

10.2.4 AHL-Wi-Fi 的“照葫芦画瓢”

AHL-Wi-Fi 是依照 NB-IoT 应用架构的共性和 Wi-Fi 的特点凝练出来的，它的使用方法和 NB-IoT 应用架构相似。首先将“…\04-Soft\ch10-3”文件夹复制至“…\04-Soft\ch10-4”文件夹（建议读者另建文件夹）中，然后按下面的步骤完成 AHL-Wi-Fi 的“照葫芦画瓢”，以实现对小灯状态的控制。

1. 修改终端程序

（1）添加变量

打开“…\04-Soft\ch10-4\User_Wi-Fi_KW01_Frame”样例工程，找到 07_Nosprg 文件夹下的 includes.h 头文件，在 UserData 结构体的注释“【画瓢处】-用户自定义添加数据”下添加变量。

```
//【画瓢处】-用户自定义添加数据
uint_8 light_state;          //小灯状态
```

（2）初始化小灯

找到 main.c 文件中的 userData_init 函数，并在“【画瓢处】-初始化小灯”处添加以下代码。

```
//【画瓢处】-初始化小灯
data->light_state = 0;          //初始化小灯状态
```

（3）控制红灯闪烁

在 main.c 文件中的注释“【画瓢处】-（2.1.2）控制红灯闪烁”处，把 gpio_reverse(LIGHT_RED);语句修改成以下语句。

```
//【画瓢处】-（2.1.2）控制红灯闪烁
//判断小灯状态
if(gUserData.light_state==1)
    gpio_set(LIGHT_RED,LIGHT_ON);
else
    gpio_set(LIGHT_RED,LIGHT_OFF);
```

（4）编译并下载修改后的终端程序

重新编译修改后的终端程序，并通过串口将其更新下载到终端中。至此，终端“画瓢”程序已经修改完毕。下面介绍对 CS-Monitor“画瓢”程序的修改过程。

2．修改 CS-Monitor

打开“…\04-Soft\ch10-4\CS-Monitor”工程，按照 4.4.2 小节中给出的 CS-Monitor 程序的“照葫芦画瓢”方法，添加一个可写类型的小灯控制字段。添加完成后运行 CS-Monitor，出现图 10-10 所示的结果。

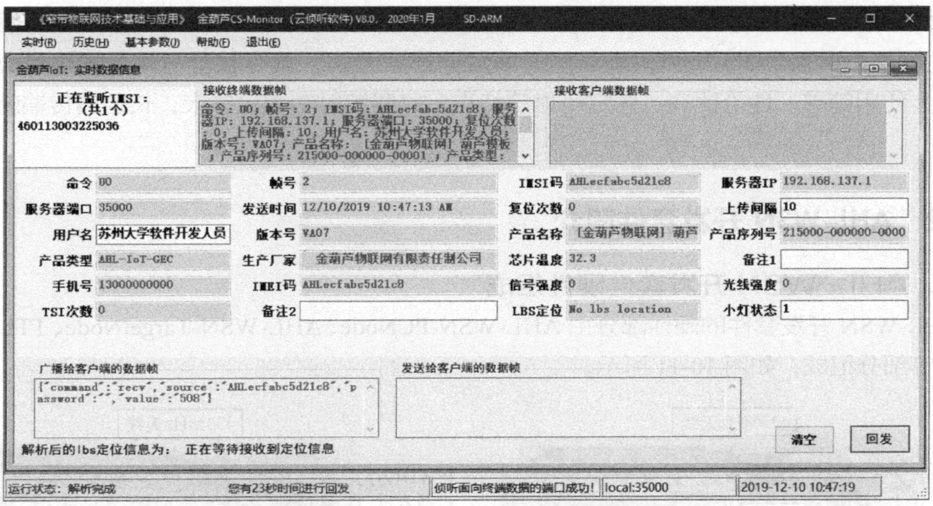
《窄带物联网技术基础与应用》 金葫芦CS-Monitor（云侦听软件）V8.0，2020年1月 SD-ARM
实时(R) 历史(H) 基本参数(J) 帮助(F) 退出(E)
金葫芦IoT：实时数据信息
正在监听IMSI：(共1个)
460113003225036
接收终端数据帧
命令：U0；帧号：2；IMSI码：AHLecfabc5d21c8；服务器IP：192.168.137.1；服务器端口：35000；复位次数：0；上传间隔：10；用户名：苏州大学软件开发人员；版本号：VA07；产品名称：［金葫芦物联网］葫芦模板；产品序列号：215000-000000-00001；产品类型：
接收客户端数据帧
命令 U0
帧号 2
IMSI码 AHLecfabc5d21c8
服务器IP 192.168.137.1
服务器端口 35000
发送时间 12/10/2019 10:47:13 AM
复位次数 0
上传间隔 10
用户名 苏州大学软件开发人员
版本号 VA07
产品名称 ［金葫芦物联网］葫芦
产品序列号 215000-000000-0000
产品类型 AHL-IoT-GEC
生产厂家 金葫芦物联网有限责任制公司
芯片温度 32.3
备注1
手机号 13000000000
IMEI码 AHLecfabc5d21c8
信号强度 0
光线强度 0
TSI次数 0
备注2
LBS定位 No lbs location
小灯状态 1
广播给客户端的数据帧
{"command":"recv","source":"AHLecfabc5d21c8","password":"","value":"508"}
发送给客户端的数据帧
清空
回发
解析后的lbs定位信息为：正在等待接收到定位信息
运行状态：解析完成
您有23秒时间进行回发
侦听面向终端数据的端口成功！
local:35000
2019-12-10 10:47:19

图 10-10　AHL-Wi-Fi“照葫芦画瓢”

小灯状态若为 1，则表示数据回发后开发板上的小灯大概会在 1s 左右亮起；小灯状态若为 0，则表示关闭小灯。

10.3　WSN 通信方式

相比于 NB-IoT，WSN 具有低功耗、低成本、自组网、分布式等特点，在军事、交通、医疗、环保、工业、农业、物流、家居等许多领域均具有应用价值。鉴于 WSN 的优势，编者也研发了基于 WSN 的开发套件，它采用无线通信方式来传输数据，在 AHL-GEC 框架的基础上，继承了其硬件直接可测性、用户软件编程快捷性与可移植性等特点，使读者可以像使用 NB-IoT 一样使用 WSN。下面将从 WSN 通信概述、AHL-WSN 开发套件简介、运行 AHL-WSN 模板和 AHL-WSN 的“照葫芦画瓢”等方面介绍 AHL-WSN 的使用，使读者能够初步掌握基于 WSN 通信技术的嵌入式应用系统开发方法。

10.3.1　WSN 通信概述

无线传感器网络是一种具有数据采集、处理和传输功能的分布式网络，它的末梢由大量微型、廉价、具有无线通信和感知能力的传感器节点组成，通过无线通信以自组织和多跳的方式进行组网。它可用的频段有 868MHz（欧洲使用）、915 MHz（美国使用）和 2.4GHz 等，传输速率分别可达 20kbit/s、40kbit/s 和 220kbit/s。WSN 采用的关键技术有混沌加密技术、密钥管理协议、数字水印认证技术和防火墙技术等。WSN 具有规模大、低功耗、低成本、自组网、分布式、可扩展等特点，但也存在节点能量有限、结构简单、数据冗余等不足。采用 WSN 可采集地震、电磁、温度、湿度、噪声、光强度、压力、土壤成分、移动物体的大小、速度和方向等数据，常用于军事、航空、防爆、救灾、环境、医疗、保健、家居、工业、商业等领域。美国军方最早提出 WSN 的雏形，并于 1978 年开始进行分布式传感器网络的研究。我国在现代意义的 WSN 及其应用研究方面几乎与发达国家同步启动，最早于 1999 年开始无线传感器网络及其应用研究，已有很多高校、研究机构、著名企业等加入研究行列中。433MHz 是我们国家的免申请段发射接收频率，可直接使用，不需要管理。433MHz 频段抗干扰性能强，并支持各种点对点、一点对多点的无线数据通信方式，具有收发一体、安全隔离、安装隔离、使用简单、性价比高、稳定可靠等特点，只要发射功率足够大，长距离传输就没有问题。

10.3.2 AHL-WSN 开发套件简介

1. AHL-WSN 开发套件硬件组成

AHL-WSN 开发套件的硬件部分由 AHL-WSN-PCNode、AHL-WSN-TargetNode、TTL-USB 串口线等部分组成，如图 10-11 所示。

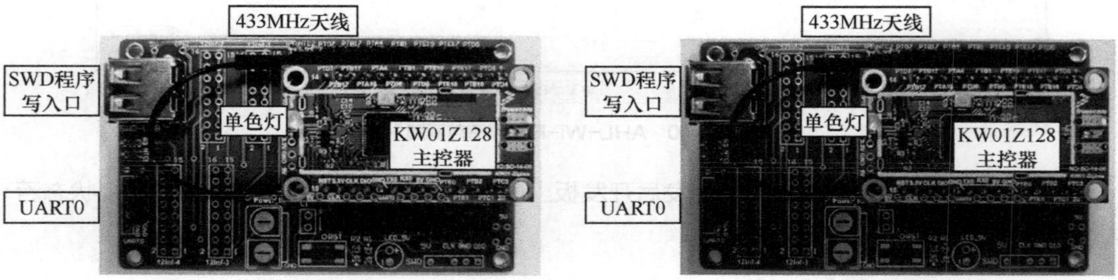
433MHz天线
SWD程序写入口
单色灯
KW01Z128主控器
UART0
433MHz天线
SWD程序写入口
单色灯
KW01Z128主控器
UART0
（a）AHL-WSN-PCNode　　（b）AHL-WSN-TargetNode

图 10-11　AHL-WSN 开发套件硬件组成

AHL-WSN 开发套件的硬件设计目标是将 MCU 及最小系统、射频收发器电路等组成一个整体，集成在一个 SOC 片子上，使其能够满足 WSN 产品的设计需要。AHL-WSN 通信无须收费，网络为自组网。WSN 各个节点间通过 433MHz 频段进行无线通信。

2. AHL-WSN 开发套件电子资源

AHL-WSN 开发套件电子资源中含有 6 个文件夹：01-Infor、02-Doc、03-Hard、04-Soft、05-Tool、06-Other，表 10-5 所示为 AHL-WSN 开发套件电子资源中各文件夹的主要内容。

表 10-5　AHL-WSN 开发套件电子资源中各文件夹的主要内容

文件夹	主要内容	说明
01-Infor	MCU 芯片参考手册	本 AHL-WSN 使用的 MCU 基本资料
02-Doc	AHL-WSN 快速开发指南	供快速入门使用
03-Hard	AHL-WSN 节点芯片对外接口	使用 AHL-WSN 节点芯片时需要的电路接口
04-Soft	软件“葫芦”及样例	内含 PCNode、TargetNode 及测试工程等
05-Tool	基本工具	含 TTL-USB 串口驱动、串口助手等
06-Other	C#快速应用指南等	供 C#快速入门使用

需要特别说明的是，04-Soft 文件夹中存放了 PCNode、TargetNode 及 PCNode-TargetNode 文件夹，PCNode 文件夹中是 PCNode 节点对应的 GEC-User-Frame(KW01-PCNode)工程，TargetNode 文件夹中是 TargetNode 节点对应的 GEC-User-Frame(KW01-Target)工程，而 PCNode-TargetNode 文件夹中是 WSN 通信测试程序。

3. AHL-WSN 软件构件分析

这里以 KW01Z128 主控器为例，介绍 AHL-WSN 软件中的基础构件，主要阐述构件知识要素和构件 API。本软件中囊括了 AHL-GEC 中的大部分基础构件，虽然它们依托的主控芯片不同，内部功能实现也不同，但是 API 是相同的。接下来对基础构件进行简要阐述，重点介绍 RF 构件。

（1）继承 GEC 框架的构件

AHL-WSN 软件中的基础构件包含 GPIO、UART、ADC、Flash、I²C、SPI、RF 和 PWM，其中除了 RF 构件是该软件特有的，其他基础构件在 AHL-GEC 中均有介绍，此处不再赘述，只给出构件功能函数，如表 10-6 所示。

表 10-6　AHL-WSN 软件构件表

构件名	模块概述	构件函数
GPIO	GPIO 是 I/O 最基本的形式，几乎所有计算机均会使用到该部件。通俗地说，GPIO 是开关量输入/输出的简称。开关量是指逻辑上具有 1 和 0 两种状态的物理量	gpio_init、gpio_set、gpio_get、gpio_reverse、gpio_pull、gpio_enable_int、gpio_disable_int、gpio_get_int、gpio_clear_int、gpio_clear_allint
UART	串行通信接口简称“串口”，是常用的通用异步收发器，是嵌入式开发中重要的打桩调试手段	uart_init、uart_send1、uart_sendN、uart_re1、uart_send_string、uart_reN、uart_enable_re_int、uart_disable_re_int、uart_get_re_int
ADC	ADC，即模/数转换，可实现把模拟量转换为对应的数字量	adc_init、adc_read
Flash	Flash 是一种非易失性内存。它因具有非易失性、成本低、可靠性高等特点，应用极为广泛，已经成为嵌入式计算机的主流内存储器	flash_init、flash_erase、flash_read_logic、flash_write、flash_read_physical、flash_protect、flash_isempty
I²C	I²C 是一种采用双向 2 线制串行数据传输方式的同步串行总线，主要用于同一电路板内各集成电路模块之间的连接	i2c_init、i2c_read1、i2c_readN、i2c_write1、i2c_writeN、i2c_enable_re_int、i2c_disable_re_int
SPI	SPI 是一种同步串行通信接口，用于微处理器和外围扩展芯片之间的串行连接，已经发展成为一种工业标准	spi_init、spi_send1、spi_sendN、spi_receive1、spi_receiveN、spi_enable_re_int、spi_disable_re_int

（2）新增 RF 构件

射频（Radio Frequency，RF）就是射频电流，它是一种高频交流变化电磁波的简称。射频技术广泛应用于通信领域，如无线传感网、RFID 技术、有线电视系统等。

AHL-WSN 软件中 RF 构件为射频收发器，使用高频射频，频率为 433MHz，使用频移键控（Frequency-shift keying，FSK）进行调制，支持 ZigBee 技术。该部分的 RF 构件内部配置由开发人员实现，读者若有兴趣可查阅相关技术手册学习。表 10-7 所示为 RF 构件常用接口函数。

① 硬件滤波地址。硬件滤波地址为射频收发器模块用于过滤非组内节点的参数之一，射频收发器通过设置不同硬件滤波地址来实现多组无线传感网络在同一区域共存，该地址的取值

范围为 0～255。

表 10-7 RF 构件常用接口函数

序号	函数名	简明功能	描述
1	rf_Init	初始化	初始化 RF 构件，指定射频收发器硬件滤波地址
2	rf_SendData	发送数据	从射频收发器发送固定 64 字节的数据，不足部分用 0 填充
3	rf_ReceiveFrame	读数据	从射频收发器 FIFO 缓冲区读取一次数据
4	rf_RFIRQ	获取 RF 中断标志	判断是否触发 RF 收发中断
5	rf_PortClean	清除 RF 中断标志	清除 RF 中断标志，防止多次进入中断

② 节点软件地址。节点软件地址为本构件的自定义参数，为了区分各节点的身份，给它们在同一组网内分配唯一的软件地址，该地址的取值范围为 0～255。

（3）RF 构件常用接口函数 API

此处仅给出 RF 构件的常用接口函数及说明，具体内容读者可参考模板工程"…\04-Soft\ch10-5\PCNode\ GEC-User-WSN(KW01-PCNode)\06_UserBoard\rf.h"文件。

```
//======================================================================
//函数名称：rf_Init（RF 构件初始化）
//功能概要：向 RF 构件寄存器写入初值
//参数说明：hardware_addr——硬件滤波地址
//函数返回：无
//======================================================================
void rf_Init(uint_8 hardware_addr);
//======================================================================
//函数名称：rf_SendData
//功能概要：RF 构件发送函数
//参数说明：dataLength——发送数据长度
           *data——发送数据缓冲区首地址
//         HW_ADR——硬件滤波地址
//函数返回：无
//======================================================================
void rf_SendData(uint_8 dataLength,uint_8 *data,uint_8 HW_ADR);
//======================================================================
//函数名称：rf_ReceiveFrame
//功能概要：RF 构件接收一帧
//参数说明：*pbuf——接收数据首地址
           *plen——接收数据长度有效指针
           HW-ADR——硬件滤波地址
//函数返回：接收状态标志位（0=接收正常，其他值=接收异常）
//======================================================================
```

```
uint_8 rf_ReceiveFrame(uint_8 *pbuf, uint_8 *plen,uint_8 HW_ADR);
//======================================================================
//函数名称：rf_IRQ
//功能概要：判断是否是 RF 收发中断
//参数说明：无
//函数返回：RF 中断标志位（1=RF 中断，0=非 RF 中断）
//======================================================================
uint_8 rf_IRQ(void);
//======================================================================
//函数名称：rf_PortClean
//功能概要：清除中断状态标志位
//参数说明：无
//函数返回：无
//======================================================================
void rf_PortClean(void);
```

10.3.3 运行 AHL-WSN 模板

本小节给出 AHL-WSN 模板的运行方法，阐述如何使用 AHL-WSN 无线收发测试程序，以及通过 PCNode 控制 TargetNode 小灯的亮暗。

1. 搭建硬件平台

该测试硬件需要一块 AHL-WSN-PCNode、一块 AHL-WSN-TargetNode 和一根串口线。启动 AHL-WSN-PCNode，小灯闪烁，将其 UART0 通过串口线（从开发板的 TX 端开始依次为白线、绿线、红线和黑线）与 PC 相连，两节点间距离建议不超过 50m。

2. 准备软件环境

AHL-WSN 无线收发测试程序使用的开发环境为 Visual Studio 2019，使用的工程为“…\04-Soft\ch10-5\PCNode-TargetNode”。

3. 运行测试程序

打开“…\04-Soft\ch10-5\PCNode-TargetNode\bin\Debug”文件夹下的 KW01.exe，单击“检测 PC 节点”按钮，若 PC 节点状态显示为 COMx：PCNode，则表示连接成功；否则，表示连接失败，这时应检查串口驱动是否正确。

4. 控制目标节点小灯开关

单击测试程序中的“关闭小灯”按钮，按钮文字变为“打开小灯”，PCNode 将命令“LightOff”作为数据并通过无线发送给 TargetNode 节点，TargetNode 接收到命令后回发该条数据，并将自身的小灯熄灭；在测试程序中单击“打开小灯”按钮，按钮文字变为“关闭小灯”，PCNode 将命令“LightOn”作为数据并通过无线发送给 TargetNode 节点，TargetNode 接收到命令后回发该条数据，并将自身的小灯点亮。最终 PCNode 将 TargetNode 节点回发的数据通过串口发送至测试程序，如图 10-12 所示。

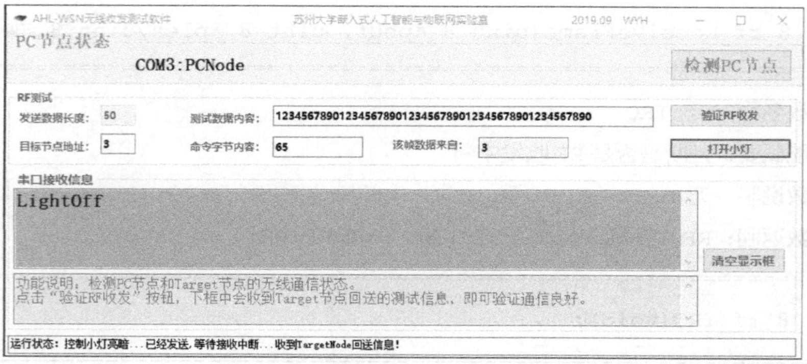
AHL-WSN无线收发测试软件
苏州大学嵌入式人工智能与物联网实验室
2019.09 WYH
PC节点状态
COM3:PCNode
检测PC节点
RF测试
发送数据长度: 50
测试数据内容: 12345678901234567890123456789012345678901234567890
验证RF收发
目标节点地址: 3
命令字节内容: 65
该帧数据来自: 3
打开小灯
串口接收信息
LightOff
清空显示框
功能说明：检测PC节点和Target节点的无线通信状态。
点击“验证RF收发”按钮，下框中会收到Target节点回送的测试信息，即可验证通信良好。
运行状态：控制小灯亮暗...已经发送,等待接收中断...收到TargetNode回送信息!

（a）打开小灯的状态

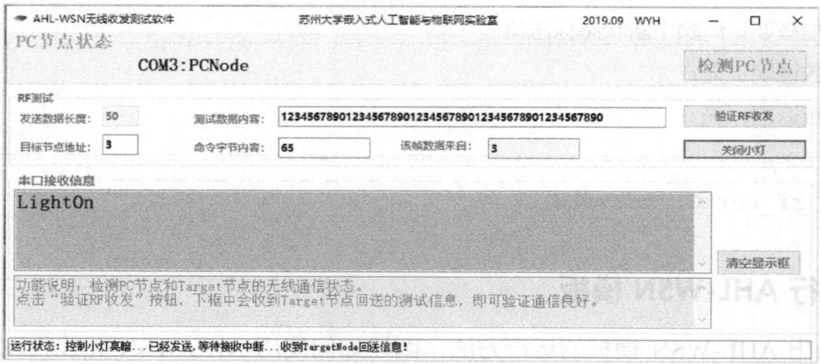
AHL-WSN无线收发测试软件
苏州大学嵌入式人工智能与物联网实验室
2019.09 WYH
PC节点状态
COM3:PCNode
检测PC节点
RF测试
发送数据长度: 50
测试数据内容: 12345678901234567890123456789012345678901234567890
验证RF收发
目标节点地址: 3
命令字节内容: 65
该帧数据来自: 3
关闭小灯
串口接收信息
LightOn
清空显示框
功能说明：检测PC节点和Target节点的无线通信状态。
点击“验证RF收发”按钮，下框中会收到Target节点回送的测试信息，即可验证通信良好。
运行状态：控制小灯亮暗...已经发送,等待接收中断...收到TargetNode回送信息!

（b）关闭小灯的状态

图 10-12　AHL-WSN 通信测试程序测试结果

10.3.4　AHL-WSN 的“照葫芦画瓢”

本小节主要描述如何通过 AHL-WSN 无线收发测试程序获取 WSN 节点的芯片温度（该温度传感器内嵌在芯片中）。先将“…\04-Soft\ch10-5”文件夹复制至“…\04-Soft\ch10-6”文件夹（建议读者另建文件夹）中，然后启动 AHL-GEC-IDE，将“…\04-Soft\ch10-6\TargetNode\GEC-User-WSN”导入 AHL-GEC-IDE。

1. 修改终端 user 程序

（1）添加温度相关临时变量

为了获取芯片温度的 AD 值，考虑到该 MCU 为 16 位 AD 采样，因此，需要添加一个 16 位无符号整型变量（设变量名为 temp）来存储芯片温度 AD 值。但是 AD 值并不直观，需要将其转换为实际值，该实际值保留一位小数，需要添加一个 32 位无符号浮点型变量（设变量名为 sendtemp）。为了数据传输方便，这里将其再转换为字符串，因此定义一个含 6 个元素的数组 temperature。在 07_NosPrg 文件夹下的 main.c 中的“申明局部变量”处添加上述变量。

```
uint_16 temp;            //芯片温度AD值
uint_32 sendtemp;        //芯片温度实际值
uint_8 temperature[6];   //芯片温度字符串
```

（2）初始化 ADC

考虑到如果需要获取温度值，就要将温度值转换为数字量，需要在 main.c 文件中的“外设初始化”处进行 ADC 的初始化。这里的 ADC 初始化函数 adc_init 对应的参数分别是通道和采样精度。注意：温度传感器对应的引脚已宏定义为 AD_MCU_TEMP。

```
adc_init(AD_MCU_TEMP,16);     //将 MCU 芯片对应的 ADC 通道进行初始化
```

（3）获取芯片温度并回发

读者需要自己定义一个获取 TargetNode 节点芯片温度的命令，该命令必须为罗马数字的字符串，位数不超过 10，如“232”。在定义成员变量并初始化 ADC 之后，需要在 main.c 文件中进行 AD 转换采样。在 main.c 文件中搜索“【画瓢处】-传感器数据获取”，并在此处增加芯片温度获取的代码，即可得到当前芯片温度的 AD 值，对该值进行处理后回发。

```
else if(strcmp("232", command) == 0)
{
    temp = adc_read(AD_MCU_TEMP);
    sendtemp = (int_32)((25.0-(temp*0.05-719)/1.715)*10);
    myFtoa(sendtemp/10.0,1,temperature);
    gcRFRecvBuf[0] = 0x01;
    gcRFRecvBuf[5] = 'B';
    gcRFRecvLen += 3;
    gcRFRecvBuf[6] = temperature[0];
    gcRFRecvBuf[7] = temperature[1];
    gcRFRecvBuf[8] = temperature[2];
    gcRFRecvBuf[9] = temperature[3];
    gcRFRecvBuf[10] = temperature[4];
    gcRFRecvBuf[11] = temperature[5];
    rfnode_sendN(gcRFRecvLen,gcRFRecvBuf);
    temperature[0] = '\0';
    gcRFRecvBuf[0] = '\0';
    gcRFRecvLen = 0;
    gcRFFlag[0] = '\0';
    command[0] = '\0';
}
```

（4）更新 TargetNode 节点

将修改好的程序重新编译下载更新至 AHL-WSN-TargetNode 节点。注意：烧录时 AHL-WSN-TargetNode 通过 UART1 与 AHL-GEC-IDE 相连，接线方式为白线接 PTE0、绿线接 PTE1、红线接 5V、黑线接 GND。

2. 运行测试程序

打开“…\04-Soft\ch10-6\PCNode-TargetNode\bin\Debug”文件夹下的 KW01.exe，单击“检测 PC 节点”，并在测试数据内容文本框中输入“232”，单击“验证 RF 收发”，串口接收信息区显示温度数值，结果如图 10-13 所示。

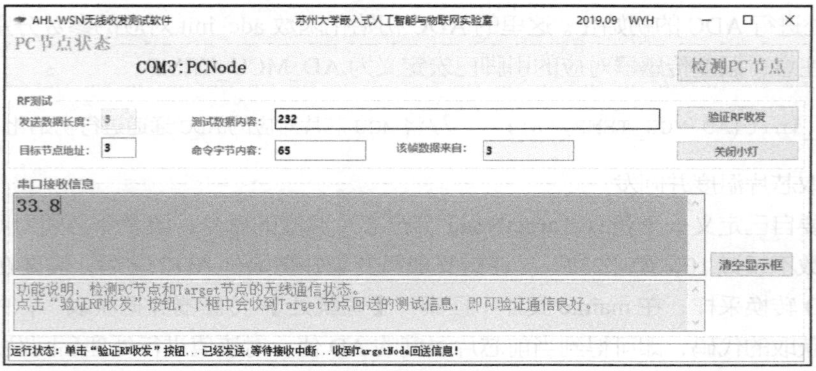
AHL-WSN无线收发测试软件
苏州大学嵌入式人工智能与物联网实验室
2019.09 WYH
PC节点状态
COM3:PCNode
检测PC节点
RF测试
发送数据长度: 3
测试数据内容: 232
验证RF收发
目标节点地址: 3
命令字节内容: 65
该帧数据来自: 3
关闭小灯
串口接收信息
33.8
清空显示框
功能说明：检测PC节点和Target节点的无线通信状态。
点击“验证RF收发”按钮，下框中会收到Target节点回送的测试信息，即可验证通信良好。
运行状态：单击“验证RF收发”按钮...已经发送,等待接收中断...收到TargetNode回送信息!

图 10-13 AHL-WSN“照葫芦画瓢”通信测试结果

10.4 Wi-Fi 与 WSN 相结合的物联网系统

AHL-WSN 能够采集大范围、多测量点的数据，并可将这些数据汇总至 PC。AHL-WSN 需要结合 AHL-Wi-Fi 将 AHL-WSN 接入金葫芦通信框架。整体结合的应用通信框架如图 10-14 所示。

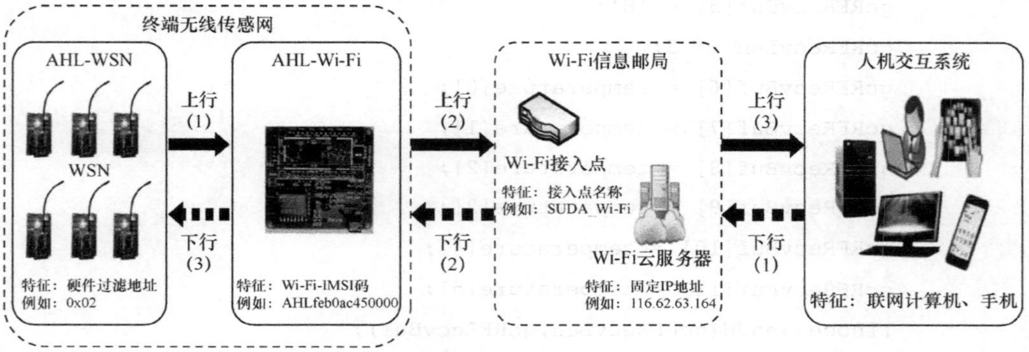
终端无线传感网
AHL-WSN
WSN
特征：硬件过滤地址
例如：0x02
上行 (1)
下行 (3)
AHL-Wi-Fi
特征：Wi-Fi-IMSI码
例如：AHLfeb0ac450000
上行 (2)
下行 (2)
Wi-Fi信息邮局
Wi-Fi接入点
特征：接入点名称
例如：SUDA_Wi-Fi
Wi-Fi云服务器
特征：固定IP地址
例如：116.62.63.164
上行 (3)
下行 (1)
人机交互系统
特征：联网计算机、手机

图 10-14 AHL-WSN 与 AHL-Wi-Fi 结合的应用通信框架

AHL-WSN 采集的数据经由 AHL-Wi-Fi 汇总后，由接入点连接至广域网，并由云侦听程序接收且存入数据库，同时发送至各人机交互系统。

本节通过实例介绍 AHL-Wi-Fi 与 AHL-WSN 相结合的物联网系统实例的运行测试方法，实现两个 AHL-WSN 节点芯片温度经由 AHL-Wi-Fi 网关节点发送到云侦听程序上。

1. 配置 Wi-Fi 接入点

参照 10.2.3 小节所介绍的相关内容在 PC 上配置 Wi-Fi 接入点，并将其网络名称和密码配置为“Desktop”和“65260784”。

2. 烧录模板程序

首先，更新两块 AHL-WSN 节点和一块 AHL-Wi-Fi 网关节点的程序。启动 AHL-GEC-IDE，将“…\04-Soft\ch10-7”文件夹下的“User-WSN-Target1”“User-WSN-Target1”和“User-Wi-Fi-WSN”工程的程序分别下载到 User-WSN-Target1、User-WSN-Target2 和 AHL-Wi-Fi 节点中。

注意：烧录时 AHL-WSN 的两个节点通过 UART1 与 AHL-GEC-IDE 相连，接线方法为白线接 PTE0，绿线接 PTE1，黑线接 GND，红线接 5V；Wi-Fi 节点使用串口线写入。

3．搭建硬件平台

若要运行该模板，则在硬件上需要两块 AHL-WSN 节点、一块 AHL-Wi-Fi 网关节点、一根串口线以及一台能够联网的 PC。三个节点均正常启动，且任意两者之间的距离建议不超过 50m，其中 AHL-Wi-Fi 网关节点必须在 PC 热点覆盖范围中。

4．运行 CS-Monitor

复制电子资源中的“…\04-Soft\ch04-1\CS-Monitor”文件夹和“…\04-Soft\ch04-1\DataBase”文件夹至“…\04-Soft\ch10-7”文件夹下。

（1）修改连接配置文件

使用 Visual Studio 2019 打开“…\04-Soft\ch10-7\CS-Monitor”工程，按以下步骤修改连接配置文件 AHL.xml。

① 设置面向终端的端口号。HCIComTarget 值表示 CS-Monitor 面向终端的 IP 地址和端口号，由于侦听的是本地的 38894 端口，故使用“local: 38894”进行表示。

```
<!--【2】【根据需要进行修改】指定 HCICom 连接与 WebSocket 连接-->
<!--【2.1】指定连接的方式和目标地址-->
<!--例<1>：监听本地的 38894 端口时，使用"local: 38894"表示-->
<HCIComTarget>local: 38894</HCIComTarget>
```

② 添加读者终端的 IMSI 码。IMSI 键值表示终端的 IMSI 码，将 IMSI 码（设读者终端的 IMSI 号为 AHLecfabc5d21c8）添加进来。

```
<IMSI>
    <!--用户的 IMSI 码-->
    AHLecfabc5d21c8
</IMSI>
```

（2）运行 CS-Monitor 程序

单击“启动”按钮，运行 CS-Monitor 程序，等待终端数据上传。终端数据上传成功后，即可在 CS-Monitor 中看到终端发来的数据，其中备注 1 及备注 2 分别显示的是两个 AHL-WSN 节点的芯片温度，如图 10-15 所示。CS-Monitor 程序还提供了绘制实时曲线、获取历史数据、绘制历史曲线、配置终端基本参数、提供程序使用说明和退出程序等功能。

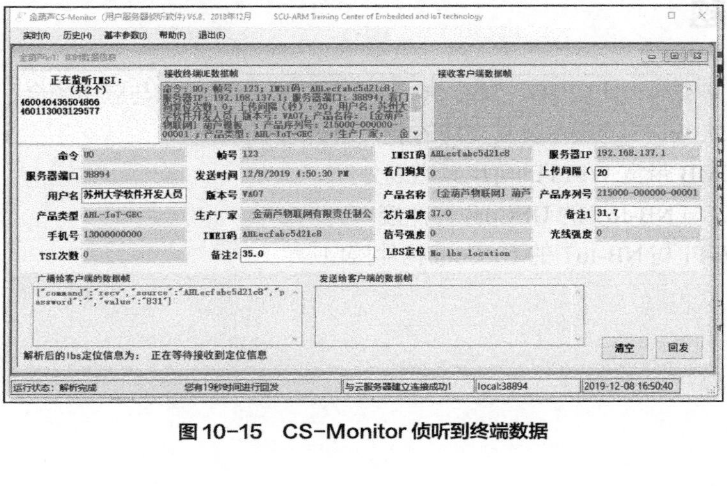
实时(R) 历史(H) 基本参数(J) 帮助(F) 退出(E)
正在监听IMSI：(共2个)
460040436504866
460113003129577
接收终端UE数据帧
接收客户端数据帧
命令 U0
帧号 123
IMSI码 AHLecfabc5d21c8
服务器IP 192.168.137.1
服务器端口 38894
发送时间 12/8/2019 4:50:30 PM
看门狗复 0
上传间隔（ 20
用户名 苏州大学软件开发人员
版本号 VA07
产品名称 【金葫芦物联网】葫芦
产品序列号 215000-000000-00001
产品类型 AHL-IoT-GEC
生产厂家 金葫芦物联网有限责任制公
芯片温度 37.0
备注1 31.7
手机号 13000000000
IMEI码 AHLecfabc5d21c8
信号强度 0
光线强度 0
TSI次数 0
备注2 35.0
LBS定位 No lbs location
广播给客户端的数据帧
{"command":"recv","source":"AHLecfabc5d21c8","password":"","value":"831"}
发送给客户端的数据帧
清空
回发
解析后的lbs定位信息为： 正在等待接收到定位信息
运行状态：解析完成
您有19秒时间进行回发
与云服务器建立连接成功！
local:38894
2019-12-08 16:50:40

图 10-15　CS-Monitor 侦听到终端数据

10.5 实验 10：Wi-Fi 与 WSN 相结合实现上行通信

1. 实验目的

（1）了解 WSN 到 Wi-Fi 的通信过程。

（2）掌握如何给 WSN 添加传感器。

（3）掌握 WSN 之间如何收发数据。

（4）理解和掌握 Wi-Fi 终端与 CS-Monitor 的通信过程。

2. 实验准备

（1）硬件部分。PC 或笔记本计算机一台、开发套件一套。

（2）软件部分。根据电子资源“…\02-Doc”文件夹下的电子版快速指南，下载合适的电子资源。

（3）软件环境。按照“附录 B AHL-GEC-IDE 安装及基本使用指南”，进行有关软件工具的安装。

3. 实验过程

使用两块 AHL-WSN 节点和一块 AHL-Wi-Fi 节点，实现在两个备注字段间显示两个 AHL-WSN 节点芯片温度的功能。

4. 实验报告要求

（1）用适当文字、图表描述实验过程。

（2）用 200～300 字写出实验体会。

（3）在实验报告中完成实践性问答题。

5. 实践性问答题

（1）WSN 传输的一帧数据最多有多少字节？加入芯片温度后会不会超过长度？

（2）怎样的 WSN 传输过程可以避免碰撞？

（3）Wi-Fi 通信必要的设置有哪些？为什么要设置这些属性？

10.6 习题

（1）上网查阅资料，比较 1G、2G、3G、4G、5G 的主要技术与应用场合。

（2）说明目前 Wi-Fi 的版本及其支持的最大通信速率。

（3）举出 20MB 带宽 Wi-Fi 的可用频道划分。

（4）比较 4G 与 NB-IoT 的 UECom 构件接口。

（5）比较 Wi-Fi 与 NB-IoT 的 UECom 构件接口。

11

chapter

外接组件的『照葫芦画瓢』框架

本章是对本书内容的综合应用，首先介绍各种被控单元（传感器）的原理、电路接法与编程实践，然后结合“照葫芦画瓢”的框架外接被控单元（传感器）实现综合运用，以期帮助读者达到熟练掌握所学知识的目的。

11.1 开关量输出类驱动构件

11.1.1 彩灯

1. 原理概述

彩灯的控制电路与 RGB 芯片集成在一个 5050 封装的元器件中，构成了一个完整的外控像素点，每个像素点的三基色颜色可实现 256 级亮度显示。像素点内部包含了智能数字接口数据锁存信号整形放大驱动电路、高精度的内部振荡器和可编程定电流控制部分，有效保证了像素点颜色的高度一致。数据协议采用单线归零码的通信方式，通过发送具有特定占空比的高电平和低电平来控制彩灯的亮暗。

2. 电路原理

彩灯的电路原理图如图 11-1（a）所示，其实物图如图 11-1（b）所示。VDD 是电源端，用于供电；DOUT 是数据输出端，用于控制数据信号输出；VSS 用于信号接地和电源接地；DIN 用于控制数据信号的输入。彩灯使用串行级联接口，能够通过一根信号线完成数据的接收与解码。使用 USB 数据线一端连接 J5 口（GPIO 接口），另一端连接彩灯。

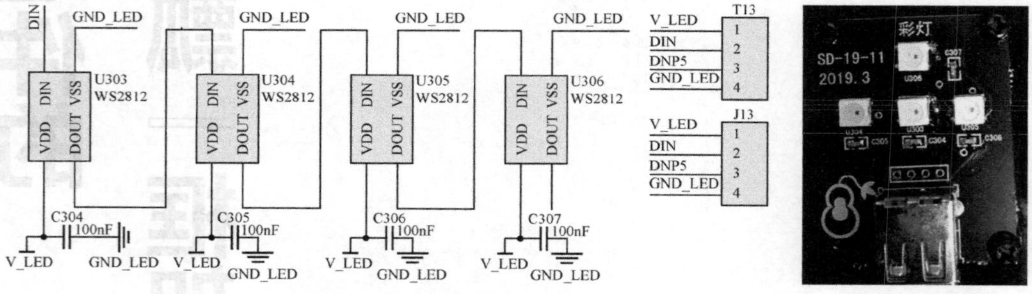

DIN
GND_LED
U303
WS2812
U304
WS2812
U305
WS2812
U306
WS2812
VDD DIN DOUT VSS
C304
C305
C306
C307
100nF
V_LED
T13
J13
DIN
DNP5
1 2 3 4
彩灯
SD-19-11
2019.3

（a）彩灯电路原理图　　（b）彩灯实物图

图 11-1　彩灯

3. 编程实践

程序可参考“…\04-Soft\ch11-1\User_ColorLight”工程，编程步骤如下。

（1）准备阶段

① 复制 User 工程并重命名

复制“…\04-Soft \ch03”下的 User_Frame 工程，并将其重命名为 User_ColorLight。

② 添加彩灯传感器应用构件

将“…\04-Soft\ch03\driver_component\ws2812”下的 ws2812.c 和 ws2812.h 应用构件复制到“…\User_ColorLight \05_UserBoard”下。

③ 添加彩灯应用构件头文件和彩灯引脚宏定义

在 05_UserBoard \user.h 中添加彩灯应用构件头文件（ws2812.h），查看 04_GEC\gec.h 文件，找到彩灯所接具有 GPIO 功能的引脚，并在 user.h 中添加彩灯宏定义（设宏名为 COLORLIGHT）。

④ 定义彩灯相关参数

在 main.c 的数据段中定义彩灯提示信息以及初始颜色值。

```
//（1.1）声明 main 函数使用的局部变量
//彩灯测试数据（一种颜色占 3 个字节，按 GRB 顺序）
uint_8 grbw[12]={0xFF,0x00,0x00,0x00,0xFF,0x00,
                  0x00,0x00,0xFF,0xFF,0xFF,0xFF};
uint_8 rwgb[12]={0x00,0xFF,0x00,0xFF,0xFF,0xFF,
                  0xFF,0x00,0x00,0x00,0x00,0xFF};
uint_8 black[12]={0x00,0x00,0x00,0x00,0x00,0x00,
                   0x00,0x00,0x00,0x00,0x00,0x00};
```

（2）应用阶段

在 main.c 文件中对彩灯传感器进行初始化，并设置引脚方向为输出、初始状态为低电平，设置彩灯颜色变换。

```
//（1.5）用户外设模块初始化
    printf("点亮彩灯\n\0");
    WS_Init(COLORLIGHT);
    WS_SendOnePix(COLORLIGHT,grbw,4);
    Delay_ms(2000);
    printf("熄灭彩灯\n\0");
    WS_SendOnePix(COLORLIGHT,black,4);
    Delay_ms(2000);
    printf("改变彩灯颜色\n\0");
    WS_SendOnePix(COLORLIGHT,rwgb,4);
    Delay_ms(2000);
//（2）======主循环部分（结尾）==========================================
……（以下代码省略）
```

4. 运行结果

彩灯的运行结果如图 11-2 所示。

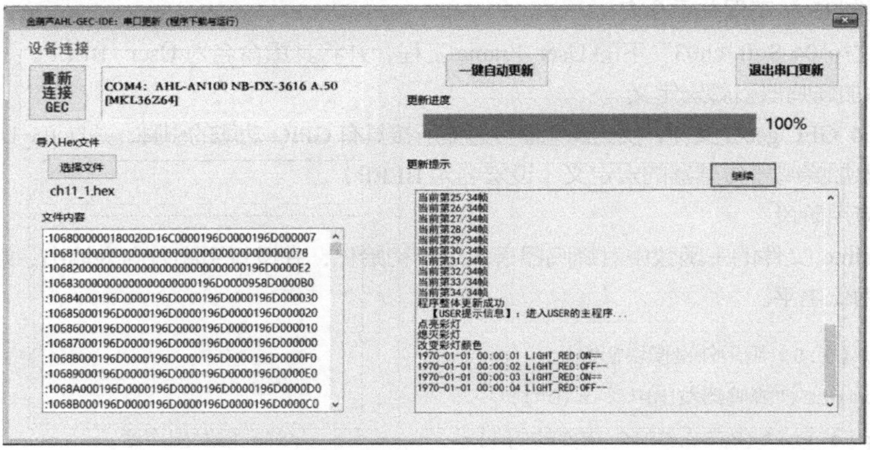
设备连接
重新连接GEC
COM4: AHL-AN100 NB-DX-3616 A.50 [MKL36Z64]
一键自动更新
退出串口更新
更新进度
100%
导入Hex文件
选择文件
ch11_1.hex
文件内容
:106800000180020D16C0000196D0000196D000007
:106810000000000000000000000000000000000078
:10682000000000000000000000000000196D0000E2
:10683000000000000000000196D0000958D0000B0
:10684000196D0000196D0000196D0000196D000030
:10685000196D0000196D0000196D0000196D000020
:10686000196D0000196D0000196D0000196D000010
:10687000196D0000196D0000196D0000196D000000
:10688000196D0000196D0000196D0000196D0000F0
:10689000196D0000196D0000196D0000196D0000E0
:1068A000196D0000196D0000196D0000196D0000D0
:1068B000196D0000196D0000196D0000196D0000C0
更新提示
继续
当前第25/34帧
当前第26/34帧
当前第27/34帧
当前第28/34帧
当前第29/34帧
当前第30/34帧
当前第31/34帧
当前第32/34帧
当前第33/34帧
当前第34/34帧
程序整体更新成功
【USER提示信息】：进入USER的主程序...
点亮彩灯
熄灭彩灯
改变彩灯颜色
1970-01-01 00:00:01 LIGHT_RED:ON==
1970-01-01 00:00:02 LIGHT_RED:OFF--
1970-01-01 00:00:03 LIGHT_RED:ON==
1970-01-01 00:00:04 LIGHT_RED:OFF--

图 11-2 彩灯的运行结果

11.1.2　蜂鸣器

1. 原理概述

蜂鸣器输出端电平设置为高电平，蜂鸣器发出声响；输出端电平设置为低电平，蜂鸣器不发出声响或停止发出声响。蜂鸣器初始化默认是低电平，不发出声响。

2. 电路原理

蜂鸣器的电路原理图如图 11-3（a）所示，其实物图如图 11-3（b）所示。蜂鸣器通过 P_Beep 引脚来控制输出引脚的高低电平。当 P_Beep 对应的状态值为 1（即高电平）时，Q401 导通，蜂鸣器发出声响；当 P_Beep 对应的状态值为 0（即低电平）时，Q401 截止，蜂鸣器不发出声响或停止发出声响。

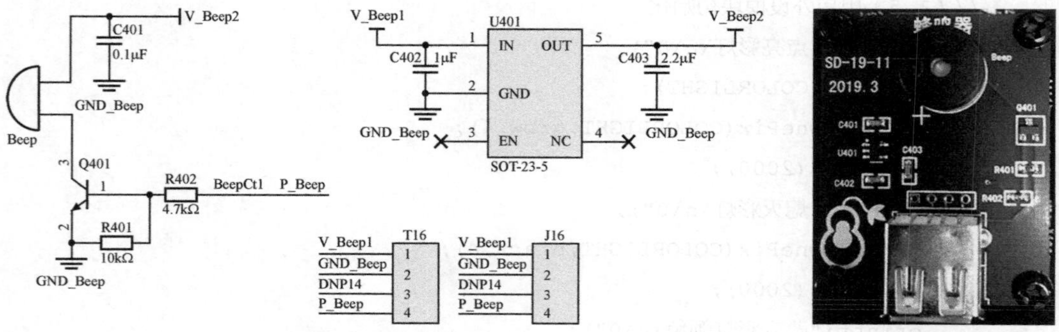
V_Beep2
C401
0.1μF
GND_Beep
Beep
Q401
R402
4.7kΩ
BeepCtl
P_Beep
R401
10kΩ
GND_Beep
V_Beep1
U401
IN
OUT
C402
1μF
GND
C403
2.2μF
V_Beep2
GND_Beep
EN
NC
GND_Beep
SOT-23-5
T16
V_Beep1
GND_Beep
DNP14
P_Beep
J16
V_Beep1
GND_Beep
DNP14
P_Beep
SD-19-11
2019.3

（a）蜂鸣器电路原理图　　（b）蜂鸣器实物图

图 11-3　蜂鸣器

使用 USB 数据线一端连接 J4 口（SPI1 接口），另一端连接蜂鸣器。

3. 编程实践

程序可参考“…\04-Soft\ch11-2\User_BEEF”工程，编程步骤如下。

（1）准备阶段

① 复制 User 工程并重命名

复制“…\04-Soft \ch03”下的 User_Frame 工程，并将其重命名为 User_ BEEF。

② 添加蜂鸣器引脚宏定义

查看 04_GEC\gec.h 文件，找到蜂鸣器传感器所接具有 GPIO 功能的引脚，并在 05_UserBoard \user.h 中添加蜂鸣器传感器的宏定义（设宏名为 BEEF）。

（2）应用阶段

在 main.c 文件的主函数中对蜂鸣器模块进行初始化，并设置引脚方向为输出、端口引脚初始状态为低电平。

```
//（1.5）用户外设模块初始化
printf("蜂鸣器发出声音\n\0");
gpio_init(BEEF,GPIO_OUTPUT,1);              //蜂鸣器发出声音
```

```
    Delay_ms(2000);                              //延时
    printf("蜂鸣器停止发出声音\n\0");
    gpio_init(BEEF,GPIO_OUTPUT,0);               //蜂鸣器停止发出声音
    Delay_ms(3000);
    printf("蜂鸣器发出声音\n\0");
    gpio_init(BEEF,GPIO_OUTPUT,1);               //蜂鸣器发出声音
    //（2）======主循环部分（结尾）==========================================
    ……（以下代码省略）
```

4. 运行结果

蜂鸣器的运行结果如图 11-4 所示。

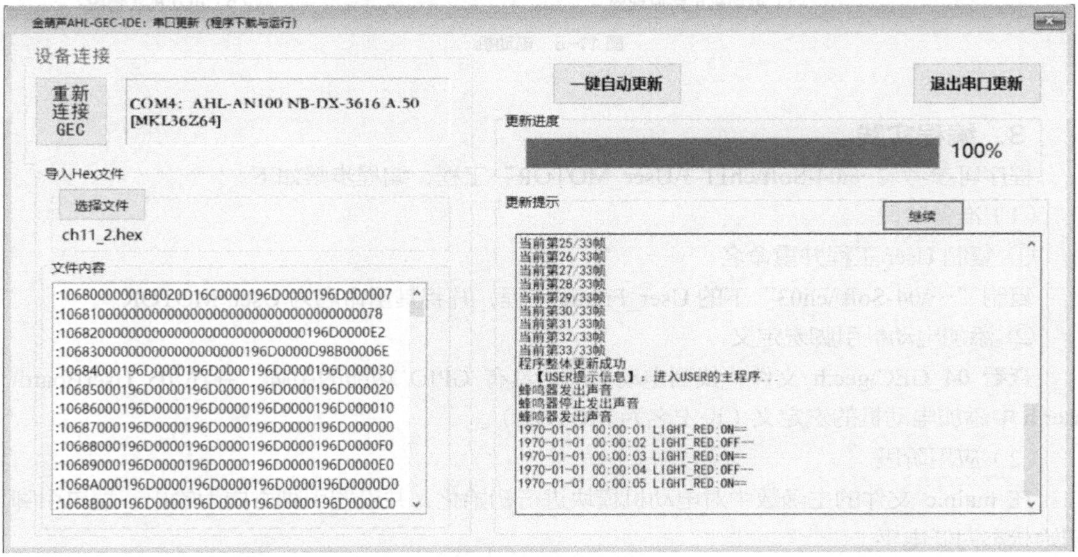
金葫芦AHL-GEC-IDE：串口更新（程序下载与运行）
设备连接
重新连接GEC
COM4: AHL-AN100 NB-DX-3616 A.50 [MKL36Z64]
一键自动更新
退出串口更新
更新进度
100%
导入Hex文件
选择文件
ch11_2.hex
文件内容
:106800000180020D16C0000196D0000196D000007
:10681000000000000000000000000000000000078
:106820000000000000000000000000196D0000E2
:10683000000000000000000196D0000D98B00006E
:10684000196D0000196D0000196D0000196D000030
:10685000196D0000196D0000196D0000196D000020
:10686000196D0000196D0000196D0000196D000010
:10687000196D0000196D0000196D0000196D000000
:10688000196D0000196D0000196D0000196D0000F0
:10689000196D0000196D0000196D0000196D0000E0
:1068A000196D0000196D0000196D0000196D0000D0
:1068B000196D0000196D0000196D0000196D0000C0
更新提示
继续
当前第25/33帧
当前第26/33帧
当前第27/33帧
当前第28/33帧
当前第29/33帧
当前第30/33帧
当前第31/33帧
当前第32/33帧
当前第33/33帧
程序整体更新成功
【USER提示信息】：进入USER的主程序...
蜂鸣器发出声音
蜂鸣器停止发出声音
蜂鸣器发出声音
1970-01-01 00:00:01 LIGHT_RED:ON==
1970-01-01 00:00:02 LIGHT_RED:OFF--
1970-01-01 00:00:03 LIGHT_RED:ON==
1970-01-01 00:00:04 LIGHT_RED:OFF--
1970-01-01 00:00:05 LIGHT_RED:ON==

图 11-4　蜂鸣器运行结果

11.1.3　电动机

1. 原理概述

电动机输出端电平设置为高电平，电动机开始振动；输出端电平设置为低电平，电动机不振动或停止振动。电动机初始化默认是低电平，不振动。

2. 电路原理

电动机的电路原理图如图 11-5（a）所示，其实物图如图 11-5（b）所示。电动机通过 AD_SHOCK 引脚来控制输出引脚的高低电平。当 AD_SHOCK 对应的状态值为 1（即高电平）时，Q301 导通，电动机开始振动；当 AD_SHOCK 对应的状态值为 0（即低电平）时，Q301 截止，电动机不振动或停止振动。

使用 USB 数据线一端连接 J1 口，另一端连接电动机。

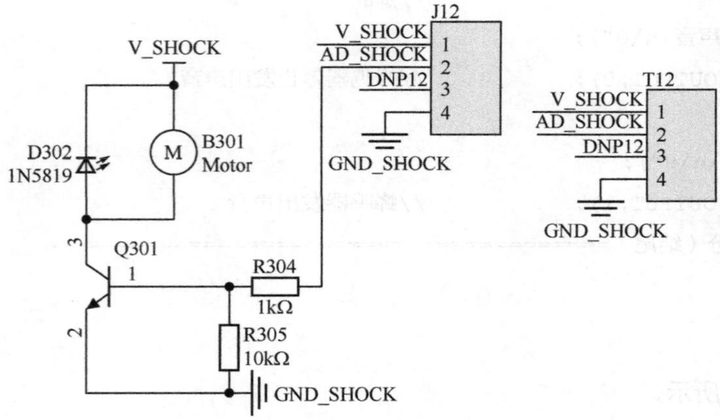
V_SHOCK
D302
1N5819
M
B301
Motor
Q301
3
1
2
R304
1kΩ
R305
10kΩ
GND_SHOCK
J12
V_SHOCK
AD_SHOCK
DNP12
1
2
3
4
GND_SHOCK
T12
V_SHOCK
AD_SHOCK
DNP12
1
2
3
4
GND_SHOCK

（a）电动机电路原理图

SD-19-11
2019. 3
D302
R304
Q301
R305

（b）电动机实物图

图 11-5　电动机

3. 编程实践

程序可参考"…\04-Soft\ch11-3\User_MOTOR"工程，编程步骤如下。

（1）准备阶段

① 复制 User 工程并重命名

复制"…\04-Soft \ch03"下的 User_Frame 工程，并将其重命名为 User_MOTOR。

② 添加电动机引脚宏定义

查看 04_GEC\gec.h 文件，找到电动机所接具有 GPIO 功能的引脚，并在 05_UserBoard\user.h 中添加电动机的宏定义（设宏名为 MOTOR）。

（2）应用阶段

在 main.c 文件的主函数中对电动机模块进行初始化，并设置引脚方向为输出、端口引脚初始状态为低电平。

```
    //（1.5）用户外设模块初始化
    printf("电动机开始振动\n\0");
    gpio_init(MOTOR,GPIO_OUTPUT,1);
     Delay_ms(2000);
     printf("电动机停止振动\n\0");
     gpio_init(MOTOR,GPIO_OUTPUT,0);
     Delay_ms(3000);
     printf("电动机再次振动\n\0");
    gpio_init(MOTOR,GPIO_OUTPUT,1);
    //（2）======主循环部分（结尾）=====================================
    ……（以下代码省略）
```

4. 运行结果

电动机的运行结果如图 11-6 所示。

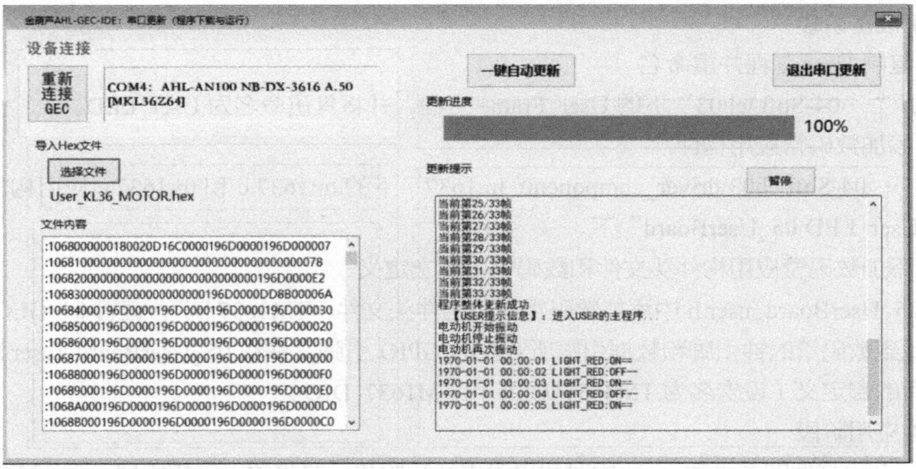
金葫芦AHL-GEC-IDE：串口更新（程序下载与运行）
设备连接
重新连接GEC
COM4: AHL-AN100 NB-DX-3616 A.50 [MKL36Z64]
一键自动更新
退出串口更新
更新进度
100%
导入Hex文件
选择文件
User_KL36_MOTOR.hex
文件内容
:1068000000180020D16C0000196D0000196D000007
:10681000000000000000000000000000000000078
:10682000000000000000000000000196D0000E2
:1068300000000000000000000196D0000DD8B00006A
:10684000196D0000196D0000196D0000196D000030
:10685000196D0000196D0000196D0000196D000020
:10686000196D0000196D0000196D0000196D000010
:10687000196D0000196D0000196D0000196D000000
:10688000196D0000196D0000196D0000196D0000F0
:10689000196D0000196D0000196D0000196D0000E0
:1068A000196D0000196D0000196D0000196D0000D0
:1068B000196D0000196D0000196D0000196D0000C0
更新提示
暂停
当前第25/33帧
当前第26/33帧
当前第27/33帧
当前第28/33帧
当前第29/33帧
当前第30/33帧
当前第31/33帧
当前第32/33帧
当前第33/33帧
程序整体更新成功
【USER提示信息】：进入USER的主程序...
电动机开始振动
电动机停止振动
电动机再次振动
1970-01-01 00:00:01 LIGHT_RED:ON==
1970-01-01 00:00:02 LIGHT_RED:OFF--
1970-01-01 00:00:03 LIGHT_RED:ON==
1970-01-01 00:00:04 LIGHT_RED:OFF--
1970-01-01 00:00:05 LIGHT_RED:ON==

图 11-6　电动机运行结果

11.1.4　数码管

1. 原理概述

在主函数中通过调用 TM1637_Display（a,a1,b,b1,c,c1,d,d1）函数可以点亮数码管，其中数码管的数字显示可在调用函数时设置，a、b、c、d 为要显示的 4 位数字大小；而 a1、b1、c1、d1 为四位数字后面的小数点显示，值为 0 则不显示小数点，值为 1 则显示小数点。

2. 电路原理

数码管的电路原理图如图 11-7（a）所示，其实物图如图 11-7（b）所示。TM1637 驱动电路通过 DIO 和 CLK 两个引脚实现对四位数码管的控制。DIO 引脚为数据输入/输出，CLK 引脚为时钟输入。数据输入的开始条件是 CLK 为高电平，DIO 由高电平变为低电平；结束条件是 CLK 为高电平，DIO 由低电平变为高电平。

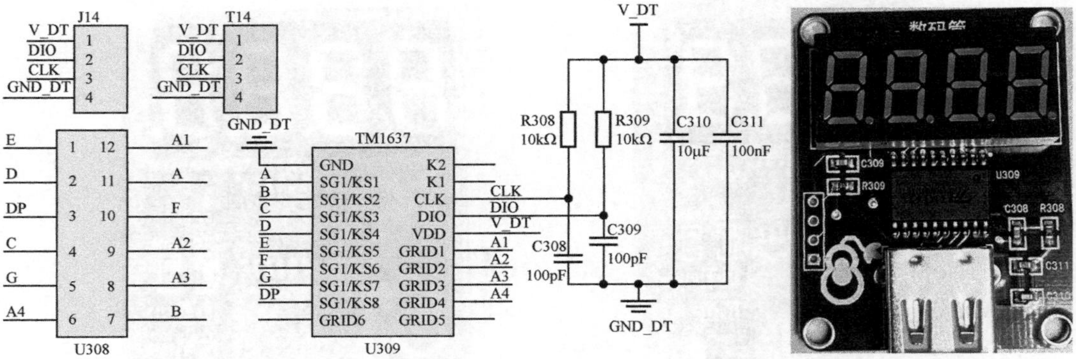
J14
V_DT
DIO
CLK
GND_DT
T14
V_DT
DIO
CLK
GND_DT
GND_DT
E
D
DP
C
G
A4
A1
A
F
A2
A3
B
U308
TM1637
GND
SG1/KS1
SG1/KS2
SG1/KS3
SG1/KS4
SG1/KS5
SG1/KS6
SG1/KS7
SG1/KS8
GRID6
K2
K1
CLK
DIO
VDD
GRID1
GRID2
GRID3
GRID4
GRID5
U309
V_DT
R308
10kΩ
R309
10kΩ
C310
10μF
C311
100nF
C308
100pF
C309
100pF
GND_DT
数码管

（a）数码管电路原理图　　（b）数码管实物图

图 11-7　数码管

使用 USB 数据线一端连接 J7 口，另一端连接数码管。

3. 编程实践

程序可参考“…\04-Soft\ch11-4\User_LED”工程，编程步骤如下。

（1）准备阶段

① 复制 User 工程并重命名

复制“…\04-Soft \ch03”下的 User_Frame 工程，并将其重命名为 User_LED。

② 添加数码管应用构件

将“…\04-Soft\ch03\driver_component\ tm1637”下的 tm1637.c 和 tm1637.c 应用构件复制到“…\User_LED\05_UserBoard”下。

③ 添加数码管应用构件头文件和数码管引脚宏定义

在 05_UserBoard \user.h 中添加数码管应用构件头文件（TM1637.h），查看 04_GEC\gec.h 文件，找到数码管时钟引脚和数据引脚所对应的 GPIO 引脚，并在 05_UserBoard \user.h 中添加数码管的宏定义（设宏名为 TM1637_CLK 和 TM1637_DIO）。

（2）应用阶段

在 main.c 文件的主函数 main 中对数码管进行初始化，并将数码管初始显示为 1234。

```
//（1.5）用户外设模块初始化
TM1637_Init(TM1637_CLK,TM1637_DIO);                    //初始化时钟引脚和数据引脚
printf("显示 1234\n\0");
TM1637_Display(1,1,2,1,3,1,4,1);                       //显示 1234
Delay_ms(3000);
printf("显示 4321\n\0");
TM1637_Display(4,1,3,1,2,1,1,1);                       //显示 4321
// （2）======主循环部分（开头）======================================
……（以下代码省略）
```

4. 运行结果

数码管的运行结果如图 11-8、图 11-9 所示。

图 11-8　数码管初始显示 1234

图 11-9　数码管显示 4321

11.2 开关量输入类驱动构件

11.2.1 红外寻迹传感器

1. 原理概述

当遮挡物体距离传感器红外发射管 2～2.5cm 时，发射管发出的红外射线会被反射回来，红外接收管打开，模块输出端为高电平，指示灯亮；当红外射线未被反射回来或反射回的强度不够大时，红外接收管处于关闭状态，模块输出端为低电平，指示灯不亮。

2. 电路原理

红外寻迹传感器的电路原理图如图 11-10（a）所示，其实物图如图 11-10（b）所示。其中，V_IR3 引脚为左右两侧的红外发射器供电；GPIO_IR1 引脚是右侧的红外输出脚，控制右侧的小灯亮暗；GPIO_IR2 引脚是左侧的红外输出脚，控制左侧的小灯亮暗。

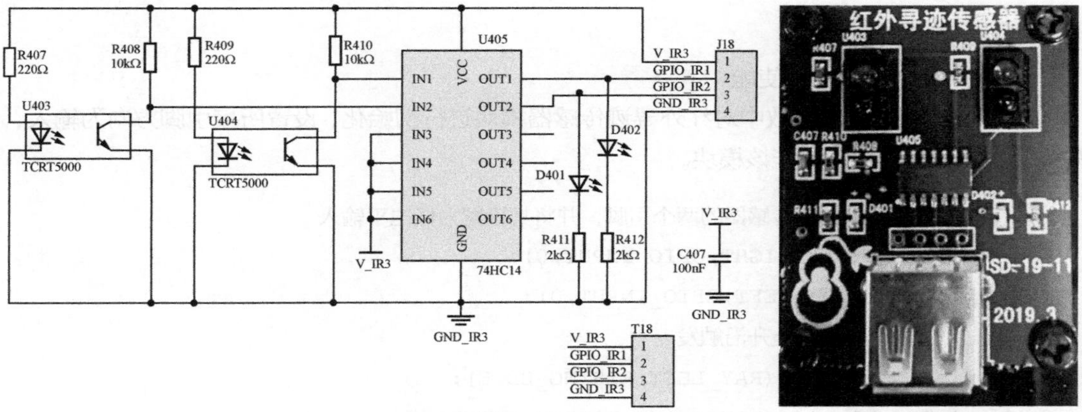
R407 220Ω
R408 10kΩ
R409 220Ω
R410 10kΩ
U405
U403
U404
TCRT5000
TCRT5000
IN1
IN2
IN3
IN4
IN5
IN6
VCC
GND
OUT1
OUT2
OUT3
OUT4
OUT5
OUT6
74HC14
V_IR3
GND_IR3
D401
D402
R411 2kΩ
R412 2kΩ
C407 100nF
J18
T18
GPIO_IR1
GPIO_IR2
红外寻迹传感器
SD-19-11
2019.3

（a）红外寻迹传感器电路原理图　　（b）红外寻迹传感器实物图

图 11-10　红外寻迹传感器

使用 USB 线接到 J3 端口（SPI1 接口），用纸张靠近红外寻迹传感器，红灯亮；撤掉纸张，红灯灭。

3. 编程实践

红外寻迹传感器的程序可参考“…\04-Soft\ch11-5\User_Ray”工程，编程步骤如下。

（1）准备阶段

① 复制 User 工程并重命名

复制“…\04-Soft \ch03”下的 User_Frame 工程，并将其重命名为 User_Ray。

② 给红外寻迹传感器取名

由于编程不是针对红外寻迹传感器这个实物进行的，而是根据它所接的引脚进行的，考虑到程序的移植性问题，一般不直接使用所接引脚名，而是通过宏定义方式取个别名，以方便之后的识别与使用。因此，先查看 04_GEC\gec.h 文件，找到红外寻迹传感器所对应的 GPIO 引脚，然后在 05_UserBoard\user.h 中添加红外寻迹传感器的宏定义（设宏名为 RAY_LEFT 和

RAY_RIGHT）。

③ 添加中断处理程序宏定义

查找芯片的启动文件，找到具有 GPIO 中断功能的中断向量名，然后在 05_UserBoard\user.h 中重定义该中断向量（设宏名为 PORTC_PORTD_IRQHandler）。

④ 给 GPIO 中断触发条件取名

GPIO 中断的触发条件有上升沿触发、下降沿触发和双边沿触发，为了方便编程并考虑到程序的可移植性，应该采用宏定义的方式为其取个编程时使用的名称，具体代码已在 gpio.h 中给出。

```
// GPIO 引脚中断类型宏定义
#define LOW_LEVEL    (8)                          //低电平触发
#define HIGH_LEVEL   (12)                         //高电平触发
#define RISING_EDGE  (9)                          //上升沿触发
#define FALLING_EDGE (10)                         //下降沿触发
#define DOUBLE_EDGE  (11)                         //双边沿触发
```

（2）应用阶段

① 初始化外设模块并使能

在 main.c 文件的主函数中对红外寻迹传感器模块进行初始化，设置所接引脚方向为输入、初始状态为低电平，并使能该模块。

```
//初始化红外循迹传感器的两个引脚，并将其设置为低电平输入
gpio_init(RAY_RIGHT,GPIO_INPUT,0);
gpio_init(RAY_LEFT,GPIO_INPUT,0);
//将引脚中断设为上升沿触发
gpio_enable_int(RAY_LEFT,RISING_EDGE);
gpio_enable_int(RAY_RIGHT,RISING_EDGE);
```

② 编写中断处理程序

在中断处理程序 isr.c 中定义 PORTC_PORTD_IRQHandler 中断，当 GPIO 引脚上升沿到来时，该中断被触发。该中断会先判断它是被哪个引脚触发的，然后输出检测到有物体的提示信息。

```
void PORTC_PORTD_IRQHandler(void)
{
    DISABLE_INTERRUPTS;                       //关总中断
    //------------------------------------------------------------
    if(gpio_get_int(RAY_LEFT))
    {
        gpio_clear_int(RAY_LEFT);
        printf("左侧红外检测有物体\r\n");
    }
```

```
    if(gpio_get_int(RAY_RIGHT))
    {
        gpio_clear_int(RAY_RIGHT);
        printf("右侧红外检测有物体\r\n");
    }
    //----------------------------------------------------------------
    ENABLE_INTERRUPTS;                      //开总中断
}
```

4. 运行结果

红外寻迹传感器的运行结果如图 11-11 所示，通过串口输出提示信息。

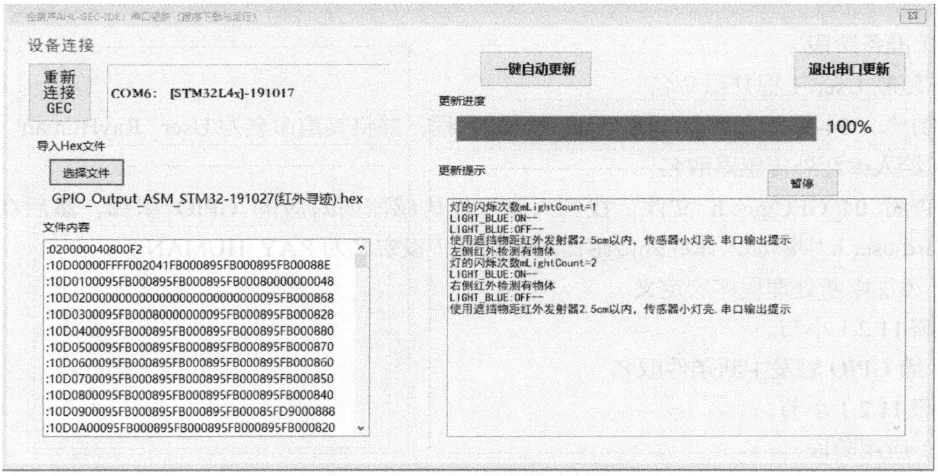

设备连接
重新连接GEC
COM6: [STM32L4x]-191017
一键自动更新
退出串口更新
更新进度
100%
导入Hex文件
选择文件
GPIO_Output_ASM_STM32-191027(红外寻迹).hex
文件内容
:020000040800F2
:10D00000FFFF002041FB000895FB000895FB00088E
:10D0100095FB000895FB000895FB00080000000048
:10D020000000000000000000000000095FB000868
:10D0300095FB00080000000095FB000895FB000828
:10D0400095FB000895FB000895FB000895FB000880
:10D0500095FB000895FB000895FB000895FB000870
:10D0600095FB000895FB000895FB000895FB000860
:10D0700095FB000895FB000895FB000895FB000850
:10D0800095FB000895FB000895FB000895FB000840
:10D0900095FB000895FB000895FB00085FD9000888
:10D0A00095FB000895FB000895FB000895FB000820
更新提示
暂停
灯的闪烁次数mLightCount=1
LIGHT_BLUE:ON--
LIGHT_BLUE:OFF--
使用遮挡物距红外发射器2.5cm以内，传感器小灯亮，串口输出提示
左侧红外检测有物体
灯的闪烁次数mLightCount=2
LIGHT_BLUE:ON--
右侧红外检测有物体
LIGHT_BLUE:OFF--
使用遮挡物距红外发射器2.5cm以内，传感器小灯亮，串口输出提示

图 11-11　红外寻迹传感器运行结果

11.2.2 人体红外传感器

1. 原理概述

任何发热体都会产生红外线，辐射的红外线波长（一般用 μm 描述）跟物体温度有关，表面温度越高，辐射能量越强。人体因为有恒定的体温，所以会发出特定波长（10μm 左右）的红外线。人体红外传感器通过检测人体释放的红外信号，能够判断一定范围内是否有人在活动。传感器默认输出低电平，当检测到人体运动时，会触发高电平输出，小灯亮（有 3s 左右的延迟）。

2. 电路原理

人体红外传感器的电路原理图如图 11-12（a）所示，其实物图如图 11-12（b）所示。其中，V_PIR1 用于供电，REF 为输出引脚。

使用 USB 线接到 J3 端口（SPI1 接口），当手靠近人体红外传感器时，红灯亮；当手远离时，延迟 3s 左右，红灯灭。

3. 编程实践

人体红外传感器的程序可参考“…\04-Soft\ch11-6\User_RayHuman”工程，编程步骤如下。

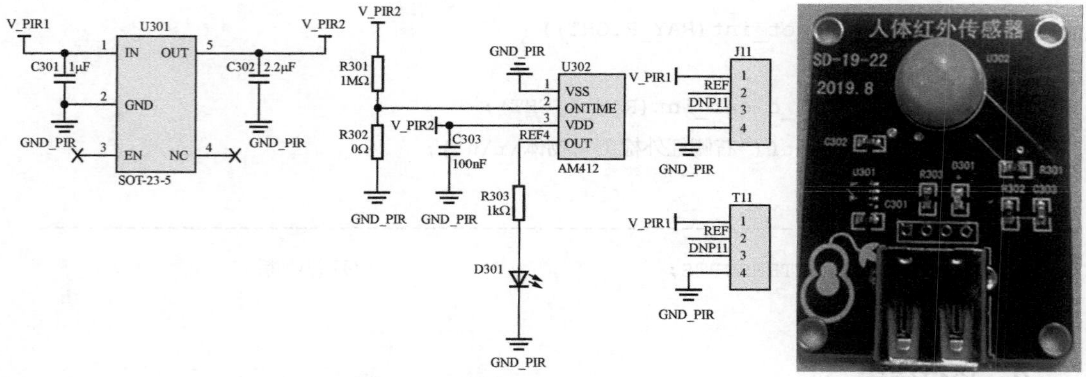
V_PIR1
U301
V_PIR2
IN
OUT
C301
1μF
GND
C302
2.2μF
GND_PIR
EN
NC
SOT-23-5
V_PIR2
R301
1MΩ
R302
0Ω
GND_PIR
U302
VSS
ONTIME
VDD
OUT
AM412
C303
100nF
REF4
R303
1kΩ
D301
J11
REF
DNP11
T11
人体红外传感器
SD-19-22
2019.8

（a）人体红外传感器电路原理图　　（b）人体红外传感器实物图

图 11-12　人体红外传感器

（1）准备阶段

① 复制 User 工程并重命名

复制“…\04-Soft \ch03”下的 User_Frame 工程，并将其重命名为 User_ RayHuman。

② 给人体红外传感器取名

先查看 04_GEC\gec.h 文件，找到人体红外传感器所对应的 GPIO 引脚，然后在 05_UserBoard\user.h 中添加人体红外传感器的宏定义（设宏名为 RAY_HUMAN）。

③ 添加中断处理程序宏定义

参照 11.2.1 小节。

④ 给 GPIO 触发中断条件取名

参照 11.2.1 小节。

（2）应用阶段

① 模块初始化并使能

在 main.c 文件的主函数中对人体红外传感器模块进行初始化，设置所接引脚方向为输入、初始状态为低电平，并使能该模块。

```
int main(void)
{
……（省略部分代码）
//（1.5）用户外设模块初始化
gpio_init(RAY_HUMAN,GPIO_INPUT,0);          //初始化人体红外传感器模块
//（1.6）使能模块中断
gpio_enable_int(RAY_HUMAN,RISING_EDGE); //设置模块为上升沿触发
……（省略部分代码）
//（2）======主循环部分（结尾）==========================================
}
```

② 编写中断处理程序

在中断处理程序 isr.c 中定义 PORTC_PORTD_IRQHandler 中断，当 GPIO 引脚上升沿到来时，该中断将被触发，输出检测到有人的提示信息。

```
void PORTC_PORTD_IRQHandler(void)
{
    DISABLE_INTERRUPTS;                    //关总中断
    //------------------------------------------------------------------
    if(gpio_get_int(RAY_HUMAN))
    {
        gpio_clear_int(RAY_HUMAN);
        printf(" 红外检测有人\r\n");
    }
    //------------------------------------------------------------------
    ENABLE_INTERRUPTS;                     //开总中断
}
```

4. 运行结果

人体红外传感器的运行结果如图 11-13 所示，通过串口输出提示信息。

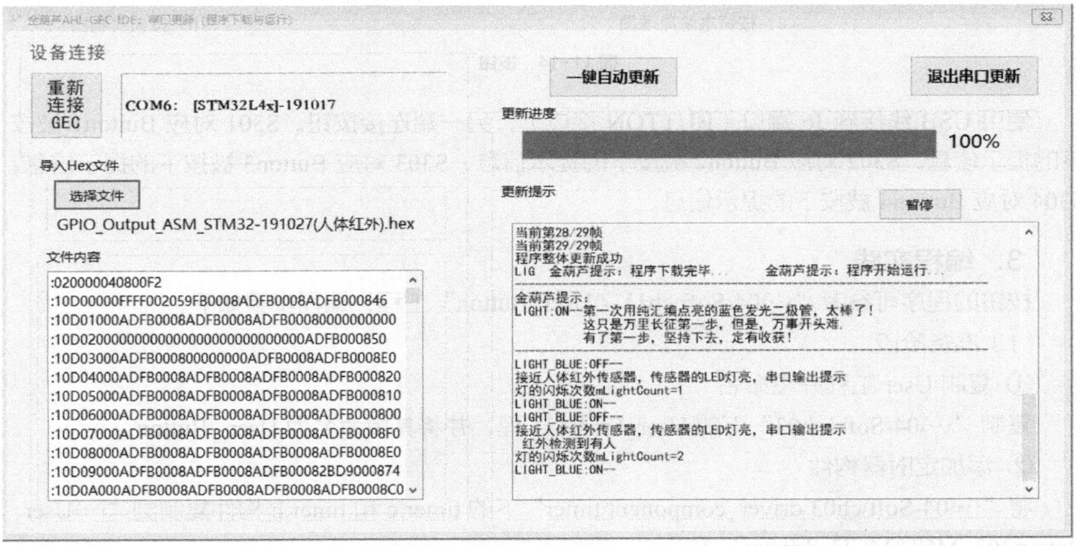

设备连接
重新连接GEC
COM6: [STM32L4x]-191017
导入Hex文件
选择文件
GPIO_Output_ASM_STM32-191027(人体红外).hex
文件内容
:020000040800F2
:10D00000FFFF002059FB0008ADFB0008ADFB000846
:10D01000ADFB0008ADFB0008ADFB00080000000000
:10D020000000000000000000000000000ADFB000850
:10D03000ADFB000800000000ADFB0008ADFB0008E0
:10D04000ADFB0008ADFB0008ADFB0008ADFB000820
:10D05000ADFB0008ADFB0008ADFB0008ADFB000810
:10D06000ADFB0008ADFB0008ADFB0008ADFB000800
:10D07000ADFB0008ADFB0008ADFB0008ADFB0008F0
:10D08000ADFB0008ADFB0008ADFB0008ADFB0008E0
:10D09000ADFB0008ADFB0008ADFB00082BD9000874
:10D0A000ADFB0008ADFB0008ADFB0008ADFB0008C0
一键自动更新
退出串口更新
更新进度
100%
更新提示
暂停
当前第28/29帧
当前第29/29帧
程序整体更新成功
LIG 金葫芦提示：程序下载完毕... 金葫芦提示：程序开始运行...
金葫芦提示：
LIGHT:ON--第一次用纯汇编点亮的蓝色发光二极管，太棒了！
这只是万里长征第一步，但是，万事开头难.
有了第一步，坚持下去，定有收获！
LIGHT_BLUE:OFF--
接近人体红外传感器，传感器的LED灯亮，串口输出提示
灯的闪烁次数mLightCount=1
LIGHT_BLUE:ON--
LIGHT_BLUE:OFF--
接近人体红外传感器，传感器的LED灯亮，串口输出提示
红外检测到有人
灯的闪烁次数mLightCount=2
LIGHT_BLUE:ON--

图 11-13　人体红外传感器运行结果

11.2.3　按钮

1. 原理概述

按钮的工作原理很简单，对于常开触头，在按钮被按下前，触头是断开的，按钮被按下后，触头被连通，电路也被接通；对于常闭触头，在按钮被按下前，触头是闭合的，按钮被按下后，触头被断开，电路也被分断。

Button1、Button2 初始化为 GPIO 输出，Button3、Button4 初始化为 GPIO 输入，并设置内部拉高（即设置为高电平）。改变 Button1、Button2 的输出，通过扫描方式获取 Button3、Button4 的状态，判断按钮的闭合与断开。若将 Button1 设置为低电平、Button2 设置为高电平，

则 Button3 为低电平时，S301 闭合；Button3 为高电平时，S301 断开。同样，Button4 为低电平时，S302 闭合；Button4 为高电平时，S302 断开。若将 Button1 设置为高电平、Button2 设置为低电平，则 Button3 为低电平时，S303 闭合；Button3 为高电平时，S303 断开。同样，Button4 为低电平时，S304 闭合；Button4 为高电平时，S304 断开。

2. 电路原理

按钮的电路原理图如图 11-14（a）所示，其实物图如图 11-14（b）所示。

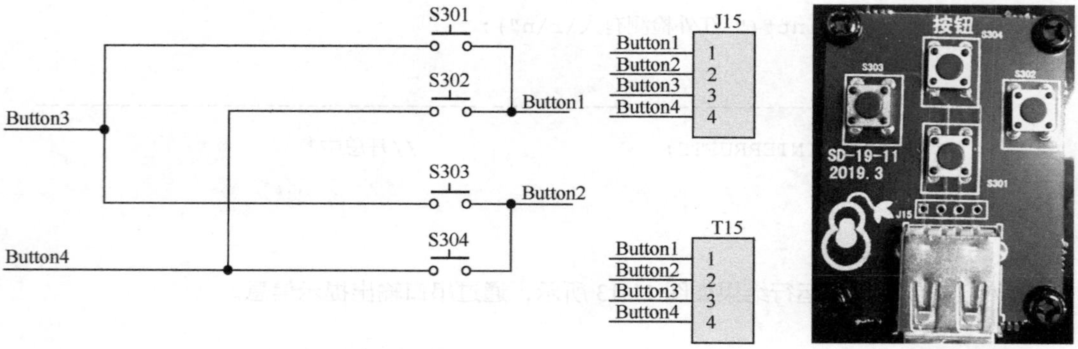

S301
S302
S303
S304
Button3
Button4
Button1
Button2
J15
T15
Button1
Button2
Button3
Button4
1
2
3
4
按钮
S304
S303
S302
SD-19-11
2019.3
S301
J15

（a）按钮电路原理图　　（b）按钮实物图

图 11-14　按钮

使用 USB 线接到 J6 端口（BUTTON 接口），另一端连接按钮。S301 对应 Button1 被按下的提示信息，S302 对应 Button2 被按下的提示信息，S303 对应 Button3 被按下的提示信息，S304 对应 Button4 被按下的提示信息。

3. 编程实践

按钮的程序可参考“…\04-Soft\ch11-7\User_Button”工程，编程步骤如下。

（1）准备阶段

① 复制 User 工程并重命名

复制“…\04-Soft \ch03”下的 User_Frame 工程，并将其重命名为 User_ Button。

② 添加定时器构件

将“…\04-Soft\ch03\driver_component\timer”下的 timer.c 和 timer.h 构件复制到“…\User_Button \03_MCU\MCU_drivers”下。

③ 添加定时器头文件及宏定义

在 04_GEC\gec.h 中添加定时器构件头文件（timer.h），查看 04_GEC\gec.h 文件，找到定时器所对应的引脚，然后在 05_UserBoard\user.h 中添加定时器的宏定义（设宏名为 TIMER_USER）。

④ 添加按钮引脚宏定义

查看 04_GEC\gec.h 文件，找到按钮所对应的 GPIO 引脚，然后在 05_UserBoard\user.h 中添加按钮的宏定义（设宏名分别为 Button1、Button2、Button3 和 Button4）。

⑤ 添加中断处理程序宏定义

查找芯片的启动文件，找到具有 GPIO 中断功能的中断向量名，然后在 05_UserBoard\user.h 中重定义该中断向量（设宏名为 TIMER_USER_Handler）。

⑥ 定义全局变量

在 includes.h 中定义 4 个按钮开关的全局变量。

```
//定义按钮开关的全局变量
G_VAR_PREFIX uint_8 switch1;
G_VAR_PREFIX uint_8 switch2;
G_VAR_PREFIX uint_8 switch3;
G_VAR_PREFIX uint_8 switch4;
```

⑦ 定义引脚方向

在 gpio.h 中定义 GPIO 引脚方向，输入为 0，输出为 1。

```
// GPIO 引脚方向宏定义
#define GPIO_INPUT  (0)                              //输入
#define GPIO_OUTPUT (1)                              //输出
```

（2）应用阶段

① 外设初始化并使能

在 main.c 文件的主函数中对按钮模块进行初始化，将 Button1、Button2 初始化为 GPIO 输出，Button3、Button4 初始化为 GPIO 输入，并设置内部拉高。同时，要初始化定时器并开启定时器中断。

```
int main(void)
{
……（省略部分代码）
timer_init(TIMER_USER,1000);                         //初始化定时器
gpio_init(Button1,GPIO_OUTPUT,1);                    //Button1
gpio_init(Button2,GPIO_OUTPUT,1);                    //Button2
gpio_init(Button3,GPIO_INPUT,0);                     //Button3
gpio_init(Button4,GPIO_INPUT,0);                     //Button4
gpio_pull(Button3,1);                                //内部拉高
gpio_pull(Button4,1);                                //内部拉高
timer_enable_int(TIMER_USER);                        //开启定时器中断
```

② 编写中断处理程序

在中断处理程序 isr.c 中定义 TIMER_USER_Handler 中断，当运行到达规定的时间时，该中断将被触发。该中断会判断被用户按下的按钮是哪个，然后输出按钮被按下的提示信息。根据按钮的电路原理图可知 4 个按钮并不是单独工作的，所以要使用定时器中断来判断按钮是否被用户按下。

```
//==================================================================
//文件名称：isr.c（中断处理程序源文件）
//框架提供：苏大 Arm 技术中心(sumcu.suda.edu.cn)
//版本更新：2017.01: 1.0; 2019.02: A.12
```

```
//功能描述：提供中断处理程序编程框架
//===============================================================
#include "includes.h"
static int countKey=0;                        //LPT中断计数
//===============================================================
//程序名称：TIMER_USER_Handler（TIMERA模块中断处理程序）
//触发条件：定时器计时达到初始化时设置的计时间隔时，触发定时器溢出中断
//===============================================================
void TIMER_USER_Handler(void)
{
    DISABLE_INTERRUPTS;                       //关总中断
    //-----------------------------------------------------------
    //（在此处增加功能）
    timer_clear_int(TIMER_USER);              //清中断标志
    //Button1为0，Button2为1，检测switch1、switch2的状态
    if(countKey%2==0)
    {
        gpio_set(Button1,0);
        gpio_set(Button2,1);
        if(gpio_get(PTC_NUM|3)==0)
        {
            //Button3为低，说明switch1闭合
            switch1=1;
            printf("Button1 on\r\n");
        }
        else if(gpio_get(PTC_NUM|3)==1)
        {
            //Button3为高，说明switch1断开
            switch1=0;
        }
        if(gpio_get(PTC_NUM|0)==0)
        {
            //Button4为低，说明switch2闭合
            switch2=1;
            printf("Button2 on\r\n");
        }
        else if(gpio_get(PTC_NUM|0)==1)
        {
            //Button4为高，说明switch2断开
            switch2=0;
```

```
            }
        }
        else
        {
            //Button1 为 1，Button2 为 0，检测 switch3、switch4 的状态
            gpio_set(Button1,1);
            gpio_set(Button2,0);
            if(gpio_get(Button3)==0)
            {
                //Button3 为低，说明 switch3 闭合
                switch3=1;
                printf("Button3 on\r\n");
            }
            else if(gpio_get(Button3)==1)
            {
                //Button3 为高，说明 switch3 断开
                switch3=0;
            }
            if(gpio_get(Button4)==0)
            {
                //Button4 为低，说明 switch4 闭合
                switch4=1;
                printf("Button4 on\r\n");
            }
            else if(gpio_get(Button4)==1)
            {
                //Button4 为高，说明 switch4 断开
                switch4=0;
            }
        }
        if(countKey>100)
        {
            countKey=0;
        }
        countKey++;
        //------------------------------------------------------------
        ENABLE_INTERRUPTS;                  //开总中断
    }
```

4. 运行结果

当用户按下按钮时，串口烧录界面如图 11-15 所示，输出对应按钮按下的提示信息。

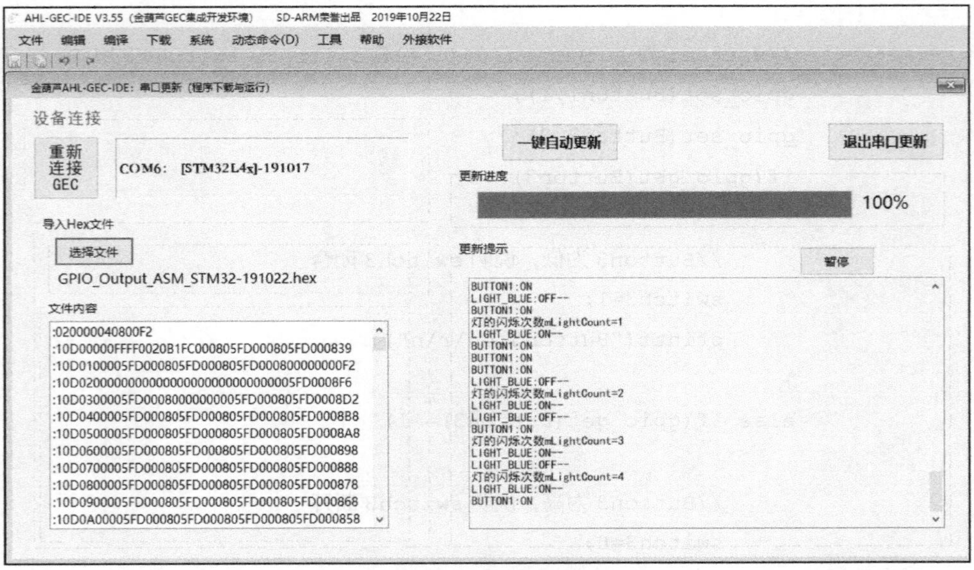
AHL-GEC-IDE V3.55（金葫芦GEC集成开发环境） SD-ARM荣誉出品 2019年10月22日
文件 编辑 编译 下载 系统 动态命令(D) 工具 帮助 外接软件
金葫芦AHL-GEC-IDE：串口更新（程序下载与运行）
设备连接
重新连接GEC
COM6: [STM32L4x]-191017
一键自动更新
退出串口更新
更新进度
100%
导入Hex文件
选择文件
GPIO_Output_ASM_STM32-191022.hex
文件内容
:020000040800F2
:10D00000FFFF0020B1FC000805FD000805FD000839
:10D0100005FD000805FD000805FD000800000000F2
:10D020000000000000000000000000005FD0008F6
:10D0300005FD00080000000005FD000805FD0008D2
:10D0400005FD000805FD000805FD000805FD0008B8
:10D0500005FD000805FD000805FD000805FD0008A8
:10D0600005FD000805FD000805FD000805FD000898
:10D0700005FD000805FD000805FD000805FD000888
:10D0800005FD000805FD000805FD000805FD000878
:10D0900005FD000805FD000805FD000805FD000868
:10D0A00005FD000805FD000805FD000805FD000858
更新提示
暂停
BUTTON1:ON
LIGHT_BLUE:OFF--
BUTTON1:ON
灯的闪烁次数mLightCount=1
LIGHT_BLUE:ON--
BUTTON1:ON
BUTTON1:ON
BUTTON1:ON
LIGHT_BLUE:OFF--
灯的闪烁次数mLightCount=2
LIGHT_BLUE:ON--
LIGHT_BLUE:OFF--
BUTTON1:ON
灯的闪烁次数mLightCount=3
LIGHT_BLUE:ON--
LIGHT_BLUE:OFF--
灯的闪烁次数mLightCount=4
LIGHT_BLUE:ON--
BUTTON1:ON

图 11-15 串口烧录界面

11.3 声音与加速度传感器驱动构件

11.3.1 声音传感器

1. 原理概述

声音传感器内置一个对声音敏感的电容式驻极体话筒。声波可使话筒内的驻极体薄膜振动，导致电容变化，进而产生与之对应变化的微小电压。这一电压随后被转化成 0～5V 的电压，经过 AD 转换被数据采集器接收，并传送给计算机。

2. 电路原理

声音传感器的电路原理图如图 11-16（a）所示，其实物图如图 11-16（b）所示。对于一个含驻极体的声音传感器，其内部有一个由振膜、垫片和极板组成的电容器。膜片受到声音的压强时会产生振动，从而改变自身与极板的距离，此时就会引起电容的变化。由于膜片上的充电电荷是不变的，所以必然会引起电压的变化，这样就可将声信号转换成电信号。但是由于这个信号非常微弱且内阻非常高，因此需要通过 U402 电路进行阻抗变化和放大，将放大后的电信号通过 ADSound 进行采集，并使用微机对其进行处理。

使用 USB 数据线一端连接 J3 口，另一端连接声音传感器。

3. 编程实践

程序可参考“…\04-Soft\ch11-8\User_ADSound”工程，编程步骤如下。

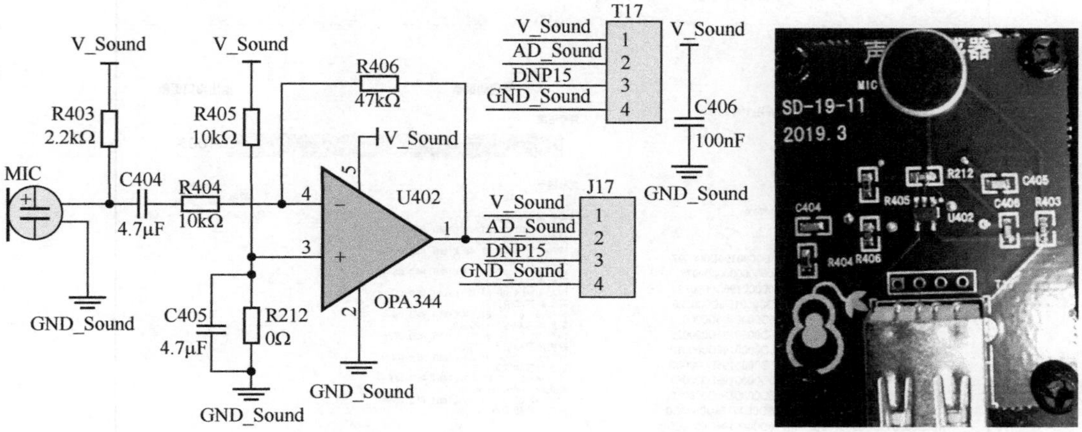
V_Sound
V_Sound
R406
47kΩ
R403
2.2kΩ
R405
10kΩ
V_Sound
MIC
C404
4.7μF
R404
10kΩ
U402
OPA344
GND_Sound
C405
4.7μF
R212
0Ω
GND_Sound
GND_Sound
T17
V_Sound
AD_Sound
DNP15
GND_Sound
V_Sound
C406
100nF
GND_Sound
J17
V_Sound
AD_Sound
DNP15
GND_Sound
SD-19-11
2019.3

（a）声音传感器电路原理图　　（b）声音传感器实物图

图 11-16　声音传感器

（1）准备阶段

① 复制 User 工程并重命名

复制“…\04-Soft \ch03”下的 User_Frame 工程，并将其重命名为 User_ADSound。

② 添加 ADC 驱动构件

将“…\04-Soft\ch03\driver_component\adc”下的 adc.c 和 adc.h 驱动构件复制到“…\User_ADSound\ 03_MCU\MCU_drivers”下。

③ 添加 ADC 引脚宏定义

查看 04_GEC\gec.h 文件，找到声音传感器所对应的具有 ADC 功能的引脚，然后在 05_UserBoard\user.h 中添加声音传感器的宏定义（设宏名为 ADCSound）。

④ 添加 ADC 构件的头文件

在 04_GEC\gec.h 文件中添加 ADC 构件的头文件（adc.h）。

（2）应用阶段

在“…\User_ADSound\07_NosPrg\main.c”文件中进行 ADC 的初始化、声音 AD 值的读取和输出。

① 初始化 ADC

```
//（1.5）用户外设模块初始化
adc_init(ADCSound,16);                              //初始化 ADC，采样精度 16
```

② 读取并输出声音 AD 值

```
//（2）主循环部分
printf("采集声音 AD 值为：%d\n",adc_read(ADCSound));  //输出声音 AD 值
```

4. 运行结果

烧录程序后，打开串口调试工具，用力向声音传感器吹气，采集到的声音 AD 值会相应地发生变化，如图 11-17 所示。

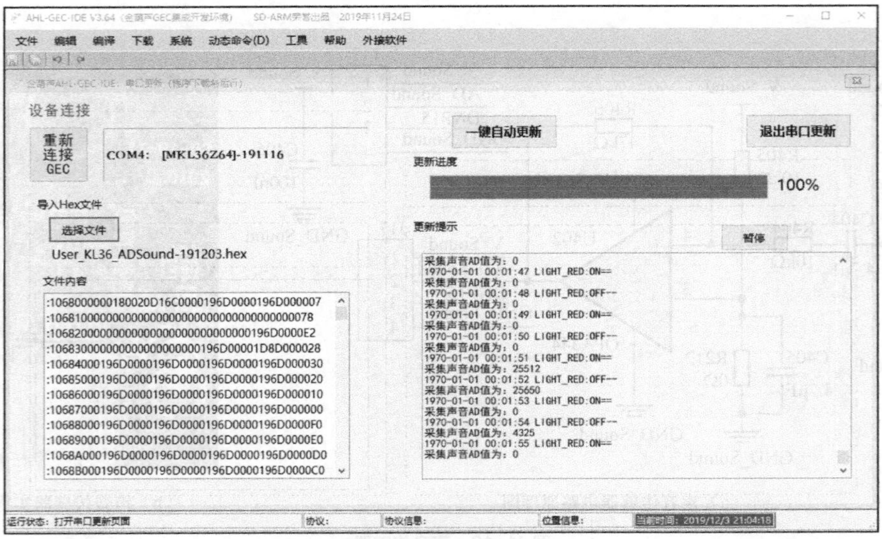
AHL-GEC-IDE V3.64（金葫芦GEC集成开发环境） SD-ARM苏州大学出品 2019年11月24日
文件 编辑 编译 下载 系统 动态命令(D) 工具 帮助 外接软件
设备连接
重新连接GEC
COM4: [MKL36Z64]-191116
一键自动更新
退出串口更新
更新进度
100%
导入Hex文件
选择文件
User_KL36_ADSound-191203.hex
更新提示
暂停
文件内容
:106800000180020D16C0000196D0000196D000007
:10681000000000000000000000000000000000078
:106820000000000000000000000000196D0000E2
:106830000000000000000000196D00001D8D000028
:10684000196D0000196D0000196D0000196D000030
:10685000196D0000196D0000196D0000196D000020
:10686000196D0000196D0000196D0000196D000010
:10687000196D0000196D0000196D0000196D000000
:10688000196D0000196D0000196D0000196D0000F0
:10689000196D0000196D0000196D0000196D0000E0
:1068A000196D0000196D0000196D0000196D0000D0
:1068B000196D0000196D0000196D0000196D0000C0
采集声音AD值为：0
1970-01-01 00:01:47 LIGHT_RED:ON==
采集声音AD值为：0
1970-01-01 00:01:48 LIGHT_RED:OFF--
采集声音AD值为：0
1970-01-01 00:01:49 LIGHT_RED:ON==
采集声音AD值为：0
1970-01-01 00:01:50 LIGHT_RED:OFF--
采集声音AD值为：0
1970-01-01 00:01:51 LIGHT_RED:ON==
采集声音AD值为：25512
1970-01-01 00:01:52 LIGHT_RED:OFF--
采集声音AD值为：25650
1970-01-01 00:01:53 LIGHT_RED:ON==
采集声音AD值为：0
1970-01-01 00:01:54 LIGHT_RED:OFF--
采集声音AD值为：4325
1970-01-01 00:01:55 LIGHT_RED:ON==
采集声音AD值为：0
运行状态：打开串口更新页面
协议：
协议信息：
位置信息：
当前时间：2019/12/3 21:04:18

图 11-17 采集声音 AD 值结果

11.3.2 加速度传感器

1. 原理概述

加速度传感器首先由前端感应器件感测加速度的大小；其次由感应电信号器件将其转为可识别的电信号，这个信号是模拟信号；然后通过 AD 转换器将模拟信号转换为数字信号；最后通过串口读取数据。

2. 电路原理

加速度传感器的电路原理图如图 11-18（a）所示，其实物图如图 11-18（b）所示。因为加速度传感器内的差分电容会随加速度的变化而变化，且加速度传感器输出值的幅度与加速度值成正比，所以可以通过 SPI 或者 I^2C 方法获得输出的 16 进制数，并最终将其显示出来。

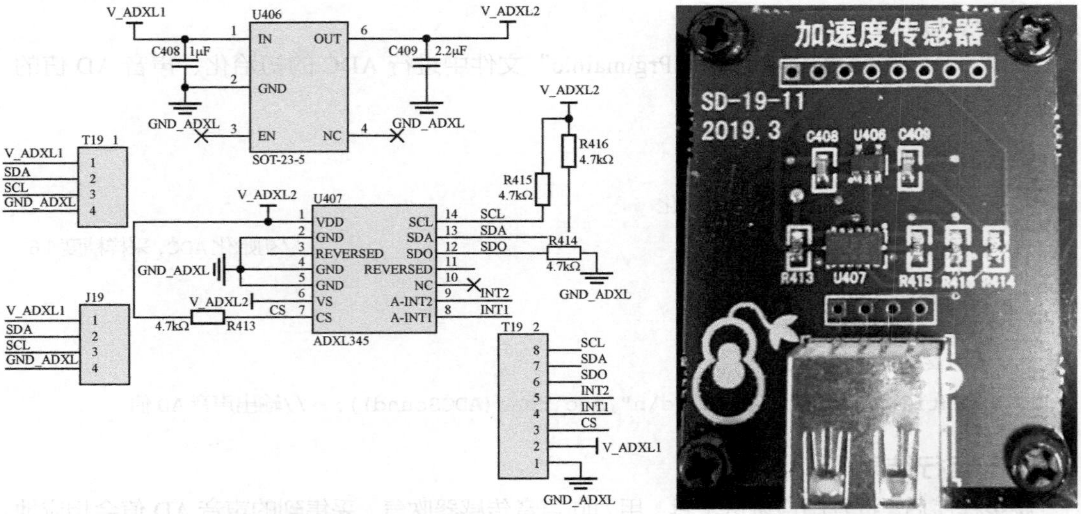
V_ADXL1
U406
V_ADXL2
IN
OUT
C408 1μF
C409 2.2μF
GND
GND_ADXL
EN
NC
GND_ADXL
SOT-23-5
V_ADXL2
R416 4.7kΩ
T19_1
V_ADXL1
SDA
SCL
GND_ADXL
R415 4.7kΩ
V_ADXL2
U407
VDD
GND
RESERVED
GND
GND
VS
CS
SCL
SDA
SDO
RESERVED
NC
A-INT2
A-INT1
ADXL345
SCL
SDA
SDO
R414 4.7kΩ
INT2
INT1
GND_ADXL
J19
V_ADXL1
SDA
SCL
GND_ADXL
V_ADXL2
CS
4.7kΩ R413
T19_2
SCL
SDA
SDO
INT2
INT1
CS
V_ADXL1
GND_ADXL
加速度传感器
SD-19-11
2019.3
C408 U406 C409
R413 U407 R415 R416 R414

（a）加速度传感器电路原理图　　　　（b）加速度传感器实物图

图 11-18 加速度传感器电路原理

使用 USB 数据线一端连接 J2 口（I2C0 接口），另一端连接加速度传感器。

3. 编程实践

程序可参考"…\04-Soft\ch11-9\User_Acceleration"工程，编程步骤如下。

（1）准备阶段

① 复制 User 工程并重命名

复制"…\04-Soft \ch03"下的 User_Frame 工程，并将其重命名为 User_Acceleration。

② 添加 I^2C 驱动构件

将"…\04-Soft\ch03\driver_component\i2c"下的 i2c.c 和 i2c.h 驱动构件复制到"…\User_Acceleration\ 03_MCU\MCU_drivers"下，在 gec.h 中添加 I^2C 驱动构件的头文件（i2c.h）。

③ 添加加速度传感器应用构件

将"…\04-Soft\ch03\driver_component\ adlx345"下的 adlx345.c 和 adlx345.c 应用构件复制到"…\User_Acceleration\05_UserBoard"下。

④ 添加头文件和 I^2C 模块宏定义

在 user.h 中添加加速度传感器的应用构件头文件（adlx345.h），查看 04_GEC\gec.h 文件，找到加速度传感器所对应的具有 I^2C 功能的引脚，然后在 05_UserBoard\user.h 中添加加速度传感器的宏定义（设宏名为 i2cAcceleration）。

（2）应用阶段

在"…\ User_Acceleration\07_NosPrg\main.c"文件中进行加速度传感器的初始化、加速度值的读取和输出。

① 定义加速度传感器使用的局部变量

```
//（1.1）声明 main 函数使用的局部变量
uint_8 xyzData[6];                    //x、y、z 方向倾角，均占 2 个字节
uint_16 xdata,ydata,zdata;            //x 方向倾角
uint_8 checkdata;                     //ADLX345 的验证数据,正确接收为 0xe5
```

② 初始化加速度传感器

```
//（1.5）用户外设模块初始化
adlx345_init(i2cAcceleration,0x0B,0x08,0x08,0x80,0x00,0x00,0x05);
                                      //初始化 ADLX345(J2 端口)
adlx345_read1(0x00,&checkdata);       //读取 adxl345 校验数据
```

③ 读取加速度传感器数据并通过串口输出 x、y、z 轴倾角

```
//加速度传感器初始化及读取操作
adlx345_init( i2cAcceleration ,0x0B,0x08,0x08,0x80,0x00,0x00,0x05);
                                      //初始化 ADLX345(J2 端口)
adlx345_read1(0x00,&checkdata);       //读取 adxl345 校验数据
Delay_ms(5);
adlx345_readN(0x32,xyzData,6);        //读倾角数值
xdata = (xyzData[1]<<8)+xyzData[0]; //x 方向倾角
```

```
ydata = (xyzData[3]<<8)+xyzData[2];       //y 方向倾角
zdata = (xyzData[5]<<8)+xyzData[4];       //z 方向倾角
printf("xdata=%d",xdata);                 //输出 x 方向倾角
printf("ydata=%d",ydata);                 //输出 y 方向倾角
printf("zdata=%d\n",zdata);               //输出 z 方向倾角
```

4. 运行结果

烧录程序后，打开串口调试工具，晃动加速度传感器，采集到的 x、y、z 方向倾角值会相应地发生变化，如图 11-19 所示。

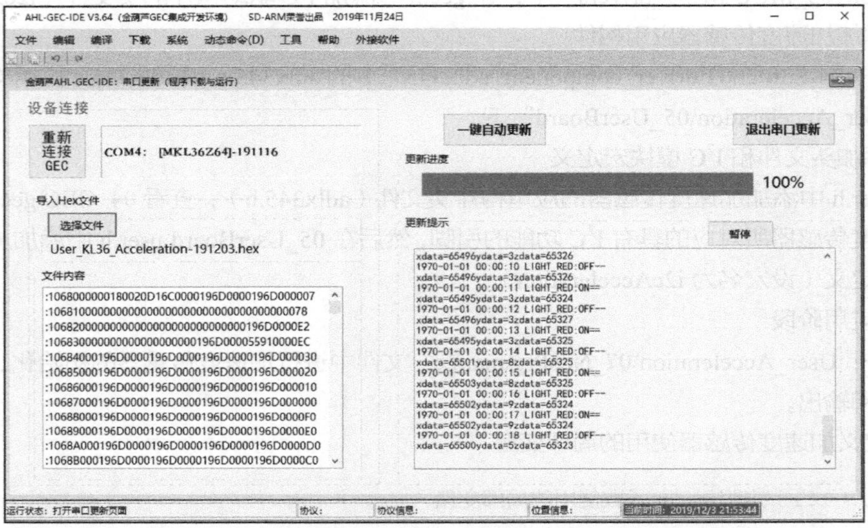

AHL-GEC-IDE V3.64（金葫芦GEC集成开发环境） SD-ARM荣誉出品 2019年11月24日
文件 编辑 编译 下载 系统 动态命令(D) 工具 帮助 外接软件
金葫芦AHL-GEC-IDE：串口更新（程序下载与运行）
设备连接
重新连接GEC
COM4: [MKL36Z64]-191116
一键自动更新
退出串口更新
更新进度
100%
导入Hex文件
选择文件
User_KL36_Acceleration-191203.hex
更新提示
暂停
文件内容

图 11-19 加速度传感器采集 x、y、z 方向倾角值结果

11.4 基于 NB-IoT 通信的综合实践

本节依照“照葫芦画瓢”的理念，外加彩灯、蜂鸣器、电动机、数码管等被控单元和人体红外传感器、声音传感器、加速度传感器等传感器，使用户可以通过 CS-Monitor 程序控制被控单元和接收传感器采集到的数据。先将“…\04-Soft\ch04-1”文件夹复制至“…\04-Soft\ch11-10”文件夹（建议读者另建文件夹）中，并将“User_NB-IoT”重命名为“User_NB-IoT_UE”，然后按照 4.2.2 小节所介绍的内容搭建自己的临时服务器。

11.4.1 终端程序修改

1. 准备阶段

（1）硬件连接

彩灯接 J5（GPIO）、声音传感器接 J3（SPI1）、蜂鸣器接 J4（SPI1）、红外寻迹传感器接 J8（TSI-GPIO）、数码管接 J7（ADC-TSI-TPM）、加速度传感器接 J2（I^2C0）、电动机接 J1（I^2C1）。

（2）添加驱动构件

① 添加 ADC 驱动构件

将"…\04-Soft\ch03\driver_component\adc"下的 adc.c 和 adc.h 驱动构件文件复制到"…\User_NB-IoT_UE\03_MCU\MCU_drivers"下，在 gec.h 中添加 ADC 驱动构件的头文件（adc.h）。

② 添加 I^2C 驱动构件

将"…\04-Soft\ch03\driver_component\i2c"下的 i2c.c 和 i2c.h 驱动构件文件复制到"…\User_NB-IoT_UE\03_MCU\MCU_drivers"下，在 gec.h 中添加 ADC 驱动构件的头文件（i2c.h）。

（3）添加应用构件

① 添加彩灯应用构件

将"…\04-Soft\ch03\driver_component\ws2812"下的 ws2812.c 和 ws2812.h 应用构件文件复制到"…\User_NB-IoT_UE \05_UserBoard"下，在 user.h 中添加彩灯应用构件的头文件（ws2812.h）。

② 添加数码管应用构件

将"…\04-Soft\ch03\driver_component \ tm1637"下的 tm1637.c 和 tm1637.h 应用构件文件复制到"…\User_NB-IoT _UE\05_UserBoard"下，在 user.h 中添加数码管应用构件的头文件（tm1637.h）。

③ 添加加速度传感器应用构件

将"…\04-Soft\ch03\driver_component \ adlx345"下的 adlx345.c 和 adlx345.h 应用构件文件复制到"…\User_NB-IoT_UE\05_UserBoard"下，在 user.h 中添加加速度传感器应用构件的头文件（adlx345.h）。

（4）更改 UserData 结构体

打开 AHL-GEC-IDE，导入"User_NB-IoT_UE"工程，在 include.h 文件中找到 UserData 结构体的"【画瓢处 1】"，在"【画瓢处 1】"添加传感器数据以采集相关信息。

```
//【画瓢处 1】-用户自定义添加数据
uint_8 colorLight; //彩灯，0 控制全黑，1 控制绿、红、蓝、白，2 控制红、白、绿、蓝
uint_8 beep;                //蜂鸣器，0 控制不响，1 控制响
uint_8 motor;               //电动机，0 控制不震动，1 控制震动
uint_8 LED;  //数码管，0 控制数码管显示"1234"，1 控制数码管显示"4321"
//红外寻迹传感器（ray[0]表示左侧红外，ray[1]表示分隔符，ray[2]表示右侧红外）
//0 表示无物体，1 表示有物体
uint_8 ray[3];
uint_16 ADSound;            //声音 AD 值
uint_16 accelerationX;      //加速度传感器 x 方向倾角
uint_16 accelerationY;      //加速度传感器 y 方向倾角
uint_16 accelerationZ;      //加速度传感器 z 方向倾角
```

（5）添加应用构件头文件和引脚宏定义

在 user.h 中对彩灯、蜂鸣器、电动机、数码管和红外寻迹传感器所接 GPIO 引脚进行宏定义，对声音传感器所接 ADC 引脚进行宏定义，对加速度传感器所接 I^2C 模块进行宏定义。

2. 应用阶段

（1）声明局部变量

在 main.c 文件中找到“【画瓢处 1】-用户自定义添加数据”，在该代码段内添加 ADLX345 的验证数据、彩灯测试数据和加速度传感器测试数据。

```
//（1.1）声明 main 函数使用的局部变量
//【画瓢处 1】-用户自定义添加数据
uint_8 checkdata;                    //ADLX345 的验证数据，正确接收为 0xe5
//彩灯测试数据（一种颜色占 3 个字节，按 GRB 顺序）
uint_8 grbw[12]={0xFF,0x00,0x00,0x00,0xFF,0x00,
                 0x00,0x00,0xFF,0xFF,0xFF,0xFF};
uint_8 rwgb[12]={0x00,0xFF,0x00,0xFF,0xFF,0xFF,
                 0xFF,0x00,0x00,0x00,0x00,0xFF};
uint_8 black[12]={0x00,0x00,0x00,0x00,0x00,0x00,
                  0x00,0x00,0x00,0x00,0x00,0x00};
……（省略部分代码）
void userData_get(UserData *data)
{
    //【画瓢处 1】-用户自定义添加数据
    uint_8 xyzData[6];               //x、y、z 方向倾角，均占 2 个字节
    uint_8 checkdata;                //ADLX345 的验证数据，正确接收为 0xe5
}
```

（2）添加初始化代码段

在 main.c 文件中找到用户外设模块初始化代码段，在“【画瓢处 1】”添加以下初始化代码。

```
//（1.6）用户外设模块初始化
……（省略部分代码）
//【画瓢处 1】-初始化
//初始化彩灯控制模块
WS_Init(COLORLIGHT);
//初始化蜂鸣器控制引脚
gpio_init(BEEF,GPIO_OUTPUT,0);
//初始化电动机控制引脚
gpio_init(MOTOR,GPIO_OUTPUT,0);
//初始化数码管控制引脚
TM1637_Init(TM1637_CLK,TM1637_DIO);
TM1637_Display(1,1,2,1,3,1,4,1);           //显示 1234
//初始化红外循迹传感器的两个引脚，并将其设置为低电平输入
gpio_init(RAY_RIGHT,GPIO_INPUT,0);
gpio_init(RAY_LEFT,GPIO_INPUT,0);
```

```
//初始化声音传感器
adc_init(ADCSound,16);//初始化ADC，ADC引脚为GEC_48（PTB_NUM|1），采样精度16
//初始化加速度传感器
adlx345_init(i2cAcceleration,0x0B,0x08,0x08,0x80,0x00,0x00,0x05);
                                          //初始化ADLX345（J2端口）
adlx345_read1(0x00,&checkdata);           //读取adxl345校验数据
```

（3）添加传感器采集代码段

在 main.c 文件中找到 userData_get 函数，找到“【画瓢处 1】”，添加传感器采集信息代码段，实现通过红外寻迹传感器、声音传感器、加速度传感器获取外界信息，更改状态。

```
//【画瓢处1】-数据获取
//获取红外寻迹传感器状态
if(gpio_get(RAY_LEFT))                    //获取左边传感器信息
    data->ray[0]='1';                     //若左边传感器检测到物体，则传入“1”
else
    data->ray[0]='0';                     //若左边传感器未检测到物体，则传入“0”
data->ray[1]=',';
if(gpio_get(RAY_RIGHT))                   //获取右边传感器信息
    data->ray[2]='1';                     //若右边传感器检测到物体，则传入“1”
else
 data->ray[2]='0';                        //若右边传感器未检测到物体，则传入“0”
//获取声音AD值
adc_init(ADCSound,16);                    //初始化ADC，采样精度16
data->ADSound=adc_read(ADCSound);         //采集声音传感器获取的信息
//获取加速度传感器状态
adlx345_init(I2CA,0x0B,0x08,0x08,0x80,0x00,0x00,0x05);
                                          //初始化ADLX345（J2端口）
adlx345_read1(0x00,&checkdata);           //读取adxl345校验数据
Delay_ms(5);
adlx345_readN(0x32,xyzData,6);            //读加速度传感器数值
data->accelerationX = (xyzData[1]<<8)+xyzData[0];    //x方向倾角
data->accelerationY = (xyzData[3]<<8)+xyzData[2];    //y方向倾角
data->accelerationZ = (xyzData[5]<<8)+xyzData[4];    //z方向倾角
```

（4）添加被控单元代码段

在 main.c 文件中查找“获取 U0 命令要发送的数据”，在里面的 if 判断语句中添加以下被控单元代码段，实现用命令控制彩灯、蜂鸣器、电动机和数码管。

```
//【画瓢处2】-执行操作
//控制彩灯
switch(gUserData.colorLight)
```

```
{
    case 0:
        WS_SendOnePix(COLORLIGHT,black,4);      //熄灭彩灯
        break;
    case 1:
        WS_SendOnePix(COLORLIGHT,grbw,4);       //绿红蓝白
        break;
    default:
        WS_SendOnePix(COLORLIGHT,rwgb,4);       //红白绿蓝
        break;
}
//控制蜂鸣器
switch(gUserData.beep)
{
    case 0:
        gpio_init(BEEF,GPIO_OUTPUT,0);          //蜂鸣器停止发出声音
        break;
    case 1:
        gpio_init(BEEF,GPIO_OUTPUT,1);          //蜂鸣器发出声音
        break;
    default:
        break;
 }
//控制电动机
switch(gUserData.motor)
{
    case 0:
        gpio_init(MOTOR,GPIO_OUTPUT,0);         //电动机停止振动
        break;
    case 1:
        gpio_init(MOTOR,GPIO_OUTPUT,1);         //电动机开始振动
        break;
    default:
        break;
}
//控制数码管
switch(gUserData.LED)
{
    case 0:
        TM1637_Display(1,1,2,1,3,1,4,1);        //显示1234
```

```
        break;
    case 1:
        TM1637_Display(4,1,3,1,2,1,1,1);        //显示 4321
        break;
    default:
        break;
}
```

11.4.2 CS-Monitor 程序修改

1. 修改端口号

打开 CS-Monitor 工程，修改 AHL.xml 文件，找到"【2】【根据需要进行修改】指定 HCICom 连接与 WebSocket 连接"，将<HCIComTarget>修改为"local:35000"、<WebSocketTarget>修改为"ws://0.0.0.0:35001"；找到"【4】【根据需要进行修改】通信帧中的物理量，注意与 MCU 端的帧结构保持一致"，进行代码修改。

```
<!--【2】【根据需要进行修改】指定 HCICom 连接与 WebSocket 连接-->
<!--【2.1】指定连接的方式和目标地址-->
……（省略部分代码）
<HCIComTarget>local:35000</HCIComTarget>
<!--【2.2】指定 WebSocket 服务器地址、端口号以及二级目录地址-->
<!--【2.2.1】指定 WebSocket 服务器地址和端口号-->
<WebSocketTarget>ws://0.0.0.0:35001</WebSocketTarget>
```

2. 添加变量名及显示名

修改 AHL.xml 文件，在"【4.2】【画瓢处 1】"之后添加用于存储信息的变量名及显示名，具体内容如下。

```
<!--【4.2】【画瓢处 1】此处可按需要增删变量，注意与 MCU 端的帧结构保持一致-->
      <var>
        <name>colorLight</name>
        <type>byte</type>
        <otherName>彩灯</otherName>
        <wr>write</wr>
      </var>
      <var>
        <name>beep</name>
        <type>byte</type>
        <otherName>蜂鸣器</otherName>
        <wr>write</wr>
      </var>
       <var>
```

```
      <name>motor</name>
      <type>byte</type>
      <otherName>电动机</otherName>
      <wr>write</wr>
    </var>
     <var>
      <name>LED</name>
      <type>byte</type>
      <otherName>数码管</otherName>
      <wr>write</wr>
    </var>
     <var>
      <name>ray</name>
      <type>byte[3]</type>
      <otherName>红外循迹传感器</otherName>
      <wr>read</wr>
    </var>
    <var>
      <name>ADSound</name>
      <type>ushort</type>
      <otherName>声音传感器</otherName>
      <wr>read</wr>
    </var>
     <var>
      <name>AccelerationX</name>
      <type>ushort</type>
      <otherName>加速度 x 方向倾角</otherName>
      <wr>read</wr>
    </var>
    <var>
      <name>AccelerationY</name>
      <type>ushort</type>
      <otherName>加速度 y 方向倾角</otherName>
      <wr>read</wr>
    </var>
    <var>
      <name>AccelerationZ</name>
      <type>ushort</type>
      <otherName>加速度 z 方向倾角</otherName>
```

```
        <wr>read</wr>
    </var>
```

3. 添加变量名到“U0”命令中

修改 AHL.xml 文件，在“【画瓢处 1】”之后添加以下内容。

```
<!--【画瓢处 1】【新增温度】-2 添加变量至命令“U0”-->
<U0>cmd,sn,IMSI,serverIP,serverPort,currentTime,resetCount,sendFrequencySec,userName,softVer,equipName,equipID,equipType,vendor,mcuTemp,surpBaseInfo,phone,IMEI,signalPower,bright,touchNum,surplusInfo,lbs_location,colorLight,beep,motor,LED,ray,ADSound,AccelerationX,AccelerationY,AccelerationZ</U0>
```

11.4.3 运行结果

启动 FRP 客户端，运行终端程序。CS-Monitor 程序启动后会收到图 11-20 所示的数据。其中，彩灯、蜂鸣器、电动机和数码管等文本框显示的是被控单元的执行状态，修改对应文本框内容为“1”并单击“回发”按钮后，可看到相应被控单元执行不同的操作；红外循迹、声音传感器、加速度等文本框显示的是传感器采集的信息。

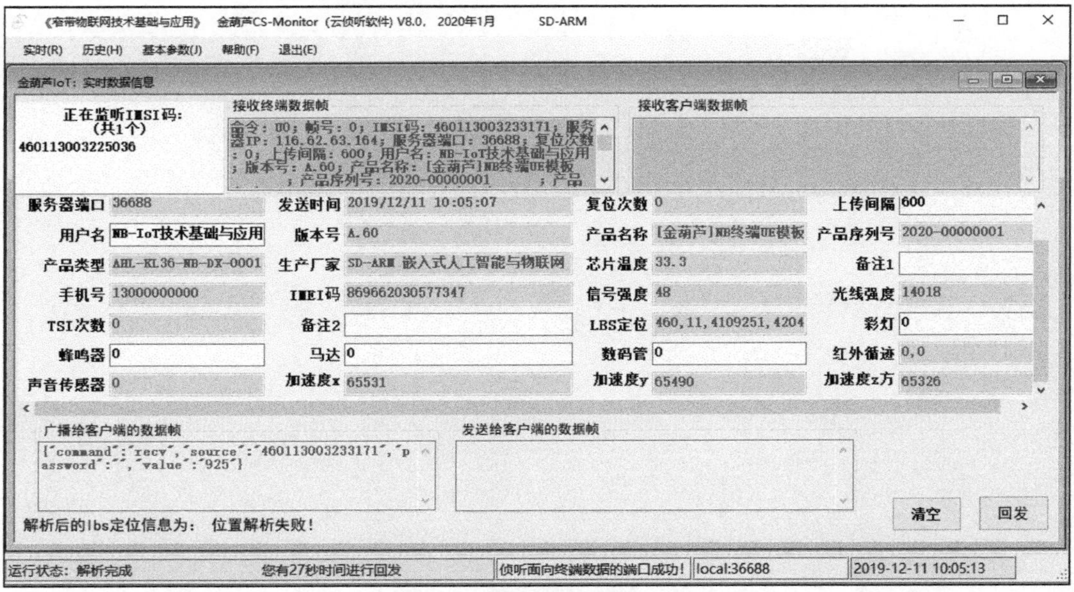
《窄带物联网技术基础与应用》 金葫芦CS-Monitor（云侦听软件）V8.0，2020年1月 SD-ARM
实时(R) 历史(H) 基本参数(J) 帮助(F) 退出(E)
金葫芦IoT：实时数据信息
正在监听IMSI码：（共1个）
460113003225036
接收终端数据帧
接收客户端数据帧
服务器端口 36688
发送时间 2019/12/11 10:05:07
复位次数 0
上传间隔 600
用户名 NB-IoT技术基础与应用
版本号 A.60
产品名称 [金葫芦]NB终端UE模板
产品序列号 2020-00000001
产品类型 AHL-KL36-NB-DX-0001
生产厂家 SD-ARM 嵌入式人工智能与物联网
芯片温度 33.3
备注1
手机号 13000000000
IMEI码 869662030577347
信号强度 48
光线强度 14018
TSI次数 0
备注2
LBS定位 460,11,4109251,4204
彩灯 0
蜂鸣器 0
马达 0
数码管 0
红外循迹 0,0
声音传感器 0
加速度x 65531
加速度y 65490
加速度z方 65326
广播给客户端的数据帧
发送给客户端的数据帧
解析后的lbs定位信息为： 位置解析失败！
清空
回发
运行状态：解析完成
您有27秒时间进行回发
侦听面向终端数据的端口成功！
local:36688
2019-12-11 10:05:13

图 11-20 综合实验运行结果

本节程序可参考“…\04-Soft\ch11-10”下的工程。

11.5 习题

（1）阐述彩灯、蜂鸣器、电动机、数码管、红外循迹传感器、人体红外传感器、按钮、声音传感器、加速度传感器的工作原理。

（2）在“11.4 基于 NB-IoT 通信的综合实践”的基础上，实现通过 CS-Client 控制被控单元和显示传感器信息。

（3）分析终端发送和接收数据的帧格式。

（4）在 CS-Monitor 端实现用多个按钮控制多种颜色的彩灯。

（5）给出 11.1 节～11.2 节所调用的底层驱动构件的基本知识要素。

附录 AHL-NB-IoT 实践平台硬件资源

A.1 概述

AHL-NB-IoT 开发套件是 SD-Arm 为配合《窄带物联网技术基础与应用》教材而开发的 NB-IoT 实验盒装开发套件，可以完成本书第 1 章～第 9 章和第 11 章的 GPIO、串口编程、Flash 在线编程、定时器、ADC、DAC、DMA、PWM、输入捕捉、LCD、SPI、I^2C、触摸感应、低功耗、“看门狗”等嵌入式基本实验。同时，电子资料中给出了完整的 PPT、实验指导、源程序样例。本书第 10 章为扩展性应用实践，与之配合的实验套件型号为 AHL-4G、AHL-Wi-Fi、AHL-WSN。

A.2 电子资料内容列表

在 AHL-NB-IoT 实践平台电子资料中，文件夹“AHL-NB-IoT”内含有 6 个子文件夹：01-Infor、02-Doc、03-Hard、04-Soft、05-Tool、06-Other。表 A-1 所示为各子文件夹的内容索引。

表 A-1 “AHL-NB-IoT”中各子文件夹内容索引

文件夹	主要内容	说明
01-Info	MCU 芯片参考手册	本 GEC 使用的 MCU 基本资料
02-Doc	辅助阅读材料	《窄带物联网技术基础与应用》的深入阅读材料
03-Hard	AHL-GEC 芯片对外接口	使用 GEC 芯片时需要的电路接口
04-Soft	各章程序样例	所有源代码
05-Tool	基本工具	AHL-GEC-IDE 安装包、TTL-USB 串口驱动等
06-Other	C#快速应用指南等	供 C#快速入门使用

A.3 硬件清单

AHL-NB-IoT 开发套件分为基础型与增强型两种。基础型为盒装式，便于携带，包括 GEC 芯片及其硬件最小系统、彩色 LCD、接口底板（含有温度传感器及光敏传感器）等，可完成除第 11 章（外接组件综合实践）之外的所有微机原理实验。增强型不仅包含基础型的所有组件，还包含 9 个外接组件，包括声音传感器、加速度传感器、人体红外传感器、红外寻迹传感器、电动机、蜂鸣器、按钮、彩灯及数码管等，可完成本书所有实验。增强型的包装分为盒装式与箱装式，盒装式便于携带，学生可借出实验室，箱装式主要供学生在实验室开展实验。

1. 基础型硬件

AHL-NB-IoT 基础型硬件清单如表 A-2 所示。

表 A-2 AHL-NB-IoT 基础型硬件清单

序号	名称	数量	备注
1	GEC 主机	1	含接口底板、GEC 芯片、2.8 寸彩色 LCD
2	TTL-USB 串口线	2	一条含 Micro 口、一条含 4 根引出线
3	导线	2	测试与实验用
4	USB 线	3	取电备用，连接传感器

2. 增强型硬件

AHL-NB-IoT 增强型硬件清单如表 A-3 所示。

表 A-3 AHL-NB-IoT 增强型硬件清单

序号	名称	数量	备注
1	GEC 主机	1	含接口底板、GEC 芯片、2.8 寸彩色 LCD
2	TTL-USB 串口线	2	一条含 Micro 口、一条含 4 根引出线
3	导线	2	测试与实验用
4	USB 线	3	取电备用，连接传感器
5	声音传感器	1	ADC 接口
6	加速度传感器	1	I^2C 接口
7	人体红外传感器	1	GPIO 输入
8	红外循迹传感器	1	GPIO 输入
9	电动机	1	PWM

续表

序号	名称	数量	备注
10	蜂鸣器	1	PWM
11	四按钮模块	1	GPIO 输入
12	数码管	1	GPIO 输出
13	彩灯	1	GPIO 输出

A.4 实验列表

AHL-NB-IoT 基础型可以完成的第 1～9 章的实验如表 A-4 所示。AHL-NB-IoT 增强型可以完成第 1～9 章以及第 11 章的实验。第 10 章的实验需要使用 AHL-4G、AHL-WiFi、AHL-WSN 开发套件来完成。

表 A-4　AHL-NB-IoT 基础型可完成的实验列表

序号	验证性实验	设计性实验
1	初识 NB-IoT 通信	
2	了解信息邮局的基本参数	
3	理解构件的使用方法	实现三色灯交替闪烁
4	终端与云侦听程序基本实践	实现远程控制三色灯交替闪烁
5	理解终端数据通过 NB-IoT 通信存入数据库	实现改写用户名或手机号，并存入数据库
6	终端数据实时到达 Web 网页	实现对磁开关状态的采集，并控制绿灯亮暗
7	微信小程序实时控制终端	实现对磁开关状态的采集，并控制绿灯亮暗
8	终端数据实时到达 Android App	实现对磁开关状态的采集，并控制绿灯亮暗
9	终端数据实时到达 PC 客户端	实现对磁开关状态的采集，并控制绿灯亮暗
10		Wi-Fi 与 WSN 相结合实现上行通信

注：样例源代码在 AHL-NB-IoT 电子资料中，下载网址："苏州大学嵌入式学习社区"→"金葫芦专区"→"窄带物联网教材"→"AHL-NB-IoT"。

A.5 硬件快速测试方法

初始拿到 AHL-NB-IoT 基础型（或增强型）开发套件时，可以按照以下步骤进行硬件测试。

步骤一，通电。使用盒内 USB 线给 AHL-NB-IoT 基础型（或增强型）通电。电压为 5V，可选择计算机、手机充电器、充电宝等的 USB 口为其通电。

步骤二，观察。通电之后，正常情况下，AHL-NB-IoT 基础版（或增强型）上的红灯会闪烁。

A.6 附加说明

第 10 章所提 4G、Wi-Fi、WSN 对应的开发套件的型号分别为：AHL-4G、AHL-Wi-Fi、AHL-WSN。

参考文献

[1] 王宜怀，张建，刘银龙. 窄带物联网 NB-IoT 应用开发共性技术[M]. 北京：电子工业出版社，2019.

[2] 史治国，潘俊，陈积明. NB-IoT 实战指南[M]. 北京：科学出版社，2018.

[3] 戴博，袁戈非，余媛芳. 窄带物联网（NB-IoT）标准与关键技术[M]. 北京：人民邮电出版社，2016.

[4] 郭宝，张阳，顾安. 万物互联 NB-IoT 关键技术与应用实践[M]. 北京：机械工业出版社，2017.

[5] 解运洲. NB-IoT 技术详解与行业应用[M]. 北京：科学出版社，2017.

[6] 吴细纲. NB-IoT 从原理到实践[M]. 北京：电子工业出版社，2018.

[7] 江林华. 5G 物联网及 NB-IoT 技术详解[M]. 北京：电子工业出版社，2018.

[8] NATO Communications and Information Systems Agency. NATO Standard for Development of Reusable Software Components[S]. [S.l.]: [s.n.], 1991.

[9] Arm. Armv7-M Architecture Reference Manual[Z]. [S.l.]: [s.n.], 2014.

[10] Arm. Cortex-M4 Devices Generic User Guide[Z]. [S.l.]: [s.n.], 2010.

[11] Arm. Arm Cortex-M4 Processor Technical Reference Manual Revision r0p1[Z]. [S.l.]: [s.n.], 2015.

[12] The Free Software Foundation Inc. Using as The GNU Assembler[Z]. Version 2.11.90. [S.l.]: [s.n.], 2012.

[13] 姚文祥. Arm Cortex-M3 与 Cortex-M4 权威指南[M]. 吴常玉，曹孟娟，王丽红，译. 3 版. 北京：清华大学出版社，2015.

[14] NXP. KL36 Sub-Family Reference Manual Rev. 3[Z]. [S.l.]: [s.n.], 2013.

[15] STMicroelectronics. STM32L431xx Datasheet[Z]. [S.l.]: [s.n.], 2018.

[16] STMicroelectronics. STM32L4xx Reference manual[Z]. [S.l.]: [s.n.], 2018.

[17] JACK G. The Art of Designing Embedded Systems[M]. 2nd ed. Oxford: Newnes, 2009.

[18] 王宜怀，李跃华. 汽车电子 KEA 系列微控制器[M]. 北京：电子工业出版社，2015.

[19] 王宜怀，吴瑾，文瑾. 嵌入式技术基础与实践——Arm Cortex-M0+KL 系列微控制器[M]. 4 版. 北京：清华大学出版社，2017.

[20] RANDAL E B, DAVID R, HALLARON O. Computer systems: a programmer’s perspective [M]. 3rd ed. Pittsburgh: Carnegie Mellon University, 2016.

[21] NXP. MKW01Z128 Reference manual Rev. 3[Z]. [S.l.]: [s.n.], 2016.